New Introduction to Water Pollution

최신 수질오염개론

우달식 · 조관형 · 조영태 · 황병기
류병로 · 박광하 · 박혜숙

도서출판 동화기술

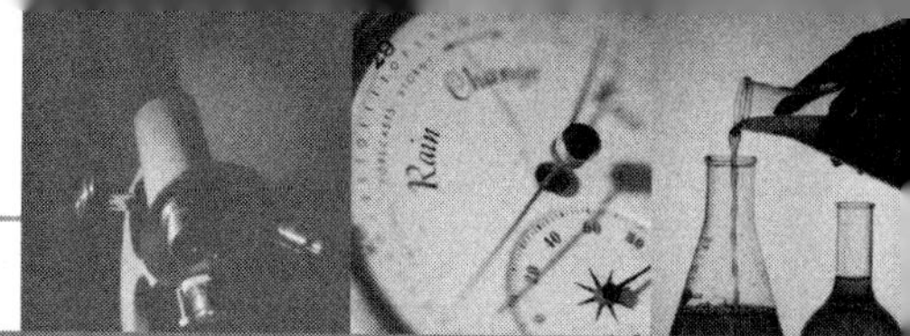

머리말

최근 들어 물환경의 소중함에 대한 세계적인 관심이 갈수록 증가하고 있으며, 물 부족에 대한 경고도 줄을 잇고 있다. 또한 국제적인 물꼬 싸움이 시작된 지는 이미 오래이며 이는 점점 더 악화될 전망이다. 이런 상황을 예견한 미국 대통령 케네디는 물 문제를 해결하는 사람은 동시에 노벨평화상과 노벨과학상을 받을 것이라고 선언한 바 있는데, 오늘날 전 세계 도처에서 국가 간, 지자체 간의 물 분쟁 위기와 물 부족의 심각성을 이처럼 함축적으로 잘 표현하고 있는 말도 없을 것이다.

유엔 국제기구의 세계물개발보고서에는 약 68억 명의 세계인구 중에 약 11억 명 이상의 사람들이 안전한 물을 마시지 못하고 있다고 밝힌 바 있다. 또한 전 세계 인구가 증가하면서 물이 부족한 지역은 점점 더 많아질 것으로 예측하고 있어 국가별로, 특히 물 부족국가로 분류되어 있는 우리나라에서는 물에 대한 관리와 보존이 더욱 절실하게 요구되고 있으며, 특히 물 문제는 기본적으로 물 관리를 체계적으로 해야 한다고 보고하였다.

이처럼 국내외적으로 물 문제에 관해 비상한 관심을 높이고 있는 이때에, 본 책은 환경공학이나 토목공학을 전공하는 공학도들뿐만 아니라 물환경과 수질오염에 대해 공부하는 인문사회계열의 비공학도들을 위해 출판된 책으로, 수질오염에 관련된 모든 기본적인 현상들을 이해하고 대처방안을 생각해보는 입문서이다.

본 책은 모두 20개의 chapter로 구성하여 한 학기동안 물환경과 물오염에 대한 강의를 모두 마칠 수 있도록 하였으며, 내용의 충분한 이해를 돕기 위해 간단한 예제를 많이 보강하였다. Chapter 1~6은 인간의 주변을 둘러싸고 있는 물환경과 관련된 기초적인 지식을 습득하는데 중점을 두었으며, Chapter 7~13은 먹는 물을 어떻게 안전하게 생산하는지에 대한 내용을 전반적으로 다루었다.

Chapter 14~18까지는 오염된 물인 하수를 어떻게 깨끗하게 재생하는지에 대한 내용을 기술하였으며, 마지막으로 Chapter 19~20은 물이 부족한 현재의 상태에서 오염된 물을 더욱 깨끗한 물로 만들어서 다시 사용하기 위한 고도처리와 중수도에 대한 내용을 다루었다.

금번 개정판에서는 초판에서 교정하지 못했던 것들을 수정 보완하였고, 중요한 법령과 통계수치들을 최근의 것들로 업데이트하였다. 세심한 신경을 썼음에도 불구하고 여전히 미흡한 부분들이 아직도 있지만, 앞으로도 계속해서 부족한 부분들을 수정 보완함과 아울러 새롭게 발표되는 이론과 자료들을 추가할 것을 약속하며, 본 책이 만족스러운 수질공학 입문서로 활용되기를 바란다.

마지막으로 물 분야에서 묵묵히 본연의 임무를 수행하고 있는 다양한 분야의 많은 분들의 아낌없는 조언과 따끔한 질책도 겸손히 받겠다. 끝으로 본서의 개정판을 출판하는데 도움을 주신 도서출판 동화기술 관계자 여러분들의 노고에 심심한 감사의 말씀을 전한다.

저자 일동

목차

1 Chapter

서 론

1.1 물의 중요성

지구가 다른 혹성과 확연하게 다른 점은 물이 대단히 많다는 사실 때문인데, 지구 표면의 약 70%가 물로 덮여 있다. 이렇듯이 물은 지구상에서 가장 중요하고, 가장 풍부한 천연자원이며, 지구에 있는 모든 생명체들은 물이 없으면 생존하기가 매우 힘들다. 특히 모든 생명체들의 으뜸인 인간의 체내 구성 물질 중에서 약 70% 정도는 물로 구성되어 있으며, 체내 수분의 20%를 손실하게 되면 사망하게 되고, 10일 이상 물을 먹지 않고는 생명을 유지하기 어렵다고 알려져 있다. 또한 물은 가장 좋은 용매로서 토양 속의 물에는 칼슘, 마그네슘, 질소, 인 등과 같은 여러 가지 무기물질이 녹아 있어 뿌리를 통해 식물체 내로 들어갈 수 있으며, 바닷물에는 나트륨, 칼슘, 마그네슘, 탄산이온 등이 용존되어 있어서 바다에 존재하는 플랑크톤의 영양분이 되며 이들이 광합성 작용을 통해 만들어 내는 산소량은 지구 전체 산소의 70%에 이른다.

지구상의 물은 매우 많은 것 같지만 실제로 우리가 이용할 수 있는 물은 극히 제한되어 있으므로 매우 귀한 자원인 것이다. 지구상의 수자원 분포를 살펴보면 그림 1.1과 같이 바다에 97%, 나머지 3%는 육지에 있다. 게다가 육지에 있는 3%의 물은 빙하와 만년설 2%, 지하수 0.9%, 지표수 0.009%로서 대부분 빙설과 지하수가 차지하고 있다.

수자원은 크게 지표수, 지하수, 염수, 빙하로 구분할 수 있다. 지표수는 지표면을 흐르고 있는 하천이나 저수지, 호수 등에 모여 있는 물로서 비교적 유기물질이 많고, 세균 및 미생물의 번식에 알맞기 때문에 탁도가 높다. 또한 지층을 통과하지 않기 때문에 광물질의 함량이 적고, 상수도 급수원으로 하천수를 이용하는 것이 상례이며, 따라서 철저한 위생관리가 요망된다.

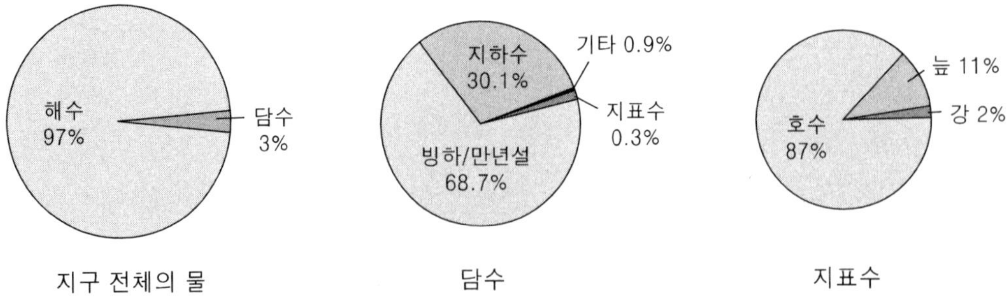

그림 1.1 지구상 물의 분포

지하수는 지표면 하부의 포화대 내에 저류되어 있는 물로서 강수에 의해 떨어진 물의 일부가 중력작용에 의해 지하로 침투하여 생성된다. 천연의 수자원으로서 유일하게 재충전이 가능한 지하자원이다. 현재 지하수 오염의 주요 원인은 지하수에 대한 무지, 부적절한 우물설계, 폐공의 방치, 쓰레기의 부적절한 매립, 광산폐기물의 방치, 비료나 농약의 과다사용, 오염된 지표수의 유입 등이다.

해수는 지구상에서 가장 큰 물의 저장소로서 바닷물의 평균 염도는 35,000ppm으로 음용수의 최고 염분 허용농도보다 70배 정도 높기 때문에 이 물을 이용하기 위해서는 해수의 담수화 기술을 적용할 필요가 있다.

예제 1.1

지구의 육지에 있는 수자원들 중에서 가장 많은 양을 차지하고 있는 순서대로 쓰시오.

풀이

담수호 – 하천 – 토양수분 – 지하수 – 대기(수증기)

빙하는 지표면의 약 10%를 덮고 있으며, 이중 남극대륙이 85%, 그린란드가 11%, 기타가 4%를 차지하고 있다. 만약 빙하의 전량이 녹는다면 해수면이 60m 정도는 상승한다는 보고가 있으며, 이렇게 되면 세계의 주요도시는 거의 침수될 것이다.

지구 표면의 물은 그림 1.2와 같이 지구를 순환한다. 즉, 지구표면의 물은 태양열, 화산, 인공열 등에 의해 증발되어 눈 및 강우의 형태로 대기 중으로 이동한다. 이 물은 강하하여 지표면에서 샘 및 호수로 이동하고 하천 및 대양으로 이동한다.

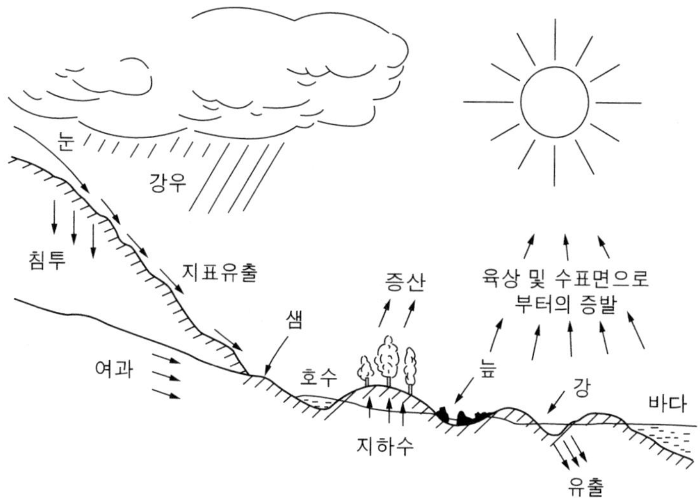

그림 1.2 물의 순환

예제 1.2 지구상에 존재하는 담수의 형태 중 가장 많은 부분을 차지하고 있는 것은 무엇인가?

풀이 빙하나 만년설

예전부터 안전하고 믿을 만한 수자원의 확보는 인류문명에 있어서 가장 중요하였으며, 따라서 고대 인류문명의 발달에는 물의 공급이 필수적이었다. 즉, 티그리스강과 유프라테스강의 메소포타미아 문명, 나일강의 이집트 문명, 인더스강과 갠지스강의 인도 문명, 황허강과 양쯔강의 중국 문명이 바로 그것이다.

안전한 상하수도와 효과적인 위생관리에 대한 중요성은 고대문명의 많은 유적지로부터 확인할 수 있다. 중동 아시아 문명의 유적지에서는 급배수관, 화장실, 하수도 등의 시설이 갖추어졌으며, 고대 그리스 크리티의 미노스 문명의 유적지에서는 내화성이 강한 점토로 만든 수로, 주거지에는 수세식 화장실이 잘 발달되었으며, 고대 로마문명의 유적지에서는 상하수도 시설과 수로가 발달되었으며, 중세 유럽 문명은 하천 유역에 도시가 건설되어 수자원 확보가 용이하게 되었던 것을 확인할 수 있었다.

그림 1.3 티그리스강 (이라크 바그다드)

그림 1.4 로마문명의 유적지인 수로교(Pont du Gard)

19세기 중반까지 유럽 대부분의 대도시에서는 엄청난 수인성전염병이 만연되어 매년 수천 명이 사망하였으며, 1816~1917년까지 100년 동안 인도에서는 3천8백만 명이 사망하였고, 1829~1851까지 유럽 전 지역에 콜레라가 유행하였는데 특히 헝가리에서는 10만 명, 영국에서는 5만5천명 이상이 사망하였으며, 파리에서는 10만 명의 사망자가 발생하였고 우리나라에서도 1859~1860년에 콜레라가 유행하여 40만 명의 사망자가 발생한 기록이 있다. 과거와 비교하여 오늘날 수인성 전염병의 위협은 현저히 줄어들었으나 아직 세계 어느 나라에서도 수인성 전염병을 완전히 근절하지는 못하고 있다. 지구상에서 적절하지 못한 위생과 오염된 물에 의해 발생하는 질병이 모든 질병의 80% 정도로 추정되며 세계 병원의 병상 절반은 물과 관련된 질병으로 고통받는 사람들에 의하여 점유되고 있고, 개발도상국에서 주로 발생하는 수인성 전염병은 심각하여 한해에 수백만 명 이상의 어린이들이 수인성 전염병으로 사망하고 있다고 세계보건기구(WHO)는 밝히고 있다. 미국과 같이 산업화된 선진국에서도 세균성 질병은 감소 추세에 있으나 바이러스나 원생동물과 같은 새로운 병원균에 의한 발병건수는 매년 증가하고 있다. 1993년 미국 북부에 있는 위스콘신 주의 밀워키 시에서는 원생동물인 크립토스포리디움으로 인해 약 15일 동안 밀워키시의 전체인구 160만 명 중에서 40만 명의 인구에 수인성전염병이 발병하여 54명 이상이 사망한 대사건이 발생한 바, 이제는 선진국과 후진국을 막론하고 수질오염의 중요성을 강조하지 않을 수 없게 되었다.

1.2 우리나라의 수자원 현황

우리나라의 연평균 강수량은 1,274mm로 세계평균 973mm보다 1.3배이나, 1인당 강수량은 2,900m^3/년으로 세계평균 26,800m^3/년의 11%에 불과하여 1인당 수자원 혜택은 매우 빈약한 편이다. 또한, 연도별, 지역별, 계절별 강수량의 차이가 크고 변화의 폭이 커 치수 및 이수의 수자원관리에 매우 어려움을 겪고 있다. 즉, 연도별로 754~1,688mm, 지역별로 1,000~1,600mm, 계절별로는 전체강수량의 2/3가 6~9월에 집중하고, 겨울과 봄철에는 가뭄이 빈발한다는 것이다. 이러한 강우의 계절적 편기특성으로 인하여 하천 유출량의 극심한 계절적 불균형이 야기되고 있으며, 5대 강 주요하천의 최대유량과 최소유량의 비(ratio)인 하상계수가 보통 300 수준으로 100 이하인 대륙의 하천에 비해 매우 커 수자원 관리에 어려움이 크다. 우리나라의 전체 지하수 부존량은 약 1,170억 톤 정도이나 지질구조 특성상 대수층의 발달이 빈약하여 대용량의 지하수 개발이 어려운 실정이다.

우리나라 수자원부존량은 연평균 강수량이 1,267억 톤이며, 이 중 45%에 해당하는 570억 톤은 증발산 및 지하침투 등으로 손실되고 55%인 697억 톤만이 하천으로 유출되고 있으며, 이 중 467억 톤(37%)은 홍수기인 6~9월에 집중되고 평상시 유출량은 18%인 230억 톤에 불과하다. 하천유출량 중 31%인 396억 톤이 바다로 유실되고, 총 이용 가능량은 24%인 301억 톤이다. 우리나라의 수자원 이용현황을 표 1.1에 나타내었다.

표 1.1 수자원 이용현황

<table>
<tr><td rowspan="3">수자원
이용 가능량</td><td colspan="2">하천수 이용</td><td colspan="2">댐용수 이용</td><td>지하수 이용</td></tr>
<tr><td colspan="2">172억 톤(14%)</td><td colspan="2">103억 톤(8%)</td><td>26억 톤(2%)</td></tr>
<tr><td colspan="5">총 301억톤 (총량의 24%)</td></tr>
<tr><td rowspan="2">사용수량
(총 301억톤)</td><td>생활용수</td><td colspan="2">공업용수</td><td>농업용수</td><td>유지용수</td></tr>
<tr><td>49억 톤(16%)</td><td colspan="2">23억 톤(8%)</td><td>139억 톤(46%)</td><td>90억 톤(30%)</td></tr>
</table>

* 자료 : 한국수자원공사

1.3 수질공학과 수질오염

상・하수도처리계획과 같은 공공의 사업은 토목공학에 속한다. 토목공학의 가장 커다란 줄기 중의 하나가 공중위생공학이며, 여기에서 파생된 수질공학은 공학기술과 연관이 있는 생물학, 화학, 물리학의 원리가 포함되어 있는 수질과 상호 관련된 학문이다. 이 분야에 종사하는 공학도 및 과학자들은 개별적인 기초학문과 환경반응의 복잡한 성질사이의 관계를 잘 인식하여야만 한다.

수질공학이란 안전하고 위생적인 수질을 얻기 위한 종합적인 학문이다. 안전하고 위생적인 수질을 얻기 위해서는 수인성 전염병의 발병을 최소화시켜야 하며, 이를 위해서는 위생적인 수질을 갖춘 충분한 수원을 확보하는 것이 중요하다. 여기서 말하는 위생적인 수질이란 수중에 눈에 띄는 부유물질이 없고, 지나치게 색도를 갖지 말며, 맛과 냄새가 없고, 불유쾌한 용존성 물질이 없으며, 인체에 유해한 성분, 분뇨의 오염을 나타내는 박테리아 등이 없어야 한다.

수질오염을 올바로 이해하기 위해서는 물의 특성, 물과 위생, 수질오염과 자정작용의 관계, 수처리 방법 등을 고찰하여야 하며, 따라서 본서에서는 이와 관련된 제반 사항을 모두 다루고자 하였다.

2

Chapter

물의 특성

지구가 다른 혹성과 다른 점은 물이 대단히 많다는 사실 때문인데, 지구표면의 약 70%가 해양이며 물로 덮여 있다. 지구상에 사는 우리 인간들도 몸의 약 70%가 물로 구성되어 있기 때문에 물은 생명을 유지하기 위해 없어서는 안 될 매우 중요한 물질이다. 이런 이유로 과학자들은 지구를 물의 혹성이라고 칭하고 있다. 물은 지구상에서 순환과정에 의하여 새로운 물로 변화 생성되기 때문에 매우 신비스러운 물질로 인식되어져 있고, 여러 가지 작용을 하기 때문에 환경적으로 매우 중요한 역할을 한다고 말할 수 있다. 특히 물에 포함되어 있는 물질의 물리적인 특성과 화학적인 특성에 의하여 인간과 자연환경에 이로운 물질이 될 수도 있고 해로운 물질이 될 수도 있으므로, 이들 특성에 대하여 정확한 이해가 필요하다. 여기에서는 물의 일반적인 특성, 물리적 특성, 그리고 화학적 특성에 대하여 알아보고자 한다.

2.1 일반적 특성

물의 특성은 매우 복잡하고 폭넓기 때문에 일반적인 특성이라고 설명하는 것은 무리가 있을 수 있다. 다음의 표 2.1에 나타낸 바와 같이 물의 근원이 무엇이냐에 따라 강하류수와 일반 하수원수의 경우에는 각기 다른 특징이 있다. 또한 가정하수의 구성성분에 대한 특징을 도식화하면 그림 2.1과 같이 나타낼 수 있다.

먹는물의 경우 수질항목을 평가하기 위해서는 올바른 지침과 기준이 필요하다. 물의 일반적인 특성을 평가할 수 있는 항목을 구분하면 감각적 항목, 물리화학적 항목, 과

표 2.1 가정하수와 강하류수의 주요항목 농도 비교

농 도	강하류수	가정하수(분류식 관거)
생화학적산소요구량(BOD), mg/L	4	300
부유성고형물(SS), mg/L	400	400
암모니아성 질소(NH_3-N), mg/L	0.5	40
질산성 질소(NO_3-N), mg/L	2.0	1.0 이하

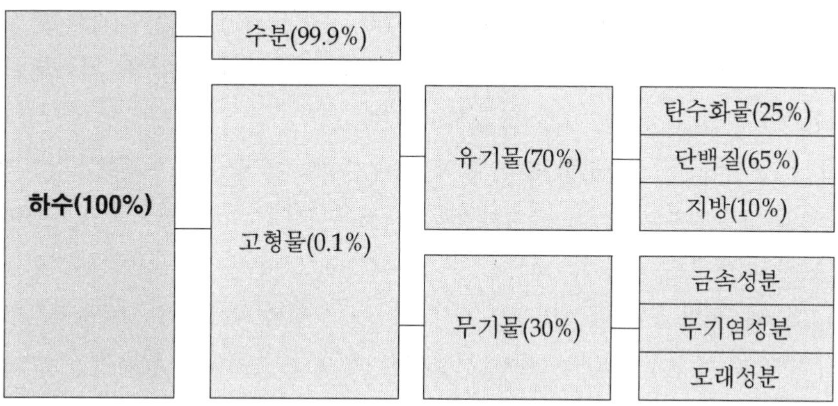

그림 2.1 가정하수의 구성성분

량존재물질 항목, 독성물질 항목, 미생물 항목을 들 수 있다.

감각적 항목은 건강에 그다지 영향을 미치지 않고 쉽게 관측이 가능한 것들로 색도, 부유물질, 맛·냄새 등의 항목을 들 수 있으며 이는 보통 심미적인 면에 기초한다.

물리화학적 항목은 건강에 중요하며 화학적으로 균형된 물을 판단하는데 이용되는 pH, 전기전도도, 용존성 고형물, 알칼리도, 경도, 용존산소 등이 있다.

과량존재물질 항목은 물속에서 과량으로 존재하게 되면 불쾌한 맛과 냄새를 유발시키거나 직접적으로 인체에 해를 끼칠 수 있다. 이들 항목에 포함되는 것으로는 염소이온, 불소, 철, 망간, 질산성 질소, 페놀, 총유기탄소(TOC) 등이 있다.

독성물질 항목은 음용수에 있어서 유독물질에 장기간 노출된 경우 낮은 농도로도 위험잠재력을 갖고 있는데, 이것에 해당되는 물질로서는 비소, 시안화합물, 납, 수은, 유기인, 살충제, 트리할로메탄(THM) 등이 있다.

미생물 항목은 음용수의 안정성을 평가하는데 가장 중요한데 대장균군이나 수인성 질병의 원인이 되는 세균, 바이러스, 원생동물 등을 들 수 있는데, 일부는 사람과 온혈동물의 위장관에서 여러 가지 독성요인을 가지기 때문에 엄격하게 평가되어야 한다.

인간은 매일 2~3L의 물을 평생 마시고 있으므로 먹는물에 유해물질이 미량이라도 함유되어 있으면 건강에 미치는 영향은 매우 크다. 대부분의 국가에서는 하천수, 호소수 등의 표류수를 정수처리한 수돗물을 먹는물로 공급하고 있다. 그러나 표류수는 많은 유해물질에 오염될 수 있으며 세계보건기구(WHO) 보고서에 의하면 물에는 약 2,000여종의 물질이 오염될 수 있고 약 750여종은 실제로 검출되었다고 발표하였다. 그래서 각국은 먹는물 중에 오염 가능성이 높은 유해물질에 대하여 일생동안 섭취하여도 해롭지 않은 농도인 최대허용량을 먹는물 수질기준으로 정하고, 먹는물은 이 기준에 적합하도록 정수처리한 물을 공급하고 있다.

먹는물의 수질기준도 시대에 따라 변하여 과거에는 주로 지표미생물, 지질성분, 중금속 등이었으나 현재는 농약, 유기화학물질, 소독부산물 등 미량이지만 독성이 높은 물질로 변하고 있으며, 농도도 mg/L 수준에서 μg/L 수준으로 강화되고 있다. 우리나라는 1963년 처음으로 수도법에 근거하여 "수도법에 의한 수질기준 · 수질검사방법 · 건강진단 및 위생상에 관한 규정"으로 먹는물의 수질기준이 설정되었고 1980년대 말까지는 큰 변동이 없었다. 그러나 우리나라도 각종 산업이 발달하면서 하천이 급격히 오염되기 시작하여 상수원인 낙동강, 영산강 등의 강 하류지역의 수질은 3급수이하로 되어서 일반적인 정수처리방법으로는 양질의 물을 생산할 수 없게 되었다. 1989년 이후 매년 중금속, 트리할로메탄, 페놀, 디클로로메탄 등의 수돗물 오염사고가 발생하여 정부도 수돗물의 수질을 개선하기 위하여 상수원의 변경, 광역상수도의 확충, 기존 정수장에서의 시설개선, 고도정수처리시설의 도입 등 많은 노력을 기울여 수돗물의 수질은 상당히 개선되었다.

먹는물의 수질기준도 처음 제정 시에는 28종이었으나 1984년 카드뮴, 세제, 1990년에 트리할로메탄, 1991년에 유기인계 농약인 다이아지논, 파라티온, 말라티온, 페니트로티온과 중금속인 셀레늄이 1992년에 카바메이트계 농약인 카바릴과 트리클로로에탄 등 유기용제 3종이 1995년에 알루미늄, 벤젠, 톨루엔, 크실렌, 디클로로메탄, 에틸벤젠, 1996년에 사염화탄소와 1,1-디클로로에틸렌이 추가되어 강화되었다. 또한 환경부에서는 매년 수돗물에 대하여 수질기준이 정하여지지 않은 유해물질의 함유실태를 조사하여 먹는물의 수질기준을 강화하여 현재에 이르고 있다.

환경부는 2002년부터 먹는물 수질기준(표 2.2)을 수돗물, 샘물, 먹는샘물과 약수터,

샘터, 우물 등 먹는물 공동시설의 물로 상세하게 구분하여 개정, 강화하였다.

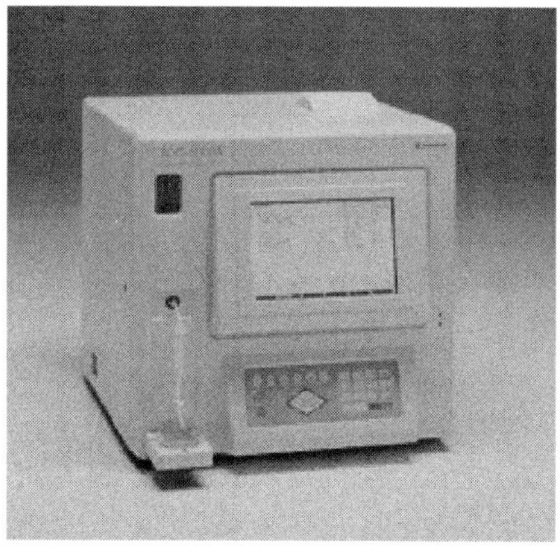

그림 2.2 총유기탄소(TOC) 측정기기

2.2 물리적 특성

물의 물리적 특성에 관한 항목들은 측정하기가 쉽고 관측이 용이한 온도, 맛과 냄새, 색도, 탁도, 고형물, 전기전도도 등이 있다.

1) 온도

온도가 상승하면 일반적으로 화학반응이 촉진되고, 가스의 용해도는 감소되나 맛과 냄새는 더욱 고조된다. 고체나 기체가 액체에 녹는 것은 온도와 밀접한 관계가 있으며, 고체의 경우에는 온도상승에 비례하여 용해도가 증가하고 기체는 온도상승에 반비례하여 용해도가 증가한다. 온도는 보통 섭씨(℃)로 표시하며 유리제 수은막대 온도계를 이용하여 현장에서 직접 측정하는데, 그 이유는 시간이 경과하면 온도가 변하므로 현장에서 즉시 측정하여야 하며 충분한 시간이 경과한 후 눈금을 읽어야 하기 때문이다.

기온 측정은 통풍이 잘되고 직사광선이나 복사열의 영향이 없는 지상 1m에서 직접 측정하여야 하며 최소한 0.1℃마다 눈금을 표시해야 한다. 물의 밀도는 4℃일 때 최대가 되며, 물이 얼면 부피의 $\frac{1}{8}$이 팽창하고 수온이 높을수록 표면장력은 감소한다.

표 2.2 먹는물 수질기준

구 분	수 질 항 목	기 준	비 고
미생물	일반세균(Total Colony Counts)	100CFU/mL	CFU : Colony Forming Unit
	총대장균군(Total Coliforms)	불검출/100mL	
	분원성대장균군(Fecal Coliforms)		샘물, 먹는샘물은 예외
	대장균(Escherichia Coli)		
	분원성연쇄상구균(Fecal Streptococci)	불검출/250mL	샘물, 먹는샘물에 한함
	녹농균(Pseudomonas aeruginosa)		
	살모넬라(Salmonella)		
	쉬겔라(Shigella)		
	아황산환원혐기성포자형성균 (Spore-forming sulfate reducing anaerobes)	불검출/50mL	
	여시니아균(Yersinia)	불검출/2L	먹는물 공동시설에 한함
건강상 유해영향 무기물질	납(Pb ; Lead)	0.05mg/L	
	불소(F ; Fluoride)	1.5mg/L	샘물, 먹는샘물의 경우 2.0mg/L
	비소(As ; Arsenic)	0.05mg/L	
	세레늄(Se ; Selenium)	0.01mg/L	
	수은(Hg ; Mercury)	0.001mg/L	
	시안(CN ; Cyanide)	0.01mg/L	
	6가크롬(Cr^{6+} ; Hexachromium)	0.05mg/L	
	암모니아성 질소(NH_3-N ; Ammonium Nitrogen)	0.5mg/L	
	질산성 질소(NO_3-N ; Nitrate Nitrogen)	10mg/L	
	카드뮴(Cd ; Cadmium)	0.005mg/L	
	보론(붕소, B ; Boron)	0.3mg/L	
휘발성유기물질	페놀(Phenol)	0.005mg/L	
	1,1,1-트리클로로에탄(1,1,1-Trichloroethane)	0.1mg/L	
	테트라클로로에틸렌(Tetrachloroethylene)	0.01mg/L	
	트리클로로에틸렌(Trichloroethylene)	0.03mg/L	

<table>
<tr><th colspan="2">구 분</th><th>수 질 항 목</th><th>기 준</th><th>비 고</th></tr>
<tr><td rowspan="20">건강상 유해영향 유기물질</td><td rowspan="7">휘발성 유기물질</td><td>디클로로메탄(Dichloromethane)</td><td>0.02mg/L</td><td></td></tr>
<tr><td>벤젠(Benzene)</td><td>0.01mg/L</td><td></td></tr>
<tr><td>톨루엔(Toluene)</td><td>0.7mg/L</td><td></td></tr>
<tr><td>에틸벤젠(Ethyl Benzene)</td><td>0.3mg/L</td><td></td></tr>
<tr><td>크실렌(Xylene)</td><td>0.5mg/L</td><td></td></tr>
<tr><td>1,1-디클로로에틸렌(1,1-Dichloroethylene)</td><td>0.03mg/L</td><td></td></tr>
<tr><td>사염화탄소(Carbon tetrachloride)</td><td>0.002mg/L</td><td></td></tr>
<tr><td rowspan="5">농약</td><td>다이아지논(Diazinon)</td><td>0.02mg/L</td><td></td></tr>
<tr><td>파라티온(Parathion)</td><td>0.06mg/L</td><td></td></tr>
<tr><td>페니트로티온(Fenitrothion)</td><td>0.04mg/L</td><td></td></tr>
<tr><td>카바릴(Carbaryl)</td><td>0.07mg/L</td><td></td></tr>
<tr><td>1,2-디브로모-3-클로로프로판
(1,2-Dibromo-3-chloropropane)</td><td>0.003mg/L</td><td></td></tr>
<tr><td rowspan="8">소독제/소독부산물</td><td>유리잔류염소(Free Residual Chlorine)</td><td>4.0mg/L</td><td rowspan="8">샘물, 먹는샘물,
먹는물 공동시설의
경우에는 적용 제외</td></tr>
<tr><td>총트리할로메탄(THMs ; Trihalomethanes)</td><td>0.1mg/L</td></tr>
<tr><td>클로로포름(Chloroform)</td><td>0.08mg/L</td></tr>
<tr><td>클로랄하이드레이트(Chloralhydrate)</td><td>0.03mg/L</td></tr>
<tr><td>디브로모아세토니트릴(Dibromoacetonitrile)</td><td>0.1mg/L</td></tr>
<tr><td>디클로로아세토니트릴(Dichloroacetonitrile)</td><td>0.09mg/L</td></tr>
<tr><td>트리클로로아세토니트릴(Trichloroacetonitrile)</td><td>0.004mg/L</td></tr>
<tr><td>할로아세틱에시드(HAA ; Haloacetic acid)</td><td>0.1mg/L</td></tr>
<tr><td colspan="2" rowspan="4">심미적 영향물질</td><td>경도(Hardness)</td><td>300mg/L</td><td>샘물은 예외</td></tr>
<tr><td>과망간산칼륨소비량(Consumption of $KMnO_4$)</td><td>10mg/L</td><td></td></tr>
<tr><td>냄새(소독 외의 냄새, Odor)</td><td>불검출</td><td></td></tr>
<tr><td>맛(소독 외의 맛, Taste)</td><td>불검출</td><td></td></tr>
</table>

구 분	수 질 항 목	기 준	비 고
심미적 영향물질	동(Cu ; Copper)	1mg/L	
	색도(Color)	5도	
	세제(ABS ; Alkyl Benzene Sulfate)	0.5mg/L	샘물, 먹는샘물은 불검출
	수소이온농도(pH)	5.8～8.5	
	아연(Zn ; Zinc)	1mg/L	
	염소이온(Cl^- ; Chloride)	250mg/L	
	증발잔류물(Total Solds)	500mg/L	샘물은 예외/먹는샘물은 미네랄 등 무해성분 제외한 TS
	철(Fe ; Iron)	0.3mg/L	샘물은 예외
	망간(Mn ; Manganese)	0.3mg/L	
	탁도(Turbidity)	1 NTU	기타 수돗물은 0.5NTU
	황산이온(SO_4^{2-} ; Sulfate)	200mg/L	
	알루미늄(Al ; Aluminium)	0.2mg/L	
정수처리기준	바이러스(Viruses)	99.99% 제거	
	지아디아 포낭(Giardia lamblia)	99.9% 제거	

표 2.3 온도의 구분

구 분	온도(℃)
표준온도	0
상 온	15～25
실 온	1～35
찬 곳	0～15
온 수	60～70
열 수	약 100
냉 수	15 이하

$℃ = \frac{5}{9}(°F - 32)$, $°F = \frac{9}{5}℃ + 32$

그림 2.3 온도계

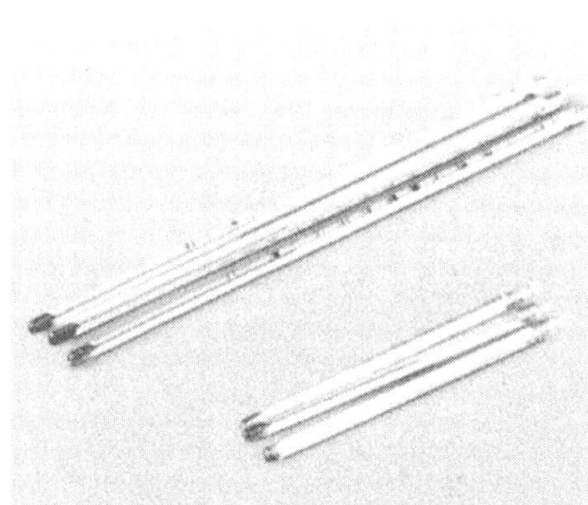

예제 2.1

자연수의 수온에 대한 설명 중 옳지 않은 것은 무엇인가?
1. 수온이 낮아지면 용해성 물질이 석출 침전된다.
2. 수온이 낮아지면 용해가스의 포화용해량이 감소한다.
3. 수온이 높아지면 염류의 용해가 촉진된다.
4. 수온이 높아지면 미생물의 분해작용이 촉진된다.

풀이 수온이 낮아지면 물에 용해된 가스의 포화용해량이 증가된다.

2) 맛과 냄새

일반적으로 물의 맛이나 냄새는 페놀, 클로로페놀과 같은 유기물과 인위적인 오염유발행위에 의해 기인되며, 사람마다 주관적인 특성 때문에 측정이 곤란하다. 맛과 냄새의 측정법으로는 미각과 후각을 이용하는 관능법이 많이 사용되는데, 기기를 이용하는 분석기술이 상당히 진보되었더라도 인간의 감각보다 둔한 것이 단점이다. 관능법에서는 검출한계지수(Threshold Odor Number : TON)를 이용하는데, 측정시료에 냄새없는 물을 주입하여 냄새를 겨우 감지할 수 있을 때까지 희석시킴으로써 구할 수 있다.

$$\text{TON} = \frac{A+B}{A}$$

여기서, A : 냄새 있는 시료의 부피(mL)
B : 냄새 없는 물의 부피(mL)

인간의 혀로 구별되는 4종류의 맛은 쓴맛, 신맛, 짠맛, 단맛이며, 저온에서는 맛을 느끼기가 어려우므로 상온에서와 40~50℃에서 맛의 유무와 종류를 검사한다. 물은 무색(無色), 무취(無臭), 무미(無味)이어야 하며, 그렇지 않으면 불순물이 존재한다는 것을 의미한다. 먹는물 수질기준에서는 냄새와 맛은 없어야 하는 것으로 규정하고 있다. 물의 냄새와 맛의 원인으로는 크게 자연환경에 의한 것과 인위적인 원인에 의한 것으로 구분할 수 있는데, 자연환경에 의한 것에는 생물(플랑크톤, 조류, 방선균)에서 기인하는 것과 물리화학적 원인(깊은 물층 밑바닥의 혐기성화)에 기인하는 것으로 나눌 수 있고, 인위적인 원인에 의한 것에는 공장배출수(페놀, 중유, 기타 화학약품), 상수 배급수계통의 이상(방식용 도료, 접합재의 이상, 배관공사 불충분, 물탱크의 관리부실 등)에 의해 이상한 맛과 냄새가 날 수 있다.

3) 색도

색도(color)란 물에 함유된 불순물의 착색 정도를 수치로 나타낸 것이다. 순수한 물조차도 색을 띠고 있는데, 많은 물에서는 엷은 푸른색을 띠고, 강의 상류지역 물은 천연의 황토색을 나타낸다. 색도는 크게 참색도(true color)와 겉보기색도(apparent color)로 나눌 수 있다. 참색도는 용해성 또는 콜로이드성 물질에 의하여 발생되는 색도를 말하며, 겉보기색도는 물에 포함되어 있는 부유물질에 의하여 야기되는 색도를 말한다. 철(Fe)에 의한 녹은 황갈색을 유발하고, 망간(Mn)은 적갈색에서 흑갈색을 유발한다. 수돗물의 배급수시 색도 원인이 되는 것으로는 배관의 녹 발생에 의한 것이 대부분이다. 먹는물의 색도는 단순 비색법을 사용하여 측정하는데, 이때 색도 1도는 백금(Pt) 1 mg을 포함한 색도 표준액을 증류수 1L 중에 용해시켰을 때의 색상을 1도로 한다. 실험에서는 염화백금산칼륨(K_2PtCl_6) 2.49 g과 염화코발트($CoCl_2 \cdot 6H_2O$) 2 g을 염산 200 mL에 녹여 증류수로 1 L가 되게 한 색도 1,000도 용액을 희석하여 사용한다.

4) 탁도

탁도(turbidity)란 물의 탁한 정도 또는 물의 광선투과성의 척도로 정의될 수 있는데, 빛의 액체 내 분산 혹은 빛의 액체 내 흡수특성을 이용한다. 탁도 성분의 주체를 구체적으로 살펴보면 점토계 콜로이드, 플랑크톤, 유기물질 등이 있으며, 탁도 원인물질로는 배관의 녹, 생활하수, 분뇨, 토사의 급수관내 유입 등을 들 수 있다. 탁도 1 ppm(1도)는 kaolin(고령토, 백도토 白陶土) 1 mg을 증류수 1 L 중에 혼합하였을 때의 탁한 정도를 말한다. 탁도의 측정법으로는 잭슨법과 네펠로법이 있으며, 잭슨법은 육안에 의해 측정하고 JTU(Jackson Turbidity Unit)로 표현하며, 1 JTU 는 1 mg kaolin/L와 같다. 또한 네펠로법은 분석기기인 탁도계를 이용하여 측정하며 NTU (Nephelometric Turbidity Unit)로 표현하며, 1NTU는 1 mg formazine/L와 같다.

그림 2.4 휴대용 탁도계

5) 고형물

물에서 고형물(solids)은 그림 2.5에서와 같이 부유상태 또는 용존상태의 물질로 존재하며 입자의 크기에 따라 용존성, 콜로이드성 및 부유성 물질로 분류된다.

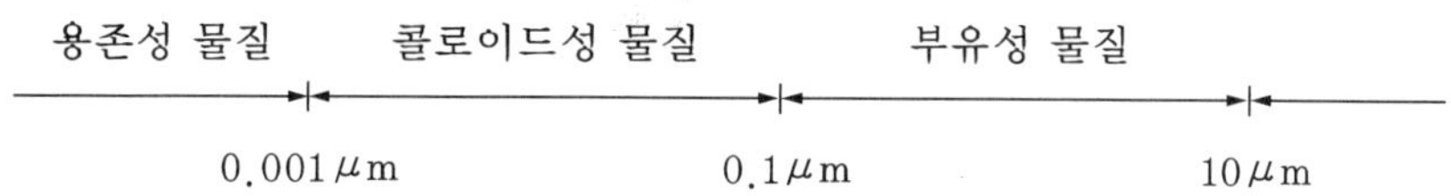

그림 2.5 크기에 따른 고형물 입자의 분류

고형물 성분간의 관계는 그림 2.6과 같으며, 총 고형물(TS, Total Solids)은 휘발성 고형물(VS, Volatile Solids), 강열잔류 고형물(FS, Fixed Solids), 총부유 고형물(TSS, Total Suspended Solids), 휘발성 부유 고형물(VSS, Volatile Suspended Solids), 강열잔류 부유 고형물(FSS, Fixed Suspended Solids), 총용존 고형물(TDS, Total Dissolved Solids), 휘발성 용존 고형물(VDS, Volatile Dissolved Solids), 강열잔류 용존 고형물(FDS, Fixed Dissolved Solids)이 포함된다. 여기서, 고형물은 잔류물, 부유성은 여과성, 용존성은 비여과성과 같은 의미로 쓰인다. 이 중 TS는 시료를 도가니에 넣고 105~110℃에서 수분을 증발시킨 후의 잔류물을 말하고, VS는 TS를 550±50℃에서 태웠을 때 휘발되어 감량되는 부분이고, 잔류하는 부분이 FS이다. 또한 시료를 유리섬유 여과장치(그림 2.7)로 여과시켰을 때, 여과지에 걸린 고형물을 105~110℃에서 2시간 건조시킨 고형물이 부유물질(SS, Suspended Solids), 여과지를 통과한 여과액을 105~110℃에서 건조시킨 후의 잔류물이 용존물질(DS, Dissolved Solids)이다.

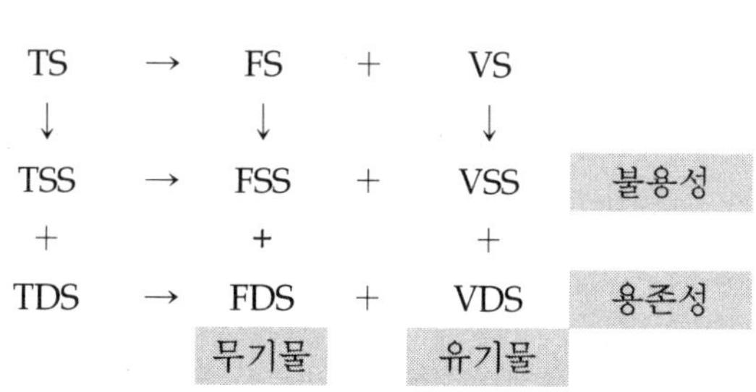

그림 2.6 고형물 성분간의 관계

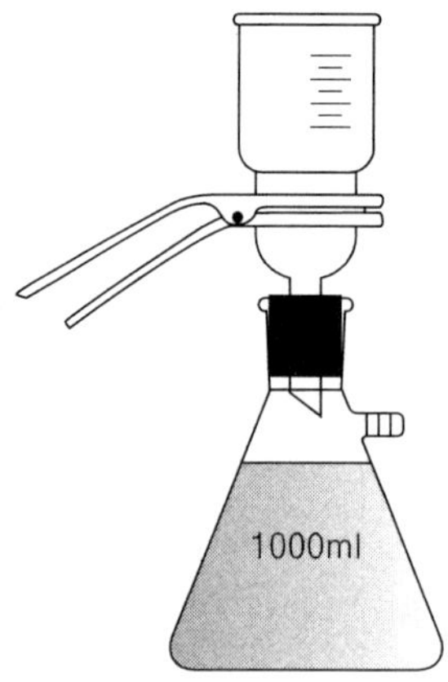

그림 2.7 유리섬유여과장치를 이용한 부유고형물의 분리

예제 2.2

부유물(SS)측정시험 결과 다음과 같은 자료를 얻었다. 전체부유물 중에서 휘발성 고형물(VSS)이 차지하는 %를 구하시오.

① 시료부피 : 50mL ② 용기 무게 : 21.6329 g

③ (용기+건조된 고형물)의 무게 : 21.6531 g

④ (용기+재)의 무게 : 21.6360 g

풀이

SS무게 = 21.6531 − 21.6329 = 0.0202

VSS무게 = 21.6531 − 21.6360 = 0.0171g

$$\therefore \text{VSS}\,\% = \frac{0.0171}{0.0202} \times 100 = 84.7\,\%$$

[해설]

TSS = FSS + VSS

용기 + 건조된 고형물 = 용기 + SS

용기 + 재 = 용기 + FSS

예제 2.3

증발잔류물(TS)이 1,000mg/L 중 용해물(TDS)이 200mg/L인 경우 총부유물(TSS)의 농도(mg/L)는 얼마인가?

풀이

TS = TSS + TDS

TSS = TS − TDS = 1,000 − 200 = 800mg/L

6) 전기전도도(Electrical Conductivity, EC)

전기전도도는 용액이 전류를 운반할 수 있는 정도를 말하며, 용액중의 이온의 세기를 빠르게 평가할 수 있는 항목으로 전기저항(Ω)의 역수 $\frac{1}{\text{ohm}}$ 또는 mho(전기전도율)로 나타내며, 국제단위계에서는 도전율의 단위인 S(siemens, 지멘스)가 널리 통용되고 있다. 측정원리는 용액에 담겨있는 2개의 전극에 일정한 전압을 가하면, 가한 전압이 전류를 흐르게 하고 이때 흐르는 전류의 크기는 용액의 전도도에 의존한다는 사실을 이용한 것이다. 측정결과는 측정된 시료의 전기전도도(mho)에 셀(cell) 정수(1/cm)를 곱하여 시료의 전기전도도값(μmhos/cm)으로 표시된다. 현재는 국제단위계인 mS/m(millisiemens/meter) 혹은 μS/cm(microsiemens/centimeter) 단위로 측정결과를 표기하고 있다. 예를 들면, 초순수의 경우에는 5.5×10^{-6} S/m 정도의 값을 가지며, 음용수의 경우에는 0.005~0.05 S/m, 그리고 바닷물의 경우에는 5 S/m의 값을 나타낸다. 일반적으로 용액의 전기전도도는 용액내 용존성염의 양에 달려있는데, 묽은 용액의 경우 전기전도도는 TDS(총용존 고형물)의 양에 비례한다.

$$K = \frac{\text{전도도(S/m)}}{\text{TDS(mg/L)}}$$

윗 식으로부터 물의 K(비전도도)값을 알고 전기전도도를 측정하면 TDS농도를 대략적으로 구할 수 있다.

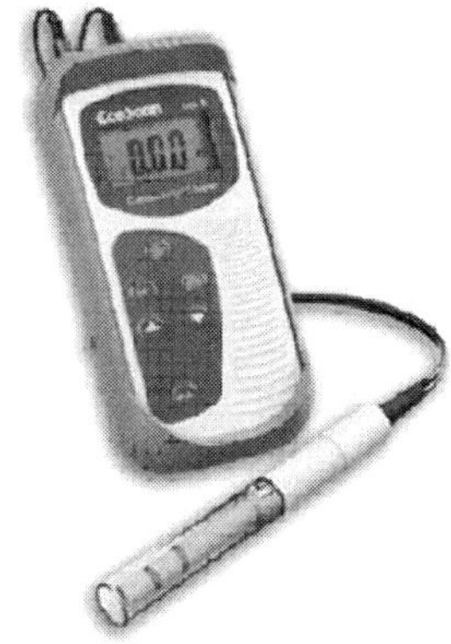

그림 2.8 전기전도도계

7) 방사선

방사선은 α(알파)선, β(베타)선, γ(감마)선의 3종류가 알려져 있으며 β와 γ선은 인체에 해를 끼치므로 이들의 측정은 정기적 점검사항이다. 파장의 투과력은 파장이 짧아질수록 증가하는데, 특히 γ선은 X선보다 파장이 짧기 때문에 강력한 투과력을 지니고 있다. 이러한 γ선을 차단하기 위해서는 두꺼운(수 cm) 납판이나 두꺼운(1.8 m) 콘크리트벽이 필요하다. 방사능의 단위는 퀴리(curie)이며, 밀리퀴리(mCi), 마이크로퀴리(μCi), 나노퀴리(nCi), 피코퀴리(pCi)의 단위를 많이 사용한다. 참고로 뢴트겐(r)은 γ선이나 X선의 방사의 세기를 나타내는 단위이다. 방사능의 인체에 대한 허용량을 나타내는 단위는 rem(roentgen equivalent-man, 인체뢴트겐당량)이 사용되며, 방사능을 직접 다루는 직업종사자에 대한 최대허용선량(MPD, Maximum Permissible Dose)은 5 rem/년, 그리고 비종사자에 대해서는 0.5 rem/년으로 권장하고 있다.

2.3 화학적 특성

원자량이란 탄소의 동위원소 C^{12}에 근거한 원자량을 기준으로 비교 측정한 것이며, 분자량은 분자 내의 모든 원자량의 합을 말한다. 몰용액이란 물 1 L 내에 물질의 g분자량이 포함된 용액을 말하고, 원자가란 합성되거나 분해시 생기는 수소의 수에 의해서 측정되는 양이다. 당량은 분자량을 원자가로 나눈 값이며, 여기서 원자가는 산(acid)에 대해서는 1몰의 산성에서 얻을 수 있는 H^+의 몰수를, 그리고 염기(base)에 대해서는 1몰의 염기가 반응할 수 있는 H^+의 몰수를 의미한다.

1) pH

pH란 수소이온농도의 역수의 대수값으로서, 물속에 포함되어 있는 수소이온농도를 pH의 범위로 측정한다. 물은 다음 식과 같이 약하게 이온화된다.

$$H_2O \rightleftarrows H^+ + OH^-$$

평형상태에서 $[H^+]$와 $[OH^-]$는 약 10^{-7}몰(M)농도이며, 25℃에서 $[H^+][OH^-] = 1.0 \times 10^{-14}$mole/L이다. 용액의 산성, 중성, 알칼리성은 하나의 인자로 표현할 수 있는데 수소

이온의 농도가 그것이다.

pH는 다음 식과 같이 표현 가능하다.

$$pH = -\log[H^+] = \log\frac{1}{[H^+]}$$

pH의 범위는 0에서 14인데, 중성은 7, 산성은 7 미만, 알칼리성은 7 이상을 의미한다. 많은 화학반응은 pH에 의해 조절되는데, 특히 생물학적 활성도는 대개 pH 6~8의 범위에서 높아지게 된다.

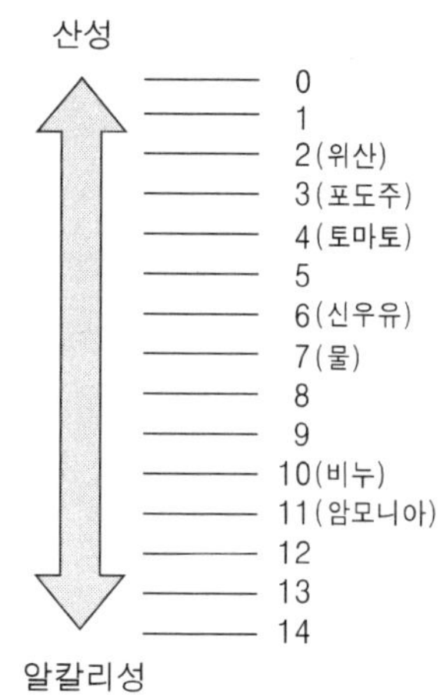

그림 2.9 pH 범위

예제 2.4

NaOH 0.4g을 물에 녹여 500mL용액으로 하였다. 다음 각 물음에 답하라.
(1) 몇 mg/L인가?
(2) 몇 N 용액인가?
(3) pH는 얼마인가?

풀이

(1) 농도 $= \frac{\text{용질의 양}}{\text{용액의 양}} = \frac{0.4g \times 10^3 mg/g}{0.5L} = 800mg/L$

(2) $800mg/L = 0.8g/L \times \frac{1}{40g/mol} = 0.02mol/L = 0.02M$

(3) $pOH = -\log 0.02 = 1.699$, $pH = 14 - pOH = 14 - 1.699 = 12.301$

예제 2.5

수소이온(H^+) 농도가 0.001M인 수용액의 pH는 얼마인가?

풀이

$pH = -\log[H^+] = -\log 10^{-3} = 3\log 10 = 3$

예제 2.6

160mg/L의 NaOH 농도를 meq/L로 환산하면 얼마인가?

풀이

NaOH 분자량 = 23+16+1 = 40
화합물의 산화수는 1가이므로 1g당량(eq) = 40/1 = 40g
따라서 1mg당량(1meq) = 40mg이므로
160(mg/L) × 1meq/40mg = 4 meq/L

※ **농도표시**

- g분자량 : 어느 분자의 무게를 g단위로 나타낸 값, 몰(mole)이라고도 함

  ex) 황산(H_2SO_4)의 g분자량 : (1×2 + 32 × 1 + 16 × 4) = 98g
- g당량 : 1g당량의 수소 또는 1g당량의 양성원소와 결합할 수 있는 화합물의 중량

  ex) 황산(H_2SO_4)의 g당량 ; 98/2 = 49g
- ppm(parts per million) : 중량비, 용액 1mg이 용매 1 kg에 녹아 있는 상태, 1mg/kg

  ppm = [mg/kg] [kg/L], mg/L = g/m^3

  밀도, 비중 = 물질의 밀도/물의 밀도
- ppb(parts per billion ; 십억분의 일) : μg/L
- meq/L : 황산 1 g분자량은 98g, 1 g당량은 49g ⇒ 황산 1g분자량 = 2g당량

  2g당량이 용액 1 L에 녹아 있는 경우 2규정농도 (N), 규정농도를 때로는 eq/L로 표시, 수질검사단위는 g보다 mg단위가 많이 사용 → (1/1000)N 또는 (1/1000)eq/L = meq/L
- 규정농도 (N) : 용액 1L에 1g당량의 어떤 화합물이 용해되어 있는 상태, 1 g당량/L, 1L내에서 물질의 g당량이 포함된 용액

  ex) 황산(H_2SO_4)의 1g당량인 49g이 물에 녹아서 1 L의 용액을 만들 때 : 1규정농도(N)
- 몰농도(M) : 용액 1L에 1g분자량의 어떤 화합물이 용해되어 있는 상태, 1g분자량/L

  ex) 황산(H_2SO_4)의 1g분자량인 98g이 물에 녹아서 1 L의 용액을 만들 때

  ▷ 몰농도(M)/전체 산화수 = 규정농도(N)

2) 산화 - 환원 전위

산화-환원 전위(Oxidation-Reduction Potential, ORP)란 산화환원 반응사이에 전자의 흐름을 측정하여 얻은 값을 말하며, 전자가 산화에서 환원으로 전달되는 필요한 전위를 나타낸다. 산화물로부터 환원물로의 전자를 이동하기 위해 요구되는 전위는 다음 식으로 구할 수 있다.

$$E = E^o - \frac{RT}{zF}\ln\frac{[\text{환원물}]}{[\text{산화물}]}$$

여기서, E^o : 셀의 산화전위(H = 0)

R : 기체상수, 0.0821 L · atm/mol · °K

T : 절대온도, °K

z : 반응에서의 전자수

F : 패러데이상수, 96,500 C/equiv

위 식은 다음식과 같이 간단히 할 수 있는데,

$$ORP = E^{\circ} - \left(\frac{0.059}{z}\right)\log\frac{[생성물]}{[반응물]}$$

호기성반응에서 산화환원전위는 +200mV 이상을 나타내며, 혐기성반응에서는 +50 mV 미만을 나타낸다.

3) 알칼리도

알칼리도(alkalinity)는 산(H^+)을 중화시킬 수 있는 능력을 의미하는데, 자연수내의 알칼리도 유발물질(H^+와 결합해서 중화될 수 있는 물질)로서는 수산화이온(OH^-), 탄산이온(CO_3^{2-}), 중탄산이온(HCO_3^-) 등과 기타 약산의 음이온(CH_3COO^-, $H_2PO_4^-$, HPO_4^{2-}, PO_4^{3-}, CN^-, HS^-, S^{2-}, OCl^- 등)이라고 할 수 있다. 자연수 내 알칼리도 유발물질은 주로 지질(석회암 등의 광물)에 의한 것이며, 자연수중의 알칼리도는 중탄산이온(HCO_3^-)이 대부분인데, 그 이유는 토양박테리아에 의해 생성된 CO_2로 인해 아래 반응과 같이 HCO_3^-를 생성하기 때문이다.

$$\underset{\text{불용성}}{CaCO_3} + H_2O + \underset{\text{토양박테리아에 의해 생성}}{CO_2} \rightarrow \underset{\text{용해성}}{Ca(HCO_3)_2}$$

자연수는 HCO_3^-가 많아도 OH^-를 내놓지 않기 때문에 pH가 높아지지 않는다. 알칼리도 실험자료는 정수처리시 약품량 계산에 많이 쓰인다. 응집공정시 알칼리도가 작을 때에는 좋은 플록(floc)을 얻기 어려운데 이때 Na_2CO_3나 소석회[$Ca(OH)_2$] 등의 알칼리제를 가하면 좋고, 알칼리도가 높을 때에는 응집제 사용량이 증대되어 비경제적이 된다.

수산화물 알칼리도(Hydroxide alkalinity) : $OH^- + H^+ \rightleftarrows H_2O$

탄산염 알칼리도(Carbonate alkalinity) : $CO_3^{2-} + H^+ \rightleftarrows HCO_3^-$

: 페놀프탈레인 종말점 pH 8.2

중탄산염 알칼리도(Bicarbonate alkalinity) : $HCO_3^- + H^+ \rightleftarrows H_2CO_3$

: 메틸오렌지 종말점 pH 4.5

알칼리도 단위는 mg/L as $CaCO_3$로 나타내는데 수중의 수산화물(OH^-), 탄산염(CO_3^{2-}), 중탄산염(HCO_3^-)으로 존재하는 알칼리도를 $CaCO_3$로 환산해서 1 L 중의 mg

량, 즉 ppm으로 표시한다. $CaCO_3$ 1 M은 100g과 같고, 1 mM은 100mg, 그리고 $CaCO_3$가 2가의 양이온 화합물이므로 1 meq는 50mg과 같다.

예제 2.7

알칼리도(alkalinity)에 관한 설명 중 틀린 것은?

1. 알칼리도가 낮은 물은 철(Fe)에 대한 부식성이 강하다.
2. 알칼리도가 부족할 때는 소석회($Ca(OH)_2$)나 소다회(Na_2CO_3)와 같은 약제를 첨가하여 보충한다.
3. 자연수의 알칼리도는 주로 중탄산염(HCO_3^-)의 형태를 이룬다.
4. 중탄산염(HCO_3^-)이 많이 함유된 물을 가열하면 pH는 낮아진다.

풀이

중탄산염이 많이 함유된 물을 가열하면 물속의 CO_2가 휘발되어 pH가 증가된다.

---

4) 산도

산도(acidity)란 알칼리(OH^-)를 중화시킬 수 있는 능력을 말한다. 산도를 유발시키는 물질로는 H^+와 CO_2가 있다. 이들 산도 유발물질들은 수중에 잔류하면서 하수관이나 처리시설 등을 부식시킨다.

수중에 녹는 CO_2는 대기로부터 용해되는 것과 미생물에 의한 유기물의 분해시 반응부산물로 발생되는 것으로 대별할 수 있으며 $CaCO_3$나 $MgCO_3$ 등 광물질의 용해시에도 생성된다. 유리탄산이란 물속에 용해상태로 존재하는 CO_2를 의미한다. 산도의 단위는 알칼리도와 마찬가지로 mg/L as $CaCO_3$ 혹은 mg $CaCO_3$/L를 사용한다.

$H^+ + OH^- \rightleftarrows H_2O$ (pH 4.5에서 완료)

↳ H^+ 산도 = 광산산도(mineral acidity) ; 강산(HCl, H_2SO_4)

$CO_2 + OH^- \rightleftarrows HCO_3^-$ (pH 8.2에서 완료)

↳ CO_2 산도

중화공식 $N_s V_s = N_t V_t$ ⇨ $N_s = \frac{N_t V_t}{V_s}$

Ns의 단위는 meq/L이므로 이것을 mgCaCO₃/L로 나타내려면

Ns [meq/L] × 50 [$mgCaCO_3/meqCaCO_3$] = Ns × 50 [$mgCaCO_3$/L]

⇛ 이렇게 환산하면 분자량이 다르더라도 동일한 N농도(meq/L)를 가지면 동일한 산도를 가진다.

5) 경도

경도(hardness)란 물의 세기의 정도로 정의되며, 비누를 침전시킬 수 있는 능력을 말한다. 경도의 단위는 mg/L as $CaCO_3$(= mg $CaCO_3$/L)를 사용하며, 경도가 높은 물은 비누가 잘 안 풀리고, 보일러나 배관 내 스케일 생성 등의 원인이 된다. 경도를 유발시키는 원인물질로는 2가의 양이온(Ca^{2+}, Mg^{2+}, Fe^{2+}, Mn^{2+}, Zn^{2+}, Sr^{2+} 등)이며, 이중 Ca^{2+}과 Mg^{2+}가 압도적인 양을 차지한다.

$$CaCO_3(\text{석회석}) + H_2CO_3(\text{탄산}) \rightleftharpoons Ca(HCO_3)_2 \rightleftharpoons Ca^{2+} + 2HCO_3^-$$

0~75 : 단물(연수, 軟水, soft water)
75~150 : 약한 센물(moderately hard water)
150~300 : 센물(경수, 硬水, hard water)
300~ : 강한 센물(very hard water)

수중의 Ca^{2+}, Mg^{2+}은 주로 지질로부터 유입되지만 공장폐수나 도시하수, 수도시설의 콘크리트 구조물이나 Ca^{2+}함유 응집보조제로부터도 생긴다. 해안지방에서는 해수로부터 유입될 수도 있다. 경도의 종류는 칼슘·마그네슘 경도(= 총경도), 일시경도(= 탄산경도), 영구경도(= 비탄산경도)가 있다.

㉮ Ca^{2+} 및 Mg^{2+}경도 : 총경도 =Ca^{2+}경도 + Mg^{2+}경도

㉯ 일시경도 : HCO_3^-나 CO_3^{2-}와 결합한 것으로서, 가열하면 침전물을 형성하여 제거될 수 있다.

$$Ca(HCO_3)_2 \xrightarrow[\Delta]{} CaCO_3\text{ 침전} + CO_2 + H_2O$$

$$Mg(HCO_3)_2 \xrightarrow[\Delta]{} MgCO_3\text{ 침전} + CO_2 + H_2O$$

$$\downarrow \leftarrow H_2O,\ \text{열}$$

$$Mg(OH)_2\text{ 침전} + CO_2$$

㉰ 영구경도 : 영구경도는 SO_4^{2-}, Cl^-, NO_3^-, SiO_3^{2-}와 결합한 것으로서 가열을 해도 제거가 안 된다.

경도의 계산방법은 아래의 공식을 사용하여 쉽게 구할 수 있다(단, M^{2+} : 2가 양이온 금속).

$$\text{경도}(mg/L\ as\ CaCO_3) = \frac{M^{2+}\ mg/L}{M^{2+}\text{당량}} \times 50$$

총경도= Ca^{2+}경도 + Mg^{2+}경도

알칼리도 $<$ 총경도 : 일시경도= 알칼리도

알칼리도 $\geq$ 총경도 : 일시경도= 총경도

총경도= 일시경도 + 영구경도

예제 2.8

하천물의 수질검사를 한 결과 Na^{+} 20mg/L, Cl^{-} 30mg/L, SO_4^{2-} 40mg/L, Ca^{2+} 30mg/L, Mg^{2+} 24mg/L, Sr^{2+} 12.3mg/L 이었다. 물의 경도를 구하고 경도에 따른 수질을 판정하시오.(단, 각 원소의 원자량 Na=23, Cl=35.5, S=32, O=16, Ca=40, Mg=24, Sr=87.6)

풀이

경도 유발물질은 2가 양이온(Ca^{2+}, Mg^{2+}, Sr^{2+})이고 이들 원소의 당량은 20, 12, 43.8 이므로

경도 = $(30/20)\times50+(24/12)\times50+(12.3/43.8)\times50 = 189$ mg/L as $CaCO_3$

경도값이 150~300 범위에 있으므로 센물(경수)에 해당된다.

예제 2.9

어떤 지하수의 수질을 검사해 보니 다음과 같은 결과가 나왔다. 총 경도(total hardness)는 얼마인가?

양이온	농도(mg/L)	음이온	농도(mg/L)
Na^{+}	10	Cl^{-}	30
Ca^{2+}	20	SO_4^{2-}	15
Mg^{2+}	24	NO_3^{-}	5
Sr^{2+}	2.2		

분자량 Ca : 40, Na : 23, Sr : 87.6, Mg : 24

풀이

경도를 유발하는 것은 Ca^{2+}, Mg^{2+}, Sr^{2+} 등 2가 금속 양이온을 말하므로, 이들을 $CaCO_3$로 환산하여 합하면 된다.

$$Ca^{2+}: \frac{20\text{mg/L}}{20} \times 50 = 50\text{mg/L as } CaCO_3$$

$$Mg^{2+}: \frac{24\text{mg/L}}{12} \times 50 = 100\text{mg/L as } CaCO_3$$

$$Sr^{2+}: \frac{2.2\text{mg/L}}{43.8} \times 50 = 2.5\text{mg/L as } CaCO_3$$

그러므로 측정대상 지하수의 총 경도는

$50 + 100 + 2.5 = 152.5$mg/L as $CaCO_3$

6) 용존산소

용존산소(dissolved oxygen, DO)는 수중에 녹아 있는 산소로서 수질관리에서 가장 중요한 분석항목으로서, 생물학적 활동을 위해서는 반드시 필요하며, 수중의 화학적, 생물학적 반응을 추정하는 중요한 항목 중의 하나이다. DO의 증가 요인으로서는 공기 중의 산소(21%)의 자연적 용해(혹은 재폭기)와 조류(algae)나 수생생물의 광합성작용 등에 의해서 증가할 수 있다. 재폭기(reaeration)와 비교되는 용어로 폭기(aeration)가 있는데 이는 공기를 수중에 인위적인 방법으로 주입시키는 것을 말한다. DO의 감소요인으로서는 수중 불순물의 산화작용($Fe^{2+} \rightarrow Fe^{3+}$, $NH_3 \rightarrow NO_3^-$, $S^{2-} \rightarrow SO_4^{2-}$)이나 동식물의 호흡작용, 미생물에 의한 유기물의 분해 등에 의해서 감소될 수 있다. DO 농도는 헨리의 법칙에 의해서 설명이 가능한데 이를 식으로 표현하면 다음과 같다.

$$C_S = H \cdot P$$

여기서, C_S : 기체의 평형(포화) 농도(mg/L)

H : Henry 상수(mg/L · atm)

P : 분압(atm)

예제 2.10

20℃의 수중에 용해되어 있는 산소(O_2)의 Henry상수는 43.3mg/L · atm이다. 공기는 21%의 O_2를 포함하고 있다면, O_2의 물에 녹을 수 있는 포화농도는 약 얼마인가?

풀이

공기 중의 산소는 21%를 차지하고 있으므로 공기의 부분압력은 0.21atm이다.
그러므로 헨리의 법칙 $C_s = H \cdot P = 43.3(mg/L \cdot atm) \times 0.21(atm) = 9.2 mg/L$

온도가 증가함에 따라 DO 포화농도는 감소하는데 깨끗한 물에서는 온도의 변화에 따라 14.62~7.63 ppm의 DO가 용해되어 있으며, 참고로 1등급 상수원수(하천)의 DO는 7.5 ppm 이상이다. 또한 용존산소는 총용존성고형물(TDS, Total Dissolved Solids)이 증가함에 따라 DO 포화농도가 감소된다. 온도와 TDS농도에 따른 DO 포화농도에 대한 경험식은 다음과 같다.

$$C_S = \frac{475 - 2.65\ \mathrm{TDS}}{33.5 + T(℃)}$$

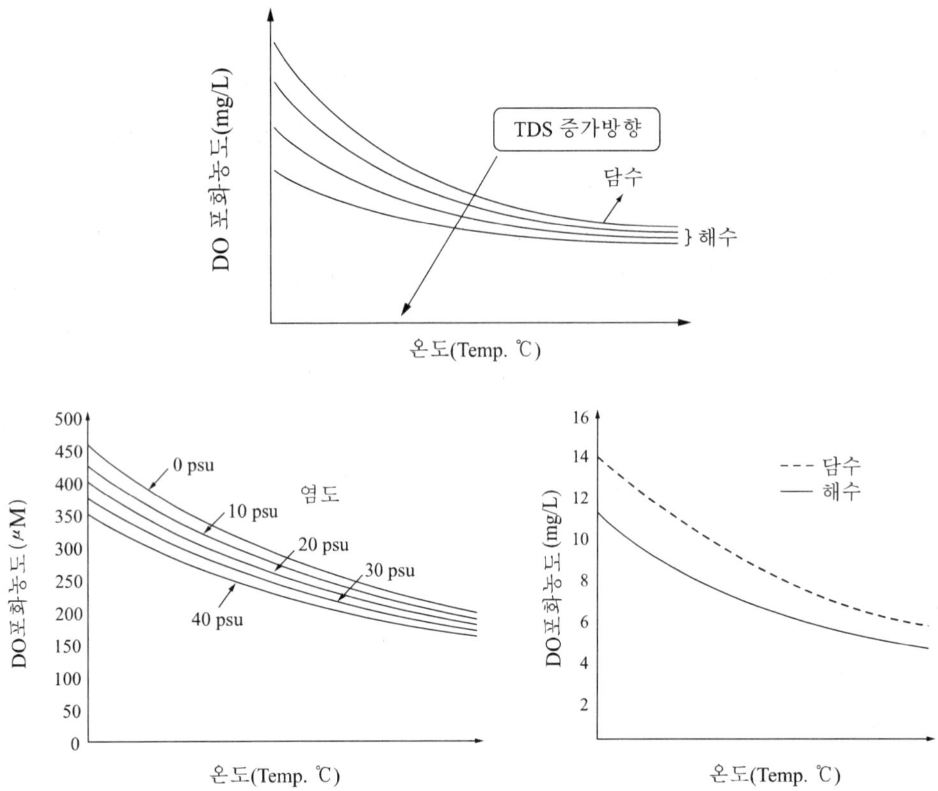

그림 2.10 DO 포화농도, 온도, 총용존성고형물(TDS)농도와의 관계

표 2.4 온도의 변화에 따른 DO 포화농도

온도, ℃	0	10	20	30
DO포화농도, mg/L	14.6	11.3	9.1	7.6

물고기는 최소한 5 mg/L 이상의 용존산소가 필요하다. 산소가 포화된 물은 좋은 맛을 내며, 산소가 부족한 물은 나쁜 맛을 낸다.

7) 산소요구량

유기화합물은 불안정하므로 생물화학적으로 안정화하기 위해서는 산화 최종산물로서 CO_2, NO_3, H_2O를 생산한다. 생물화학적 산소요구량(BOD)이란 유기물을 분해할 때 미생물에 의해 안정화 시 필요한 산소의 양을 말하며, 화학적 산소요구량(COD)은 유기물의 간접 정량법으로서 산화제(중크롬산칼륨, 과망간산칼륨)로 유기물을 산화시킬 때 필요한 산소량을 말한다. 이것은 중크롬산칼륨($K_2Cr_2O_7$)과 황산을 첨가하여 화학적으로 산화시킴으로써 유기물 함량의 정도를 측정한다.

$$\text{유기물} + \underset{\text{6가 크롬}}{Cr_2O_7^{2-}} + H^+ \rightarrow \underset{\text{3가 크롬}}{Cr^{3+}} + CO_2 + H_2O$$

일반적으로 BOD < COD의 관계를 나타내며, COD는 BOD 측정보다 분석시간이 짧기 때문에 단시간에 유기물함량을 측정하기 위해서는 COD를 적용하는 것이 바람직하다. 일반적으로 COD(Mn법) < BOD < COD(Cr법)의 관계가 있으며, TOD(총산소요구량, Total Oxygen Demand)이란 유기물질을 백금촉매 중에서 900℃로 연소시켜 완전 산화시 요구되는 산소량을 말한다. ThOD(이론적 산소요구량, Theoretical Oxygen Demand)는 이론적 TOD, 이론적 COD, 이론적 BOD 등으로 불리며, 유기물의 화학식을 알면 이론적으로 계산되는 산소량이다.

예제 2.11

포름알데히드(CH_2O) 870mg/L이 산화될 때 이론적인 산소량은 얼마인가?

풀이

포름알데히드의 산화반응식을 작성하고 이때의 소요산소량을 구한다.

$CH_2O + O_2 \rightarrow CO_2 + H_2O$

30g : 32g

870mg/L : Xmg/L

그러므로 X=928mg/L

수중의 유기물질이 20℃에서 호기성 미생물의 작용으로 일정기간(보통 5일간) 분해될 때 소비되는 용존산소량을 BOD(생물화학적 산소요구량)라고 하는데, BOD는 탄소계 유기물에 의한 BOD(CBOD)와 질소계 유기물에 의한 BOD(NBOD)로 구분된다. CBOD는 탄소화합물을 호기성조건에서 미생물에 의해 산화시키는데 필요한 산소량을 말하는데 1단계 BOD라고 하며, NBOD는 질소화합물을 호기성조건에서 미생물에 의해 분해시키는데 필요한 산소량이며 2단계 BOD라고 한다. 다음의 식들은 BOD 잔존량 공식과 BOD 소모량 공식을 나타내었다.

BOD 잔존량 공식 $L_t = L_o \cdot 10^{-k_1 \cdot t}$

BOD 소모량 공식 $Y = L_o - L_t = L_o(1 - 10^{-k_1 \cdot t})$

여기서, L_t : t일 후 잔존하는 BOD(mg/L)

L_o : 최종 BOD(=BOD_u)

k_1 : BOD분해상수, 탈산소계수(day^{-1})

t : 일(day)

Y : t일 동안 소비된 BOD(mg/L)

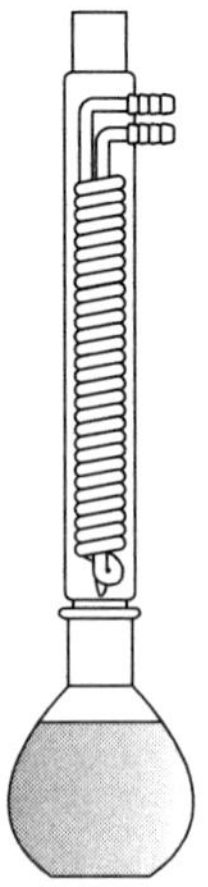

그림 2.11 COD용 냉각장치

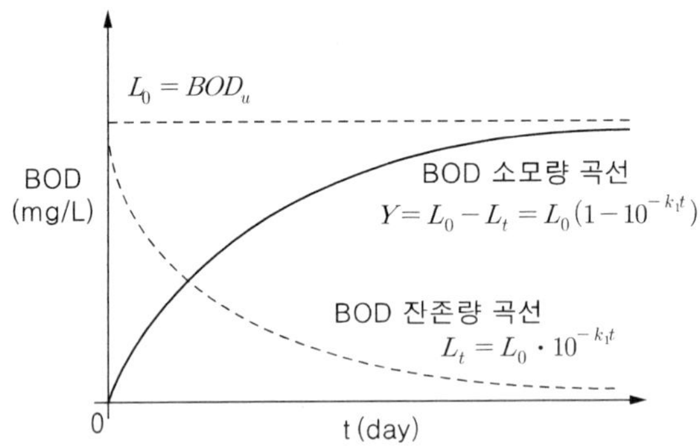

예제 2.12

하수의 3일 BOD(BOD_3)가 75mg/L이고 BOD 분해상수(k_1)가 0.345 day^{-1}이다. 이 하수의 최종 BOD는 얼마인가?

풀이

BOD 소모량공식 $Y = L_o(1 - 10^{-k_1 \cdot t})$에 대입하면

$75 = L_o(1 - 10^{-0.345 \cdot 3}) = 0.645 L_o$

그러므로 $L_o = 75/0.645 = 116 mg/L$

예제 2.13

Glucose 100mg/L 용액이 갖는 이론적인 COD값을 구하시오.

풀이

Glucose의 완전산화식은 다음과 같다.

$$C_6H_{12}O_6 + 6O_2 = 6CO_2 + 6H_2O$$

180　　6 × 32

ThOD = 192gO/180g glucose

$$\therefore \text{이론적인 COD} = \frac{192}{180}(\text{mg O/mg glucose}) \times 100(\text{mg glucose/L}) = 106.7\text{mg/L}$$

8) 질소

질소(nitrogen)는 유기성 질소, 암모니아성 질소, 아질산성 질소, 질산성 질소로 나눌 수 있다. 유기성 질소는 단백질, 아미노산, 요소의 형태로 존재하는 질소로서 유기화합물 속에 들어 있는 모든 질소를 말하며 특정산업폐수에만 포함된다. 암모니아성 질소(NH_3-N)는 $(NH_4)_2CO_3$, 유리암모니아와 같은 암모늄염의 형태로 존재하는 질소이며, 아질산성 질소(NO_2-N)는 빨리 산화가 일어나므로 많은 양이 존재하지 않는다. 그리고 질산성 질소(NO_3-N)는 질산화과정에서 최종적으로 질소가 산화되어 생성되는 것이다. 질산화(Nitrification)란 유기질소와 산소가 반응하여 암모니아성 질소로 전환되고 다시 이것은 아질산성 질소로 전환되어 최종적으로 질산성 질소로 전환되는 과정을 말한다. 탈질화(Denitrification)란 질산성 질소가 아질산성 질소로 전환되고 다시 이것이 암모니아 가스와 질소 가스로 전환되는 과정이다.

유기성 질소와 암모니아성 질소가 많고 아질산성 질소와 질산성 질소가 작은 물은 최근에 오염된 것을 나타내며, 유기성 질소와 암모니아성 질소가 없고 질산성 질소가 어느 정도 있다면 질산화가 일어나 최근에 오염이 일어나지 않은 것으로 생각되어 안전하다고 판단할 수 있다.

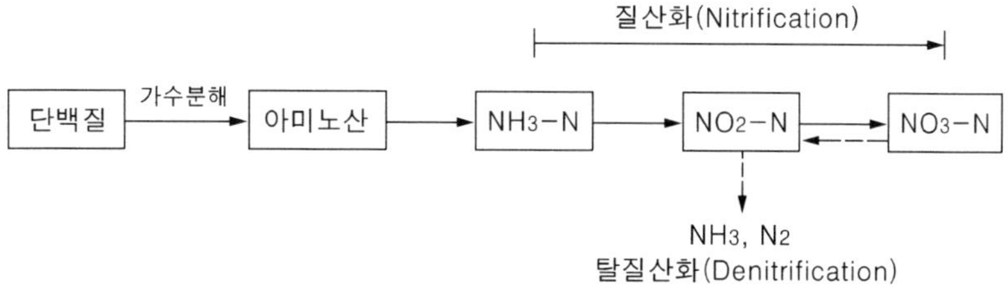

그림 2.12 질소의 순환과정(질산화, 탈질산화)

9) 염소이온

염소이온(chloride)은 하수오염의 지표가 되는 항목으로서 인간의 배설물에는 하루에 6g의 염소이온이 포함되어 있다. 염소이온이 높은 경우 직접적으로 유독하지는 않으나, 배설물의 유입 가능성을 내포하고 있다.

10) 생물학적오염도

생물학적 오염도(BIP, Biological Index of Water Pollution)란 수중생물의 경우 자기가 좋아하는 오염도에서 가장 잘 번식하므로 이에 대응해 생존생물의 종류를 결정할 수 있는 수질항목이다.

$$\mathrm{BIP} = \frac{\mathrm{B}}{\mathrm{A}+\mathrm{B}} \times 100$$

여기서, A : 검수 1cc 중의 엽록체가 있는 생물의 개체수

B : 검수 1cc 중의 엽록체가 없는 생물의 개체수

참고적으로 엽록체는 조류와 녹색식물에 존재하며, 광합성을 행하는 세포 소기관인데 엽록체는 다량의 클로로필을 함유하고 있어 녹색으로 보인다. 오염도가 증가함에 따라 수중의 A수치는 줄어들고 B수치가 증가하게 되는데, 맑은 하천이나 저수지의 BIP는 0~2 정도이고, 상당히 오염된 물의 BIP는 70~100 정도이며, 음료수는 8 이하이어야 한다.

11) SAR

나트륨흡착비(SAR, Sodium Adsorption Ratio)는 농업용수의 수질을 판단하는 척도의 하나이며 흙의 투수성과 공기의 통풍성을 나타낸다. 농업용수내의 염분인 Na^+의 함유도가 높을수록 토양은 알칼리성을 나타내며 Na^+은 토양 내 Ca^{2+}, Mg^{2+}과 치환되어 토양의 투수성은 감소되고 배수가 잘 안되어 공기의 통풍이 나빠져서 경작이 어려운 토양으로 변한다.

$$\mathrm{SAR} = \frac{\mathrm{Na}^+}{\sqrt{\dfrac{\mathrm{Ca}^{2+} + \mathrm{Mg}^{2+}}{2}}}$$

또는 $$SAR = \frac{Na^+}{Na^+ + Ca^{2+} + Ma^{2+} + K^+} \times 100$$

여기서, Na^+, Ca^{2+}, Mg^{2+}의 단위는 meq/L

SAR값이 0~10 사이에 있으면 Na^+가 흙에 미치는 영향이 미미하고, 10~18 사이에 있으면 중간정도이며, 18~26 사이에 있으면 비교적 높은 상태이고, 26 이상이면 식물에 심각한 영향을 미치게 된다.

예제 2.14

Na^+ = 69mg/L, Ca^{2+} = 60mg/L, Mg^{2+} = 144mg/L인 농업용수의 SAR치는 얼마인가?

풀이

$$SAR = \frac{(69/23)}{\sqrt{\frac{(60/20) + (144/12.15)}{2}}} = 1.1 \text{ (농업용수로 적합함)}$$

---

12) 기타 오염물질

인간의 활동과 산업활동에 의해 발생되는 기타 오염물질로는 벤젠, 클로로페놀, 살충제, PAH (Polyaromatic Hydrocarbons, 다중방향족탄화수소), THM (Trihalomethane, 트리할로메탄)과 같은 유기화합물이 있으며 상수 원수 중에서도 상당한 양이 발견되고 있다. 또한 중금속이 문제가 되는데, 철(Fe)이나 망간(Mn)은 이상한 맛과 냄새를 유발시키며 세탁물을 황갈색(철)과 흑색(망간)으로 변색시키기도 한다. 납(Pb)은 급수관을 연관(鉛管)으로 사용 시 함유될 수 있으며, 공장폐수나 광산폐수에도 기인되는데, 인체에 축적되어 독성을 나타낸다. 구리(Cu)를 함유한 물은 흰색도기를 청색으로 변화시키며, 아연(Zn)은 공장폐수, 광산폐수, 아연도금한 급수관에 기인된다. 비소(As)는 약품 공장폐수, 광산폐수, 농약에 함유될 수 있으며 독성이 축적되는 특성이 있다. 크롬(Cr)은 Cr^{3+}와 Cr^{6+} 두 종류가 있는데 6가 크롬이 용해성 및 독성이 더 크며 도금공장이나 피혁폐수에 기인된다. 수은(Hg)은 공장폐수로부터 기인하는데 인체에 축적되어 신경계통 장애로 수족마비, 감각마비, 난청, 언어장애와 이상보행, 호흡마비를 유발시키며, 일본에서 공해병으로 잘 알려진 미나마타병의 원인물질이다. 카드뮴(Cd)은 뼛속의 칼슘을 배출시켜 골연화 증상을 유발시킬 뿐만 아니라 신장에 장애를 일으키는데, 일본 공해병의 상징인 이타이이타이병의 원인물질이었다. 이밖에도 시안(CN)은 도금공장, 제련소에서 배출되며 축적성은 없으나 맹독성 물질이다. 유기인은 해충구제용 농약(파라티온, 메틸파라티온 등)에 포함되며 축적성이 있다.

수질오염에 자주 이용되는 단위

- 길이(입자지름) → μ(micron) : $1\mu = 10^{-6}$ m(백만분의 1m) = 10^{-3}mm
- 체적(용적) → kL : (= $1m^3$)   <주> 물 $1m^3$의 무게는 1000kg

  L : (= $1dm^3 = 10cm \times 10cm \times 10cm = 1{,}000cm^3 = 1{,}000cc$)   <주> 물 1L의 무게는 1kg

  mL : (= $1cm^3$) =1cc (cubic centimeter)

  μL : $1\mu L = 10^{-6}L = 10^{-3}mL$
- 압력 → atm : 기압, 1atm = 760mmHg

  mmH_2O : 수주(水柱)mm, mmAq로 쓰기도 함   ※ $1mmH_2O = 1kg/m^2$

  mmHg : 수은주 mm, 1mmHg = $13.6mmH_2O$(수은의 비중 = 13.6)
- 질량 → μg : $1\mu g = 10^{-6}g = 10^{-3}mg$
- 물질량 → mol : 물질의 화학식량에 g을 붙인 양. kmol : 1kmol = 1,000mol. 화학식량에 kg을 붙인 양

화학식	화학식량	1mol	1kmol
C	12	12g	12kg
O_2	16×2=32	32g	32kg
H_2O	1×2+16=18	18g	18kg
Na^+	23	23g	23kg
NaCl	23+35.5=58.5	58.5g	58.5kg

- 용액농도 → M : 몰농도, 즉 $\frac{g/L}{분자량}$, $M = \frac{비중 \times 1{,}000 \times \frac{\%}{100}}{분자량}$, $\frac{1}{1{,}000}M = \frac{mg/L}{분자량}$

  N : 규정농도(노르말농도), 즉 $\frac{g/L}{당량} = eq/L$. $\frac{1}{1{,}000}N = \frac{mg/L}{당량} = meq/L(epm)$

  $당량 = \frac{원자량}{원자가}$, $N = \frac{비중 \times 1{,}000 \times \frac{\%}{100}}{당량}$

  N 농도를 사용하여, 산과 알칼리가 중화하는 경우 다음관계 성립

N	×	V	=	N′	×	V′
산의 규정농도		산의 체적		알칼리의 규정농도		알칼리의 체적

예		화학식	화학식량	1mol	1g 당량	1N 용액
1가의 산	염산	HCl	36.5	36.5g	36.5g	1L중에 HCl을 36.5g 함유
2가의 산	황산	H_2SO_4	98	98g	98/2 = 49g	1L중에 H_2SO_4를 49g 함유
1가의 염기	수산화나트륨	NaOH	40	40g	40g	1L중에 NaOH를 40g 함유

• 조성(농도) → vol% : 체적백분율, 용량백분율. 주로 기체혼합물에 대해서 사용

wt% : 중량백분율. 주로 액체혼합물에 대해서 사용

• 체적분율 → v/v : 체적비(용량비)를 의미

기체혼합물의 단위용적당 각 성분의 용적

ex) m^3/m^3 → 100배 하면 vol%

• 중량분율 → w/w : 중량비(질량비)를 의미

액체혼합물의 단위중량당 각 성분의 중량

ex) kg/kg → 100배 하면 wt%

w/v : 혼합물의 단위체적당 함유되어 있는 중량

	체적백분율(%)	체적분율	중량백분율(%)	중량분율
O_2	21	0.21	23.2	0.232
N_2	79	0.79	76.8	0.768
합	100	1.00	100	1.000

• 농도 → pph : 백분율, $\frac{1}{10^2}$ (parts per hundred의 약자)

ppt : 천분율, $\frac{1}{10^3}$ (parts per thousand의 약자)

ppm : 백만분율, $\frac{1}{10^6}$ (parts per million의 약자)

pphm : 일억분율, $\frac{1}{10^8}$ (parts per hundred million의 약자)

ppb : 십억분율, $\frac{1}{10^9}$ (parts per billion의 약자)

ppm = mg/L (for water) ⇒ 물 이외의 경우 : $\text{ppm}\left(\frac{\text{mg}}{\text{kg}}\right) \times \rho(\text{밀도})\left(\frac{\text{kg}}{\text{L}}\right) = \text{mg/L}$

1ppm = 100pphm = 1000ppb

$\text{mg/L} = \text{g/m}^3$ ($\because$ $1\text{g} = 10^3\text{mg}$, $1\text{m}^3 = 10^3\text{L}$)

고체혼합물 & 액체혼합물 - 중량농도(중량%, 중량비 ppm) 사용

기체혼합물 - 용량농도 (용량%, 용량비 ppm) 사용

용량비 $1\text{ ppm} = 1\text{ mL/m}^3 = 1\ \mu\text{L/L}$

중량비 $1\text{ ppm} = 1\text{ mg/kg} = 1\ \mu\text{g/g} = \text{g/t}$

1% = 10,000 ppm

$\therefore \% = \frac{\text{ppm}}{10{,}000}$

3 Chapter

시료채취와 분석

수질오염의 평가를 위해 사용되는 간단한 분석방법은 분석원리가 비교적 타당한 것에 기초를 두어야 한다. 정량적인 분석은 중량분석법, 용적분석법 혹은 비색분석법을 이용하여 수행해낼 수 있다. 최근 들어서는 제반 공업기술의 급진적인 발달로 인해 부피가 작은 휴대용 분석기가 보편적으로 사용되고 있다. 또한 측정하고자 하는 시료에는 매우 적은 양의 오염물이 포함되어 있으므로 미량분석기술이 많이 보급되고 있다. 수질의 성분과 특성에 대한 정확한 대표성을 얻기 위해서는 우선적으로 분석된 시료가 실제로 대표성이 있는가를 확인해야 한다. 이를 만족하기 위해서는 지금까지 발달되어온 표준기법을 이용하여 분석을 수행하는 것이 무엇보다도 중요하다.

3.1 시료채취

일반적으로 시료채취방법은 임의시료 채취법, 종합시료 채취법, 연속시료 채취법으로 대별된다.

임의시료 채취법(Grab sampling)은 어느 특정시간에 임의로 시료를 채취하는 방법이다. 이 방법의 특징은 단지 채수할 때의 수질특성만을 나타낸다는 것이다. 따라서 하폐수의 유량과 농도가 일정한 경우를 제외하고는 신뢰도가 낮은 것이 단점이다. 손으로 채취하는 것이 일반적이지만 여러 시료를 채취할 때는 자동채취기를 이용하는 것이 편리하다. 하폐수가 연속적으로 배출되지 않거나, 수질이 비교적 일정하고, 일시적으로 발생되는 극단적인 수질을 파악하고자 할 때는 임의시료 채취법이 아래에 언급할 종합시료 채취법에 비하여 더욱 유리하다.

종합시료 채취법(Composite sampling)은 여러 개의 단일시료를 유량에 비례하여 채취한 후 혼합한 것으로서 임의채취보다 신뢰성이 높다. 시료채취 시간간격은 2, 4, 8, 16, 20시간 등인데 수질의 변화가 심한 경우 짧게 하면 할수록 신뢰성은 더욱 높아진다. 시료채취량은 혼합시료의 소요량과 채취수에 따라서 유량이나 시간을 기준으로 한다. 유량을 기준으로 채취할 때에는 일정시간 간격으로 유량에 비례하고 시간을 기준으로 채취할 때에는 시간에 비례하여 단일 시료를 채취하여 종합한 후 분석한다.

그림 3.1은 하수관거에서 전형적인 유량과 농도변화를 나타낸 것이다. 이러한 상황을 정확히 평가하기 위해서는 알려진 시료채취기간동안 정해진 시간간격과 동시에 유량을 측정하는 각각의 시료를 모으는 합성시료를 만드는 것이 필요하다.

연속시료 채취법(Continuous sampling)은 시간간격 없이 연속적으로 채취해서 종합 분석하는 방법으로 종합시료 채취법과 병행하여 사용하면 더욱 신뢰도를 증가시킬 수 있다.

시료채취계획을 준비하는 데는 최대 또는 평균농도를 평가하고, 변화와 추세를 파악하고, 비율을 평가하거나, 기본 자료를 제공한다는 등의 목적을 정확히 파악하는 것이 중요하다. 낮은 비율에 의한 결과의 불확실성을 감소시키기 위해서는 시료의 수를 두 배로 하는 것이 있을 수 있으나 이는 비경제적이다. 따라서 결과에 대한 불확실성에 대한 실제 수준을 맞추는 것은 매우 중요하다.

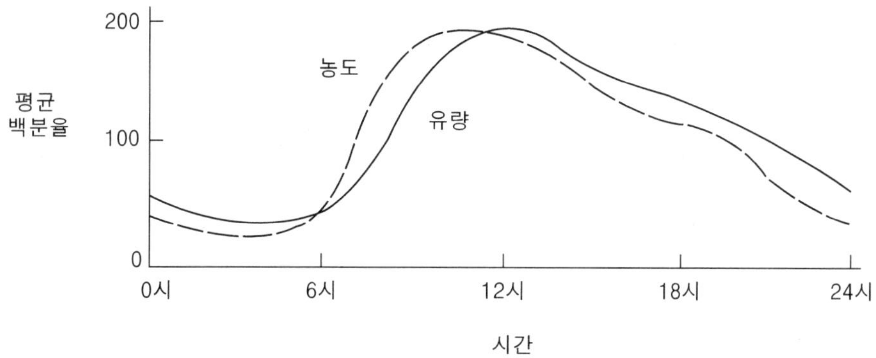

그림 3.1 일반적인 가정하수관거 내의 유량과 오염물질 농도의 변화곡선도

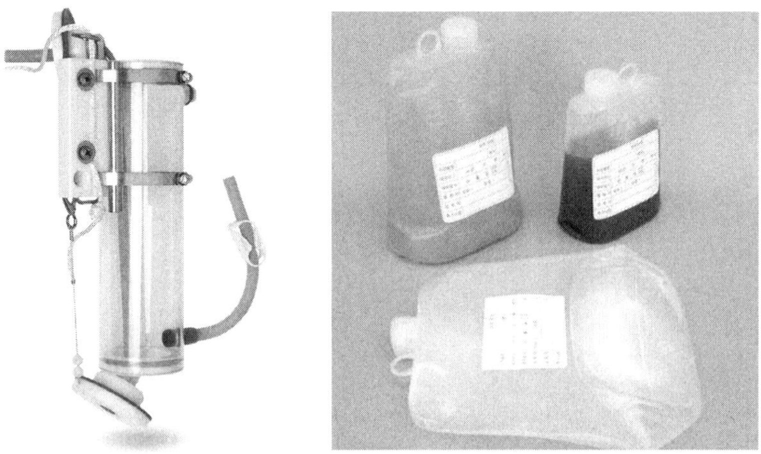

그림 3.2 시료채취기(water sampler, 좌측)와 무균채수병(우측)

이론적으로 모든 분석은 시료채취 즉시 이루어져야 하며, 분석이 빨리 이루어지면 이루어질수록 결과는 실제 특성에 맞는 평가가 될 수 있을 것이다. 용존가스, 산화환원성분 등과 같은 불안정한 특성을 갖는 시료는 현장에서 분석이 이루어져야 하며, 그렇지 않을 경우 시료의 특성이 변질되지 않도록 전처리를 해주어야 한다. 시간에 따른 시료 성분의 변화는 낮은 온도(4℃)에서의 보관과 빛을 차단함으로써 지연시킬 수 있다. 오염이 보다 많이 된 시료는 분석을 될 수 있는 대로 빨리 하는 것이 오차를 줄일 수 있을 것이다.

예제 3.1

시료채취시 유의사항에 관한 내용과 거리가 먼 것은?

1. 유류 또는 부유물질 등이 함유된 시료는 침전물이 부상하여 혼입되어서는 안 된다.
2. 수소이온농도, 유류를 측정하기 위한 시료채취시는 시료용기에 가득 채워야 한다.
3. 시료채취량은 시험항목 등에 따라 차이는 있으나 보통 3~5L 정도이어야 한다.
4. 지하수시료는 취수정내에 고여있는 물의 교란을 최소화하면서 채취하여야 한다.

풀이

시료채취용기에 시료를 채울 시에는 내용물의 성질변화를 막기 위하여 어떤 경우에라도 시료가 교란되어서는 안된다.

3.2 분석방법

물은 용매의 특성 때문에 많은 유·무기물질을 포함할 수 있다. 이러한 물질들 중에는 자연적으로 발생할 수도 있으나, 대부분은 인간의 활동으로 인한 결과이다. 이들 대부분의 수질 오염물질들은 매우 낮은 농도로 존재하고 있기 때문에 비록 대부분의 측정이 분석기기에 의존할지라도, 낮은 농도의 불순물을 함유하고 있는 시료의 경우에 있어서는 개별적인 수질항목을 측정하는 것보다는 오히려 비슷한 수질항목의 전체범위를 측정하는 "총괄(blanket)"측정을 이용하는 것이 보다 편리할 수 있다. 이러한 예는 폐수에서 각각의 유기물을 측정하는 것보다는 오히려 이러한 물질을 산화시키는데 요구되는 산소의 양을 측정하는 것이 보다 일반적인 것이며, 이를 통해 하폐수의 오염정도를 알 수 있다.

수질분석방법은 일반적으로 중량분석법, 용적분석법, 비색분석법으로 나눌 수 있다.

3.2.1 중량분석법

중량분석법은 시료를 증발, 여과, 침전시킴으로써 무게를 재는 것이다. 매우 적은 양인 0.0001g까지도 모든 습기를 제거한 후 측정할 수 있으며, 건조기가 필요하므로 현장에서는 적용할 수 없다. 대표적인 중량분석법의 예는 다음과 같다.

1. **총고형물(TS)과 휘발성고형물(VS)** : 미리 무게를 잰 도가니에 있는 시료의 무게는 하폐수에 대해서는 103℃, 음용수에 대해서는 180℃에서 건조한 후 무게를 잰다. 남아 있는 것이 총고형물이며, 500℃에서 강열한 후 없어진 양이 휘발성고형물이다.
2. **부유물질(SS)** : 미리 무게를 잰 0.45μm 공극의 유리섬유여지(GF/C)를 통해 시료를 여과하고 103℃에서 건조한 후 여과 전·후의 유리섬유여지의 무게차를 산출하여 부유물질의 양을 구한다.
3. **황산화물(Sulfate)** : 시료내 황산화물의 농도가 10mg/L 이상일 경우 시료에 염화바륨($BaCl_2$)을 투여하게 되면 황산바륨($BaSO_4$)의 침전이 생성되므로 그 양을 비교적 정확하게 측정할 수 있다. 시료에 있는 침전물은 여과, 침전한 후 무게를 재야하므로 많은 시간이 소요되는 단점이 있다.

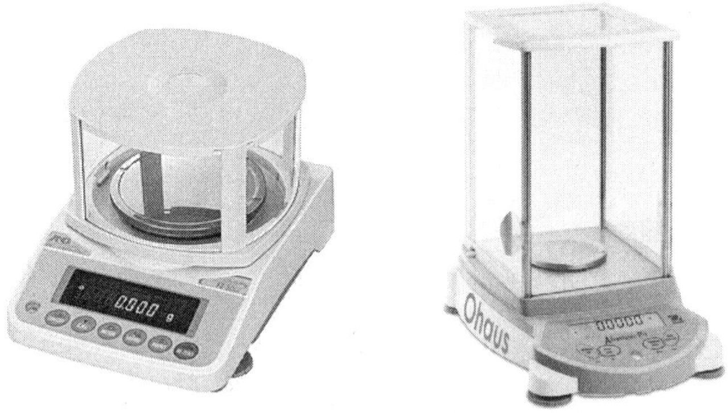

그림 3.3 여러 가지 중량분석용 저울

3.2.2 용적분석법

용적분석법은 수많은 항목을 빠르고 정확하게 측정할 수 있다. 이 방법은 일명 적정분석법이라 불리며, 농도를 모르는 시료용액에 농도를 알고 있는 표준용액을 주입하여 반응의 당량점, 즉 적정의 종말점에 도달하였을 때 소모된 표준용액의 용적으로부터 계산에 의해 미지시료용액의 농도를 구하는 것이다. 용적분석법에 요구되는 실험재료는 다음과 같다.

1. 피펫 : 농도를 모르는 시료용액을 피펫으로 플라스크에 옮긴다.
2. 표준용액 : 농도를 모르는 용액과 대응하는 표준용액을 만든다.
3. 지시약 : 반응의 종말점을 나타내기 위해서 산 - 염기반응, 침전, 흡착, 산화 - 환원 등에 이용되는 다양한 형태의 지시약을 준비한다.
4. 뷰렛 : 종말점까지 소요된 표준용액의 양을 정확히 측정할 뷰렛을 준비한다.

용적분석법의 예로서는 알칼리도와 산도측정을 들 수 있다. pH 7에서 강산과 강염기는 중화가 일어난다. 그러나 알칼리도와 산도분석에서는 중화점이 pH 8.2와 pH 4.5에서 일어난다. 보통 산도와 알칼리도에 적용되는 지시약은 페놀프탈레인(pH 8.2 이상일 때는 핑크, pH 8.2 이하일 때는 무색)과 메틸오렌지(pH 4.5 이상일 때는 녹색, pH 4.5 이하일 때는 자주색)이다. 산－염기의 적정에서 종말점을 직접 찾는데 pH미터가 이용되기도 한다. 알칼리도, 산도, 경도측정에 대해서는 0.02N 표준용액을 사용하며, 이 용액의 1mL 적정량은 1mg $CaCO_3$로 나타낸다.

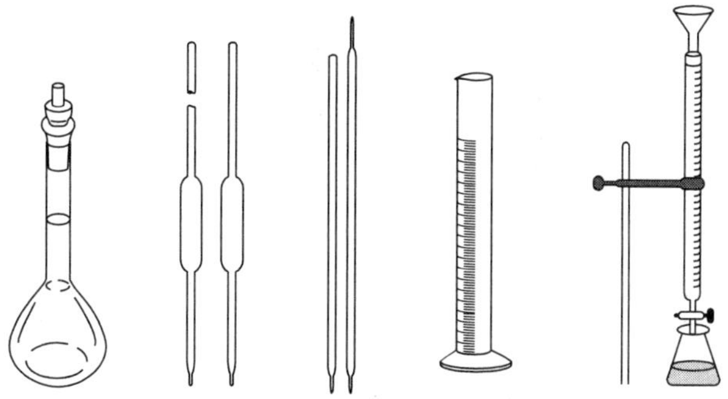

그림 3.4 용적분석법에 사용되는 유리기구류(볼플라스크, 홀피펫, 피펫, 매스실린더, 뷰렛)

HCO_3^-와 OH^-알칼리도가 함께 존재하지 않는다고 가정하면 용적분석법에 의해 알칼리도의 형태는 그림 3.5와 같이 나타낼 수 있다. 그림 3.5를 참조하면 아래의 관계식들이 성립함을 알 수 있다.

(1) OH^-만이 초기 pH 10을 나타낼 경우
   OH^- 알칼리도 = 부식 알칼리도 = 총알칼리도
(2) CO_3^{2-}만이 초기 pH 9.5를 나타낼 경우
   CO_3^{2-} 알칼리도 = 2 × 부식 알칼리도 = 총알칼리도
(3) OH^-와 CO_3^{2-}이 초기 pH 10을 나타낼 경우
   CO_3^{2-} 알칼리도 = 2 × pH 8.2에서 pH 4.5까지의 적정량
   OH^- 알칼리도 = 총알칼리도 − CO_3^{2-} 알칼리도
(4) CO_3^{2-}와 HCO_3^-가 $8.2 <$ 초기 pH < 10.5를 나타낼 경우
   CO_3^{2-} 알칼리도 = 2 × 부식알칼리도
   HCO_3^- 알칼리도 = 총알칼리도 − CO_3^{2-} 알칼리도
(5) HCO_3^-만이 초기 pH가 8.2 이하를 나타낼 경우
   HCO_3^- 알칼리도 = 총알칼리도

용적분석법에 의해 측정할 수 있는 다른 항목은 염소이온, 윙클러변법에 의한 용존산소의 측정, COD측정 등이 있다.

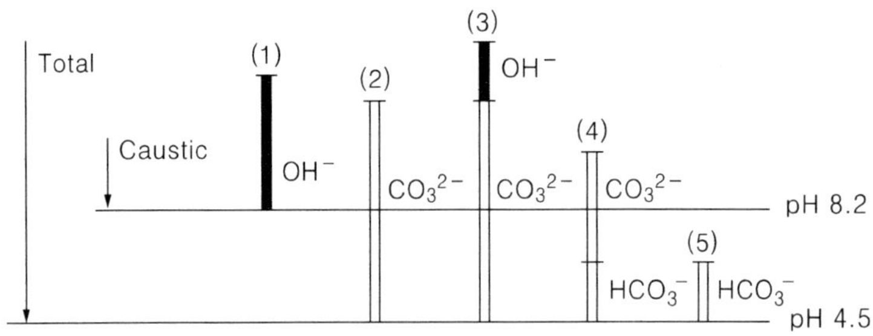

그림 3.5 알칼리도의 형태

예제 3.2

Carbonate(CO_3^{2-})와 bicarbonate(HCO_3^-)에 의해 알칼리도가 유발하는 지하수 50mL의 시료에 대해 phenolphthalein지시약을 넣고 1/50N H_2SO_4로 적정하였다. 적정액이 6.1mL 소모되었고 추가적으로 methyl orange지시약을 넣고 종말점까지 적정한 양은 15.3mL 소모되었다. Carbonate Alkalinity와 Bicarbonate Alkalinity를 구하시오.

풀이

1) T. Alk은?

주입된 황산의 당량수 = 1/50g당량/L × (0.0061 + 0.0153)L

= 0.000428g당량

$CaCO_3$환산 mg수 = 0.00043g당량 × (50 × 103)mg/g당량 = 21.4mg

∴ T. Alk = 21.4mg/0.05L = 428mg/L

2) Caustic. Alk은?

주입된 황산의 당량수 = 1/50g당량/L × (0.0061)L = 0.000122g당량

$CaCO_3$환산 mg수 = 0.000122g당량 × (50 × 103)mg/g당량 = 6.1mg

∴ Caustic Alk = 6.1mg/0.05L = 122mg/L

3) CO_3^{2-} Alkalinity = 2 × Caustic Alkalinity

= 2 × 122mg/L = 244mg/L

4) HCO_3^- Alkalinity = T. Alk − CO_3^{2-} Alkalinity

= 428mg/L − 244mg/L = 184mg/L

3.2.3 비색분석법

비색분석법은 낮은 농도를 분석할 때 특별히 이용되며, 매우 빠르고 쉽게 분석할 수 있는 방법이다. 비색분석법은 시료의 색도를 비교하여 정량하는 방법으로 적당한 시약을 가하여 착색화합물을 만들어 비색계로 비교 측정한다. 비색분석법은 Beer의 법칙과 Lambert의 법칙이 이용된다.

1) Beer의 법칙

빛의 흡수는 흡수용액의 농도에 따라 지수적으로 증가한다.

2) Lambert의 법칙

빛의 흡수는 빛이 통과하는 길이에 따라 지수적으로 증가한다.
이러한 법칙은 모든 동종의 용액에 적용되며 다음과 같이 나타낼 수 있다.

$$OD = \log(I_o / I_t) = abc$$

여기서, OD : 광도(optical density)

I_o : 시료에 빛이 들어가는 강도

I_t : 시료에서 빛이 나오는 강도

a : 특정용액의 상수

b : 용액 내 빛이 통과하는 길이

c : 용액 내 빛 흡수물질의 농도

시료로부터 나오는 색도는 여러 가지 방법으로 측정될 수 있는데, 시각적인 방법과 기기를 이용해 분석하는 방법이 있다.

예제 3.3

흡광광도 측정에서 투과율이 25%일 때 흡광도(OD)는 얼마인가?

풀이

$$OD = \log\left(\frac{I_o}{I_t}\right) = \log\left(\frac{1}{I_t/I_o}\right) = \log\left(\frac{1}{t}\right) = \log\left(\frac{1}{T/100}\right)$$

$$= \log\left(\frac{1}{25/100}\right) = 0.6$$

3) 시각적인 방법(Visual methods)

① 비색관(Nessler tube) : 비색관을 이용하여 미지의 시료를 적절한 시약을 투여한 표준물질(standard)의 농도범위와 비교하여 농도를 구한다.

② 색판(Color disc) : 시약의 투입 없이 증류수나 표준농도를 통과하는 색도를 색

판과 비교하여 농도를 구한다.

상기 두 가지 방법은 다소 주관적인 판단에 의존하기 때문에 서로 다른 분석자들 사이의 재현성은 그리 뛰어나지 못하다.

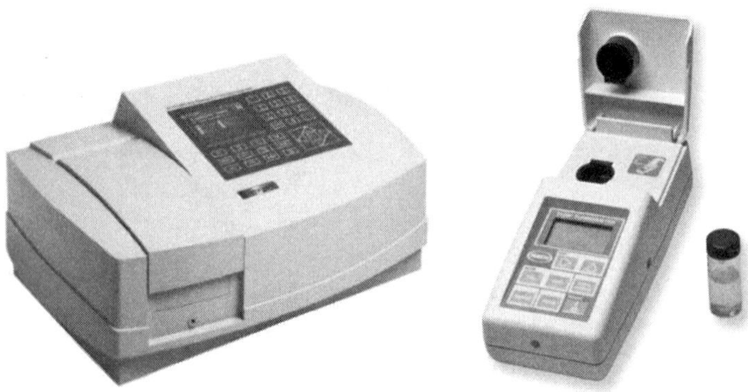

그림 3.6 자외-가시(UV-VIS) 분광광도계(좌측)와 탁도계(우측)

4) 기기분석법

① 흡수계 또는 색도계 : 이러한 형태의 기기는 낮은 전압의 램프로부터 빛이 통과하는 유리셀로 이루어져 있다. 시료로부터 나오는 빛은 기기내의 광전자 셀로부터 감지된다. 민감도는 용액의 색도를 보완하는 색여지를 통과하는 빛을 투입함으로써 증가되며, 측정범위는 다른 길이의 시료셀을 이용함으로써 넓혀질 수 있다.

② 흡광광도계 : 이 기기는 흡수계와 같은 기본 원리를 이용하는 보다 정확한 형태의 기기이지만, 프리즘으로 원하는 단색의 파장을 부여한다. 따라서 민감도는 증가되며 측정의 범위도 넓으며 가시광선 영역뿐만 아니라 적외선과 자외선 영역까지도 측정할 수 있다.

먼저 시료의 대조액을 0으로 놓고, 농도를 알고 있는 시료는 빛이 통과하는 곳에 위치시켜 광도(optical density)를 지정한다. 이와 같은 보정곡선(calibration curve)은 최적의 파장에서 이미 알려진 일련의 표준방법이나 다른 분석에 관련된 참고서나 실험에 의해서 광도를 결정하여 구한다. 어떠한 형태의 비색법이라도 측정하기 전에 충분한 색이 나타나도록 하고 시료 내의 부유물질을 없애도록 하는 것이 중요하다. 물론 부유물질은 시료 내의 빛의 통과를 방해해서 측정의 정도를 떨어뜨리고, 오차를 낳게

할 수 있다. 시료내의 탁도는 탁도계로 측정하는데, 콜로이드 물질에 의한 빛의 산란은 광전자기법에 의해 측정될 수 있다.

3.2.4 전극법

pH와 ORP와 같은 항목의 측정은 전극법에 의해서 오랫동안 이루어져 왔다. pH는 유리전극(특별히 감도가 좋은 유리영역과 산전기분해영역을 가지고, 기준 카로멜 참조전극과 관련된 전극)에 나타나는 잠재력에 의해서 측정된다. pH전극에서 나온 출력은 증폭기에 전해져서 수치로 나타난다. pH전극의 넓은 범위는 현장용으로 이용된다. ORP는 카로멜 참조전극과 함께 플레티늄 전극이 있는 산화환원전극을 이용하여 측정된다.

최근 많이 이용되고 있는 전극은 산소전극이다. DO전극은 폴리텐막으로 덮인 납/은, 탄소/은, 금/은 셀을 이용한다. 폴리텐은 산소를 침투시켜 시료 속의 산소를 셀로 들어가게 하고, 산소농도에 비례하여 전기적인 출력값으로 변화시킨다.

NH_4^+, NO_3^-, Ca^{2+}, Na^+, Cl^-, Br^-, F^- 등과 같은 것을 측정하기 위해서 특정 이온 전극의 수는 점차 증가하고 있다. 이러한 전극은 빠른 측정을 할 수 있고 매우 낮은 농도도 측정할 수 있으나, 비교적 고가이고 어떤 경우에는 안정도가 그리 높지 않은 경우도 있다.

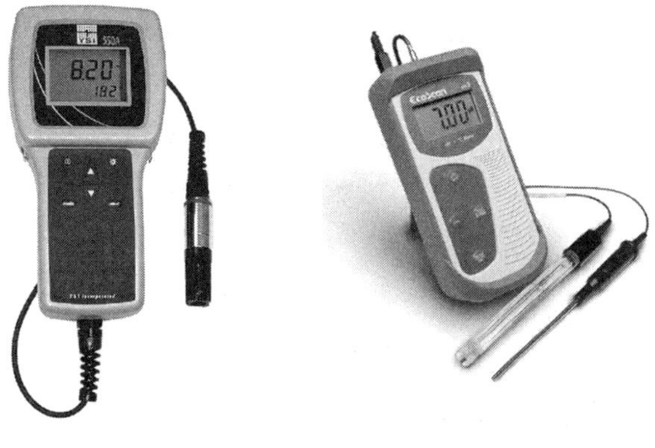

그림 3.7 DO(좌측) 및 pH 측정기(우측)

3.3 자동분석, 원격자동감시장치

최근 몇 십 년 동안 의학계에 있어서 많은 분석기법들이 발전한 것과 같이 수질분석에 있어서도 실험실의 분석장비와 분석기법들이 점차 고도화되고 있는 추세에 있다. 오염물질을 규제하기 위해서는 수질항목 중 중요한 것들은 현장에서 측정이 이루어져야 하고, 이것을 수행하기 위해서는 전극의 발전이 수반되어야만 가능한 일이다. 또한 수많은 시료들을 연속적으로 분석하기 위해서는 믿을 수 있는 자동분석시스템이 있어야만 한다. 이러한 시스템의 측정원리를 보면, 자동시료채취기가 있는 시스템에 시료가 투입되면 연속적으로 비색분석법으로 측정이 이루어진다. 자동시료채취기는 미리 정해 놓은 수준이 초과되었을 때 자동적으로 작동될 수 있도록 기계를 설정하기도 한다. 측정결과는 컴퓨터에 입력되어 통제소로 전달되어 출력된다. 금속물질들은 자동원자흡광광도기와 가스크로마토그래피(GC Mass)를 이용하여 분석할 수 있다. 앞에서 언급한 바와 같이 첨단의 분석장비들은 조작을 잘해야 할뿐만 아니라 유지관리도 잘해야만 신뢰할 수 있는 결과를 얻을 수 있다.

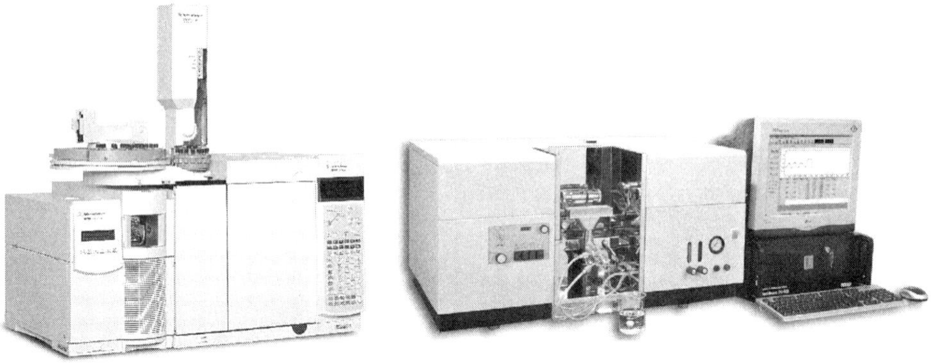

그림 3.8 가스크로마토그래피(좌측) 및 원자흡광광도계(우측)

특히 상수원수의 보호를 위해 수많은 장치들이 독성물질의 영향에 대응할 수 있도록 발전되어 왔다. 질산화 박테리아는 독성물질에 민감하며 만일 독성물질에 노출되면 수중의 암모니아성 질소가 질산성질소로 변환될 수 없게 된다. 이와 같은 방법과 마찬가지로 물고기의 호흡율은 수중의 오염물질로 인해 야기되는 강도를 초기에 알아낼 수 있다. 이러한 자료는 오염물질이 무엇인지는 알 수 없지만 물이 오염되어 있다는 것을 간접적으로 알려주어 사전예방조치를 취할 수 있게 할뿐만 아니라 문제를 야기한 물질을 알아내기 위한 올바른 분석을 할 수 있게 한다. 큰 저수지 내 조류의 이상증식을 감지하는데 인공위성 데이터가 이용되어 왔으며, 레이저광선의 반향과 산란은 수질에 대한 정보를 제공할 수 있는데, 그리 멀지 않은 장래에 이용하게 될 것이다. 상수원의 경우 물고기와 물벼룩 등을 이용한 강물 내 독성탐지시스템을 설치해 운영하고 있지만 탐지시간이 늦고 민감도도 떨어지는 단점이 있다. 독일 등 선진국은 발광성 박테리아를 이용해 독성을 감지하기도 한다. 독성물질이 있는 곳에 박테리아를 넣으면 박테리아가 죽으면서 빛의 양도 줄어들게 된다. 따라서 독성의 정도를 파악할 수 있다. 국내의 경우 특정 오염물질에 대한 규제는 있지만 독성을 가진 물질 일반에 대한 규제는 없는 상태다.

최근에는 미생물을 이용해 화학물질의 독성을 모니터링 하는 환경바이오센서 기법이 이용되기도 한다. 환경바이오센서는 물에 있는 독성물질을 탐지해 낼 수 있는데, 예를 들어 벤젠이나 페놀 등의 난분해성 물질들은 다양한 방식으로 분해과정을 거친다. 그러나 분해과정에서 중간에 독성이 강한 물질로 변환되는 경우도 있는데 이를 측정할 수 있는 방법이 없다. 바이오센서는 특정 독성물질에 특이적으로 반응하는 유전자 변형 박테리아를 이용한다. 박테리아마다 특성이 다르기 때문에 독성물질의 종류까지 파악할 수 있다.

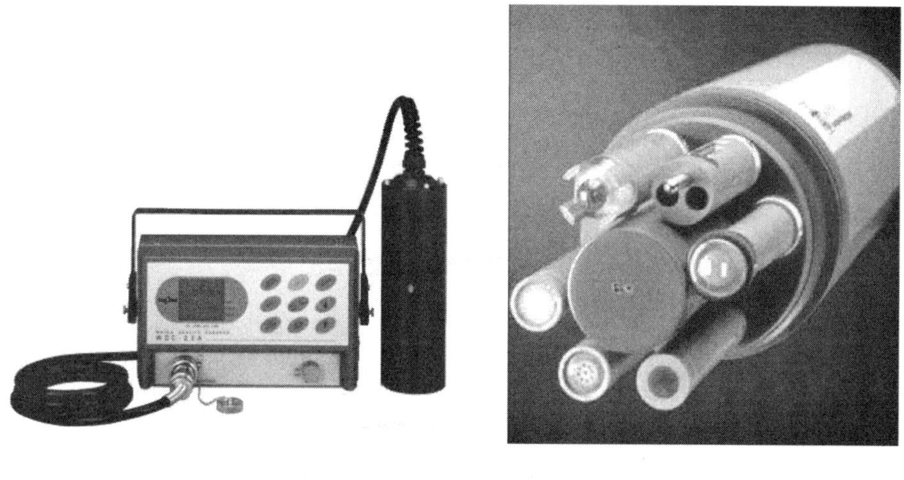

그림 3.9 원격감시용 다목적 자동측정장치

4
Chapter
물과 위생

4.1 물과 미생물

우리의 일상생활에 주 대상이 되는 물은 담수인데, 이것은 천수(우수), 지표수, 지하수 및 복류수(underflow water) 등으로 크게 구분할 수 있으며, 이들은 모두 태양의 열에너지에 의해 순환·재생되고 있다. 따라서 이들 물의 증발과정이나 강우현상이 없다면 육지의 모든 물은 해수로 유입되어 버리고 담수로 재생되지는 않을 것이다. 대체로 물의 근원은 천수이지만, 이것의 상태에 따라 물이 지니는 물리·화학적 성상이 달라진다.

지표수로는 하천수와 호소수가 대표적이지만, 식물에게 물을 공급하는 토양수도 여기에 포함된다. 따라서 우리가 이용할 수 있는 주된 물의 급수원은 유수형·저수형의 지표수라고 할 수 있다. 또한 지표수는 가장 오염되기 쉬운 물이며, 이것은 음료수의 급수 차원을 넘어서 수생식물의 보호라는 면에서도 중요시되어야 하고, 미생물 생·성장에 좋은 곳으로서 다양한 종의 미생물이 서식하고 있다.

4.1.1 하천, 호수, 해양미생물

고대 그리스의 철학자인 탈레스는 "만물의 근원은 물이다"라는 유명한 말을 하였듯이, 물은 인간에게 있어서나 지구상의 모든 생물에게 있어서 생명의 근원이다. 특히 하천과 호소는 매우 중요한 담수생태계에 속하는 곳이며, 이곳에서 많은 미생물이 독특한 생물권을 형성하고 있다.

일반적으로 대도시 주변의 하천은 인간활동이 집중되는 지역으로서 오염이 되어있는 것이 보통이다. 특히 도시의 급속한 발전은 위성 주거지역의 확대를 야기했고, 이러한 인구증가와 다양한 여가활동은 점점 하천과 호수 등에 악영향을 끼치고 있는 실정이다. 하천에는 광합성세균, 화학합성세균들도 존재하나 대부분은 종속영양세균으로 이들의 개체수와 종(species)의 조성에는 하천수내 유기물 농도가 큰 영향을 미친다. 따라서 유기물질 농도가 낮은 하천상류에서는 보통 세균개체수가 mL당 수천마리 이하로 존재한다. 또한 하천수에는 주변의 육지로부터 토사, 처리장 방류수와 다양한 형태의 유기물 등이 유입되므로 육상의 미생물군과 밀접한 관계를 보일 수 있다.

예제 4.1

화학합성을 하는 자가영양미생물(chemoautotrophs)의 에너지원과 탄소원으로 각각 옳은 것은?

1. 무기물의 산화환원반응-유기탄소
2. 무기물의 산화환원반응-CO_2
3. 유기물의 산화환원반응-유기탄소
4. 유기물의 산화환원반응-CO_2

풀이

화학무기영양계(chemoautotrophs)는 자가영양계(독립영양계)이므로 탄소원은 이산화탄소이고 에너지원은 무기물의 산화환원반응으로부터 얻는다.

원수를 호소나 저수지에 체류시키면 유기물질 등이 침전되거나 자정작용에 의하여 수질이 개선될 수 있으나, 호소가 갖고 있는 자정작용 능력을 초과하는 오염물질이 유입되면 여러 가지 악영향이 발생될 수 있다. 호소에서는 토착성 미생물이 하천보다 큰 비율로 존재한다. 호소에서는 깊이에 따라 환경요인이 변화하기 때문에 세균들의 수직분포 역시 깊이에 따라 변화한다. 표수층에는 시아노박테리아가 많이 존재하고 종속영양세균은 수온약층 부근과 물과 퇴적토의 경계에서 최대치를 보이며, 광합성세균은 태양광이 존재하는 곳에서, 혐기성 황세균은 태양광이 존재하며 혐기성 조건인 심수층에서 서식한다. 퇴적토에 존재하는 미생물로는 얕은 호소나 연못의 경우 혐기성 광합성 황세균이나 섬유소 분해균류가 표면에 나타날 수 있으며, 퇴적토 내부에는 탈질작용을 하는 슈도모나스(*Pseudomonas*)와 여러 가지 혐기성세균들이 존재한다. 호소에서 퇴적토 중의 병원체 재순환 경로는 또 다른 문제를 야기하는데, 특히 유입되는 수원이 수온의 현저한 계절변동이 있는 온대수역에 위치하고 있는 경우에 문제가 된다. 이러한 경우의 수원은 여름과 겨울의 성층기나 봄과 가을의 성층소멸기에 영향을 받기 쉽다.

성층기 사이의 기간에는 호소의 심수층으로 들어가는 물의 움직임이 한정되어 수온약층의 상부에 세균이 최대로 존재하는 수층이 형성하게 된다. 심수층과 표수층이 혼합되어 성층이 소멸되면 (전도현상, turnover) 수질이 보다 균일하게 되고 그 결과, 대장균군, 탁도 및 부분 분해된 식물에서 유래하는 후민산(humic acids, 부식산)이 수중으로 방출되어 일시적으로 증가한다. 이런 수질의 물을 취수하면 일시적으로 염소요구량이 다량으로 증가된다. 호소의 순환이 대장균군의 농도변화에 미치는 영향은 미국의 코네티컷주 뉴헤이븐(New Haven)의 게일라드(Gaillard) 호수를 대상으로 연구한 결과에서 밝혀졌는데, 가을철에 성층소멸은 수주 만에 100cells/100mL 이상으로 대장균농도가 뚜렷하게 상승하였으며, 초봄에는 대장균농도가 약간 작은 정도로 증가하였다.

하천이나 호소에서 균류는 주로 육상식물에서 비롯된 유기물과 밀접한 관련이 있다. 이러한 물질에는 여러 종류의 자낭균류나 불완전균류들이 존재하며 또한 여러 가지 효모 종류도 나타난다.

예제 4.2

호소의 자정작용(self-purification)시 전도현상(turnover)에 대한 간략한 정의로 옳은 것은?

1. 물의 수직운동　　2. 물의 수평운동
3. 물의 난류현상　　4. 물의 층류현상

풀이

호소수의 전도현상은 수직방향의 수온차에 따른 순환 밀도류가 발생하거나 강한 수면풍의 작용으로 수괴의 수직안정도가 불안정하게 되는 현상을 말하는데, 표층수가 냉각되는 가을순환(fall turnover)과 표층수가 가열되는 봄순환(spring turnover)으로 대별된다.

3면이 바다로 둘러 싸여 있는 우리나라의 해양은 수산물, 광물, 관광 등 자원의 보고로서 중요한 위치를 차지하고 있다. 그러나 인구증가와 임해공업단지의 개발로 인한 내륙으로부터 오염물질의 해양유입이 증가하여 연안해수의 오염이 가중되고 있다. 담수(민물)와 달리 해수(염수)는 소금성분을 다량 함유하고 있기는 하나, 담수와 해수 중 어떠한 물이든지 모두 그 성질이 각각 다를 뿐만 아니라 여러 가지 화학물질을 함유하고 있다. 즉, 여기에는 O_2, N_2, CO_2, CH_4, H_2S, SO_2, SO_3 등의 기체상 물질을 비롯하여, Al, Ca, Fe, Mg, K, Na 및 Si 등의 염류물질 등도 함유하고 있다.

해수의 표층에서는 미생물 개체수가 많으며 수심에 따라 점차 감소하는 분포를 보인다. 해역에 따라서도 개체수 분포가 달라서 연근해에서는 미생물 개체수가 비교적 많은 편이나 심해에서는 개체수가 상당히 적으며 종속영양세균들은 유기물이 제공될 수 있는 조류세포나 부식질의 입자표면에 주로 서식하게 된다. 해저의 퇴적토에는 비교적 많은 수의 미생물이 퇴적표층에 존재하나, 깊이에 따라 그 수가 감소하며 이 원인은 영양소의 고갈 때문이다. 연근해 해수는 때로는 1mL 중에 수만 개에 달하는 균수를 함유하지만, 먼 바닷물에는 1mL 중에 수십 개가 되고 심해에서는 균수가 매우 드물게 된다. 해수는 약 3%의 식염을 함유하고 있어, 해수세균에는 호염성(halophillic)이 많으며, 해양의 90～95%가 5℃ 이하이므로 대부분의 해양세균은 저온성 또는 저온영양성의 성질을 나타내며, 또한 대부분의 수역에서 영양소 농도가 낮으므로 빈영양세균들이 많이 존재한다. 심해에서는 높은 수압에 견디는 내압성세균들이 주요한 토착성 미생물이다. 대부분의 해수미생물들은 그람음성세균으로 운동성을 갖고 있으며 호기성 또는 통성혐기성이며 절대혐기성 세균들은 매우 적은 편이다.

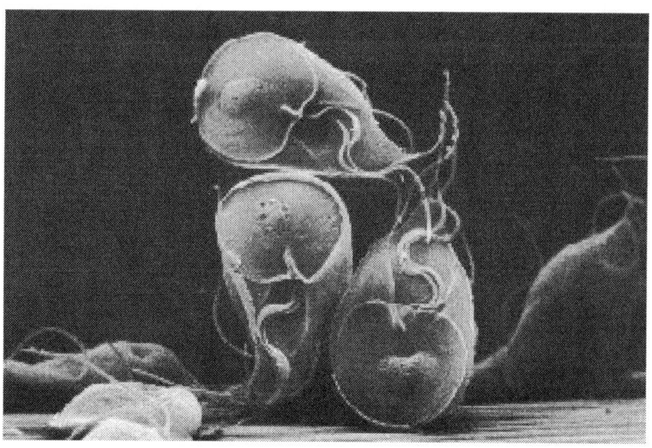

그림 4.1 상수처리시 문제가 되는 지아디아 포낭(*Giardia lamblia*)

연근해 해수는 내륙에서 담수세균, 하수세균, 분변세균의 유입에 의하여 오염되고 해산물에 의하여 소화기계 전염병이나 장염비브리오에 의한 식중독이 발생하고 있다. 해수중에는 대장균, 콜레라균, 장염비브리오 등을 잡아먹는 *Bdellovibrio*라 하는 작은 그람음성균이 서식하고, 육계세균의 해수에서 장기간 생존을 억제하는 것으로 알려져 있다. 해안의 경사가 완만한 서해안에서는 매립이 진행되고 있으며 천해의 갯벌위로 인공구조물이 줄지어 들어선다. 일부 매립을 모면한 어장들도 과밀 양식, 사료와 약제 투입으로 오염이 심각하다. 게다가 엘니뇨나 라니냐와 같은 지구 전체의 기후변화가 해수면을 상승시키고 있으므로 전 세계 모든 국가들이 개발위주의 정책이 능사가 아닌 것을 인식하여야 한다.

4.1.2 상수도 미생물

자연계에 널리 분포되어 있는 물은 인체 구성성분의 70%를 차지하며 혈액과 임파액을 비롯하여 기타 인체의 세포 및 신체조직의 활동에 필수불가결한 체내액으로서 중요한 역할을 담당하고 있다. 우리가 매일 마시는 공기중의 산소는 폐에서 물에 용해되어 체내에서 순환되며 섭취된 음식물도 물에 용해되어 체내에 흡수된다. 인간이 음료수로써 직접 섭취하는 수량은 기온 등 환경조건에 따라 다르나 성인의 경우 하루 1~1.5 L이고, 음식물에 함유되어 섭취되는 수분까지 하면 보통 2~3 L가 필요하다. 이와 같이 물은 인간의 모든 활동을 뒷받침해주는 기본자원이 되고 있음에도 불구하고 물의 귀중함을 때때로 잊고 지내는 것 같다. 인구의 급격한 증가와 도시화, 공업화의 부산물인 수질오염의 심화현상은 더 이상 물은 천부의 자유재가 아니라는 인식의 전환과 아울러 물의 유한성에 비추어 볼 때 물을 양호하게 위생적으로 처리해서 수질기준에 적합하게 하는 것은 필수불가결하다고 할 수 있다.

상수도의 당초 시설목적은 미처리수를 그대로 공급하는 것이었으나 19세기 초부터 물을 여과하여 정수처리한 물을 공급하기 시작하였다. 그 후 위생시설로써 수도의 평가방법이 정립되었고 상수도가 급속히 보급되기 시작하여 이제 상수도는 도시에서 없어서는 안 될 가장 중요한 공공시설로 취급되고 있다. 상수도의 효과는 첫째, 양질의 음용수를 공급함으로써 위생적인 생활환경을 조성하는 것이다. 물에 의한 질병은 주로 소화기계통의 전염병인데, 이러한 질병은 물외에 다른 식품에 의한 것도 많으나, 전염경로는 역시 물에 의한 것이 많고, 특히 질병의 집단발생은 음용수에 의한 경우가 많다. 따라서 상수도의 보급은 이러한 소화기계통의 전염병의 예방뿐만 아니라, 물을 풍부하게 사용함으로써 생활환경이 청결하게 되어 다른 질병의 예방에도 큰 효과가 있다. 이에 반하여, 오히려 오염된 상수도에 의하여 질병이 급속도로 또한 광범위하게 전파될 수 있는데 이는 도시뿐만 아니라 집단급식시설 등에서 흔히 발생하는 수가 많다. 이러한 집단발병의 원인은 대부분 수원의 오염이나 수도계통의 관리상태 소홀에서 발생되고 있다.

일반적으로 대도시 주변의 표류수는 인간활동이 집중되는 지역으로부터 오염되어 있다. 최근 도시는 급속도로 발전하였고 위성 주거지역이 확대되고 있다. 이러한 인구 증가와 다양한 여가활동은 점점 하천과 호수 등 상수도 취수구역에 악영향을 끼치게 되었고, 새로운 오염원으로서의 하수와 우수유출수는 원수 수질을 악화시키고 있다. 한 예로서 어떤 도시와 인접해 있는 정수장 수원의 세균학적 수질시험에서는 약 2,000 세포/100mL 농도 이상의 분변성 대장균군이 검출되었다. 문제는 병원성 미생물도 존재한다는 사실인데 그 수와 종류는 인간이나 사육동물사이에 유행하고 있는 질병과도 관계가 깊다.

1) 정수시설

수질을 인공적으로 정화하는 시설로서 수질이 양호하면 복잡한 정수과정을 일부 생략할 수도 있지만, 대부분의 경우 이 과정은 매우 중요하게 취급되어야만 한다. 여기서 중요한 것은 응집(coagulation), 침전(sedimentation), 여과(filtration), 살균(disinfection) 등의 4가지 방법이다. 정수는 대부분의 경우에 도시 부근에 정수장을 설치하여 도수 후에 행하지만 지형에 따라서 취수 직후에 정수장을 설치하는 경우도 있다. 병원성 미생물은 상수처리과정에 사용되는 여과지에서도 완전히 제거할 수 없으며, 비록 우물물일지라도 여과과정을 거치면 물의 탁도나 부유물질은 제거할 수 있어도 병원성 미생물만은 완전제거가 불가능하다. 따라서 외견상 깨끗해 보이는 물이라도 안전하다고 말할 수 없기 때문에 모든 음료수는 급수전에 되도록 완전한 소독을 거쳐야 한다. 물을 소독하는 데는 크게 화학적 살균법과 물리적 살균법으로 구분할 수 있는데, 화학적 살균법으로는 염소살균법, 오존살균법, 과망간산칼륨법이 있고, 물리적인 살균법으로는 가열법, 자외선살균법, 감마선살균법 등을 들 수 있다. 그러나 이들 중 가장 흔히 사용되는 것은 소규모의 가열법과 대규모의 염소살균법이다. 현행 기준으로는 원수 중에서 오염도가 높은 상수원은 활성탄이나 오존 등을 이용한 고도정수처리를 요구하고 있다. 여기에서는 염소살균법에 대한 내용만 간략하게 소개하고자 한다.

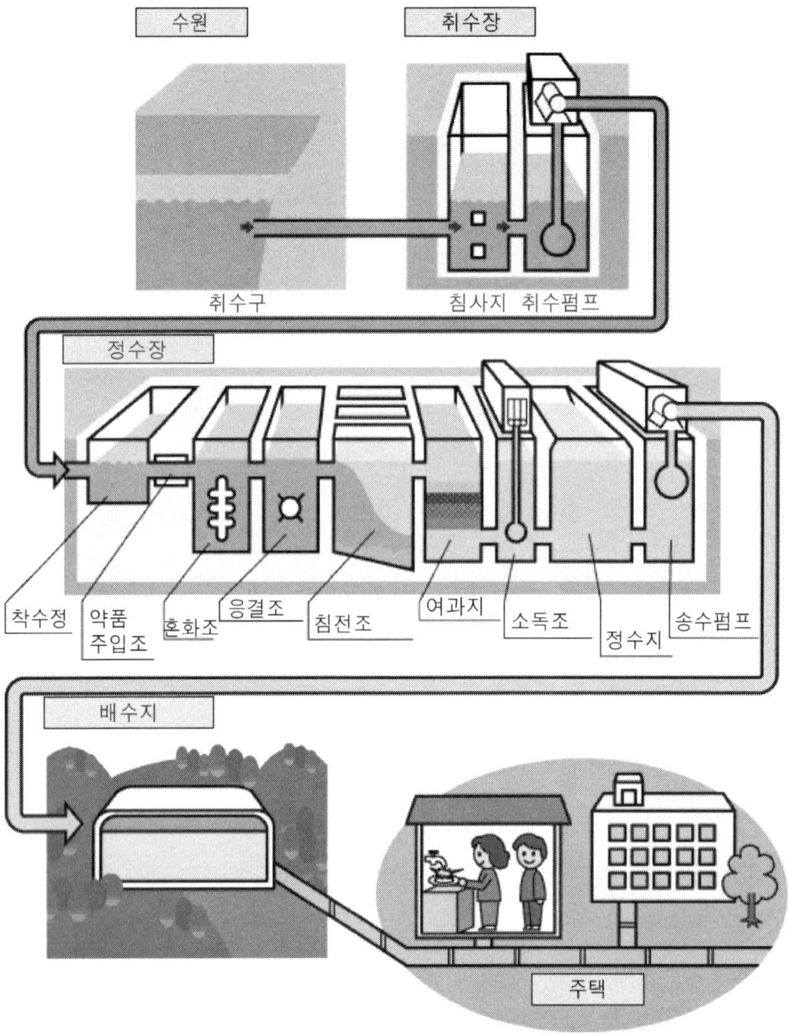

그림 4.2 상수처리의 일반적인 과정

2) 염소소독

상수의 살균은 물의 정수과정에서 빼놓을 수 없는 중요한 단위조작이다. 침전이나 여과는 부유물질을 제거하여 깨끗한 물로 전환시키는 과정이기 때문에 때로는 청정수라면 생략할 수 있으나, 살균은 필히 동반되어야 하는 과정이다. 살균방법으로는 주로 염소살균을 사용하나 표백분을 사용하는 경우도 있다. 염소를 0℃ 4기압 하에서 액화시킨 액체염소를 사용하는데 염소는 강한 산화력이 있어 유기물질이나 환원성 물질에 접촉하면 산화력이 약화되므로 잔류염소(residual chlorine)가 필요하다. 잔류염소량은 수도꼭지에서 평상시에는 0.2mg/L가 필요하며 비상시는 0.4mg/L 이상이 필요하다. 잔류염소는 송수, 배수, 급수 그리고 사용과정에서 오염될 수 있는 미생물의 살균작용에 유효하다. 염소살균의 장점은 소독력이 강하고 잔류효과가 크며, 조작이 간편하고 가격이 저렴하지만 염소 고유의 냄새와 독성이 있는 것이 단점이다.

예제 4.3

상수처리시 염소 대신 오존을 이용할 때의 단점이라 할 수 없는 것은?

1. 잔류성이 없어 살균 후 미생물 증식에 의한 2차 오염위험이 있다.
2. 부산물 제어방식으로 활성탄 공정을 추가하여야 한다.
3. 포화유기물과 반응성이 낮다.
4. pH에 따라 살균력이 변화한다.

풀이

오존소독법은 염소소독법과는 달리 pH 변화에 관계없이 강력한 살균력을 나타낸다.

3) 재성장(regrowth) 현상

미생물의 재성장이란 염소살균 후 처리수내 세균은 일반적으로 감소하나 일정한 시간 후에 세균이 증가하는 현상을 말한다. 이 현상이 발생하는 이유는 첫째, 수중의 세균을 포식하는 식균생물이 염소살균으로 사멸하면 남아있는 미생물이 크게 증가하게 된다. 둘째, 수중의 조류가 사멸하면 남아있는 세균이 죽은 조류를 영양원으로 하여 증가하게 되고, 마지막으로 포자형성균이 염소가 소실되면 다시 발아하여 증식하기 때문에 이와 같은 현상이 발생될 수 있다. 재성장을 억제하는 방법으로서는 첫째, 세균의 에너지원이 되는 음용수 중의 유기물질과 무기물질의 농도를 낮추기 위하여 효과적인 생물처리를 한다. 둘째, 급배수 중의 음용수에 미생물의 에너지원이 유입되는 것을 방지한다. 셋째, 급배수관 내의 잔류염소를 유지한다. 그러나 염소는 표면에 부착된 세균에 대하여는 비교적 효과가 적은 단점이 있다. 마지막으로, 생물의 사체, 세균, 동물 등을 배수관망 내에서 제거하기 위하여 물로 세척하는 방법이 있으나 많은 노동력이 필요하고 수지상 배수관망에서는 적용하기 어려우며 주기적으로 반복해야 한다.

4) 배수시설

정수장에서 처리된 청정수를 소요수압 하에서 소요수량만큼 분배하는 것이 배수이다. 배수는 도시에 부설하는 상수도관, 즉 배수관까지 정수의 이송을 말한다. 시가지의 수압 및 수량을 조절하기 위하여 배수지 또는 배수탑을 설치한다. 어떤 경우에는 배관 설비를 포함하는 수도의 배수관망 내에 병원성 미생물이 증식할 가능성이 있다. 상수도 배수관망에서 세균의 분포는 매우 이질적이고 복잡한 형태를 보이는 것으로 잘 알려져 있다. 세균의 분포형태는 배수관망의 물리적 특성과 화학적-생물학적 특성에 근거하여 예측 또는 설명할 수 있다. 배수관망 안에서 채취된 시료에서 세균이 검출되는 데는 두 가지 주요한 원인이 있는데, 첫째, 모든 수원에는 세균이 포함되어 있기 때문에 원수 또는 정수장으로부터 배수관망에 직접적으로 유입된다. 둘째, 관벽에서 증식하는 세균이 전단력이나 부식에 의해 배수관망으로 섞여 들어올 수 있다. 위 두 가지 원인에 의한 세균농도의 비(물의 흐름에 의해 유입된 세균/관벽으로부터 이탈된 세균)는 정수장에서부터 거리가 먼 배수관망일수록 감소한다.

5) 급수시설

배수관에서 나뉘어 각 가정의 급수전까지의 물의 이송을 급수라 하고 이를 위한 시설을 급수시설이라 한다. 수질이 양호하지 않은 원수로부터 안전한 수돗물을 얻기 위해서는 일반적인 처리공정(응집, 침전, 여과)에 전, 후 염소처리를 주의 깊게 해야만 한다. 현재에는 정수중의 발암성 물질을 감소시키려고 하지만 소독제가 처리의 전단계에서 제거되지 않는 유기오염물질과 반응하여 부산물을 생성시킬 위험성이 높기 때문에 전염소처리는 그다지 바람직하다고 생각되지 않는다. 이처럼 수처리 단위조작의 배열을 변화시키는 방법은 원수중의 바이러스와 세균이 급배수 중에 스며드는 것을 막는 주요한 방어벽으로서, 최종단계에서 확실하게 소독을 해야 한다는 것이 강조되고 있다.

원수를 소독만으로 효과적인 처리가 되도록 하기 위해서는 그 물이 비교적 양질이어야 하고, 미생물을 소독으로부터 보호한다거나 염소요구량을 크게 하는 방해물질이 함유되지 않은 것이어야만 한다. 분뇨오염의 가능성을 대장균군을 사용하여 측정하면, 큰 호수 및 저수지에서 취수되는 비교적 양질의 원수는 100세포/100mL 이하의 값을 갖고 있다. 이 정도의 오염수준에서 분변성대장균군은 지표수인 저수지 및 호소에서 다소 지표성이 떨어지는 총대장균군의 약 10~30% 정도라고 예측된다. 100mL 중 대장균군 100 또는 분변성대장균군 20이라는 세균학적 한도뿐만 아니라 최적의 소독효과를 얻기 위해서는 원수탁도를 1 NTU (Nephelometric Turbidity Unit), 그리고 염소요구량을 2mg/L 이하로 억제할 필요가 있다. 원수중에서 Giardia (ramble 편모충)나 Cryptosporidium이 검출되면 최소한계처리의 방법을 바꿔야만 한다. 생각해볼만한 처리방법으로는 소독제의 농도를 증가시켜 접촉시간을 길게 한다든지, 포낭을 불활성화시키기 위해 오존이나 다른 소독제를 사용한다든지, 혹은 공급하는 물로부터 병원성 미생물을 물리적으로 제거하는 여과 또는 흡착 등의 방법이 있다. 고도정수처리공정의 하나인 입상활성탄 또는 생물활성탄 흡착공정은 염소살균 공정에서 제거되지 않은 미생물을 흡착시킴으로써 제거할 수 있다. 그러나 활성탄에 부착성장하던 미생물이 탈리되어 수요자의 수돗물에 포함될 가능성을 배제할 수 없다.

일반적으로 배급수계통은 금속이나 PVC 종류로 된 관거이거나 고지대에 설치된 배수지로 구분할 수 있다. 배급수계통의 내부를 흐르고 있는 수돗물은 빈영양상태로 수중의 미량의 영양분과 미생물이 내부표면에 쉽게 부착될 수 있다. 부착된 미생물은 생물막을 형성하며, 이러한 미생물들은 구균, 간균, 규조류, 진핵생물 등 다양한 미생물로 존재한다. 결국에 가서는 이러한 미생물막이 탈리되어 정수장에서 검출되는 세균보다 가정의 수도꼭지에서 나오는 세균의 수가 많아지거나 특히 대장균군이 새로이 검출되는 원인이기도 하다. 이러한 현상을 배급수계통에서의 세균 또는 대장균군의 재성장(regrowth)이라고 한다. 이러한 배급수계통에서의 미생물 특히 병원성세균의 재성장으로 인하여 수인성질병이 발생될 수 있으므로 이를 방지할 수 있는 대책이 필요하다.

최근 들어서는 각 가정마다 가정용 정수기를 많이 사용하고 있는데, 가정용 정수기에서 처리한 물의 세균학적인 수질은 수돗물과는 다른데, 가정용 정수기의 활성탄 필터를 통과한 물의 세균농도는 수돗물보다 1~2 log 정도 증가한다고 보고되고 있다. 미생물증식의 정도는 여과기에 유입되는 수돗물 속에 존재하는 미생물의 종류, 유리잔류염소의 존재유무, 계절적인 수온의 변동, 기기주변의 기온 혹은 활성탄 카트리지의 사용시간에 관계된다. 배수계통을 우발적으로 통과한 미생물은 활성탄 필터 속에서 시간은 다르지만 colony를 형성할 가능성이 있다. 염소를 제거한 수돗물을 이용한 조사에 의하면 12개월 동안의 조사에서 대장균군을 유입수에 첨가하지 않았음에도 불구하고 대장균군이 1~10개월간에 걸쳐서 1개 이상의 활성탄 필터로부터 유출되었다. 대장균군 가운데 3종이 하나의 시료 속에 장기간에 걸쳐서 검출되기보다는 몇 번의 기간에서 검출되었다. 이 결과로부터 수돗물 속의 대장균군이 가끔 나타나는 것을 알아내기 위해서는 배수계통의 감시지점에서 정기적으로 채취한 시료에서 감시하는 것보다도 활성탄 필터를 거친 수돗물을 감시하는 편이 쉽다는 것을 알 수 있다.

예제 4.4

정부와 지자체에서는 상수원수의 수질 개선, 정수처리방법의 개선, 노후관 교체 등의 노력을 기울였지만, 아직도 국민들의 수돗물 불신은 크게 개선되지 않고 있다. 그 주요 원인 중 하나가 노후된 아연도강관에서의 녹물 발생에 기인하고 있다. 이러한 문제점을 해결하기 위한 노후 옥내급수관의 관리기술 및 대책방안에 대하여 설명하시오.

풀이

1. 노후 옥내급수관 관리실태

(1) 진단 및 평가
- 옥내급수관의 부설년도, 과거누수발생 빈도 등의 간접진단법에 의존
- 옥내급수관에 대한 과학적인 진단방법과 평가기준 등에 대한 제도화 미흡

(2) 관리, 보전 기술
- 세척, 갱생, 교체 및 부식억제 공법 등이 있음
- 이온식, 자기식 등의 관 수명연장 수처리장치가 있으나, 효과검증 및 인증기준 등이 마련되어 있지 않음

2. 노후 옥내급수관 관리기술

(1) 옥내급수관 진단, 평가기술
- 방사선 투과시험, 초음파 탐상 검사, 유도초음파 검사, 내시경 검사

(2) 옥내급수관 세척, 갱생, 교체 기술

가) 관세척공법
- Polly-Pigs공법, Sand Blast공법, Scraper공법, 충격초음파세관, 오존케어링 공법 등

나) 관갱생공법
- Air Sand공법 및 액상에폭시라이닝공법

(3) 전자기, 이온방식 등 부식억제 장치
- 자기장치, 전자장장치, 이온화방식, 전기식방식 등

(4) 기존건물의 옥내급수관 교체

(5) 옥내급수관 자재 및 시공기술
- 아연도강관 대신 스테인레스강관, 동관 등 내식성관 사용

3. 대책방안

(1) 옥내급수관의 진단 및 세척, 갱생, 교체기술은 기 국내에 도입되어 시공중이므로 활성화되도록 여건 조성
- 기존 노후 옥내급수관은 진단 후 갱생 또는 교체를 적극 유도

(2) 옥내급수관 소재개발 및 내구성 등이 향상된 자재생산과 시공기술 향상을 위한 연구개발

(3) 부식억제 장치 등의 효과 검증, 옥내급수관 갱생, 교체비용 지원방안 강구 등

4.2 오염미생물

인구가 급속히 증가하여 도시화가 되고 과학기술이 발달함에 따라 자연환경이 다양한 인공오염물 또는 산업폐기물에 의해 오염되어 자연환경에 서식하는 모든 생물생태계의 균형이 파괴되는 위험에 빠질 수 있다. 지구상의 다양한 미생물은 생체를 구성하는 원소의 순환에 의하여 양적평형이 유지되지만, 미생물은 적응능력이 매우 커서 환경이 살충제, 농약, 제초제, 세제, 염화탄화수소 등과 같은 인공물질에 오염된 경우에는 이들을 분해하고 무해화하여 환경보전에 중요한 역할을 한다. 미생물에 의해 처리가 어려운 합성수지, 미량유해금속, 방사성폐기물 등에 의한 환경오염은 예의주시해야 한다. 그러나 가정하수와 폐수처리장의 방류수에는 여러 가지 오염미생물과 기생체들이 발견되는데 이들의 특성에 대하여 기술하기로 한다.

하폐수에 가장 많은 병원성 오염미생물은 살모넬라(*Salmonella*)로 이들은 장티푸스, 파라티푸스, 위소장염 등을 일으킨다. 하폐수에서 그 숫자가 많으면 8,000마리/100mL 정도가 있으며, 염소살균이나 여과 등의 적절한 처리과정을 거치면 제어할 수 있다. 콜레라를 유발시키는 *Vibrio cholerae*는 그람음성의 굽은 막대세균으로 거의 물로 전파된다. 이 오염미생물은 폐수에서 발견되며 콜레라 유행시 10~104개체/100mL가 보고되었다. 콜레라와 장티푸스의 폭발적인 전염이 칠레와 페루에서 발생된 적이 있는데 그 원인을 규명해본 결과 하수에 오염된 야채의 섭취로 인한 것이었다. 이 세균은 자연환경에 존재하기도 하는데 동물성 플랑크톤과 식물성 플랑크톤이 있는 고형물에 부착하여 성장한다. 사람과 온혈동물의 위장관에서 발견되는 대장균의 대부분은 무해하나, 장내독성대장균(ETEC), 장내병원성대장균(EPEC), 장내출혈성대장균(EHEC), 그리고 장내침입성대장균(EIEC)과 같은 여러 종류의 대장균 변종들은 병독성 요인을 가지며 설사를 일으키기도 한다. 물에 존재하는 대장균의 약 2~9%가 여행자설사(Traveler's diarrhea)를 일으키는 장내병원성대장균으로 보고되었다. 미국에서 1989~1990년 사이에 수인성질환 발생시 27건의 발생 중 하나가 장내출혈성대장균 O157 : H7이었는데 이것은 특히 집단에서 어린이나 노인에게 질환을 발생시킨다. 이 병원체는 미국 필라델피아주의 한 저수지에서 분리되었다. 이밖에도 폐수처리장 방류수, 강물, 식수, 지표수 등에서 분리되는 오염미생물들도 상당수가 있다.

표 4.1 오염미생물에 의한 수인성질환

오염미생물	질 병	신체영향부위	주된 저장소
Acanthamoeba castellani	아메바성 뇌수막염	중추신경계	토양, 물
Balantidium coli	이질/장궤양	위 장 관	사람의 변
Cryptosporidium	설사/미열/메스꺼움/체중감소	위 장 관	사람, 동물의 변
Entamoeba histolytica	아메바성이질	위 장 관	사람의 변
Giardia lamblia	지아디아증	위 장 관	사람, 동물의 변
Naegleria gruberi	아메바성 뇌수막염	중추신경계	토양, 물

4.3 오염지표 미생물

물의 오염측정에서 미생물은 가장 훌륭한 지표이다. 그러나 하수에 오염된 물로부터 장내병원균을 직접 분리하는 것은 어려운 일이다. 왜냐하면 장내병원균에 의하여 감염된 환자로부터 최근에 크게 오염된 경우가 아니면 일반적으로 극히 적은 수의 병원균만이 존재하기 때문이다. 그러나 분변과 같은 오물로 오염된 물은 각종 수인성질병의 감염을 일으킬 가능성이 있기 때문에 이러한 오염을 알아내는 것은 위생관리의 본질이 된다. 지표(indicator)미생물들은 다음과 같은 조건을 갖추어야 한다. 첫째, 병원균이 존재하는 곳에서는 어디서나 지표미생물은 존재해야 된다. 둘째, 지표미생물은 병원성 미생물과 같거나 그 이상의 수가 존재해야 한다. 셋째, 사람의 대변에만 많은 수로 존재해야 하며 자연환경에는 없거나 적은 수로 존재해야 한다. 넷째, 비병원성으로 비교적 간단한 배지에서 간단한 방법에 의해 쉽고 빠르게 검출될 수 있어야 한다. 다섯째, 병원균보다 더 많은 수로 존재하고 자연환경에서 병원균보다 생존력이 강해야 한다. 여섯째, 상수처리공정 및 살균소독공정에 대해서 적어도 병원성 미생물보다도 저항성이 있어야 한다. 마지막으로 인공배지에서의 지표미생물의 증식은 공존하는 다른 미생물에 의해 크게 영향을 받아서는 안 된다.

4.4 지하수의 오염

지하수는 토양이 지표로부터 오염물질이 침투되는 것을 방어하는 보호벽이 되므로 양질의 수질을 공급한다고 생각하여 왔다. 따라서 처리하지 않은 상태로 곧바로 공급하던지 또는 맛과 냄새의 제거나 소독 등의 간단한 처리로 사용될 수 있었다. 지하수를 선택하는 다른 요인은 취수가능한 지표수는 전반적으로 오염되어 있어 안전한 물을 얻는 데에는 많은 처리가 필요하며, 물 수요를 충족시키기 위한 지표수의 양이 부족한 것 등을 들 수 있다. 물은 토양을 통과하는 과정 중에 여과되어 유기물이나 미생물에 의한 오염을 많이 경감시킬 수 있는데, 매우 깊은 대수층으로부터 나오는 지하수는 세균에 의한 오염이 적다. 그러나 인구증가와 산업활동의 확대에 따른 토지이용의 확대로 인해 토양이 보호벽으로서의 역할이 약해져가고 있으며 이에 따라 양질의 지하수가 미생물에 의해 오염될 위험성도 높아졌다.

이에 대한 구체적인 예를 들면, 우물로 오염물의 직접투입, 오염된 지표수의 침투 또는 지표에 있는 용해성 고형물의 용해, 하수관의 파손에 따른 하수의 누수, 대수층간의 단락, 매립지로부터의 침출수 침투, 담수대수층으로의 해수의 침투 등을 들 수 있다. 처리되지 않거나 불충분하게 처리된 지하수는 다양한 수인성질병의 유행원인이 되는 병원성세균, 바이러스 또는 유핵생물(아메바, Giardia, 기생충 등)을 포함하게 되며, 우물물로부터 세균성 질병의 병원체들이 분리되기도 한다.

미국에서 지하수를 취수원으로 하는 경우에 미생물에 의한 오염특성을 표 4.2에 나타내었는데, 시료 100mL당 1개 이상의 대장균군을 포함한 시료 수를 %로 나타내었을 때, 지하수가 대장균군에 의해 적게는 9%에서부터 많게는 43% 이상까지, 그리고 분변성대장균군에 의해서는 적게는 2%에서부터 많게는 12%까지 오염되어 있음을 알 수 있다. 그러나 소규모 주거지역에서의 수도조사 결과, 표류수를 수원으로 하는 것보다 지하수를 사용하는 경우에 오염율이 낮게 조사된 경우도 있었다. 이것은 지하수 수원이 표류수에 비해 상대적으로 잘 보호되고 있기 때문이며, 지방상수도에서 대장균군에

표 4.2 소규모수도의 세균에 의한 오염특성(미국)

장 소	조사수도 개수	대장균군 %	분변성대장균군 %
소규모 공공수도	621	9.0	2.0
고속도로 휴게소	241	15.4	2.9
인디안 보호구역	498	35.9	9.0
개인우물 - 수조	1,086	42.1	12.2
소규모수도(15만호 이상)	241	43.3	7.7
소주거지수도(15만호 미만)	1,327	15.5	4.5

오염되어 있는 비율이 높은 것은 시공이 불완전하거나 수원의 위생적인 보호가 불완전하기 때문으로 보인다.

하천수와 호수물에 대한 오염이 보도되자 우리나라에서는 생수를 찾는 사람들이 늘어났다. 일찍부터 대수층의 지하수를 채수하여 생수로 판매하고 있었으나 오랫동안 생수에 대한 규제가 없어서 문제가 되었다. 1994년에 생수의 명칭이 먹는샘물로 개칭되면서 먹는샘물의 원수가 극도의 청정도를 가질 것을 요구하고 있으므로 정수방법도 침전, 여과, 폭기 및 자외선을 이용한 광학적 살균 등 최소한의 물리적 처리에 한하며 이외의 어떠한 화학적 처리도 허용되지 않는다. 다만, 정수공정에서 탄산가스를 제거하거나 첨가할 수는 있되 최종농도는 0.1% 미만으로 하고 있다. 최근에는 먹는물 살균과정에 오존을 사용함으로써 잠재적 발암물질인 브롬산염이 검출되어 사회를 큰 충격에 빠트린 사건이 발생하였다. 시중에서 유통 중인 먹는샘물 10개 중 1개에서 잠재적 발암물질인 브롬산염이 검출되었다. 해당제품에서는 브롬산염이 0.0116~0.0225 mg/L 검출되었는데, 이는 세계보건기구(WHO)와 국내 먹는해양심층수 수질기준(0.01 mg/L)을 초과한 수치다. 현재 브롬산염은 국제암연구기관(IARC)에서 '잠재적 발암물질'로 분류(2B)되어 있으며 미국과 캐나다, 유럽 등은 먹는물 기준으로 0.01mg/L를 설정하고 있다. 0.01mg/L은 건강한 성인이 70년 동안 매일 동일 농도를 지닌 생수 2L를 먹었을 때 1만명당 1명이 암에 걸리는 수준이다. 이에 따라 환경부는 브롬산염을 생성시키는 오존살균을 즉각 중단할 것을 지시하여, 해당업체는 모두 오존 살균공정을 중단하고 자외선 소독 등 대체공정으로 제품을 생산하고, 이미 생산된 제품에 대해서는 회수하도록 하였다. 해수와 달리 먹는샘물 제품수로 사용되는 지표수나 지하수에는 브롬산염 원인물질인 브롬이온의 농도가 낮고, 일반적 살균과정에서는 생성가능성이 낮아 국내기준이 마련돼 있지 않다. 이에 따라 환경부는 브롬산염에 대한 먹는샘물 기준을 국제기준(0.01mg/L)과 동등한 수준으로 설정하기로 하고 '먹는물 수질기준 및 검사 등에 관한 규칙'의 일부를 개정하기로 하였다.

미국의 중서부처럼 일부 건조한 지역에서는 깊은 땅속까지 지하수층이 발달되어 지하수를 양수하여 농업용수와 생활용수로 쓰고 있는데, 사용량보다 보충되는 양이 훨씬 적어서 지하수면이 날로 하강하여 지하수층 위의 지반이 약해져 침하되는 경우도 있다. 우리나라에서는 외국에 비해 지하수를 많이 쓰지 않기 때문에 지하수오염에 대해 조사된 결과가 미미하나, 사용종료 쓰레기매립장에서 발생하는 침출수와 휴·폐광산 등이 지하수를 오염시킬 것으로 염려하고 있다. 또한 제주도는 해수가 섞인 지하수 때문에 문제가 되고 있는데, 긴 하천이 없어서 대부분의 용수를 지하수로 공급하고 있다. 오랫동안 제주도의 해안지역에서는 땅속에서 솟아오르는 지하수의 일종인 용천수를 이용하여 왔다. 오랫동안 인구 30만 이하를 유지하던 제주는 수자원에 대한 문제가 전혀 없었다. 그러나 정부에서 제주도 개발이라는 이름으로 관광지를 만들면서 1년에 수백만 명의 외부인이 제주도를 방문하게 된 결과, 물이 부족하게 되었고, 계속적으로 대형호텔과 위락시설이 들어서자 지하수개발로 용수를 충당하였다. 해안의 지하수는 담수와 해수의 비중이 1 : 1.025로 차이가 나서 담수가 해수 위에 렌즈모양으로 떠있는 상태인데 지하수가 줄어들면 바닷물이 밀고 올라와서 우물에서 해수가 나오는 경우도 있다. 이러한 지하수의 해수에 의한 오염은 최근에 문제가 되고 있는데 제주동부지역의 일부는 해안에서 6km까지의 우물은 해수가 섞인 지하수가 나와서 식수로 사용할 수 없게 되었다.

4.5 수인성 전염병

19세기까지 유럽과 북미에서 만연되었던 수인성 전염병은 공공 상하수도의 발전으로 인해 사실상 없어졌으나, 최근에는 *Cryptosporidium*, *Giardia*와 같은 미생물에 의한 전염병이 심심찮게 발생하고 있다. 이들 미생물들은 많은 동물의 분뇨로 배출되어 여러 가지 형태로 물에 포함되게 되는데, 이들은 자연환경에서는 조그마한 포낭(cyst)형태로 존재하게 된다. 포낭은 대개 모래여과에 의해서 제거할 수 있지만 완전제거가 불가능하다. 또한 염소소독에 매우 저항성이 강하기 때문에 일반의 소독방법으로는 죽일 수 없는 경우도 발생하게 된다. 최근에는 급속모래여과의 여과수에서 나타나는 포낭을 제거하기 위한 오존, 이산화염소 등에 의한 소독방법에 대한 연구가 활발히 진행되고 있다. 물에 의해 영향을 받을 수 있는 질병은 그 수를 헤아리기가 어렵지만, 그중에서도 약 20여개의 물과 관련이 있는 전염병을 다음의 표 4.3에 나타내었다.

4.6 화학물질과 관련된 병

납은 축적성이 있어서 독성 효과를 발생하게 된다. 납염을 내복하면 구토, 혈변, 현

표 4.3 대표적인 수인성 전염병의 종류

전염병	감염 경로
콜레라(Cholera), 간염(Infectious hepatitis) 렙토스피라(Leptospirosis), 파라티프스(Paratyphoid) 야토병(Tularaemia), 장티프스(Typhoid)	수인성전염병(Waterborne) : 인간의 배설물이나 소변에 물이 오염되었을 때 전달
아메바성 이질(Amoebic dysentery) 간상균성 이질(Bacillary dysentery) 위장염 (Gastroenteritis)	수인성전염병(Waterborne) 혹은 물 세척과 관련된 병(Water-washed)
회충(Ascariasis), 결막(Conjunctivitis) 설사병(Diarrhoeal diseases), 나병, 문둥병(Leprosy) 옴(Scabies), 피부부패, 패혈증(Skin sepsis and ulcers) 버짐(Tinea), 트라코마(Trachoma)	물세척과 관련된 병(Water-washed) : 치명적이지 않지만 환자에게 심각한 영향을 주는 피부병이나 눈병 포함
기니아 벌레(Guinea worm : 사람, 말의 발에 기생하여 종양을 일으킴), 주혈흡충병(Schistosomiasis)	물에 기초한 병(Water-based) : 물(음식물)섭취가 아닌, 피부를 통해서 감염.
말라리아(Malaria), 피부말라리아증(Onchocerciasis) 수면병, 뇌척수염(Sleeping sickness) 황열병(Yellow fever)	물과 관련된 곤충매개병독(Water-related insect vector)

기증, 사지마비, 혼수상태 등을 일으키고, 만성중독일 때 소화기장해, 심장기능부전, 신장장해, 적혈구 파괴 등이 나타난다. 치사량은 확실하지 않고 중독량의 종류에 따라 20~25g이라고 하나 일정하지 않으며 만성중독에 의해 사망하는 경우도 있다. 이러한 피해 때문에 선진국에서는 납의 양을 감소시키려는 꾸준한 노력이 진행되고 있다. 예를 들면, 납이 없는 연료와 페인트를 사용하게 하는 방법과 유아의 경우 크레용을 멀리하게 하는 방법들이 있다. 미국의 경우 수돗물에 LCR (Lead and Copper Rule)을 1991년부터 제정하여 납의 허용농도를 0.015mg/L로 규제하였으며, 배급수관의 납 용출 억제 및 적수예방을 위해 미국 대부분의 정수장에서는 수도용 방청제(corrosion inhibitor)를 광범위하게 적용하고 있으나 우리나라에서는 정수장 차원에서 접근하지 않고 단지 고체상의 방청제를 아파트나 대형 건축물의 저수조 등에서 제한적으로 이용하고 있다. 따라서 국내에서도 배급수관의 부식을 억제하여 납, 구리 등의 용출을 억제하고 적수예방을 위한 수도용 방청제의 사용이 정수장차원에서 시급히 이루어져야 할 것이다.

불소는 수중에 자연적으로 존재하며, 음용수에 존재하면 특히 어린아이의 치아부식을 방지하는데, 보건당국에서는 음용수에 1mg/L의 불소를 주입하는 것을 권장하기도 하지만 일부 환경단체들은 불소의 위해성 문제를 제기하면서 강력히 반대하고 있어 국내에서는 이의 적용이 미미한 실정이다. 만약 불소가 1.5mg/L 이상 존재하게 되면 불소는 치아의 황색반점을 야기하게 되고, 2mg/L 이상의 농도에서는 뼈에 이상을 주기도 한다. 따라서 낮은 농도로 존재하면 이로울 수 있으나 높은 농도에서는 해로운 물질이 되므로 사용에 신중을 기하여야만 한다.

알루미늄은 원수에 자연적으로 존재하게 되는데, 수처리에서 응집제의 성분에 포함되기도 한다. 알루미늄은 노인성 치매라 불리는 알츠하이머병의 원인이 되기도 한다는 보고도 있다.

경도를 유발시키는 물질은 주로 칼슘과 마그네슘인데, 경도가 약 175mg/L까지는 심장병의 발생감소와 상관관계가 있다는 보고도 있다. 경수를 연수화시킨 물을 신장병이나 심장병으로 고생하는 환자에게 음용될 경우 피해를 줄 수 있으므로 주의를 기울여야 할 것이다.

수은(Hg)을 많이 사용하는 공장은 전자 및 전기기기, 폭약, 사진, 농약 및 방부제, 화학 및 석유화학, 촉매제 등의 제조업체이다. 비교적 낮은 농도의 수은이라도 수중으로의 유출이 많으면 위험하다. 수은의 화학적 성질을 살펴보면, 원자번호는 80이고 액체금속이며, 상온에서 미량 휘발된다. 녹는점은 −38.87℃이고 끓는점은 356.72℃이고, 물에 대한 용해도는 25℃에서 0.02mg/L이다. 수은화합물의 형태인 $HgCl_2$는 점막상태 및 피부로부터 쉽게 흡수되어 단백질과 결합하여 수은알부미네이트를 형성한다. 이것이 식염용액에 녹아 체내를 순환하여 장기담즙 및 골격 등에 침입하고 신장에서는 가장 다량으로 함유된다. 중독시 매스껍고, 구토, 복통, 구강내염증, 잇몸, 혀 등은 어두운 색이 되며 신장장해, 뇨폐색이 일어난다. 치사량은 0.5g로 수일 내 사망한다.

카드뮴(Cd)은 채굴과 제련작업의 결과로 지표수에 유입되거나 전기도금, 날염(捺染)작업, 직물과 화학공업 등에서 발생되는 폐기물 등에서 나타날 수 있다. 화학적 성질을 보면 원자번호 48, 금속, 공기 중에서 산화하여 CdO형성, 녹는점 321℃, 끓는점 765℃의 특성을 갖는다. 카드뮴은 매우 소량 흡수해도 신장에 축적되어 생식기관에 장애를 일으키고, 카드뮴 용존화합물이나 그 자체로 복용하면 유연증(침을 흘리는 병), 질식, 구토, 복통, 빈혈, 신장 장해를 유발한다. 카드뮴이 함유된 먼지나 연기를 흡입하면 기침, 두통, 구토, 가슴압박, 극도의 피로감이 생긴다. 일본에서는 이타이이타이병의 원인물질로도 잘 알려져 있다.

표 4.4 음용수 중 중금속의 수질기준(단위 : mg/L)

항목 \ 구분	한국	일본	미국	WHO	EC
비소(As)	0.05	0.01	0.05	0.01	0.05
카드뮴(Cd)	0.005	0.01	0.005	0.005	0.005
6가 크롬(Cr^{6+})	0.05	0.05	0.05	0.05	0.05
구리(Cu)	1	1	1.3	1	3
철(Fe)	0.3	0.3	0.3	0.3	0.2
수은(Hg)	0.001	불검출	0.002	0.001	0.001
망간(Mn)	0.3	0.3	0.05	0.1	0.05
니켈(Ni)	–	0.01	–	0.02	0.05
납(Pb)	0.05	0.1	0.015	0.01	0.05
안티몬(Sb)	–	–	–	–	0.01
셀레늄(Se)	0.01	0.01	0.01	0.01	0.01
아연(Zn)	1	1	5	3	5

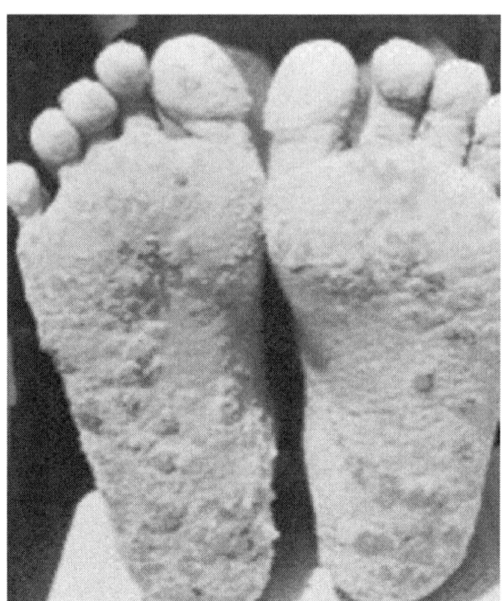

그림 4.3 비소 중독으로 인한 피부병

5

Chapter

수질관리

모든 자연수는 부식, 여과, 풍화 등의 자연현상으로 야기된 다양한 오염물질을 포함하고 있다. 자연적인 오염은 사람의 활동으로 인한 가정하수나 산업폐수, 농경지에 살포되는 비료, 살충제, 제초제 등과 같은 오염물질이 부가된다. 일반적으로 수계의 물은 오염물질이 적으면 자정작용으로 어느 정도의 오염은 정화시킬 수 있는 능력이 있다. 만약 오염이 더욱 심해지면 수질은 변하게 되어 물의 이용가치는 더욱 떨어질 것이다. 수질관리는 생태계의 기본 구성요소인 하천수, 호소수, 지하수, 해수 등과 관련된 모든 종류의 물을 관리하는 것이다. 수질 오염의 영향과 이용 가능한 물에 대한 제반 이해는 수자원의 효과적인 관리에 있어서 매우 중요하다.

5.1 오염물질의 형태

수중의 오염물질은 보존성의 유무에 따라 보존성 오염물질과 비보존성 오염물질로 구분할 수 있다. 비보존성 오염물질은 대부분 유기물로서 자연적인 자정작용에 의해 분해되며, 시간에 따라 그 농도는 점차 감소된다. 보존성 오염물질은 무기물로서 자연적인 정화에 의해 영향을 받지 않으며, 오염물질은 희석에 의해서 농도가 감소된다.

다음은 오염물질의 종류에 따른 특징을 나타낸 것이다.

1. 독성물질은 수중의 생물학적 활동을 억제하고 파괴한다. 이 물질의 대부분은 산업활동에 의해서 기인된 것이며, 중금속, 제초제, 살균제 등과 같은 물질들이 포함되어 있다.

2. 수중에서의 산소 균형에 영향을 주는 인자로는 산소를 소비하는 물질, 수중에 산소 전달을 방해하는 물질, 열오염 등이 있다.

① 산소를 소비하는 물질은 생물화학적으로 산화되는 유기물 또는 산화제를 줄이는 무기물이 있을 수 있다.

② 대기와 수표면의 경계면 사이에서 산소의 전달을 방해하는 물질은 기름과 세제가 있을 수 있으며, 이는 대기와 수표면의 경계면에 보호막을 형성하여 산소의 전달률을 감소시킨다.

③ 열오염은 수온이 상승함에 따라 포화 용존산소농도는 감소하므로 산소의 균형을 파괴시킨다.

3. 불활성의 고농도 부유 또는 용존 고형물은 수환경에 악영향을 줄 수 있다. 예를 들면 도자기 세척폐액은 수중 물고기에 직접적인 해를 가하지는 않지만 먹이인 조류의 성장을 저해할 수 있어 결국 물고기에 악 영향을 미칠 수 있다. 다양한 불활성물질이 포함된 광산폐수나 염분이 많은 물은 상수원수로는 부적합하다.

그림 5.1은 하천의 수질오염에 있어서 물질수지의 개념을 나타낸 것으로서, 하천에 보존성 오염물질이 유입하는 즉시 완전 혼합되고, 질량에는 변화가 없다는 가정하에서 하류지점에서의 오염물질의 농도는 물질수지(mass balance)에 의해 결정할 수 있다.

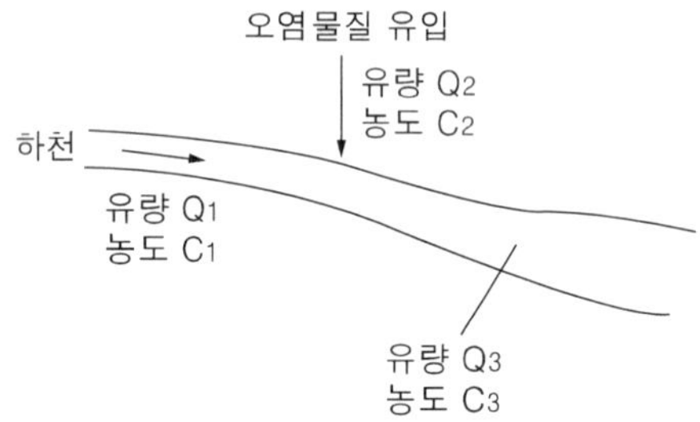

그림 5.1 하천오염에 있어서 물질수지의 개념

$$(Q_1 \times C_1) + (Q_2 \times C_2) = Q_3 \times C_3$$
$$(Q_3 = Q_1 + Q_2)$$

여기서, Q : 유속

C : 농도

하류에서의 농도 C_3은 식 (5.1)과 같이 쉽게 계산된다.

$$C_3 = [(Q_1 \times C_1) + (Q_2 \times C_2)]/(Q_1 + Q_2) \tag{5.1}$$

예제 5.1

어느 하천에서의 유량과 염소이온(chloride)은 각각 0.1m^3/sec, 52mg/L이고, 광산폐수의 유량과 염소이온은 각각 0.025m^3/sec, 1,250mg/L이다. 합류지점에서의 염소이온농도는?

풀이

합류지점 염소농도를 물질수지에 의해 계산하면,

$(0.1 \times 52) + (0.025 \times 1{,}250) = (0.1 + 0.025) \times C_3$

따라서, $C_3 = \dfrac{(5.2 + 31.25)}{0.125} = 291.6\text{mg/L}$

염소이온은 보존성 오염물질이므로 만일 더욱 낮은 농도의 염소이온이 포함된 물이 하천에 추가적으로 유입된다면 291.6mg/L 이하로 낮아질 것이다.

5.2 독성물질

물고기는 보통 독성물질에 대한 감시 지표로 이용된다. 물고기 생존과 관련된 가장 중요한 환경요소는 용존산소(DO), 온도, pH, 용존염 등이다.

수중에서 물고기가 정상적인 활동을 하기 위해서는 최소 1.5mg/L에서 5mg/L의 용존산소가 필요하다. 한계 DO수준에서 물고기의 활동은 둔해지며, 이때 독성물질에 대한 감도는 더욱 증가될 수 있다. 중금속과 같은 물질은 호흡을 방해하므로 낮은 농도의 DO에서는 더욱 독성이 높아진다. 물고기의 신진대사는 온도와 매우 밀접한 관계가 있으며, 10℃의 온도 상승은 산소 요구량을 2~3배 증가시킨다. 온도가 높아지면 DO의 포화농도는 낮아진다. 따라서 온도의 상승효과는 산소 요구량의 증가와 동시에 산소 공급능력을 감소시킨다.

물고기의 독성에 큰 영향을 미치는 또 다른 요소는 pH이다. 낮은 pH에서는 상대적으로 무독한 암모니아가 알칼리 환경이 되면 물고기에게 상당히 해로울 수 있다. 암모니아의 경우 pH가 7.4~8.0이 되면 독성 농도는 감소된다. 이온화되지 않은 암모니아는 독성이 있는 형태로 나타나며, 이온화된 암모니아는 낮은 pH에서 존재하며 독성을 덜 띄게 된다. 이는 이온화된 형태가 이온화되지 않은 물질보다 더 빨리 물고기에 흡수되기 때문이다.

수중의 용존염은 독성을 나타낼 수 있는 요인 중 하나이다. 용액 내에 Ca이온의 존재는 납이나 아연과 같은 중금속의 독성효과를 상당히 감소시킨다. 고농도의 칼륨, 칼슘, 마그네슘은 중금속과 착화합물을 형성하여 중금속의 독성효과를 방해한다. 예를 들어, 연수 중 1mg/L의 납은 물고기에게 매우 치명적이나 경수, 즉 150mg/L 이상의 칼슘경도에서는 1mg/L의 납이 해롭지 않다. 하천에서 잠재적인 독성물질의 효과는 물고기를 이용한 생물정량실험(bioassay test)에 의해 측정된다. 생물정량실험은 급성 독성에 대한 척도로서 독성물질이 함유된 물속에 실험생물을 일정시간 노출시킨 후 치사도를 측정하는 것이다. 보통 24, 48, 96시간 동안 실험생물이 50% 치사했을 때의 독성물질의 농도를 측정하며, 이를 LC_{50} (median lethal concentration) 또는 TLm (median tolerance limit)이라 부른다. 96시간에 치사할 수 있는 최대농도를 MATC

표 5.1 물고기 종류에 대한 독성평가

오염물질	발 생	근사 LD_{50} (mg/L)
Acridine	콜타르 원료폐기물	0.7~1.0
Aldrin	살충제	0.02
ABS(Alkyl benzene sulfonate)	하수 방류수	3~12
NH_4^+(Ammonia)	하수 방류수	2~3
Chlramine	염소소독된 방류수	0.06
Cl_2(Chlorine)	염소소독된 방류수	0.05~0.2
$CuSO_4$(Copper sulfate)	조류살조제	0.1~2.0
CN(Cyanide)	도금폐수	0.04~0.1
DDT	살충제	< 0.1
합성세제(Detergents synthetic)	하수 방류수	1~15
F(Fluoride)	알루미늄 용해액	2.5~6.0
Gammexane	살충제	0.035
H_2S(Hydrogen sulfide)	저니슬러지	0.5~1.0
Methyl mercaptan	오일정제수 제지펄프 가공수	1.0
Naphthlene	콜타르 원료폐기물	10~20
Parathion	살충제	0.2
Zn(Zinc)	레이온 가공수	1~2

(주) : 상기 제시된 값은 지침용이며, 실제 LD_{50}은 여러 환경요소, 즉 물고기의 종류, 노출시간 등에 따라 달라짐

(maximum allowable toxicant concentration)라 한다. 단, 실험도중 실험생물이 굶거나 O_2의 결핍으로 죽는 일이 없도록 산소는 적절히 공급해 주어야 한다. 표 5.1은 물고기에 대한 독성물질의 LD_{50} (median lethal dose)의 한 예를 나타낸 것이다.

하천 하류지역의 수원을 상수원수로 이용할 때 우발적인 독성물질의 유입으로 인한 잠재적인 위험은 매우 크다. 따라서 이와 같은 경우를 대비하여 신속한 분석과 조사가 이루어져야 하며, 3.3절에 이미 언급한 하천수계에 생물경보장치를 포함한 수질자동모니터링체계가 수립되어야 한다.

5.3 하천 수질관리

5.3.1 하천의 자정작용

하천의 자정작용은 그림 5.2와 같이 생물학적 순환에 의해 설명할 수 있다. 수계 내에 인간에 의해 발생된 하·폐수가 유입되면 유기, 무기물질의 농도가 높아지고 용존산소(DO)는 낮아져서 수생동물이나 고등식물에게 적합하지 않은 조건이 형성되지만, 상당기간이 지나면 수계에 있는 세균, 조류, 원생동물, 물고기에 의해 원래 상태로 깨끗한 상태가 되는 현상을 자정작용(self-purification)이라 한다. 이러한 자연적인 치유력은 근본적으로 물리적, 화학적, 생물학적인 3가지 작용이 서로 밀접하게 관련하여 장기간, 장거리 또는 넓은 공간에서 이루어진다.

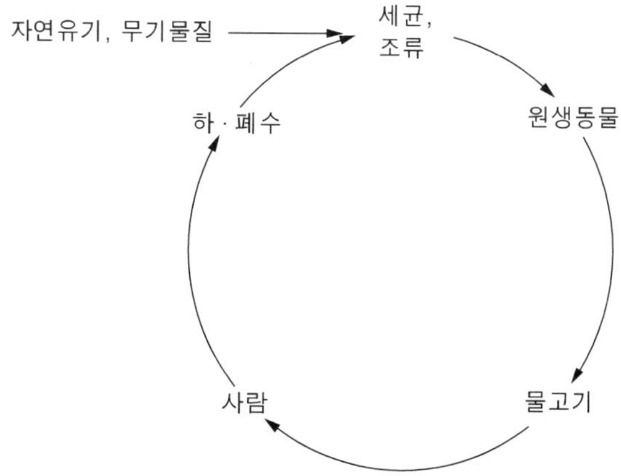

그림 5.2 생물학적 순환에 의한 자정작용

자정작용은 아래와 같이 물리적, 화학적, 생물학적 작용에 의해 이루어지며, 이중 하나 또는 그 이상 서로 상호 작용한다.

(1) 물리적 작용 : 희석, 확산, 혼합, 침전, 흡착, 여과 등에 의해 수중의 오염물질 농도가 감소하거나 폭기에 의해 유기물의 산화 촉진 등이 있다. 지하수의 경우 지층의 여과 또는 생물학적 작용에 의해 오염물질의 자정작용이 진행된다.

(2) 화학적 작용 : 대기에서 수중으로 용해된 산소에 의한 오염물질의 산화 및 분해에 의하여 발생되는 탄산가스가 물의 산도를 높여 수산화물의 생성이 촉진되어 자연적으로 응집이 진행되는 것 등이 있다. 이는 생물학적 산화환원 작용에 비하면 차지하는 부분이 매우 작다.

(3) 생물학적 작용 : 자정작용에서 가장 큰 비중을 차지하고 있으며, 미생물에 의해 호기성 조건하에서 오염물질의 산화가 진행된다. 용존산소(DO), 온도, pH, 햇빛 등은 생물학적 작용에 있어 주요 영향인자가 된다.

하천의 자정작용은 오염원으로부터 거리와 시간에 따라 분해지대, 활발한 분해지대, 회복지대, 정수지대 등으로 구분된다.

(1) 분해지대에서는 오염된 물로 인해 수질이 저하되면 오염에 약한 고등동물은 오염에 강한 미생물(곰팡이류)로 대체된다. 분해지대는 오염물질이 방류되는 지점에서 가까운 하천에 위치하며 세균의 수가 증가하여 DO는 감소하고 CO_2는 증가한다. 오염에 강한 곰팡이류가 하천바닥과 수중에 번식한다.

(2) 활발한 분해지대는 분해가 더욱 가속화되어 혐기성 상태로 진행되는 것을 말한다. 물의 색은 회색 및 흑색을 띠며, H_2S, CH_4 등에 의한 기포발생과 악취, 흑색 및 점성질의 슬러지가 하상에 침적된다. 혐기성 미생물의 성장, 조류의 감소, 구더기나 곤충의 유충 등이 발생 · 성장하며 CO_2, NH_3, CH_4, H_2S의 농도가 증가한다.

(3) 회복지대는 분해지대에서 일어나는 현상과 반대로 장거리에 걸쳐 발생된다. 분해지대에서는 DO 증가, 각종 가스의 감소, 질소는 NO_2-N, NO_3-N 형태로 존재하며, 호기성세균으로 대체되고, 조류도 발생한다. 원생동물, 윤충(Rotifer), 갑각류가 번식하고, 큰 수중생물이 출현한다. 하천 바닥에는 조개나 벌레의 유충이 번식하고, 오염에 견디는 힘이 강한 생물이 서식한다.

(4) 정수지대는 깨끗한 자연수처럼 보이며, DO가 풍부하고 호기성세균이 다시 나타나며 낚시가 가능할 정도로 많은 종류의 물고기가 번식한다.

예제 5.2

자정계수에 대한 설명이다. 다음 중 잘못된 것은?
1. 자정계수란 재폭기계수를 탈산소계수로 나눈 값을 말한다.
2. 온도가 높아지면 자정계수는 낮아진다.
3. 유속이 큰 하천일수록 자정계수는 높아진다.
4. 자정계수의 단위는 day^{-1}이다.

풀이

자정계수는 재폭기계수와 탈산소계수의 비(ratio)로 정의되며 무차원의 수이다.
자정계수(f) = k_2(재폭기계수)/k_1(탈산소계수)

5.3.2 재폭기

외부 물질의 혼합이 없으면 수중으로 용해된 기체의 농도는 분자의 확산으로 마침내 균일하게 된다. 분자의 확산 비율은 농도의 변화에 비례하는데 이것은 Fick의 법칙으로 설명할 수 있다.

$$\frac{\partial M}{\partial t} = k_d\ A \frac{\partial C}{\partial l} \tag{5.2}$$

여기서, M : 시간 t 동안에 이동하는 양
k_d : 확산계수
A : 이동이 일어나는 횡단면적
C : 농도
l : 이동 방향의 거리

식 (5.2)는 식 (5.3)과 같은 경험식으로 표현할 수 있다.

$$C_t = C_s - 0.811\,(C_s - C_0)\left(e^{-K_d} + \frac{1}{9}e^{-9K_d} + \frac{1}{25}e^{-25K_d} + \dots\right) \tag{5.3}$$

여기서, C_0 : 시간이 0일 때의 농도
C_t : 시간이 t 일 때의 농도
C_s : 포화농도
$K_d = \dfrac{k_d\,\pi^2\,t}{4l^2}$

확산계수(k_d)는 보통 mm^2/s로 표현되고 물속에서의 산소는 20℃에서 1.86×10^{-3} mm^2/s의 값을 가진다.

액체내의 기체의 용해는 두 가지 물리적 법칙에 의해 적용된다.

1) 돌턴의 부분 압력 법칙

기체 혼합물에서 한 기체의 부분 압력은 전체 압력에서 그 기체의 압력의 비율에 비례한다.

2) 헨리의 법칙

일정 온도에서 액체 내의 기체의 용해도는 그 기체의 부분압력에 비례한다.

산소 용해율은 불포화 정도에 비례한다. 즉

$$\frac{dD}{dt} = -K_2 D \tag{5.4}$$

따라서,

$$D = D_a e^{-K_2 t} \tag{5.5}$$

여기서, D : 시간 t 일 때의 DO의 부족량

D_a : 초기 DO 부족량

K_2 : 재폭기 계수

DO 농도로 위의 방정식을 표현하면,

$$\log_e \frac{(C_s - C)}{(C_s - C_0)} = -K_2 t \tag{5.6}$$

재폭기 계수는 유속, 수로 배치, 온도 등의 함수이다. 실험에 의해 K_2 값을 예측하는데, 식 (5.7)에 나타낸 것과 같이 흐름의 평균 속도와 깊이에 가장 의존한다.

$$K_2 = \frac{c v^n}{h^m} \tag{5.7}$$

여기서, v : 평균속도(m/s)

h : 평균깊이(m)

c, n, m : 각각 2.1, 0.9, 1.7의 값을 가진 상수

재폭기 계수 K_2를 사용하는 것보다 식 (5.8)과 같이 재폭기 비율을 측정하여 이용하는 것이 보다 바람직하다.

$$f = K_2 \frac{V}{A} \tag{5.8}$$

여기서, V : 공유 영역 아래의 물의 체적

A : 물과 대기 경계면

하천의 예를 들면, 20℃에서 f의 값이 식 (5.9)에 의해 예측될 수 있다.

$$f\ (\mathrm{mm/h}) = 7.82 \times 10^4 \mathrm{v}^{0.67}\,\mathrm{h}^{-0.85} \tag{5.9}$$

여기서, v : 물의 속도(m/s)

h : 흐름의 평균깊이(mm)

온도가 1℃ 올라가면 f는 약 2% 증가한다. 온도가 떨어지면 재폭기 비율은 감소한다. 산소의 용해는 단지 대기와 수면의 경계면에서만 일어날 수 있고, 경계면이 얇으면 빠르게 포화된다. 난류흐름에서는 재폭기가 더욱 빠르게 일어날 수 있다.

5.3.3 용존산소 부족곡선

단일 오염물질이 유입되고 있는 하천의 한 흐름에서 나타나는 DO부족곡선은 그림 5.3과 같다. Streeter-Phelps 방정식은 하천을 plug flow, 일정단면, 일정부하, 일정유량으로, 광합성과 침전은 일어나지 않는다는 가정 하에 아래식과 같이 유도된다.

$$\frac{dD}{dt} = K_1 L - K_2 D \tag{5.10}$$

여기서, D : 시간 t일 때의 DO부족량

L : 최종 BOD

K_1 : BOD 상수

K_2 : 재폭기 계수

적분하여 상용대수로 고치면($k = 0.4343\,K$)

$$D_t = \frac{k_1 L_a}{k_2 - k_1}\left(10^{k_1 t} - 10^{-k_2 t}\right) + D_a 10^{-k_2 t} \tag{5.11}$$

여기서, D_a와 L_a : $t = 0$일 때의 값($L_t = L_a 10^{-k_1 t}$)

임계점에서 즉, 최대 부족점에서

$$\frac{dD}{dt} = 0 = K_1\,L - K_2\,D_c \tag{5.12}$$

$$D_c = \frac{k_1}{k_{2\,L_a\,10^{-k_1 t_c}}} \tag{5.13}$$

$$t_c = \frac{1}{k_2 - k_1}\,\log\frac{k_2}{k_1}\left[1 - \frac{D_a\,(k_2 - k_1)}{L_a\,k_1}\right] \tag{5.14}$$

여기서, D_c : 시간 t_c일 때까지의 임계점 DO 부족량

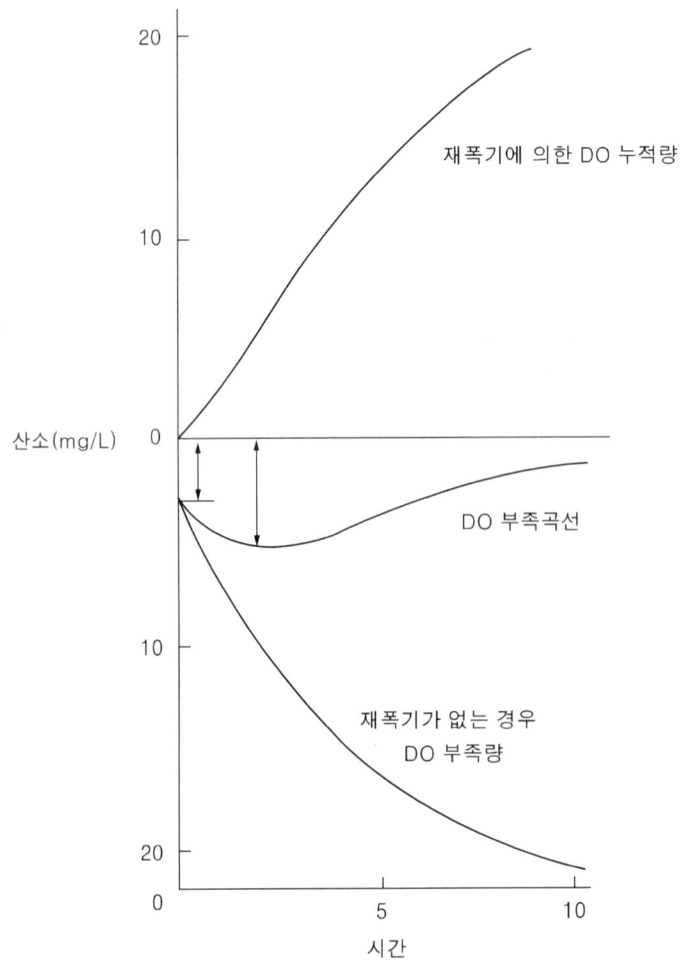

그림 5.3 DO Sag 곡선

DO 부족량에 영향을 줄 수 있는 기타 요소로는

1. 표면유출에서 BOD 증가
2. 산소 요구량을 만족시키기 위해 하부 진흙으로의 확산에 의해 DO 감소
3. 바닥 침전물로부터 용존 유기물의 확산에 의한 BOD증가
4. 바닥 침전물로부터 방출된 가스의 퍼짐에 의한 DO의 감소
5. 식물의 광합성에 의한 DO의 증가
6. 야간에 조류에 의한 DO의 감소
7. 장기적인 확산에 의한 DO와 BOD의 계속적인 재분배

등이 있다.

예제 5.3

유량 0.3m^3/s, DO 7mg/L, BOD 2mg/L인 하천에 유량 0.2m^3/s, DO 1.2mg/L, BOD 22mg/L인 하수가 방류되었다. 하천의 BOD 상수(k_1)는 0.1/d, 재폭기 상수(k_2)는 0.35/d이다. 방류 후 3일 후의 DO의 농도를 구하시오.

풀이

포화 DO= 9.1mg/L

초기 DO= $\dfrac{(0.3\times 7+0.2\times 1.2)}{(0.3+0.2)}=4.68\text{mg/L}$

초기 DO 부족량= $9.1-4.68=4.42\text{mg/L}$

초기 OD= $\dfrac{(0.3\times 2+0.2\times 22)}{(0.3+0.2)}=10.0\text{mg/L}$

초기 최종 BOD= $\dfrac{10}{(1-10^{-0.1\times 5})}=14.60\text{mg/L}$

식 5.11을 이용하여 3일 후의 DO부족량은 다음과 같다.

$$D_3=\left[\frac{(0.1\times 14.60)}{(0.35-0.1)}\right](10^{-0.1\times 3}-10^{-0.35\times 3})+4.42\times 10^{-0.35\times 3}$$

$$=4.83\text{mg/L}$$

따라서 3일 후의 DO농도= $9.1-4.83=4.27\text{mg/L}$

예제 5.4

다음 중 하천의 수질관리 모델과 관계가 적은 것은?

1. DO SAG-I 모델
2. QUAL-II 모델
3. WQRRS 모델
4. Vollenweider 모델

풀이

하천의 수질관리 모델로는, Streeter-Phelps 모델, DO SAG-I, II, III 모델, QUAL-I, II 모델, WQRRS 모델, AUT-QUAL 모델, WASP 모델, HSPF 모델 등이 있으며, Vollenweider 모델은 호소의 인(P) 부하 모델로 많이 이용되고 있고, 인(P)-엽록소 모델로는 Sakamoto 모델, Dillan 모델, Larsen&Mercier 모델이 이용되고 있다.

5.4 호소의 수질관리

5.4.1 성층현상

호소는 하천과 같은 분명한 자정지대는 없으나 수심에 따른 온도의 차이 때문에 물의 밀도가 변화하게 되어 수직방향으로 물의 운동이 생길 수 있으며 이에 따라 자정작용이 일어난다. 오염물질이 호수에 계속해서 유입되면 자정능력을 초과하여 수질은 악화되며, 성층현상에 의해 더욱 영향을 받게 된다.

호소는 겨울과 여름철에는 정체현상이 생겨(여름철에 뚜렷) 수심에 따라 온도와 DO농도의 차가 크지만 봄, 가을에는 순환현상이 발생하여 수심에 따른 온도나 DO농도에는 변화가 적다. 이와 같이 물이 수심에 따라 여러 개의 층으로 분리되는 현상을 성층현상(stratification)이라고 한다. 즉, 호소는 여름철에 수표면의 바람과 햇빛으로 수온이 올라가는 반면, 대기에 의한 열손실이 발생한다. 밀도가 작은 따뜻한 물은 밀도가 큰 차가운 물위에 층을 이루게 된다. 이러한 물리적 특징으로 호수는 대개 표수층(epilimnion), 심수층(hypolimnion), 중간층(metalimnion)과 같이 3가지의 열성층대로 나뉜다.

표수층대(epilimnion zone)는 가볍고 따뜻한 물로 이루어진 호수의 상부에 위치하여 물이 하향운동을 함으로써 밀도가 큰 차가운 물은 호수의 저부로 이동하게 된다. 심수층대(hypolimnion zone)는 정체기에 호소 하층부의 비순환성의 차가운 물로 이루어져 있다. 수온약층(thermocline)으로 알려진 중간층대(metalimnion zone)는 표수층과 심수층사이의 천이대로 빠른 온도변화가 일어난다. 표수층과 심수층의 밀도차에 의해 중간층은 밀도가 낮은 물의 하향운동에 대한 장애물 역할을 한다. 그림 5.4는 전형적인 호소의 성층현상을 나타내 주고 있다.

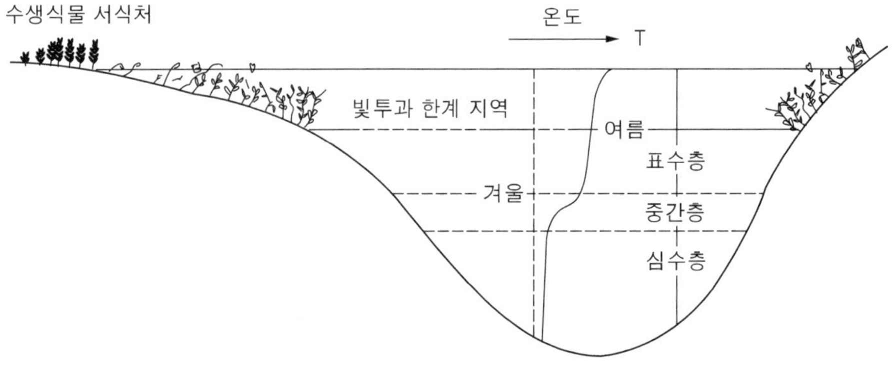

그림 5.4 호수의 성층현상

가을에는 바람에 의해 표층수가 점차 차가워지고 밀도는 증가되어 표수층, 중간층, 심수층의 수온이 비슷해지며, 약한 바람에 의해서도 호소는 완전혼합된다. 이를 가을철 전도현상이라 한다. 봄에는 4℃에서 최대밀도를 갖는 표층수가 하향운동을 하여 밀도가 낮은 저층의 물과 위치가 바뀌어 봄철 전도현상을 일으킨다. 호소가 보다 잘 혼합되고 호소의 화학성분농도가 보다 균일하게 분포되는 것은 봄과 가을철 전도현상이 일어나는 시기이다. 수심이 낮은 호수나 저수지에서는 대기 열성층 현상이 일어나지 않으며, 만일 일어난다면 이는 지류에서 유입되는 차가운 물에 기인된 것이다.

5.4.2 부영양화

부영양화(eutrophication)란 수계, 특히 호수, 저수지, 댐 등과 같은 정체된 수계에 질소, 인과 같은 영양염류가 과다하게 유입되어 조류(식물성 플랑크톤)의 대량 증식으로 인해 생태계의 생산과 소비사이의 균형이 파괴되고, 이와 같이 생산된 수생생물은 유기오염물로 작용되어 수계의 수질이 악화되는 현상을 말한다.

질소와 인은 부영양화에 있어서 가장 중요한 인자로서 질소(N) 0.2~0.3mg/L, 인(P) 0.01~0.02mg/L가 한계농도이다. 호소 내 성장한 조류는 대기에서 질소(N)를 고정할 수 있기 때문에 수중의 한계영양물질은 인(P)이 되며, 따라서 조류성장은 인에 의해서 이루어진다고 볼 수 있다.

원래 호소 생태계는 시간의 흐름에 따라 점차 변화하여 수초의 생산력이 낮은 빈영양호에서 생산력이 높은 부영양호로 변천해 간다. 일반적으로 이러한 것을 자연적 부영양화라 하는 반면, 영양순환속도가 인간의 활동에 의해 가속화되는 현상을 인위적 부영양화라 한다. 영양상태의 경시변화를 그림 5.5에 나타내었다.

부영양화의 원인으로는 다음과 같다.

① 썩은 식물
② 비료(질소비료, 인산질 비료)
③ 동물의 분뇨
④ 합성세제
⑤ 처리되지 않은 공장폐수, 가정하수의 유입

등이 있다.

부영양화로 인한 영향 및 피해현상으로는 다음과 같다.

① 사멸된 조류의 분해작용에 의한 심층수로부터 DO결핍 확산
② COD증가(조류합성에 의한 유기물 증가)
③ 한번 부영양화된 호수는 먹이연쇄의 반복으로 인해 회복이 힘들며 점차 악화됨
④ 생태계 파괴(생물체의 생존환경 악화), 어패류의 폐사 등
⑤ 마지막 단계에서 청록색 조류 번식
⑥ 냄새 발생(조류에 의한 냄새 유발 및 혐기성 분해)

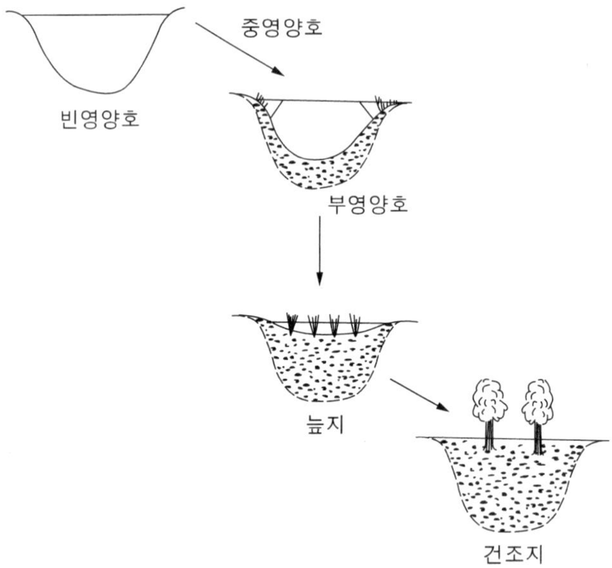

그림 5.5 시간경과에 따른 호소의 영양상태 변화

부영양화로 인한 호소의 이용가치에 대한 변화로는 다음과 같다.

① 여가활동에의 악 영향
예) 경관가치의 감소, 냄새발생 피해, 수영 금지, 낚시장으로서의 가치 저하 등
② 용수에의 악영향
예) 상수 : 여과지의 폐색, Fe, Mn의 용출에 의한 적수 장해, 유해물질 발생, 냄새발생 등
농업용수 : 식물의 생장저해
공업용수 : 용수처리 비용 증대

③ 어획량에의 악영향
예) 고급어종 감소, 산소부족에 의한 물고기 폐사 등

부영양화 방지대책으로는 다음과 같다.

① 호수 또는 저수지 내 질소(N)나 인(P) 등의 유입 감소
② 인을 함유하는 합성세제의 사용금지 및 감소
③ 하수처리시 고도처리(질소, 인의 제거) 실시
④ 조류가 번식할 경우 황토살포, 황산동($CuSO_4$)이나 분말활성탄의 사용 등이 있다.

5.5 수질모델링

5.5.1 개요

1) 수질모델링의 기초

수체의 수질은 각종 폐수의 방류, 수용수체의 유량, 유속, 수리학적 및 지형학적 구조 등에 따라 계속 변화하게 된다. 이 과정에서 물속에서 일어나는 물리적, 화학적, 생물학적 기작을 수식화 하여 수체의 수질을 평가하고 예측하는 것을 수질모델링(water quality modeling)이라 한다. 모델링을 위해서는 수체의 수리학적 특성, 오염부하량, 수질현황에 대한 조사가 선행되어 모델의 보정과 검증에 필요한 자료가 수집되어야 한다.

2) 수질모형의 분류

① 공간적 분포(Spatial distribution)

a. 무차원모형(zero－dimensional model)
모의(simulation)대상 오염물질이 공간적으로 균일 분포하고 있다고 가정한다. 이 모형의 가장 일반적인 적용은 호수를 연속류형 완전혼합반응조(continuous flow stirred tank reactor, CFSTR)로 가정하고, 호수에 축적되는 인 등의 영양물질수지(nutrient budget)를 평가하는 경우인데, 식물성 플랑크톤 등의 계절적 변화는 적용이 곤란하다. Vollenweider(1968)의 인 수지 모델이 이에 속

하며, 영양물질 부하에 따른 호수의 부영양화 상태를 평가한다.

b. 1차원 모형(one - dimensional model)

하천을 흐름(X)방향으로 구획하거나, 호수를 연직(Z) 방향으로 나눠서 각 구획 안의 수질은 균일하다고 보는 모형이다. 즉, 각 구획은 무차원모형의 경우처럼 연속교반조로 가정하며, 흐름방향(하천) 또는 연직방향(호수)으로 소구획 단위로 유속이동, 확산이동, 반응, 침전, 용출 등에 의해 수질변화가 일어난다고 가정한다. WQRRS, QUAL2E 모델 등이 이에 속한다.

c. 2차원 모형(two－dimensional model)

이 모형은 수질변화가 두 방향(X－Y, 또는 Y－Z방향)으로 일어난다고 본다. 즉, 길이가 길고 수심이 깊은 댐호나 호수에서는 X－Z방향으로 구획을 나누고, 하구나 만에서는 수심이 깊지 않기 때문에 X－Y방향으로 구획하여 각 구획 안에서 완전혼합을 가정한다. LARM, CE－QUAL－W2 모델 등이 이에 속한다.

d. 3차원 모형(three - dimensional model)

이 모형은 대호수의 물의 순환(circulation pattern)이나 큰 만의 동수력학(hydrodynamics)분석에 주로 이용되는데 방대한 전산작업이 요구된다. WASP5, CE－QUAL－ICM 모델 등이 이에 속하며, 수체의 공간적 특성에 따라 1, 2, 3차원 중에서 선택하여 수질을 예측할 수 있다.

② 시간적 변화(Temporal variation)

a. 장기모형(long-term model)과 단기모형(short-term model)

일차원모형의 경우 장기모형이 많이 이용되는데, 자연호수의 물질수지를 추정할 경우 복잡한 생물학적 작용을 단순화하는 것이 편리하며, 계절별 연간 물질의 유출입을 예측하거나 생태계의 침전적 변화를 평가한다. 단기모형은 시간별, 일별, 계절별 수질변화를 예측한다.

b. 동적모형(dynamic model)과 정상상태모형(steady state model)

정상상태모형이란 시스템의 변수가 시간변화에 관계없이 일정하다고 본다. 호수의 경우 유출입 유량, 일사량, 일조시간, 침전율 등을 상수로 취급할 수 있다. 따라서 이 모형은 주기적 현상을 모의(simulation)할 수 없다. 그러나 정상상태모형은 수식이 단순하여 해를 간단히 구할 수 있다는 장점이 있다.

5.5.2 하천의 모형화

1) PFR 모델

CFSTR이 호수에 대한 기본적인 모형이었듯이 PFR(Plug Flow Reactor, 압출류형 반응조)은 하천에 대한 기본적인 모형이다. 그림 5.6과 같은 반응조에서 흐름 방향 1차원으로 모형화 한다. 따라서, 가로 방향 또는 하폭 향(y)과 수직방향 또는 연직 방향(z)으로 완전 혼합되었다고 가정하고, 길이 방향(x)에 대하여 모형화 한다.

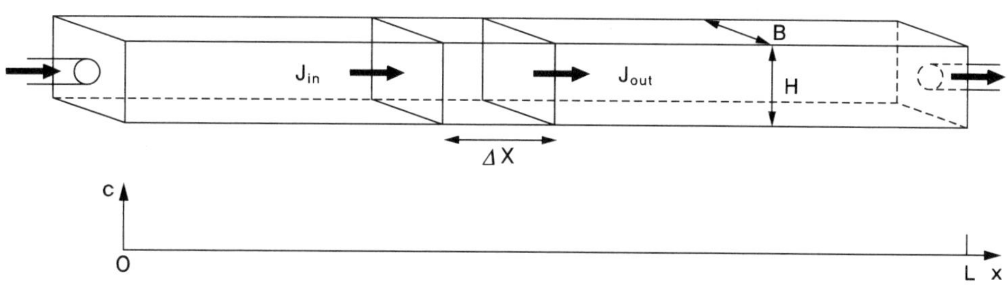

그림 5.6 흐름 방향 1차원 모형의 모식도

길이 Δx 의 미분요소에 대하여 물질수지 식을 세우면 다음과 같다.

$$\Delta V \frac{\partial c}{\partial t} = J_{in} A_c - J_{out} A_c \pm \text{Reaction} \quad (5.14)$$

여기서, ΔV : 요소의 체적(L3)= $A_c \Delta x$

A_c : 반응조의 단면적(L2) = BH

B : 수로폭(L)

H : 수심(L)

J_{in} 및 J_{out} : 물질운송에 의한 입력 및 출력 질량플럭스(flux of mass, $ML^{-2}T^{-1}$)

Reaction = 반응에 의한 요소내의 질량의 생성과 감소(MT^{-1})

어느 미소구간으로 유입되는 플럭스(flux)는

$$J_{in} = Uc \quad (5.15)$$

여기서, U : 유속(LT^{-1}) = Q/A_c

c : 농도

미소구간에서 유출되는 플럭스(flux out)는

$$J_{out} = U\left(c + \frac{\partial c}{\partial x}\Delta x\right) \tag{5.16}$$

1차 감쇄반응을 가정하면

$$\text{Reaction} = -\text{k}\Delta \text{V}\overline{\text{c}} \tag{5.17}$$

여기서, k는 감쇄반응 상수(T^{-1})이며, c항의 짧은 윗줄은 미소구간 내부의 평균값을 표시한다.

식 (5.15), (5.16), (5.17)을 식 (5.14)에 대입한다.

$$\Delta V\frac{\partial c}{\partial t} = UA_c\, c - UA_c\left(c + \frac{\partial c}{\partial x}\Delta x\right) - k\,T\,\Delta V\overline{c} \tag{5.18}$$

우측 항들을 정리하면 다음과 같다.

$$\Delta V\frac{\partial c}{\partial t} = -\,UA_c\frac{\partial c}{\partial x}\Delta x - k\Delta V\overline{c} \tag{5.19}$$

2) 정상상태의 해(점오염원)

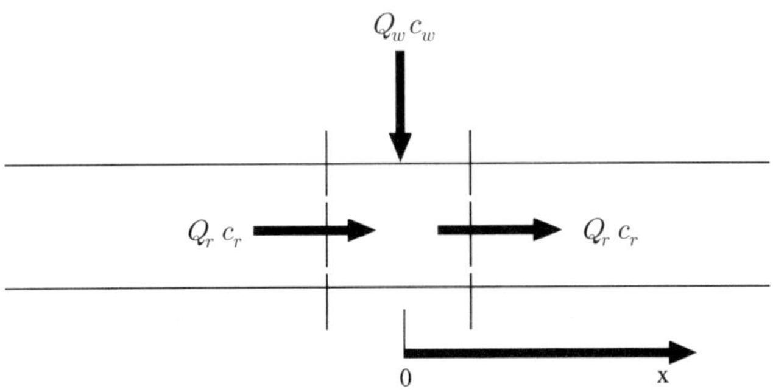

그림 5.7 점 오염원에 대한 물질수지

그림 5.7에서와 같이 하천에 점오염부하가 주입된 경우, 주입점에서 혼합된 초기농도 c_o는 주입점에서 물질수지를 취함으로써 계산된다. 하폭방향과 수심방향에 대하여 완전혼합을 가정하면 물수지는

$$Q = Q_w + Q_r \tag{5.20}$$

이고, 물질수지는 다음 식과 같다.

$$0 = Q_w c_w + Q_r c_r - (Q_w + Q_r)c_0 \tag{5.21}$$

초기(혼합) 농도 c_o를 구하면 다음과 같다.

$$c_0 = \frac{Q_w c_w + Q_r c_r}{Q_w + Q_r} \tag{5.22}$$

여기서, $W = Q_w\ c_w$이므로

$$c_0 = \frac{W + Q_r c_r}{Q_w + Q_r} \tag{5.23}$$

를 얻는다.

한편, 식 (5.19)에서 $\Delta V = A_c \Delta x$로 양변을 나누고 $\Delta x \to 0$으로 하면

$$\frac{\partial c}{\partial t} = -U\frac{\partial c}{\partial x} - kc \tag{5.24}$$

가 된다. 정상상태 $\left(\frac{\partial c}{\partial t} = 0\right)$에서 위 식은

$$0 = -U\frac{\partial c}{\partial x} - kc \tag{5.25}$$

가 된다. $x = 0$일 때 $c = c_o$이면 정상상태의 해는

$$c = c_0\ e^{-\frac{k}{U}x} \tag{5.26}$$

로 주어진다.

예제 5.5

다음과 같은 물리적 특성을 가진 강으로 점오염원이 유입된다. 강의 유량은 $12 \times 10^5 m^3/d$, 오염물질 농도는 1mg/L이고, 점오염원은 $Q_w = 0.5 \times 10^5 m^3/d$, $c_w = 400 mg/L$이다. 통수단면적은 $200m^2$이다. 오염물질은 1차 감쇄 반응을 한다($k = 0.7d^{-1}$).

1) 수심과 하폭 방향으로 완전혼합을 가정하고 초기(혼합) 농도 c_o를 구하라.

2) 주입점으로부터 6km 하류에 있는 오염물질의 농도를 계산하라.

풀이

1) 초기 농도를 구하기 위하여 식 (5.22)을 사용한다.

$$c_o = \frac{0.5\times 10^5(200)+12\times 10^5(1)}{0.5\times 10^5+12\times 10^5} = 8.96\text{mg/L}$$

2) 하천의 유속은 연속방정식에 의하여 구한다.

$$U = \frac{Q}{A_c} = \frac{12.5\times 10^5}{200} = 6250\text{md}^{-1}$$

점 오염원으로부터 하류로 6km 떨어진 지점에서 농도를 구하기 위하여 식 (5.26)을 사용한다.

$$c(x=6000\text{m}) = 8.96\,e^{-\frac{0.7}{6250}\times 6000} = 4.58\text{mg/L}$$

3) 정상상태의 해(분산오염원)

분산 오염원(distributed source)은 흩어진 방식으로 수체로 유입되는 오염원이며 가장 간단한 형태는 그림 5.8과 같이 공간적으로 균등하게 분산된 오염원이다.

분산 오염원의 형태로 오염물질이 유입되는 경우 물질수지 식은 식 (5.25)에 분산오염원 항을 추가한다.

$$0 = -U\frac{dc}{dx} - kc + S_d \tag{5.27}$$

여기서, S_d : 분산 오염원

$x=0$일 때 $c=c_o$이면 정상상태의 해는

$$c = c_0\,e^{-\frac{k}{U}x} + \frac{S_d}{k}\left(1-e^{-\frac{k}{U}x}\right) \tag{5.28}$$

가 된다.

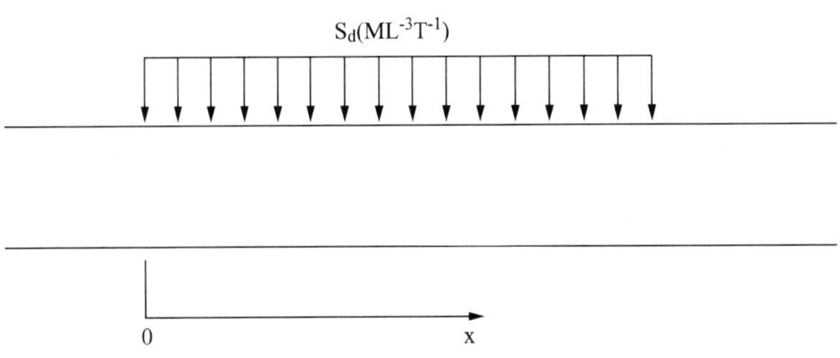

그림 5.8 균등 분산오염원이 유입된 경우의 모식도

예제 5.6

예제 5.4와 같은 수리학적 특성을 가진 하천에 분산 오염원 부하가 점 오염원 유입 지점($x=0$)으로부터 하류 방향으로 6km 떨어진 지점에서 유입이 시작되어 6km 구간에 걸쳐 지속적으로 균등하게 유입되며 그 이후에는 유입되지 않는다. 분산 오염량은 14gm^{-3}d^{-1}이다. 점 오염원으로부터 18km 떨어진 지점의 농도를 구하라. 단, 6km 지점에서 하천의 통수 단면적은 300m^{2}으로 증가한다.

풀이

먼저 6km 지점부터 면적이 증가하였으므로 이에 대한 유속을 다시 구한다.

$$U=\frac{12.5\times 10^5}{300}=416\text{md}^{-1}$$

분산 오염원 6km 구간에서 농도를 식 (5.28)을 사용하여 구한다.

$$c=4.58e^{-\frac{0.7}{4167}(x-6000)}+\frac{20}{0.7}\left(1-e^{-\frac{0.7}{6250}(x-6000)}\right)$$

분산 오염원 시작점($x=$ 6km)에서 농도 $c\,(x=6000\text{m})$

$$=4.58e^{-\frac{0.7}{4167}(6000-6000)}+\frac{20}{0.7}\left(1-e^{-\frac{0.7}{6250}(6000-6000)}\right)$$

$$=4.58\text{mg/L}$$

분산 오염원 중간점($x=$ 9km)에서 농도 $c\,(x=9000\text{m})$

$$=4.58e^{-\frac{0.7}{4167}(9000-6000)}+\frac{20}{0.7}\left(1-e^{-\frac{0.7}{6250}(9000-6000)}\right)$$

$$=10.68\text{mg/L}$$

분산 오염원이 끝나는 지점($x=$ 12km)에서 농도 $c\,(x=12{,}000\text{m})$

$$=4.58e^{-\frac{0.7}{4167}(12000-6000)}+\frac{20}{0.7}\left(1-e^{-\frac{0.7}{6250}(12000-6000)}\right)$$

$$=14.37\text{mg/L}$$

분산 오염원의 유입이 끝난 지점으로부터 6km 떨어진 지점의 농도를 구하려면 식 (5.26)을 사용한다.

$$c=14.37e^{-\frac{0.7}{4167}(x-12000)}$$

$x=$ 12km 지점의 농도

$$c\,(x=12{,}000\text{m})=14.37\text{e}^{-\frac{0.7}{4167}(12000-12000)}=14.38\text{mg/L}$$

$x=$ 15km 지점의 농도

$$c\,(x=15{,}000\text{m})=14.37\text{e}^{-\frac{0.7}{4167}(15000-12000)}=8.68\text{mg/L}$$

$x=$ 18km 지점의 농도

$$c(x=18{,}000\text{m})=14.37\text{e}^{-\frac{0.7}{4167}(18000-12000)}=5.24\text{mg/L}$$

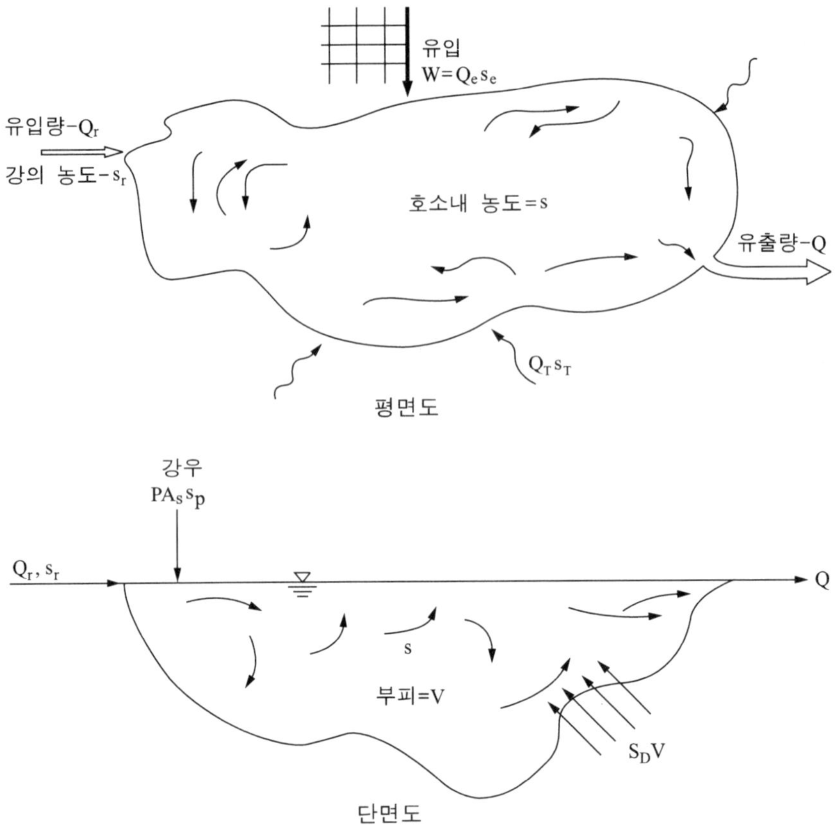

그림 5.9 완전혼합 호수의 모식도

5.5.3 호소의 모형화

1) 완전혼합계의 호수

그림 5.9는 완전혼합 호수에 대한 모식도이다. 생활하수나 공장폐수와 같은 점오염원으로부터 호수로 유입되는 오염물질의 부하량 W(M/T)를 생각해보면 $W = Q_e\ s_e$이고, Q_e는 유입량, s_e는 점오염원으로부터의 유입농도이다. 본류($Q_r\ s_r$)와 지류($Q_T\ s_T$)로부터 호수로 유입되는 것과 바닥으로부터 물질이 재부유 되는 것과 같은 내부적 원인으로도 유입이 발생된다. 총유입부하량 W는 아래와 같다.

$$W = Q_e\ s_e + Q_r\ s_r + Q_T\ s_T + PA_s\ s_p + S_D\ V \tag{5.29}$$

여기서, A_s : 수표면적(L^2)

P : 수표면상에 떨어지는 강수량(L/T)

S_D : 분산된 오염원($M/L^3 \cdot T$)

s_p : 강수중의 오염물질 농도

s : 호수 내 농도(M/L^3)

V : 체적(L^3)

Q : 방출유량(L^3/T)

방출유량은 아래와 같다.

$$Q = Q_e + Q_r + Q_T + PA_s - E_v A_s \tag{5.30}$$

여기서, E_v : 증발량(L/T)

1차 반응상수 k (T^{-1})로 가정할 때 호수에서 물질수지식은 아래와 같다.

$$V\frac{ds}{dt} = W - Qs - kVs \tag{5.31}$$

이 식으로부터 물질의 시간에 대한 변화율은 총 유입량에서 유량에 포함된 방출과 반응작용에 의하여 잃어버린 질량을 뺀 값과 같다는 것을 알 수 있다. 식 (5.27)에서는 유량 Q와 감쇄비 k가 일정하다.

정상상태에서 $\left(\frac{ds}{dt} = 0\right)$ 해는

$$s = \frac{W}{Q + kV} \tag{5.32}$$

가 된다.

예제 5.7

다음과 같은 특성을 갖고 있는 호수가 있다.

[체적 50,000m^3, 평균 수심 2m, 유입 및 유출 유량 7500m^3/d]

오염물질은 세 가지 경로로 유입된다.

[산업폐수 오염부하량 50kg/d, 대기로부터의 질량 플럭스 0.6$m^{-2}d^{-1}$, 유입 하천의 농도 10mg/L, 감쇄 상수 0.32d^{-1}]

1) 호수로 유입하는 전체 부하량(kg/d)을 구하라.
2) 정상상태의 농도를 구하라.

풀이

식 (5.32)에서

$$\text{분모} = Q + kV = 7500 + 0.32(50{,}000) = 23{,}500\text{m}^3\text{d}^{-1}$$

$$\text{수표면적} = \text{체적}/\text{평균 수심} = \frac{50{,}000\text{m}^3}{2\text{m}} = 25{,}000\text{m}^2$$

대기로부터 부하량

$$W_{\text{대기}} = \text{질량 플럭스} \times \text{수표면적} = 0.6\text{gm}^{-2}\text{d}^{-1} \times 25{,}000\text{m}^2 = 15{,}000\text{gd}^{-1}$$

유입 하천에 의한 부하량

$$W_{\text{하천}} = \text{유입유량} \times \text{농도} = 7500(10) = 75{,}000\text{gd}^{-1}$$

따라서 총 유입 오염부하량

$$W = W_{\text{폐수}} + W_{\text{대기}} + W_{\text{하천}} = 50 + 15 + 75 = 140\text{kgd}^{-1}$$

농도는 식 (5.32)를 이용하여 구한다.

$$c = \frac{140{,}000\text{gd}^{-1}}{23{,}500\text{m}^3\text{d}^{-1}} = 5.96\text{mg/L}$$

2) 두 개의 층으로 상층화된 호수

그림 5.10에서와 같이 표수층은 오염부하 W_1를 받고 있으며, 유입유량은 Q로서 심수층과 혼합되고 있다. 심수층에서는 퇴적층으로부터의 용출로 인한 오염 부하 W_2를 받고 있다. 여름에 성층이 이뤄질 경우 표수층(epilimnion)과 심수층(hypolimnion) 사이의 연직혼합(vertical mixing)을 고려하여 각 수층의 수질항목의 농도에 대해 물질수지식을 세우면 다음과 같다.

$$V_1\frac{dC_1}{dt} = W_1 - QC_1 + E'_{12}(C_2 - C_1) - V_1K_1C_1 \tag{5.33}$$

$$V_2\frac{dC_2}{dt} = W_2 - E'_{12}(C_1 - C_2) - V_2K_2C_2 \tag{5.34}$$

여기서, 체적 혼합계수 E'_{12} $[L^3/T]$는 아래와 같다.

$$E'_{12} = \frac{E_{12}A_{12}}{\overline{Z_{12}}} \tag{5.35}$$

E_{12}는 수직확산계수$[L^2/T]$, A_{12}는 1층과 2층사이의 접촉 면적$[L^2]$, $\overline{Z}_{12}$는 $H_2 >> H_1$일 경우 ①층의 중심으로부터 ②층의 중심까지 연직거리, $H_2 \approx H_1 \cdot H$가 호수의 총깊

이 일 때 $t \cdot \frac{H}{2}$는 동일하며, H_1과 H_2는 각각 epilimmion과 hypolimnion의 깊이다.

정상상태에서는 $\frac{dc}{dt}=0$ 이므로

$$(Q+E'_{12}+V_1K_1)C_1+(-E'_{12})C_2=W_1 \tag{5.36}$$

$$(-E'_{12})C_1+(E'_{12}+V_2K_2)C_2=W_2 \tag{5.37}$$

해를 구하면

$$C_1=\frac{W_1+\beta W_2}{Q+(1-\beta)E'_{12}+V_1K_1}, \quad C_2=\beta\left(C_1+\frac{W_2}{E'_{12}}\right) \tag{5.38}$$

단, $\beta=\frac{E'_{12}}{E'_{12}+V_2K_2}$가 된다.

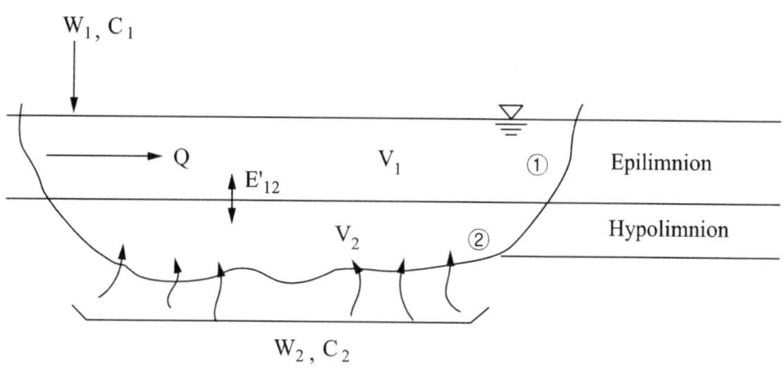

그림 5.10 2개의 층으로 성층화된 호수의 모식도

5.6 지하수오염

지하수는 지표수가 침투하여 생성되는 것으로 주요 성분은 토양과 암석성분에 따라 다르지만, 늪지의 지하수는 식물분해에 따른 유기산의 생성으로 약산성을 띠고 있고, 석회암, 백운석층은 칼슘 및 마그네슘이 많은 경수의 성질을 가지고 있다.

지표수오염으로 인한 지하수의 오염은 대부분 토양층을 통과하면서 여과 및 생물, 화학적 분해에 의하여 제거되는 것이 보통이나, 지하수면이 높거나, 투과성이 낮은 토양, 암반이 지표면 가까이 있는 경우, 심한 자갈 토양에서는 여과가 되지 않아 지하수 오염의 가능성이 높다. 지하수오염의 주요 원인은 농경지의 비료, 분뇨, 광산폐기물, 매립, 지하수개발 후 방치된 폐공, 광산 개발 후 방치된 폐광 등이 있다.

지하수오염의 심각성으로는 첫째, 일단 오염된 지하수는 지하 암반 깊숙한 곳에 축적되고, 지하 깊은 곳은 산소가 없어 미생물에 의한 자연적인 분해가 어렵다. 둘째, 지하수 오염의 정도를 추정하거나 인위적으로 정화시키기 어렵고, 정화시킨다 하더라도 비용이 많이 든다. 셋째, 유속이 매우 낮은 지하수(1.5m/year)의 경우 오염물질이 바다로 씻겨 내려가는데 오랜 시간이 걸릴 수 있다.

국내외 지하수에서 질산성 질소가 검출되어 이를 음용한 어린 아이에게 메트헤모글로빈혈증(methemoglobinemia)이 발병되었다는 보고가 있었다. 이는 생후 6개월 미만의 젖먹이 유아에게 발병한다고 하여 유아청색증이라 하며 일명 블루베이비(blue-baby)라고 불리기도 한다. 음용수 중에 질산성질소(NO_3-N)가 포함되어 있으면 체내의 세균에 의해 아질산성질소(NO_2-N)로 환원되어 헤모글로빈과 결합하여 methemoglobin이 형성되고, 이로 인해 유아에게 산소부족현상이 발생된다.

영국의 농촌 지하수는 질산성 질소, 살충제에 의한 오염이 심각하며, 미국의 경우도 수돗물 불신이 만연한 상태이며 대도시의 20% 정도가 안전한 물을 사용하지 못하는 것으로 보고되고 있다. 영국, 미국, 덴마크는 수자원 공급의 약 30, 50, 99%를 지하수에서 얻고 있다. 지표수의 심각한 오염으로 인해 우리나라도 지하수원에 대한 이용도가 높아지면서 지하수의 보전은 수자원 측면에서 그 중요성이 매우 높아지고 있다.

5.7 해양오염

바다의 넓이는 3억 6천만 km^2로 육지면적의 약 2.5배이며, 지구 표면적의 70%를 차지하고 있다. 바다의 부피는 육지의 11배, 생활공간은 약 300배나 된다. 케네디(John F. Kennedy) 미국 대통령은 "우리가 바다를 알고자 하는 것은 단순한 호기심 때문이 아니라 거기에 우리들의 생존이 걸려 있기 때문이다"라고 바다의 가치 및 바다에 대한 우리의 바람직한 자세에 대해서 적절히 표현한 바 있다. 해양, 즉 바다는 이 지구상에 마지막 남아 있는 엄청난 자원의 보고인 것이다. 이처럼 바다는 우리에게 여러 가지 혜택이 주어지는 반면 최근 바다에 처리되지 않은 하수의 유입과 유조선 등에 의한 기름 유출, 발전소에서 배출되는 냉각수로 인한 수온 상승 등의 심각한 오염으로 인해 제 구실을 못하고 있다.

매년 가을철 남해안의 어민들에게 가장 큰 피해를 끼치는 적조(red tide)현상은 수계환경에서 발견되는 자연현상의 하나로, 호소나 해역 등지에서 산업폐수나 도시하수가 바다로 유입함으로 하 · 폐수에 포함된 영양염류로 인해 풍부해진 부영양화를 기반으로 플랑크톤이 이상 증식하여 그 결과 적색, 갈색, 녹색 등으로 변하는 현상을 말한다. 적조의 역사를 살펴보면, B.C. 1450~1400년 사이에 기록된 구약성서의 출애굽기 7장 20~21절에 "강물이 전부 피로 변하여 고기가 죽었고 물은 냄새가 나서 마실 수가 없게 되었다"라고 기술되어 있고, 찰스 다윈은 1831~1836년의 비이글호 항해의 기록에 브라질과 칠레 앞바다 해면이 붉게 변하는 것을 기록하였다. 적조의 발생원인은 정체수역하에서 플랑크톤의 증식을 위해 충분한 일사량과 수온이 높아야 하며, 질소, 인 등의 영양염류가 풍부하고 규소, 칼슘, 마그네슘 등의 영양염 외에 미량의 금속, 비타민 등이 존재해야 하고, 담수의 유입이나 강수 등으로 비중이 낮아진 해수가 상층에 존재하고 염분농도가 낮아야 하며, 해역에서 상승류 현상으로 바닥의 인산이온(PO_4^{3-})이 상부로 이동하여 영양공급이 이루어질 때 발생하게 된다. 우리나라의 경우

그림 5.11 적조발생 현상(자료 : 국립수산과학원)

표 5.2 연도별 적조발생 건수 및 피해액

구 분	'96	'97	'98	'99	'00	'01	'02	'03	'04	'05	'06	'07
발 생 건 수	61	62	122	83	69	57	59	45	54	39	28	33
피해액(억원)	21	15	1.6	3.2	2.6	84	49	215	1.2	10.6	0.7	115

* 자료 : 해양수산개발원(2009년)

매년 8월에서 9월에 걸쳐 주로 남해안에서 적조현상이 발생되고 있다. 표 5.2는 연도별 적조발생 건수 및 피해액 현황을 나타낸 것이다.

적조현상의 피해는 주로 물고기의 집단 폐사로 나타나며, 이는 조류의 대번식 후 폐사에 따른 무산소상태, 독소의 축적, 어패류의 아가미에 점액물질이 많은 플랑크톤이 부착되어 호흡장애 등을 일으켜 질식사하는 경우이다. 또한 수질변화 및 생태계의 막대한 변형으로 바다에 매우 큰 악영향을 미친다. 적조의 대책으로는 적조 발생을 원천적으로 방지하는 방법과 발생된 경우 피해를 최소화할 수 있는 부영양화 대책이 포함되어 있어야 한다. 최근에는 적조 경보시스템이 연구 개발되어 있으며, 환경기초시설의 확충, 어장의 정화, 퇴적오염물의 준설 등이 필요한 과제로 대두되고 있다. 또한 황토 살포에 의한 적조생물의 침전제거로 적조발생의 피해를 최소화하고 있다.

해양오염 중 가장 비중이 큰 부분이 유류오염 사고이다. 최근 해상물동량의 증가에 따라 최근 10년 동안 매년 390여건의 해양유류오염 사고가 발생하고 있으며, 유조선의 대형화로 인한 대규모 오염사고도 빈발하고 있다. 유류오염 사고로 인한 영향은 해면에 막을 형성하여 용존산소량을 저하시키고 광선투과율을 감소시켜 플랑크톤의 1차 생산성을 감소시키며, 생물에 흡수되어 기름냄새를 유발하므로 해양자원의 손실 및 해양관광에 악영향을 미치고 있다. 해역별 사고 발생건수는 남해 44%, 서해 28%, 동해 28%로 주로 수심이 얕은 남해에서 발생하고 있다.

예제 5.8

적조발생시 대책 중 하나인 황토살포법에서 적조생물의 구제효과를 지닌 황토성분은?

1. 알루미늄이온(Al^{3+})
2. 칼륨이온(K^{+})
3. 마그네슘이온(Mg^{2+})
4. 구리이온(Cu^{2+})

풀이

점토(황토)는 동물성플랑크톤의 일종인 적조생물을 흡착하여 가라앉히는 특성이 있으며 점토성분의 하나인 Al^{3+}이 적조생물의 세포를 파괴하는데 탁월한 효과를 보이는데, 점토살포 후 30분정도에는 약 78%의 적조생물이 제거됨.

표 5.3 주요 유류오염사고 현황

사고일시	장 소	사고선박	유 출 량
1985.3.14	경북 영일군 구룡포앞	천일호	8,400톤(중질유 , B/C유)
1986.1.2	부산 영도앞	진용호	6,100톤(B/C유)
1988.2.24	경북 영일군 대보등대앞	경신호	1,000톤(B/C유)
1990.7.15	인천 월미도앞	코리아호프호	1,500톤(B/C유)
1992.9.27	전남 여천군 묘도앞	제5금동호	1,000톤(B/C유)
1995.7.23	전남 여천시 소리도앞	씨프린스호	5,035톤(B/C유, 원유)
1995.9.21	부산 북형제도	제1유일호	2,392톤(B/C유)
1995.11.17	전남 여천시 낙표부두앞	호남싸파이어호	1,226톤(원유)
1996.9.19	제주 여서도	오션제이드호	207톤(B/C유)
1997.4.3	경남 통영시 매물도앞	제3오성호	1,699톤(B/C유)
1997.11.25	부산 남부민동앞 해상	바론호	203톤(B/C유)
1998.1.15	경남 울산 울주군 진하리	뉴바론호	301톤(B/C유)
1998.5.19	여수시 상백도 남동 8마일	하카다호	435톤(B/C유)
2000.4.11	경기 평택항내	대림 501호	165톤(MDO)
2001.1.15	부산 거제시 남녀도	P-하모니호	328(B/C유, 경유)
2002.5.13	군산시 어청도 남서 16km	대산파이오니아	203톤(크실렌)
2003.9.12	부산 감천항	덕양호	360톤(B/C유)
2004.5.26	전남 광양항	모닝익스프레스호	1,200톤(나프타)
2005.11.24	부산 남항 입구	제7광민호	37톤(B/C유)
2006.3.18	부산 감천항	폐기물저장탱크	200톤(팜유)
2007.12.7	충남 태안 만리포 북서 10km	허베이스피리트	12,547톤(원유)
2008.3.11	전남 여수시 앞바다	홍양호	253톤(경유)

우리나라 해역 주변에서 발생했던 주요 유류오염사고의 최근 현황은 2007년 태안 앞바다에서 발생한 허베이 스피리트호 사건을 비롯하여 표 5.3에 제시하였다.

기름제거방법은 기계적 및 물리화학적 방법으로 나눌 수 있다. 기계적 방법에는 폐쇄(boom설치, 제방형성), 회수(skimmer, 진공펌프), 트랜스퍼(transfer)(유조선이 좌초되기 전 다른 배로 옮김) 등이 있으며, 물리화학적 방법에는 분산, 흡착, 겔(gel)화, 방유화(防乳化), 응집, 분리, 침전, 조연제(助燃劑) 등이 이용된다. 일단 오염이 발생되면 우선 기계적·화학적 방법을 이용하여 회수하고 불가능하면 대양에서 연소(항구 내에서는 불가)하여 분산, 침전시켜 기름을 제거시킨다.

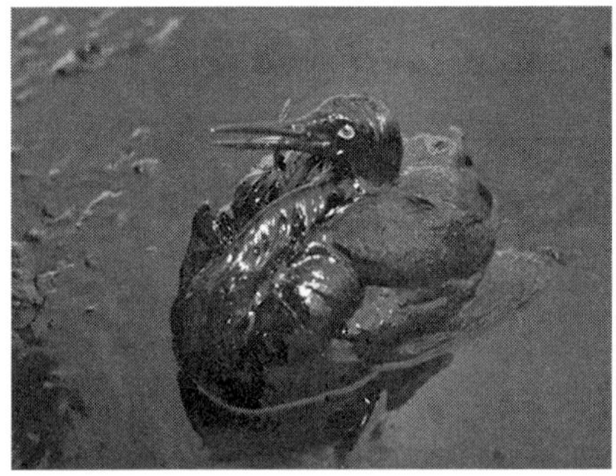

그림 5.12 씨프린스호 기름오염사고 피해(자료출처 : 데일리안)

5.8 수질오염대책

5.8.1 수질환경기준

환경정책기본법에 규정된 수질환경기준은 국민의 건강보호와 쾌적한 수질환경을 조성하기 위하여 정부가 설정하는 물의 법률적 개념으로 수질상태의 판정기준(criteria)이며 그 자체가 목표는 아니다. 즉, 행정상 규제대상이 되거나 법적 구속력은 없다. 수질환경기준은 표 5.4와 같이 하천·호소에 공통적으로 적용되는 건강항목(17개 항목)과 하천(7개 항목)·호소(8개 항목)에 달리 적용되는 생활환경항목으로 구분되며, 생활환경항목은 수질상태에 따라 7등급으로 구분된다.

배출허용기준은 환경기준을 달성하기 위한 규제수단의 하나로 배출사업장의 배출수 농도를 규제하는 것인데 환경기준과 하천의 자정능력 등을 고려하여 설정하고 있다. 현재 수질환경보전법 제8조 및 동법 시행규칙 제8조에서 유기물질, 부유물질 및 페놀류 등 29개 항목에 대하여 폐수배출허용기준을 설정하고 있으며, 수역별 수질등급 등을 고려하여 지역별로 4단계(청정, 가, 나, 특례지역)로 구분하여 적용하고 있다(표 5.5).

또한 유기물질 및 부유물질 항목에 지역별로 사업장의 폐수배출량에 따라 차등 적용하고 있다. 즉, 폐수를 일일 2,000m^3 이상 배출하는 폐수다량배출 사업장에 대해서는 하천에 미치는 영향을 고려하여 소규모 사업장보다 엄격한 배출허용기준을 적용하여 농도 규제방식에 양적 규제방식을 병용하도록 하였고, 특례지역에 해당되는 산업단지나 농공단지 폐수종말처리시설로 폐수를 유입하는 사업장에 대해서는 폐수종말처리시설 처리능력 등을 고려하여 적정하게 운영할 수 있는 범위 내에서 별도의 배출허용기준을 적용하고 있다. 아울러 1997년부터는 호소의 부영양화 방지를 위하여 팔당호, 대청호, 낙동강 및 낙동강하구언 유역에 입지하고 있는 사업장에 대해 총질소·총인 항목에 배출허용기준을 적용하고 있으며, 2003년부터는 전국으로 확대하여 적용하고 있다.

표 5.4 수질환경기준 (단위 : mg/L)

▶ **건강항목(하천·호소 공통)**

항목	기준값(mg/L)
카드뮴(Cd)	0.005 이하
비소(As)	0.05 이하
시안(CN)	검출되어서는 안 됨(검출한계 0.01)
수은(Hg)	검출되어서는 안 됨(검출한계 0.001)
유기인	검출되어서는 안 됨(검출한계 0.0005)
폴리크로리네이티드비페닐(PCB)	검출되어서는 안 됨(검출한계 0.0005)
납(Pb)	0.05 이하
6가크롬(Cr^{6+})	0.05 이하
음이온계면활성제(ABS)	0.5 이하
사염화탄소	0.004 이하
1,2-디클로로에탄	0.03 이하
테트라클로로에틸렌(PCE)	0.04 이하
디클로로메탄	0.02 이하
벤젠	0.01 이하
클로로포름	0.08 이하
디에틸헥실프탈레이트(DEHP)	0.008 이하
안티몬	0.02 이하

▶ 생활환경항목(하천)

등급		상태(캐릭터)	기 준						대장균군(군수/100mL)	
			pH	BOD (mg/L)	COD (mg/L)	SS (mg/L)	DO (mg/L)	T-P (mg/L)	총대장균군	분원성 대장균군
매우 좋음	Ia		6.5~8.5	1 이하	2 이하	25 이하	7.5 이상	0.02 이하	50 이하	10 이하
좋음	Ib		6.5~8.5	2 이하	4 이하	25 이하	5.0 이상	0.04 이하	500 이하	100 이하
약간 좋음	II		6.5~8.5	3 이하	5 이하	25 이하	5.0 이상	0.1 이하	1,000 이하	200 이하
보통	III		6.5~8.5	5 이하	7 이하	25 이하	5.0 이상	0.2 이하	5,000 이하	1,000 이하
약간 나쁨	IV		6.0~8.5	8 이하	9 이하	100 이하	2.0 이상	0.3 이하	-	-
나쁨	V		6.0~8.5	10 이하	11 이하	쓰레기 등이 떠있지 아니할 것	2.0 이상	0.5 이하	-	-
매우 나쁨	VI		-	10 초과	11 초과	-	2.0 미만	0.5 초과	-	-

▶ 생활환경항목(호소)

등급		상태 (캐릭터)	기준								
			pH	COD (mg/L)	SS (mg/L)	DO (mg/L)	T-P (mg/L)	T-N (mg/L)	Chl-a (mg/㎥)	대장균군 (군수/100mL) 총대장균군	분원성 대장균군
매우 좋음	Ia		6.5~8.5	2 이하	1 이하	7.5 이상	0.01 이하	0.2 이하	5 이하	50 이하	10 이하
좋음	Ib		6.5~8.5	3 이하	5 이하	5.0 이상	0.02 이하	0.3 이하	9 이하	500 이하	100 이하
약간 좋음	II		6.5~8.5	4 이하	5 이하	5.0 이상	0.03 이하	0.4 이하	14 이하	1,000 이하	200 이하
보통	III		6.5~8.5	5 이하	15 이하	5.0 이상	0.05 이하	0.6 이하	20 이하	5,000 이하	1,000 이하
약간 나쁨	IV		6.0~8.5	8 이하	15 이하	2.0 이상	0.10 이하	1.0 이하	35 이하	-	-
나쁨	V		6.0~8.5	10 이하	쓰레기 등이 떠있지 아니할것	2.0 이상	0.15 이하	1.5 이하	70 이하	-	-
매우 나쁨	VI		-	10 초과	-	2.0 미만	0.15 초과	1.5 초과	70 초과		

표 5.5 수질오염물질의 배출허용기준 (단위 : mg/L 이하)

대상구조 \ 항목 \ 지역구분		청정지역	"가" 지역	"나" 지역	특례지역
1일 배출량 2,000m^3 이상	BOD	30	60	80	30
	COD	40	70	90	40
	SS	30	60	80	30
1일 배출량 2,000m^3 미만	BOD	40	80	120	30
	COD	50	90	130	40
	SS	40	80	120	30

페놀류 등 오염물질

항 목 \ 지역구분	청정지역	"가" 지역	"나" 지역	특례지역
pH	5.8~8.6	5.8~8.6	5.8~8.6	5.8~8.6
n-hexane(광유류) (동식물유지류)	1 5	5 30	5 30	5 30
Phenol	1	3	3	5
CN	0.2	1	1	1
Cr	0.5	2	2	2
soluble Fe	2	10	10	10
Zn	1	5	5	5
Cu	1	3	3	3
Cd	0.02	0.1	0.1	0.1
Hg	0.001	0.005	0.005	0.005
organic P	0.2	1	1	1
As	0.1	0.5	0.5	0.5
Pb	0.2	1	1	1
Cr^{6+}	0.1	0.5	0.5	0.5
slouble Mn	2	10	10	10
F	3	15	15	15
PCB	불검출	0.003	0.003	0.003
E. Coli(개/100 mL)	100	3000	3000	3000
Color(도)	200	300	400	400
Temperature(℃)	40	40	40	40
T-N	30	60	60	60
T-P	4	8	8	8
TriChloroEtylene	0.06	0.3	0.3	0.3
TetraChloroEtylene	0.02	0.1	0.1	0.1
음이온계면활성제	3	5	5	5

표 5.6 폐수종말처리장 방류수 수질기준 강화계획 (단위 : mg/L)

구 분	적용기간 및 수질기준			
	2007.12.31까지	2008. 1. 1부터 2010.12.31까지	2011. 1. 1부터 2012.12.31까지	2013. 1. 1 이후
BOD(mg/L)	30(30) 이하	20(30) 이하	20(30) 이하	10(10) 이하
COD(mg/L)	40(40) 이하	40(40) 이하	40(40) 이하	40(40) 이하
SS(mg/L)	30(30) 이하	20(30) 이하	20(30) 이하	10(10) 이하
T－N(mg/L)	60(60) 이하	40(60) 이하	20(20) 이하	20(20) 이하
T－P(mg/L)	8(8) 이하	4(8) 이하	4(8) 이하	2(2) 이하
총대장균군 (총대장균군수/mL)	－	3,000 이하	3,000 이하	3,000(3,000) 이하
생태독성(TU)	－	－	1이하	1이하

주 : 1. 산업단지 및 농공단지의 폐수종말시설의 페놀류등 수질오염물질의 방류수 수질기준은 위 표에도 불구하고 해당 처리시설에서 처리할 수 있는 수질오염물질 항목으로 한정하여 별표 13 제2호나목의 표 중 특례지역에 적용되는 배출허용기준의 범위에서 해당 처리시설 설치사업시행자의 요청에 따라 환경부 장관이 정하여 고시한다.
2. 적용기간 및 수질기준란의 ( )는 농공단지의 폐수종말처리시설의 방류수 수질기준이다.
3. 생태독성 항목의 방류수 수질기준은 물벼룩에 대한 급성독성시험을 기준으로 한다.

방류수 수질기준은 배출허용기준의 일종이지만 그 대상이 배출시설이 아니라 하수처리장, 분뇨처리장 등 공공기관이 공동으로 오·폐수를 종말처리 할 때의 최종 방류기준이다. 표 5.6은 환경부에서 발표한 폐수종말처리시설의 방류수 수질기준 강화계획이다.

환경부는 하천의 수질을 개선하기 위해 2012년부터 공공하수처리시설의 방류수 수질기준을 강화하는 하수도법 시행규칙을 개정·공포하였다. 강화된 방류수 수질기준은 용수사용 및 공공수역의 생태계 보전에 중점을 두고 부영양화 생성의 주요인자인 영양물질 총인(T-P)과 유기물에 대한 기준을 대폭 강화하였다. 특히, 수질보전의 중요성이 큰 상수원보호구역, 수변구역의 경우 표 5.7과 같이 총인(T-P)은 10배(2mg/L → 0.2mg/L), BOD(10 → 5mg/L) 및 COD(40 → 20mg/L)는 각각 2배로 강화되며, 하천의 이용상황, 목표수질 등을 고려하여 방류수 수질기준 적용대상 지역을 4개 지역으로 나누어 차등적용하며, 강화된 기준을 준수할 수 있는 시설 등을 갖추는 기간 등을 고려하여 2012년 1월 1일부터 적용한다.

표 5.7 공공하수처리시설의 방류수 수질기준(하수도법시행규칙)

구 분			BOD	COD	SS	T-N	T-P	*E. Coli*	TU	비고
'10.12.31 까지	50m³/일 이상		10	40	10	20(60)	2(8)	3,000 (1,000)	-	
	50m³/일 미만		10	40	10	40(60)	4(8)	3,000 (1,000)	-	
'11.01.01 부터 적용	50m³/일 이상		10	40	10	20(60)	2(8)	3,000 (1,000)	1	
	50m³/일 미만		10	40	10	40(60)	4(8)	3,000 (1,000)	-	
'12.01.01 부터 적용	500m³ /일 이상	I지역	5	20	10	20(60)	0.2(8)	1,000	1	
		II지역	5	20	10	20(60)	0.3(8)	3,000 (1,000)	1	
		III지역	10	40	10	20(60)	0.5(8)	3,000 (1,000)	1	
		IV지역	10	40	10	20(60)	2.0(8)	3,000 (1,000)	1	
	500 미만 50 이상		10	40	10	20(60)	2.0(8)	3,000 (1,000)	-	
	50m³/일 미만		10	40	10	40(60)	4.0(8)	3,000 (1,000)	-	

비고) 1. T-N, T-P의 괄호 내는 겨울철(12월~3월) 적용 기준
2. *E. Coli*의 괄호 내는 청정지역 및 상수원의 상류지역(보호구역 경계 10km, 취수시설 15km) 적용 기준
3. 수변구역에 설치된 공공하수처리시설은 50m³/일 이상의 기준을 적용
4. 독성(TU)은 특정한 폐수가 유입되는 시설용량 500m³/일 이상의 시설에 대하여 적용
5. 지역구분은 아래 표와 같음

구분	내용
I 지역	• 상수원보호구역, 수질보전 특별대책지역, 수변구역(4대강법) • 새만금사업 촉진을 위한 특별법 제2조 제1호에 따른 새만금사업지역으로 유입되는 하천이 있는 지역으로서 환경부장관이 정하여 고시하는 지역
II 지역	• 수질 및 수생태계 보전에 관한 법률 제22조 제2항에 따라 고시된 중권역 중 COD 또는 T-P의 수치가 같은 법 제24조 제2항제 1호에 따른 목표기준을 초과하였거나 초과할 우려가 현저한 지역으로서 환경부장관이 정하여 고시하는 지역
III 지역	• 수질 및 수생태계 보전에 관한 법률 제22조 제2항에 따라 고시된 중권역 중 한강 · 금강 · 낙동강 · 영산강 · 섬진강 수계에 포함되는 지역으로서 환경부장관이 정하여 고시하는 지역(I지역 및 II지역을 제외한다)
IV 지역	• I지역, II지역 및 III지역을 제외한 지역

5.8.2 국내 수질오염 현황

1) 4대강 주요지점의 수질현황

최근 정부는 4대강 사업을 추진하고 있는데, 4대강 정비 사업은 2008년 하반기부터 추진하는 한국형 녹색 뉴딜사업이다. 녹색 뉴딜의 핵심 사업 중 하나인 4대강 정비 사업은 한강, 낙동강, 금강, 영산강 등에 2012년까지 총 14조 원을 투입해 노후 제방 보강과 하천 생태계 복원, 중소 규모 댐 및 홍수 조절지 건설, 하천 주변 자전거길 조성 및 친환경 보를 설치하는 것으로 구성되어 있다.

최근 국내 4대강 주요지점의 수질변화 추이는 그림 5.13에 나타낸 바와 같다. 1993~1995년 기간 동안은 30년 주기의 가뭄이 나타난 시기로 수량이 수질에 절대적인 영향을 미친다는 것을 보여주고 있다. 1997년 이후에는 전반적으로 수질이 회복세로 돌아서고 있는 것을 볼 수 있으며, 이는 그동안의 환경기초시설 확충 등 수질개선 노력의 효과가 나타난 것으로 보고 있다. 2009년도 한강수계의 팔당측정소는 BOD 1.3ppm 수준을 나타내고 있고, 낙동강의 물금측정소는 전년에 비해 약간 증가되어 2.8ppm, 금강의 부여측정소는 3.7ppm, 영산강권역의 나주측정소는 5.8ppm으로 수질이 가장 좋지 않았다.

(BOD, mg/L)

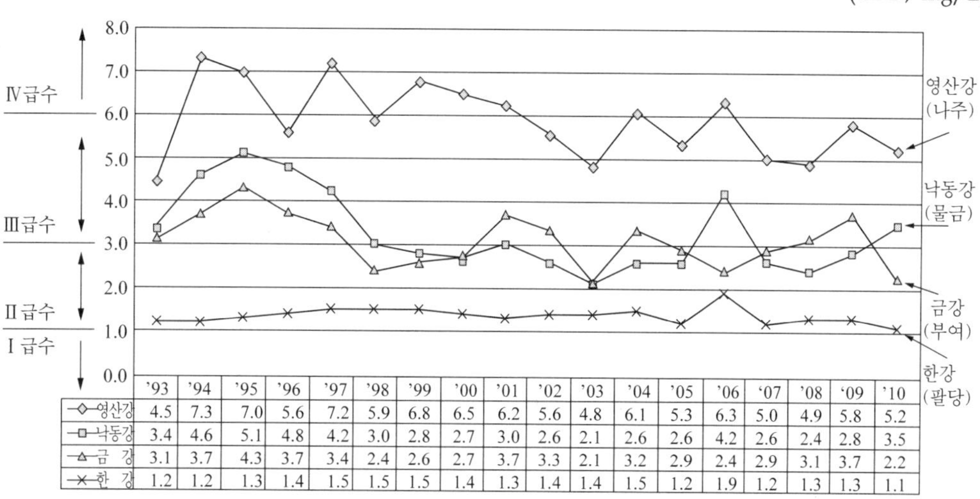

	'93	'94	'95	'96	'97	'98	'99	'00	'01	'02	'03	'04	'05	'06	'07	'08	'09	'10
영산강	4.5	7.3	7.0	5.6	7.2	5.9	6.8	6.5	6.2	5.6	4.8	6.1	5.3	6.3	5.0	4.9	5.8	5.2
낙동강	3.4	4.6	5.1	4.8	4.2	3.0	2.8	2.7	3.0	2.6	2.1	2.6	2.6	4.2	2.6	2.4	2.8	3.5
금 강	3.1	3.7	4.3	3.7	3.4	2.4	2.6	2.7	3.7	3.3	2.1	3.2	2.9	2.4	2.9	3.1	3.7	2.2
한 강	1.2	1.2	1.3	1.4	1.5	1.5	1.5	1.4	1.3	1.4	1.4	1.5	1.2	1.9	1.2	1.3	1.3	1.1

그림 5.13 연도별 수질변화 추이(환경부 2010)

2) 호소 수질현황

우리나라 호소의 수질은 표 5.8에서 보듯이 대부분 II~III급수 수준으로 환경기준에 크게 못 미치고 있으며, 정부에서 2001년도에 전국의 농업용저수지 18,000개소 중 수질이 오염되었거나 우려되는 330개소에 대해 조사한 결과, 농업용수기준을 초과하는 저수지는 16개소(전체 저수지의 0.7% 수준)로 나타났다. 특히 대규모 간척사업으로 조성된 담수호의 경우에는 집수구역 내 주변 환경기초시설의 부족 등으로 수질이 더욱 악화되고 있는 실정이다. 또한 국내 호소에서의 조류발생빈도는 갈수해였던 1994년을 경계로 상승하고 있는 추세이며, 특히 여름철 장마 이후 조류의 대량증식에 의한 녹조현상의 심화로 정수처리과정에서의 여과장애 유발 등 용수이용상 장애가 증대되고 있는 실정이다.

표 5.8 상수원수로 사용되는 호소의 수질현황(2010년 평균)

수 계	호소명	DO (mg/L)	BOD (mg/L)	COD (mg/L)	SS (mg/L)	T-N (mg/L)	T-P (mg/L)
한 강	충주댐2	12.1	0.9	2.3	1.3	1.673	0.013
	팔당댐1	13.6	1.1	4.0	5.2	2.645	0.035
낙동강	합천댐1	11.0	1.4	2.8	1.5	1.373	0.013
	남강댐1	10.0	0.9	2.6	2.8	1.501	0.025
	영천댐1	12.1	1.7	4.9	2.1	1.120	0.016
	안동댐1	11.0	1.7	2.6	1.1	1.164	0.014
	임하호1	10.1	1.7	3.9	1.5	1.041	0.015
금 강	대청댐1	12.6	0.8	3.5	2.3	1.576	0.013
영산강	담양댐1	11.7	0.8	3.1	2.7	0.980	0.012
섬진강	옥정호	9.4	1.4	3.1	1.1	1.374	0.012
	주암호1	10.5	0.8	3.0	1.5	0.696	0.011
	동복댐1	13.0	1.6	3.5	3.6	0.863	0.018
기타수계	사연댐1	12.4	1.0	3.6	3.5	0.908	0.019
	대암댐1	13.0	1.4	5.7	8.9	3.121	0.059
	회야댐1	12.2	1.9	5.5	7.7	2.684	0.053
	수어댐1	11.1	1.1	2.4	2.5	1.469	0.046

* 자료 : 환경부(2010년)

3) 지하수 수질오염 현황

2000년도 국내 지하수 수질조사를 실시한 결과, 전국 3,890개 지점(1,965개 측정지점을 연 2회 측정) 중 184개(4.7%)가 지하수 수질기준(표 5.9)을 초과하였다. 특히 오염우심지역 중 공단지역, 금속광산지역은 초과율이 10%를 상회하여 오염이 우려되나,

표 5.9 지하수 수질기준 (단위 : mg/L)

항 목 \ 이용목적별		생활용수	농업용수	공업용수
일반오염 물질 (5개)	pH	5.8~8.5	6.0~8.5	5.0~9.0
	일반세균	100 CFU/mL 이하	–	–
	대장균군수	5,000 MPN/100mL 이하	–	–
	NO_3-N	20 이하	20 이하	40 이하
	Cl^-	250 이하	250 이하	500 이하
특정유해 물질 (10개)	Cd	0.01 이하	0.01 이하	0.02 이하
	As	0.05 이하	0.05 이하	0.1 이하
	CN	불검출	불검출	0.2 이하
	Hg	불검출	불검출	불검출
	유기인	불검출	불검출	불검출
	페 놀	0.005 이하	0.005 이하	0.01 이하
	Pb	0.1 이하	0.1 이하	0.2 이하
	Cr^{6+}	0.05 이하	0.05 이하	0.1 이하
	벤 젠	0.015 이하	–	–
	톨루엔	1 이하	–	–
	에틸벤젠	0.45 이하	–	–
	크실렌	0.75 이하	–	–
	1,1,1-TCE	0.15 이하	0.3 이하	0.5 이하
	TCE	0.03 이하	0.03 이하	0.06 이하
	PCE	0.01 이하	0.01 이하	0.02 이하

주 : 1. 생활용수 : 가정용 및 가정용에 준하는 목적으로 이용되는 경우로서 음용수, 농업용수, 공업용수이외의 모든 용수를 포함한다.
2. 농업용수 : 농작물의 재배·경작 목적으로 이용되는 경우에 한한다.
3. 공업용수 : 수질환경보전법 제2조제5호의 규정에 의한 폐수배출시설을 설치한 사업장에서 사업활동 목적으로 이용되는 경우에 한한다.
※ 공통사항 : 농업용수·공업용수일지라도 생활용수의 목적으로도 함께 이용되는 경우에는 생활용수기준을 적용한다.

도시계획지역 및 농림지역, 자연환경보전지역은 2,368개 지점 중 81개 지점(3.4%)이 기준을 초과하여 비교적 양호한 것으로 조사되었다. 15가지 검사항목 중 금속세정제 등의 사용으로 공단지역에서 주로 검출되는 트리클로로에틸렌(TCE)의 초과지점이 가장 많았고, 다음으로는 주로 폐기물매립장과 분뇨처리장 인근지역에서는 생활오수와 축산폐수, 폐기물 침출수 등의 지하침투로 오염되어 유아청색증의 원인이 되는 질산성 질소(NO_3-N)의 초과지점이 많았다.

4) 해양오염 실태

우리나라 주변 해역을 해역이용 목적에 따라 효율적으로 관리하기 위하여, 각 해역을 표 5.10과 같이 해역별 수질기준에 따라 구분·관리하고 있다. 해역별 수질기준은 규제등급보다는 목표등급의 성격을 가지고 있다. 즉, 규정된 해역의 용도를 감안하여 향후 올바르고 과학적인 환경정책의 결과로 현재 수질을 그 기준까지 도달하도록 해야 하는 구체적 목표라고 할 수 있다. 현재 환경정책기본법시행령에 규정된 I I 등급 해역은 수산생물의 서식 및 산란에 적합한 수질을 말하며, II등급 해역은 해수욕, 관광 및 여가선용에 적합한 해역이고, III등급 해역은 공업용 냉각수 및 선박정박에 이용할 수 있는 해역을 말한다.

우리나라 연안수질은 1991년 이후 계속해서 II등급(COD기준 2mg/L 이하) 수질을 유지하고 있다. 해양의 경우, 대표적인 오염지표로 사용하는 것이 화학적산소요구량, 즉 COD(chemical oxygen demand)이다. 해수 내에 존재하는 유기물을 산 등을 사용하여 화학적 산화를 시킬 때, 필요로 되는 산소의 양을 가지고 계산되는 COD는 시간적인 이점, 부하량의 종합적 분석, 비교의 용이성이라는 장점을 가지고 있다.

표 5.10 해역별 수질기준

등급	기 준						
	pH	COD (mg/L)	DO (mg/L)	총대장균군 (총대장균군수/100mL)	유분 (mg/L)	총질소 (mg/L)	총인 (mg/L)
I	7.8~8.3	1 이하	7.5 이상	1,000 이하	0.01 이하	0.3 이하	0.03 이하
II	6.5~8.5	2 이하	5 이상	1,000 이하	0.01 이하	0.6 이하	0.05 이하
III	6.5~8.5	4 이하	2 이상			1.0 이하	0.09 이하

▶ 건강항목

등급	항 목	기준(mg/L)
전수역	6가크롬(Cr^{6+})	0.05
	비소(As)	0.05
	카드뮴(Cd)	0.01
	납(Pb)	0.05
	아연(Zn)	0.1
	구리(Cu)	0.02
	시안(CN)	0.01
	수은(Hg)	0.0005
	폴리클로리네이티드비페닐(PCB)	0.0005
	다이아지논	0.02
	파라티온	0.06
	말라티온	0.25
	1,1,1-트리클로로에탄	0.1
	테트라클로로에틸렌	0.01
	트리클로로에틸렌	0.03
	디클로로메탄	0.02
	벤젠	0.01
	페놀	0.005
	음이온계면활성제(ABS)	0.5

표 5.11 주요연안 항목별 오염도 현황(2008년)

연 안		수 온 (℃)	COD (mg/L)	DO (mg/L)	pH	T-N (mg/L)	T-P (mg/L)
서해	인 천	13.2	1.4	8.4	8.1	0.605	0.072
	아 산	13.1	1.2	9.0	8.1	0.342	0.050
	군 산	14.1	1.9	8.5	7.9	0.557	0.054
	목 포	15.1	1.9	10.0	8.1	0.847	0.036
남해	여 수	16.4	1.0	8.2	8.1	0.764	0.029
	부 산	15.7	0.9	8.5	8.1	0.296	0.029
동해	온 산	16.2	0.9	8.8	8.1	0.305	0.025
	울 산	15.9	0.9	8.5	8.1	0.442	0.040
	삼 척	16.0	1.1	8.2	8.0	0.237	0.022
	속 초	15.7	1.3	8.5	8.0	0.230	0.020
제주	서귀포	19.7	0.6	7.8	8.2	0.221	0.011

* 자료 : 환경부(2009년)

주요연안의 해수수질오염을 좀 더 구체적으로 살펴보면 표 5.11과 같다. 남해안의 광양 · 마산만, 동해안의 울산, 서해안의 인천 등의 COD가 높게 나타남을 알 수 있다.

5.8.3 수질오염대책

1) 하 천

1991년 낙동강 페놀오염사고로 인해 우리사회의 수질문제 및 먹는물의 안정성에 대한 경각심이 부각된 이후 1993년 맑은 물 공급 종합대책이 수립되었고, 1996년 8월에는 물관리 종합대책을 수립하여 장기적인 수환경 보전 및 수자원 대책에 대한 다각적인 시도가 진행되었다. 1999년 2월에는 '한강수계 상수원수질 개선 및 주민지원 등에 관한 법률'이 제정되어 1999년 8월부터 시행되었고, 2002년 1월에는 '낙동강, 금강, 영산강 · 섬진강수계 물관리 및 주민지원에 관한 법률'이라는 3개 법률이 제정되어 2002년 7월부터 시행되었다. 국가경쟁력 강화를 위한 국토이용의 합리화 방안에 따라 한강수계 오염총량제 의무화 시행방안이 2008년 11월에 확정됨에 따라 현재 한강수계법 개정이 완료되어 한강수계 전역에 대해 오염총량관리제가 시행되어 계획적인 수질관리가 가능하게 되었다. 낙동강, 금강, 영산강 · 섬진강 등 3대강 수계는 지자체에서 목표수질을 달성하지 못하는 경우 의무적으로 오염총량관리제를 시행하도록 규정하여 2004년 8월 낙동강수계 부산 및 대구광역시를 시작으로 3대강 수계 전역에서 오염총량제가 시행되고 있다. 현재 3대강 수계는 제2단계(2011~2016년) 오염총량관리제 시행을 위한 준비 중에 있으며, 제2단계 오염총량관리기본계획(2009년), 오염총량관리시행계획(2010년)이 승인되면서 2011년부터 제2단계 총량제가 시행되고 있다.

오염총량관리제는 관리하고자 하는 하천의 목표수질 및 목표수질의 달성과 유지를 위한 수질오염물질 허용배출량을 수질모델링을 이용해 산정하고, 해당 유역에서 배출되는 오염물질 총량이 허용량 이하가 되도록 관리하는 제도이다. 개발에 의해 발생되는 오염물질을, 방류 농도뿐 아니라 총량 측면에서 관리함으로써 효과적인 수질개선을 도모하고, 자치단체는 배출량을 줄인 만큼 개발에 필요한 배출량을 확보할 수 있어 보전과 개발을 함께 도모할 수 있다.

2010년 6월에는 낙동강, 금강, 영산강 등 3대 수계에서 시행하고 있는 수질오염총량관리제를, 한강수계에 대해서도 전면적으로 시행토록 하는 내용의 한강수계 상수원 수질개선 및 주민지원 등에 관한 법률이 일부개정, 공포되었다. 그동안 한강수계는 일부

희망하는 7개 자치단체에서만 총량제를 실시해 왔으나, 이번 법률 개정으로 경기, 강원, 충북, 경북 내 84개 시, 군 중 한강수계 단위유역에 포함된 52개 시, 군과 서울, 인천 등 총 54개 지방자치단체가 총량제 실시대상에 포함되어 실질적인 통합 유역관리체제를 실현하게 되었다.

4대강 수계 외의 기타수계는 「수질 및 수생태계 보전에 관한 법률」에 의한 중권역 목표수질을 초과한 수계를 대상으로 시행지역 선정을 위한 지자체와의 협의를 통하여 2012년부터 시행될 예정이다.

2) 호 소

호소란 하천 등에 댐, 보 또는 제방 등을 쌓아 흐르는 물을 가두어 놓거나 흐르는 물이 자연적으로 가두어진 곳을 말한다. 우리나라는 물 수요의 지속적 증가에 따른 수자원 확보, 홍수조절 및 전력생산 등의 필요에 의해 다목적댐 등 대형댐을 건설하여 왔다. 농지확보 등 국토확장을 위한 간척사업으로 시화호와 같이 바다를 막아 새로이 호소를 조성하는 등 인공호소가 늘어나고 있으며, 아울러 호소에 대한 용수의존도도 점차 증가되고 있다. 현재 우리나라에는 18,797개의 호소가 있으며 이들 대부분은 댐 등을 건설하여 조성된 인공호소로서 농업용 저수지가 대다수를 차지하고 있다.

호소는 대부분 폐쇄성 또는 준폐쇄성 수역공간이라는 구조적 특성 때문에 하천에 비해 자체정화 능력이 떨어지며 영양염류의 축적이 용이하여 일단 오염이 되면 부영양화(eutrophication) 등 2차 오염이 유발될 우려가 크다는 특성을 지니고 있다. 특히 우리나라의 호소는 호소면적에 비하여 유역면적이 넓고 호소의 형태도 폭에 비하여 길이가 긴 하천형 호소가 많으며, 평균수심이 얕고 체류일수가 길어 호소에 유입되는 오염물질 등 영양염류의 양이 많아 부영양화 발생 등 오염에 매우 취약한 구조적 특성을 지니고 있다. 따라서 호소에 대한 주요 호소 수질오염대책으로는 ① 호소관리체계의 정비, ② 호소 환경조사 실시, ③ 녹조방지대책 추진, ④ 조류예보제 실시 등이 있다.

그림 5.14 호소의 예(합천댐)

3) 지하수

우리나라는 물공급을 주로 지표수에 의존하였으나, 지표수의 오염, 댐에 의한 용수공급의 한계 및 물소비량의 증가로 점차 심화되고 있는 물 수요 · 공급의 불균형을 해소하기 위하여 지하수의 이용량이 증가하기 시작하였다. 지하수의 중요성과 유한성을 인식하고, 소중히 아껴 쓰는 마음이 필요하다는 것은 두말 할 필요도 없을 것이다. 그러나 물을 정화하거나 아껴 쓰는 정도로는 물 문제를 해결할 수 없다. 따라서 국가나 지방자치단체가 지하수를 개발, 관리하는 지하수 공개념의 도입이 시급한 것이다. 무절제한 지하수 개발의 중단과 체계적인 급수문제의 해결이 필요하며, 지하수 이용에 대한 구체적인 계획수립과 관리방향의 제시가 선행되어야 할 것이다. 또한 저수지나 댐을 통한 지표수의 효율적 이용도 지하수 이용에 영향을 미칠 것이다. 지하수의 이용이 많은 섬 지역 등에 담수화 시설을 도입하여 지하수 이용을 줄일 수 있다. 무분별한 지하수개발과 부실한 처리를 억제하고, 지하수 개발시 발생 가능한 장애(지하수위 저하, 지하수질 악화, 지반 침하, 해수침투 등)를 고려하여 개발한다. 일단 오염된 지하수는 완전복구가 거의 불가능하므로 주기적인 수질감시에 의한 지하수 유동과 지하수 오염체의 범위를 확인하고 이들 오염체가 주변 미오염 지하수로 확산되는 것을 방지한다. 오염지역 주변에 차수벽(barrier)을 설치하여 오염물질이 지하수의 흐름을 따라 이동하는 것을 막는다. 지하수가 오염된다고 개발하지 않을 수 없으므로 수문 지질도 완성과 지하수 개발 및 수질보전 기술 발전이 시급하며, 전국단위의 수맥조사자료가 뒷받침되어 전국단위의 물수지 균형을 고려, 생활하수, 우수, 지하수를 포함한 종합적인 수자원 관리정책을 세우고 추진해야 한다. 따라서, 지하수 수질보전대책으로서는

① 지하수 수질검사
② 지하수 오염방지를 위한 시설설치
③ 지하수 오염유발시설 관리

등이 있다.

4) 해 양

인간활동의 결과로 생긴 물질 또는 에너지는 직·간접적으로 해양에 유입된다. 이것이 생물자원에 해를 입히고, 인류건강을 위협하며, 어업을 포함한 해양활동에 장애가 되고, 해수의 질을 손상시키며, 해양환경의 쾌적성을 떨어뜨린다. 방대한 해양은 이론상으로는 투입된 모든 폐기물을 아주 낮은 농도로 희석시킬 능력을 갖고 있다. 폐기물에 포함되어 있는 생물분해성 유기화합물은 해양생물들에 의해 상당히 빨리 분해된다. 또 이들 물질의 분해로 발생되는 영양염은 해양생물의 먹이가 되어 생산성을 증가시키기도 한다. 따라서 분해될 수 있는 유기물을 적절한 양만큼만 투기한다면 해양은 투기장으로 매우 유용하며 생태계 보존의 측면에서도 안전한 장소가 될 것이다. 그러나 폐기물이 전 해양으로 고르게 분산, 희석되지 않고 만과 같이 육지에 인접한 연안해역에 집중되기 때문에 해양의 자정능력이 발휘되기도 전에 오염현상이 나타나게 된다. 전세계 어업의 대부분은 이 연안해역에서 이루어지고 있다. 현재 세계 20억 이상의 인구가 소비하는 동물성 단백질의 50% 가량이 바다에서 공급되는데, 농축된 폐기물은 이러한 식량자원에 심각한 영향을 미친다. 따라서 해양에 유입되는 인간활동의 결과물들이 해양의 자정능력의 한계를 넘지만 않는다면 해양오염은 발생되지 않을 수 있다. 그러기 위해서는 유입된 오염물질의 종류와 동태, 이들이 해양환경에 미치는 영향, 이들 물질을 억제할 수 있는 방법 등에 관한 조사를 통하여, 해양의 자정능력에 크게 부담이 가지 않도록 관리하는 것이 필요하다.

6

Chapter

물의 양

물은 일상생활이나 산업활동 등 인간활동의 광범위한 영역에 걸쳐 필수적인 자원으로 근대 이전의 농경사회에서부터 현대의 고도산업사회에 이르기까지 그 중요성은 변함이 없다. 인간이 생리적으로 요구하는 기본적인 물의 양은 하루에 약 2.5L이나 열대 기후에서 힘든 일을 하는 경우엔 발한작용으로부터 야기되는 탈수를 방지하기 위하여 하루에 약 20L까지 필요로 한다. 그러나 문명의 발달과 더불어 주거환경을 비롯한 인간의 삶의 질이 향상되면서 물의 소비량은 필연적으로 증가되고 있다. 물 사용량의 증가는 하·폐수발생량의 증가로 직결되며, 발생된 하·폐수는 대부분 하천으로 유입되어 수질을 악화시켜 왔고, 그 결과 대도시 인근이나 공단 하류하천은 심한 수질오염현상을 나타내고 있다.

6.1 물 요구량

인간의 생존에 요구되는 물 이외에도 물의 요구량은 필연적으로 증가하게 된다. 즉, 개인위생, 요리, 주방기구 및 의류 등의 세척에 필요한 가정용수의 사용량은 증가된다. 가정용수의 양은 그 사회의 생활양식에 의해 좌우되며 일반적으로 선진국일수록 사용량이 많다.

원시 시대에는 하루 한 사람의 물 소비량이 2.5L 정도이었고, 수도가 공급되지 않았을 당시 1인 1일 물 소비량은 10L 정도이었다. 마을에 중앙집중식 수도가 공급된 후 물 소비량은 25~30L/인·일 정도로 증가되었으며, 단독주택에 수도가 도입된 후엔

약 50L로 증가되었다. 오늘날 선진국형 주거환경 조건에서는 수세식화장실, 식기 세척기, 세탁기, 거대한 정원 및 수영장으로 인해 1인 1일 가정용수 요구량이 수백 리터까지 증가되었다. 우리나라는 2007년 말 현재 전국 164개 지방상수도사업자 및 1개 광역상수도사업자로부터 전체 인구의 92.1%인 약 4,605만 명이 상수도를 공급받고 있고, 상수도 시설용량은 1일 3,126만 톤이며, 1일 1인당 급수량은 340L이다. 한편 표 6.1은 주요 4개국의 1일 1인당 급수량을 나타낸 것이다. 한국은 매년 급수량이 줄고 있지만 영국보다도 많은 수돗물을 사용하고 있음을 알 수 있다. 미국의 경우 정원용수 등으로 인한 물 소비량은 1일 한 사람이 700L 수준이다.

물을 사용할 때 적당한 양을 사용하면서 낭비되는 양을 줄일 수 있는 용기와 공정을 개발하고 보급을 유도하는 일은 공급능력을 늘리는 일 못지않게 중요하다. 이러한 절수의 결과는 곧 제2의 생산효과를 얻을 수 있기 때문이다. 수도꼭지, 수세식화장실, 세탁기 등 일상생활에서 이용하는 수도용구 전반에 걸쳐 절수형 장치를 개발하는 것 또한 중요하다.

표 6.1 주요국가의 1인 1일당 상수도 급수량

구분	한국	일본	미국	영국
1인 1일 급수량(L)(연도)	340(2007)	363(2003)	700(2002)	292(2004)

대부분의 산업설비는 작업장이나 공장지대에 의한 산업용수 요구량이 가정용수와 같거나 이를 초과한다. 표 6.2에서는 전형적인 산업용수의 소비량을 나타낸 것이다. 공업용수의 대부분은 식수로 이용 가능한 수준의 수질까지 요구하지는 않고 있다. 상수도 수요량의 기준은 전기나 가스와 같이 연중 단지 몇 시간 동안 발생할 수 있는 최대 수요량에 맞추어 대비해야 한다. 상수도 공급량 중 요금수입의 대상이 되는 수량이 차지하는 비율로 표시되는 유수율을 향상시키는 것은 향후의 용수수요 증대에 대처하는 유효한 대책의 하나로서 중요성을 갖는다. 유수율을 높인다는 것은 유효무수수량과 무효수량을 줄이는 것과 같은 뜻을 가진다. 일반적으로 대부분의 배급수 시스템에서는 도수나 누출 등에 의해 약 25%가 무수수량이다.

수자원을 효과적으로 개발하고 이용하기 위해서는 장래 물 수요량을 정확하게 예측하여야 한다. 물의 수요량은 지역의 발전 가능성 및 인구증가율 등 여러 가지 요소를 예측하여 기간 처리시설들은 최소한 30년을 내다보고 설계해야 하며, 상하수도는 100

년 이상을 내다보고 설계해야 한다.

가정에서의 물 수요량은 생활수준의 향상에 비례하여 증가하여 왔다. 그러나 최근에는 세탁기, 식기세척기 등과 같은 가정용품의 설계가 에너지 및 물의 절약을 보다 강조하여 만들어지고 있기 때문에 가정에서의 물 소비량은 실제적으로 줄어들고 있다. 우리나라의 경우 1996년과 1997년에 1인 1일 급수량이 409L이었던 것이 2007년 말에 340L로 줄어들었는데 이는 물 아껴 쓰기 운동의 전개와 경제 침체의 영향 때문인 것으로 분석된다.

표 6.2 전형적인 산업용수의 사용량

제품 또는 시설	사용량	단 위
석 탄	250	L/ton
제 빵	1.3	L/kg
육 류	16	L/kg
우 유	3	L/L
주 류	5	L/L
음 료	7	L/L
화학약품	5	L/kg
제 철	1,900	L/ton
철 주 조	4,000	L/ton
알루미늄 주조	8,500	L/ton
자 동 차	5,000	L/자동차
전기도금	15,300	L/ton
섬유염색	80	L/kg
콘크리트	390	L/m^3
제 지	54,000	L/ton
유 가 공	150	L/소·인
양 돈	15	L/돈·인
양 계	0.3	L/조·인
학 교	75	L/인·일
병 원	175	L/인·일
호 텔	760	L/종업원·일
시 장	135	L/종업원·일
사 무 실	60	L/종업원·일

6.2 인구예측

선진국에서는 생활수준의 향상과 의료서비스가 개선됨에 따라 지난 100년 동안 약 50%까지 수명이 증가되었다. 지난 160여 년 동안 인류 건강에 가장 큰 역할을 한 것으로 하수도가 꼽혔는데, 2007년 초 영국의 의학잡지 '브리티시 메디컬 저널(BMJ)'이 현대의학의 성과 15개를 골라 네티즌 투표를 실시한 결과 하수도와 깨끗한 물이 항생제와 백신 등을 제치고 1위를 차지하였다. 20세기에 늘어난 인간의 평균수명 35년 중 30년이 하수도와 깨끗한 물 등 개인위생(sanitation) 시설의 발전 때문인 것으로 평가되었다. 그리고 국가적 또는 지역적 경제의 변화가 전쟁과 같이 출산율에 영향을 미칠 수 있다. 산업의 변화는 한 지역에서 성장의 특성을 완전히 변화시킬 수 있으며, 산업의 쇠퇴는 주변 지역의 인구를 감소시키는 원인이 될 수 있다.

세계의 대부분 지역에서 인구조사는 10년을 주기로 실시하고 있다. 인구 예측을 하는데 있어서 보조 자료로서 이 정보를 이용하는 것이 논리적이다. 기존의 자료로부터 장래 인구를 예측하는데 여러 가지 기술들이 적용될 수 있다.

만약 인구 증가가 선형적이라면 다음 공식이 사용될 수 있다.

$$Y_m = (t_m - t_2)(Y_2 - Y_1)/(t_2 - t_1) + Y_2 \tag{6.1}$$

여기서, Y_m : 장래 t_m년의 인구

Y_1, Y_2 : t_1, t_2년의 인구

만약 인구가 기하학적으로 성장한다면 식 (6.1)은 다음과 같이 수정될 수 있다.

$$\log Y_m = (t_m - t_2)(\log Y_2 - \log Y_1)/(t_2 - t_1) + \log Y_2 \tag{6.2}$$

장래 인구성장 예측은 복잡한 다항식을 인구조사 자료에 맞추는 절차를 적용하기를 선호하는데, 수학적 관계식을 이용하는 것은 예측에 대한 정확성을 제공할 수도 있다. 많은 경우에서 최선의 방법은 인구조사 자료를 그래프화 하고, 그 지역의 장래 발전과 관련되는 이용가능한 모든 정보를 이용한다.

예제 6.1

어느 도시의 장래 상수량 추정을 위해 인구증가 현황을 조사한 결과 매년 증가율이 5%로 나타났다. 이 도시의 20년 후의 추정인구는 얼마인가? (단, 현재인구는 73,000명)

풀이 인구증가율이 제시되어 있으므로 등비증가법에 의해 인구수를 계산한다.
$P_n = P_o(1+r)n = 73,000(1+0.05)20 = 193,691$명

6.3 하수 유출량

하수의 양은 도시민들의 생활방식과 그 지역의 문화특성에 따라 다르며 지역의 환경에 따라 크게 차이가 난다. 생활하수면에서는 단독주택지역과 공동주택지역 특히 대단위 아파트지역이 서로 다르다. 또한 생활방식이 서구화됨에 따라 발생되는 하수의 양도 종래의 오수량보다는 상당량이 증가되어 기존시설의 처리용량을 초과하는 현상이 지역에 따라 발생되고 있다. 또한 하수의 양과 특성은 하수시스템의 형태와 사용년수 등에 따라 달라진다. 노후된 시스템에서 손상된 하수관거와 금이 간 연결부위는 하수의 누출을 야기하고, 반대로 지하수의 침투는 하수의 양을 증가시키는 요인이 된다.

하수관거시스템에는 합류식과 분류식으로 나누어진다. 합류식 하수관거시스템은 하수뿐만 아니라 우수를 하나의 관거를 통하여 배제한다. 반면에 분류식 하수관거시스템은 우수를 별도로 배제하여 하수관거에 유입되지 않도록 한다. 합류식 하수관거를 사용하는 경우 하수관거로부터 나오는 월류수가 하천이나 호수로 유입되면 이들의 수질기준을 적절히 유지시킬 수 없어 환경오염 문제를 유발시킬 뿐만 아니라 하수처리시설에 유입되는 유량이 많아져 시설 규모를 크게 해야 하는 낭비를 초래하게 된다. 오래된 도시일수록 합류식 하수관거시스템으로 되어있으나 합류식 하수관거의 단점으로 인해 최근에 건설되는 신도시는 대부분 분류식 하수관거시스템을 택하고 있다.

강우량에 의한 유출량은 계절과 지역에 따라 크게 다르다. 강우는 지하침투, 증발 또는 저류량 등을 제외한 양만 유출되게 된다. 우수 유출량에 영향을 미칠 수 있는 인자로는 강우강도, 유역면적, 지형조건, 지질 등이다. 그러므로 유출량을 산정하기 위해서는 지형이나 지질의 조건을 고려하여 유출계수를 사용한다. 유출계수란 유역 내 강우량과 실제의 유출량과의 비율을 말한다. 한편 하수량을 산정하기 위한 유출계수는 유역 내에 내린 강우량과 실제로 하수관거에 유입하는 우수량과의 비로서 정의된다.

강우의 유출량 산정은 일반적으로 합리식(rational formula)으로 구한다.

$$Q\,(\mathrm{m^3/sec}) = \frac{1}{360}\,CIA \tag{6.3}$$

여기서, Q : 강우 유출량($\mathrm{m^3/sec}$)

C : 유출계수

I : 평균강우강도(mm/hr)

A : 배수면적(ha)

예제 6.2

유출계수(C) = 0.5, 강우강도(I) = 0.08m/hr, 배수면적(A) = 1$\mathrm{km^2}$일 때 합리식(rational formula)에 의한 우수량($\mathrm{m^3/sec}$)은 얼마인가?

풀이

$$Q = \frac{1}{360}\,CIA = \frac{1}{360}(0.5)(0.08\mathrm{m/hr})(10^3\mathrm{mm/m})(1\mathrm{km^2})(100\mathrm{ha/km^2})$$
$$= 11.11\mathrm{m^3/sec}$$

강우강도는 어느 일정기간 중에 내린 강우량을 1시간으로 계산한 비의 강도이며, 이 시간을 강우지속시간이라 한다. 강우강도식은 강우강도와 강우지속시간과의 관계를 표시한 것으로 지역에 따른 강우량 차이로 형태가 달라진다.

표 6.3 유출계수

내 용	유출계수
불투수성 지붕	0.70~0.95
아스팔트 포장	0.85~0.90
콘크리트 판석	0.05~0.85
마카담 도로	0.25~0.60
자갈 도로	0.15~0.30
미개척 토양	
평지	0.10~0.20
경사지	0.20~0.40
급경사 암석지	0.60~0.80

강우강도식에는 다음과 같은 4가지 형태가 있다.

Talbot형 : $I = \dfrac{a}{(t+b)}$

Sherman형 : $I = \dfrac{a}{(t^m)}$

Japanese형 : $I = \dfrac{a}{\sqrt{(t \pm b)}}$

Cleveland형 : $I = \dfrac{a}{(t^m + b)}$

여기서, I : 강우강도(mm/hr)

t : 강우지속시간(min)

$a,\ b,\ m$: 상수

Talbot형은 유달시간[1]이 짧은 관거계획시 채택하는 것이 좋으며, 보통 5~120분 사이에서 안전한 값을 얻을 수 있다. Sherman형은 1~2시간 이상의 긴 강우지속시간의 경우에 적용된다. 24시간 이상의 장시간의 강우강도에 대해서는 Cleveland형이 유리하다.

1) 강우가 배수구역의 최원격지지점에서 관거의 최상류지점에 유입할 때까지의 시간
[유입시간+하수관거에 유입한 우수가 관 길이를 흘러가는데 소요되는 시간(유하시간)]

7 Chapter

수처리공정의 개요

일반적인 하·폐수처리 공정들의 주요 목적은 생화학적산소요구량(BOD : Biochemical Oxygen Demand), 부유성 고형물 및 병원균을 감소시키는 것이다. 이 밖에 영양물질, 독성성분, 비생분해성화합물 및 용존성고형물의 제거가 필수적일 수도 있다. 처리공정의 선택은 처리대상 오염물질에 따라 다양하게 적용된다. 수처리 과정에서 제거하여야 할 오염물질의 존재 형태는 크게 다음과 같이 5가지로 분류할 수 있다.

1. 부상물질 또는 커다란 부유물질

   용수 중 : 나뭇잎, 나뭇가지 등

   폐수 중 : 종이, 넝마조각, 모래 등

2. 작은 크기 부유성 및 콜로이드성 고형물

   용수 중 : 점토질 입자, 미생물

   폐수 중 : 큰 유기성 분자, 흙 입자, 미생물 등

3. 용존성 고형물

   용수 중 : 알칼리도, 경도, 유기산

   폐수 중 : 유기화합물, 무기염 등

4. 용존가스

   용수 중 : 이산화탄소, 황화수소

   폐수 중 : 황화수소

5. 혼합할 수 없는 액체

   오일류 및 그리스(grease)

7.1 처리공정의 분류

수처리공정은 1차, 2차 및 3차 처리로 크게 구분된다. 1차 처리에서는 수중의 부유성 또는 침전성 고형물의 제거를, 2차 처리에서는 생물학적 및 화학적 공정을 사용하여 유기물의 제거를, 3차 처리는 고도처리라고도 부르며 질소나 인과 같은 영양물질의 제거를 목적으로 한다.

7.1.1 전처리 및 1차 처리

전처리공정은 큰 고형물을 걸러내고, 고형물의 크기를 줄이며, 오일의 분리 및 저류조를 단기간 통과하도록 하여 유량 또는 농도를 균일하게 하는데 이용된다. 1차 처리는 흔히 침전이나 부상에 의하여 부유고형물을 제거하는 공정을 일컫는다. 침전은 현재 가장 널리 이용되는 1차 처리공정이다. 침전지에서는 고형물입자들이 고요한 상태하에서 바닥에 가라앉도록 한다. 1차 처리에는 유입수를 중화시키거나 작은 부유고형물입자들의 제거를 돕기 위하여 약품이 가해질 수도 있다. 1차 처리에서 고형물의 감소는 후속되는 생물학적 수처리 단계에서 산소요구량을 줄이며, 또한 2차 침전지의 고형물 부하를 줄이는 효과가 있다.

7.1.2 2차 처리

2차 처리는 생화학적 산화를 통하여 유기물을 제거하는 공정을 말한다. 생물학적 공정은 폐수의 양, 폐기물의 생분해가능성 및 부지의 여건 등과 같은 인자들에 따라 선정한다. 활성슬러지공정과 살수여상은 가장 흔히 사용되는 생물학적 공정들이다. 활성슬러지공정에서 폐수는 폭기조로 유입되며, 폭기조에서는 미생물이 생명의 유지 및 새로운 세포의 생산을 위하여 산소를 소비한다. 그 결과 미생물 플록(활성슬러지)이 침전지에서 침전가능하게 된다. 농축된 미생물의 일부는 폭기조에 반송시켜 미생물 농도를 높게 유지하여 공정의 성능을 향상시킨다. 살수여상은 탱크 내에 자갈, 플라스틱 구조물 또는 다른 여재를 채운 것이다. 미생물막이 여재의 표면에서 자라서 여재를 통하여 흘러 들어오는 폐수로부터 용해성 유기물을 제거한다. 과도하게 자란 생물막은 여재로부터 떨어져나가 침전지에서 제거된다.

7.1.3 3차 처리

유출수 중 질소, 인과 같은 특정한 오염물질을 제거하거나 재사용할 물을 마련하기 위해서는 3차 처리가 필요하다. 3차 처리는 약품으로 응결시켜 인화합물을 제거하거나, 암모니아 탈기법 또는 생물학적 반응조에서 질산화-탈질화 공법에 의한 질소화합물의 제거, 활성탄에 흡착시켜 잔류유기물 및 색도의 제거, 그리고 멤브레인공정(역삼투법 및 전기투석법 등)에 의한 용존성 고형물의 제거 등을 들 수 있다. 유출수는 수계에 방류하기 전에 흔히 염소나 오존 등으로 병원성 미생물을 살균한다. 하수처리장에 대한 일반적인 흐름도는 그림 7.1에 나타내었다.

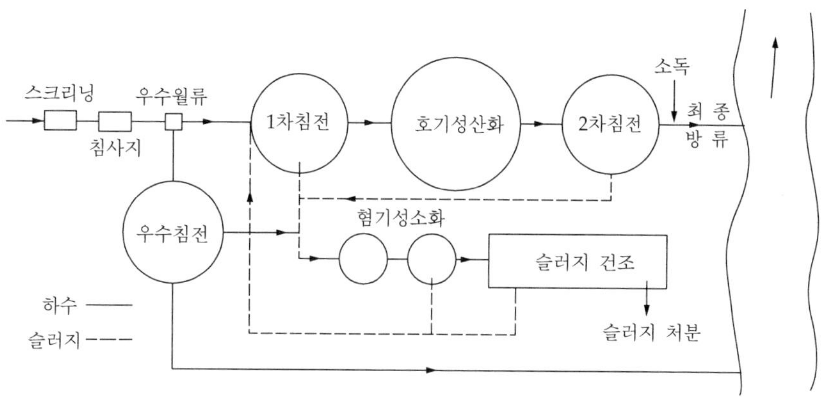

그림 7.1 하수처리장의 흐름도

그림 7.2는 입자의 크기에 따른 수처리공정의 적용 범위를 나타낸 것이다. 어떤 조건에서는 단일 처리공정만으로도 원하는 수질을 얻을 수 있지만 대부분의 경우에는 여러 가지 공정을 조합하여 이용할 필요가 있다. 예를 들면, 하천수를 침전시키면 부유물이 전부 제거되는 것이 아니라 일부만 제거될 것이다. 응집제를 투여한 후 완속교반하면 콜로이드입자가 응결되어 크게 된 다음 침전에 의하여 제거될 수 있다. 비침강성 잔류 고형물은 모래여과에 의하여 제거될 수 있다. 이러한 수처리과정에서도 제거되지 않은 병원성 미생물은 염소 등의 소독제를 주입하여 살균처리하게 된다. 표 7.1은 여러 수원으로부터 수돗물을 생산해 내는데 요구되는 처리공정의 조합을 나타낸 것이며, 상수처리장에 대한 일반적인 흐름도는 그림 7.3에 제시되었다.

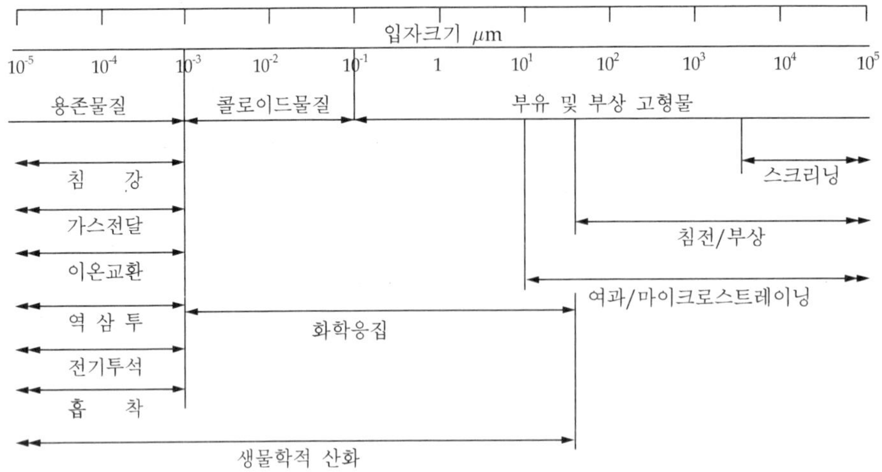

그림 7.2 입자의 크기에 따른 수처리 공정의 적용범위

표 7.1 수원에 따른 가능한 정수처리공정

수 원	처리방법	추가 가능한 방법
하천 상류	스크리닝 또는 마이크로스트레이닝, 소독	모래여과, 안정화, 색도제거
하천 하류	1) 스크리닝 또는 마이크로스트레이닝, 응집, 급속여과, 소독 2) 스크리닝 또는 마이크로스트레이닝, 급속여과, 완속여과, 소독	저류, 연수화, 안정화 흡착, 탈염화, 질산성질소제거
지하수	스크리닝 또는 마이크로스트레이닝, 소독	연수화, 안정화, 철제거, 탈염화, 질산성질소제거

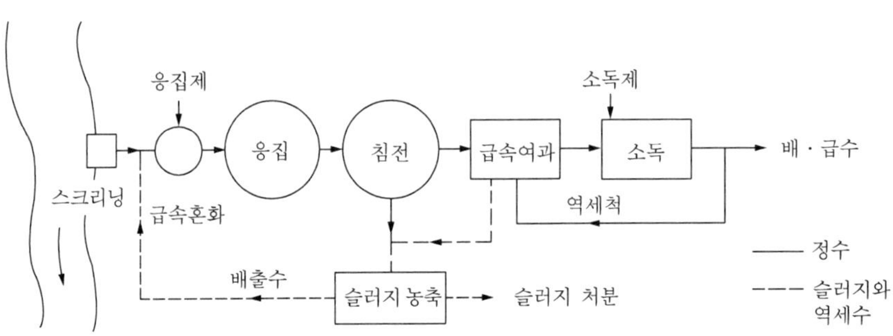

그림 7.3 상수처리장의 흐름도

7.2 최적설계

위에서 약술한 바와 같이 수처리공정은 여러 개의 단위 공정 또는 단위 조작의 조합으로 이루어져 있다. 그림 7.1과 7.3에 제시된 형태의 수처리공정은 수년에 걸쳐 개발되어, 만족할만한 수준의 성능을 내는 표준화된 기준을 이용하여 설계된다. 그러나 이러한 접근법은 설계를 하는데 있어서 너무 정형화된 방법으로 유도하는 경향이 있음을 인식하는 것이 중요하다. 보다 합리적인 접근법은 각 단위별로 특별한 기능을 수행하도록 설계하여 전체 시스템이 경제적으로 최적화되도록 하는 개념에 근거하는 것이다. 처리장의 수학적인 최적 모델을 개발하기 위하여 시스템분석개념을 이용하면, 믿을만한 성능과 비용자료가 유용하다는 조건하에서 설계자에게 유용한 도움을 줄 수 있다. 최적화를 위한 1차 요구사항은 각 단위 공정에 대한 성능 관계식의 유용성이다. 성능관계식은 특별한 공정의 이론적 거동의 지식을 근거로 수립되거나 그 공정에 대한 실험적 모델을 근거로 수립된다. 어느 경우이든 개발된 모델이 공정의 성능을 만족스럽게 묘사함을 증명할 필요가 있다. 처리비용(투자비와 운영비)은 설계에 있어서 중요한 인자이다. 그러나 높은 인플레이션 및 에너지 비용이 올라가는 시기에는 신뢰성 있는 비용함수의 수립이 쉽지 않다. 자본비는 처리장 부지의 상태나 부지의 모양에 따라 달라진다. 처리시설에도 규모의 경제가 적용되기 때문에 한 마을의 1인당 수처리 비용은 한 도시에서의 비용에 비하여 수배 이상 더 크다. 성능관계와 비용함수가 결합함으로써 여러 가지 처리 조건을 평가하기 위하여 설계자에 의하여 사용되어질 수 있는 완전한 처리장의 수학적 모델이 가능하게 되고 그 결과 최적설계에 이르게 된다.

8 Chapter

예비처리

처리장의 주요 시설을 보호하고 이러한 시설의 효율적인 운전에 도움을 주기 위하여 유입수 중에 흔히 존재하는 큰 부유물 및 부유성 고형물은 제거할 필요가 있다. 이러한 물질로는 처리장의 흐름을 방해하거나 또는 처리장내의 장비를 손상시킬 수 있는 나뭇잎, 작은 가지, 종이, 넝마 및 기타 부스러기 등이 포함된다. 예비처리시설은 스크린(screen), 마이크로스트레이너(microstrainer), 침사지(grit chamber) 등이 있다.

8.1 스크리닝(screening)

예비처리의 첫 번째 단계로 보통 커다란 고형물을 제거하기 위해 스크린을 이용한다. 실제 고형물의 5~15% 정도가 스크린에서 제거된다. 스크린은 망목의 크기에 따라 조(粗) 스크린(50mm 이상), 중 스크린(25~50mm), 세(細) 스크린(25mm 미만)으로 구분되며, 조 스크린은 유입수 중 커다란 물질의 제거가 목적이다. 구조상으로 분류하면 봉 스크린(bar screen), 격자 스크린(grating screen), 망 스크린(fine screen)으로 나눌 수 있다. 그림 8.1은 연속 벨트형, 디스크형, 드럼형 스크린 및 파쇄기를 나타낸 것이다. 스크린에 걸린 협잡물은 수두손실을 일으키기 때문에 자주 제거하여야 하는데 제거 방법으로는 자동식과 수동식이 있다. 봉 스크린의 간격은 일반적으로 20~60 mm 정도이다. 스크린에 의해 분리된 협잡물은 대개 매립이나 소각에 의해 처분된다.

취수시설에는 주로 조 스크린을 설치하며, 통과 유속은 1m/sec 이하로 설계한다. 하·폐수처리장의 스크린은 6cm 이하의 조 스크린을 사용하며, 스크린 설치각도는 45

~60° 이며, 통과유속은 0.75m/sec 이하이며 통상 0.45m/sec로 운전한다.

그림 8.1에 나타낸 파쇄기(comminutor)는 처리장으로 유입되는 커다란 고형물질들을 잘게 부수는 기능을 가진다. 파쇄기는 못 등과 같은 금속제품이 유입되는 경우가 있으므로 파쇄기의 전단칼날 등의 손상을 방지하기 위해 침사지 다음에 설치하는 것이 좋다.

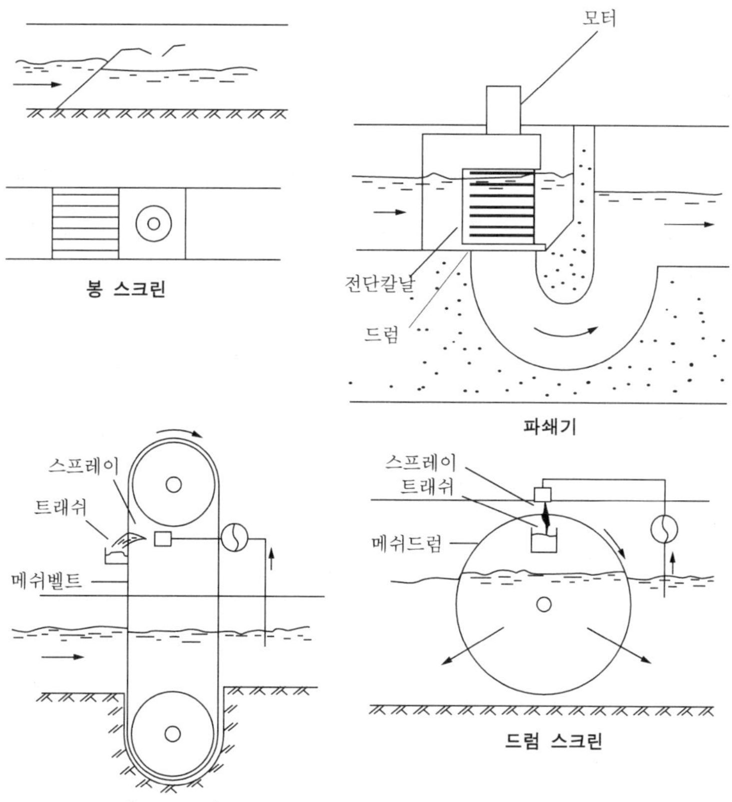

그림 8.1 예비처리 단위조작

8.2 마이크로스트레이닝(microstraining)

마이크로스트레이너는 비교적 작은 고형물의 제거를 위해 20~60μm 체눈크기로 미세하게 짜인 스테인리스 강 재질의 체를 이용하는 드럼 스크린의 하나이다. 이것은 수처리에 있어서 조류 및 이와 비슷한 크기의 입자를 제거하기 위해 사용된다. 또한 마이크로스트레이너는 방류수 수질을 높이기 위해서 최종 단계에서 이용되기도 한다. 작은 체눈으로 인한 폐쇄현상이 빨리 일어나기 때문에 드럼은 약 0.5m/s의 주변속도로 회전하고, 망은 계속적으로 고압의 스프레이에 의해 깨끗이 청소되어야 한다. 보통의 경우에 스트레이닝 속도는 750~2,500$m^3/m^2 \cdot d$이다.

8.3 침사지

침사지의 설치 목적은 펌프 등 기계나 관의 마모 및 폐쇄를 막고, 침전지나 슬러지 소화조 내에 모래가 축적되는 것을 방지하기 위한 것이다. 대부분의 하수시스템, 특히 합류식 하수관거에서는 상당한 양의 토사가 유입되며, 만약 이를 제거하지 않으면 펌프 임펠러의 손상 등 후속 처리시설에 고장을 일으킬 수 있다. 침사(grit)는 유기물과 비교하여 상당히 밀도가 높고 입자 크기가 큰 모래, 토사, 뼛가루, 계란껍질, 씨앗, 금속 등을 말하며, 이는 유입과정에서 침전원리에 의해 제거된다. 비중 2.65, 직경 0.2mm의 토사입자는 약 1.2m/min의 침전속도를 가지며, 반면 대부분 하수의 부유물질은 상당히 낮은 침전속도를 가진다. 상수시스템에서의 침사지 설치의 주요 목적은 취수 펌프의 보호, 도수관의 모래 침전 방지, 침전지로의 모래유입 방지 등이다.

상수도 및 하수도에서의 침사지에 대한 주요 설계인자를 표 8.1에 비교하였다.

예제 8.1

침사지에 관한 설명으로 틀린 것은?

1. 수로형 침사지의 길이는 최소한 30m 이상으로 한다.
2. 수로형 침사지의 유속은 0.3m/sec 정도로 유지해야 한다.
3. 폭기식 침사지는 바닥 중앙 웅덩이에 모인 침사(grit)를 공기펌프로 퍼올릴 때 산기관으로 폭기를 실시한다.
4. 폭기식 침사지는 주로 무기성 침사(grit)만을 제거하게 된다.

풀이

수로형 침사지의 길이는 20m 이하로 설치하여야만 한다.

8.4 유량측정 및 유량조정조

상하수처리장을 효율적으로 운전하기 위해서 유입 유량을 측정할 필요가 있다. 유량 측정 방법에는

① 용기 및 stop watch에 의한 방법
② 자유낙하 토구에서의 유량측정방법
③ 관수로 유량측정방법 : 오리피스, 벤튜리미터, 피토우관, 자기유량계 등
④ 위어(weir)를 사용하여 수위로부터 유량을 측정하는 방법
⑤ 유속을 측정하여 면적으로 적분하는 방법
⑥ 약품농도의 희석을 이용하는 방법(염분농도 이용법)
⑦ 수위유량곡선을 이용하는 방법
⑧ 수중을 투과하는 물리량에 의하여 측정하는 방법 등

이 있다.

유량조정조(flow equalization basin)는 유입하수의 유량과 수질의 변동을 흡수해서 균등화 또는 균질화 함으로써 처리시설의 처리효율을 증가시키고, 처리수질의 향상을 도모할 목적으로 설치하는 시설이다. 소규모 도시 하수처리장의 경우에는 유입수량과 수질의 변동폭이 크게 되므로 필요시에 유량조정조를 설치할 수 있다.

표 8.1 상·하수도의 침사지 주요 설계인자 비교

설계인자	상수도 침사지	하수도 침사지(장방형)
제거대상입자	0.1~0.2mm 정도의 모래 유기물 포함	비중 2.65, 직경 0.2mm 이상의 토사 다량의 유기물 포함
형 태	장방형(폭 : 길이 = 1 : 3 ~ 8)	정·장방형의 2지 이상 최대폭 : 정방형지 30m 장방형지 5m
평균유속	2~7cm/sec	0.3m/sec
체류시간	10~20분	30~60초
유효수심	3~4m	유입관거의 유효수심
바닥경사	종축 1/100, 횡축 1/50	1/100~2/100

9

Chapter

응 집

정수 및 하 · 폐수처리에서 많은 오염물질들은 입자형태로 제거된다. 응집은 주로 10^{-9} ~10^{-6}m 이내의 입자인 콜로이드(colloid)라고 하는 작은 입자들로부터 큰 입자의 핵을 형성하는 공정이다. 응결은 응집된 입자들이 후속공정인 침전 및 여과과정에 의해 제거될 수 있도록 조대화시켜 주는 과정이다. 콜로이드 입자는 너무 작아서 중력에 의한 자체침전이 장시간 소요되므로 고액분리를 효과적으로 달성하기 위해서는 빠르게 침전되기 위한 응결과정이 필요하다.

9.1 입자의 분류

9.1.1 근원에 따른 분류

수중에서 탁도와 색도를 유발하는 물질은 주로 모래, 실트(silt), 점토(clays)에서 생긴 광물질(minerals)과 식물과 동물의 분해과정에서 생긴 후민산(humic acid), 풀빅산(fulvic acid) 등의 부식산으로 된 유기물질과 박테리아, 플랑크톤, 조류, 바이러스 등의 미생물 등으로 구성되어 있다.

9.1.2 크기에 따른 분류

수중에서 쉽게 침전되지 않는 입자들을 크기에 따라 분류하면 그림 9.1과 같다. 즉, 1mμ 이하의 분자상 용해성물질, 1~1,000mμ 크기의 콜로이드물질, 1~10μ 크기의 세립현탁물질, 10~100μ 크기의 조립현탁물질로 구분된다.

동·식물의 잔해가 토양 중에서 미생물에 의하여 분해작용을 받아 셀룰로오스, 리그닌, 단백질 등의 원조직이 변질되어 새롭게 합성된 갈색 또는 암갈색의 일정한 형태가 없는 교질상의 복잡한 고분자물질을 부식질(humus)이라 하며 후민산(humic acid), 풀빅산(fulvic acid), 부식탄(humin), 히마토멜란산(hymatomelanic) 등으로 이루어져 있고 생물학적으로 분해되기 어려우며 크기가 1~10mμ 정도로 수중에서 착색을 일으키는 물질로 알려져 있다. 일반적으로 환경오염물질의 규제항목인 부유물질(SS)은 0.1μ~2mm 범위의 입자상물질을 일컫는다.

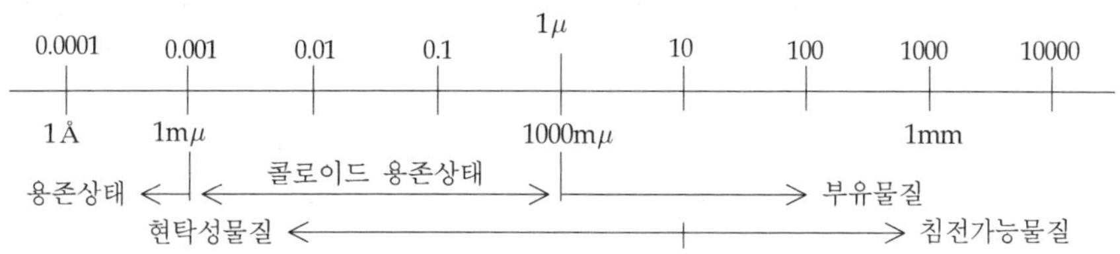

그림 9.1 수중 입자의 크기와 성질

9.2 콜로이드 입자의 특성

9.2.1 콜로이드 분산의 분류

정수처리 또는 하·폐수처리에서 쉽게 침전되지 않는 입자상 물질의 대표적인 것이 콜로이드 물질이다. 따라서 수중의 현탁물질에 대한 응집 및 침강특성을 파악하고 현장에 응용하기 위해서는 콜로이드 물질의 특성을 충분히 이해해야 한다. 수중에 분산된 콜로이드 분산은 콜로이드 입자인 분산질(dispersed phase)과 그것을 분산시키고 있는 매질인 분산매(dispersion medium)의 상에 따라 표 9.1과 같이 분류된다.

표 9.1 콜로이드 분산의 분류

분산질	분산매	명 칭
액 체	고 체	졸(sol), 서스펜션(suspension)
액 체	액 체	에멀젼(emulsion)
액 체	기 체	포말(foam)

9.2.2 일반적인 성질

콜로이드 입자들은 대단히 작아서 질량에 비하여 표면적이 매우 크므로 입자의 질량에 의한 중력의 영향은 중요하지 않으며 주로 표면현상이 콜로이드의 거동을 제어하게 된다.

콜로이드 입자들은 표면에 전하를 띠고 있으며 이 표면전하는 입자간의 정전기적 반발력에 의하여 입자들이 상호 응집되지 못하고 안정화되는 주요 인자가 된다. 이와 같이 콜로이드 입자가 전하를 띠는 원인은 수중에 분산된 화학적 불활성물질들이 매질 내 음이온(특히, 수산화이온)의 선택적 흡착에 의해 음전하를 띠거나, 단백질이나 미생물과 같은 물질의 경우에는 입자를 구성하는 분자의 끝단에 있는 활성그룹(groups)인 카르복실기와 아미노기의 이온화에 의해 표면전하를 얻게 되며, 점토입자는 점토 속에 있는 Si(Ⅳ)이온과 Al(Ⅲ)이온 등의 다가 이온(poly valent)이 이들보다 작은 전하를 가지고 있는 Ca, Mg, 금속이온 등의 저가이온에 의해 치환되는 이종동형 치환(isomorphous replacement)에 의해 표면에 음(−)전하를 띠게 된다.

따라서 자연수 중에 존재하는 주요 현탁물질인 점토질 콜로이드, 조류, 박테리아 세포, 단백질 등과 하수처리과정에서 발생하는 폐활성슬러지 등은 대부분 음전하를 띠고 있으므로 양전하를 가진 무기응집제나 양이온성(cationic) 유기고분자 응집제에 의하여 표면전하가 중화되어 응집이 일어난다.

콜로이드 입자들은 분산매 분자들과 충돌시 작은 질량으로 인하여 분산매 내를 지그재그 형태로 불규칙하게 움직이는데 이를 브라운(Brown)운동이라 한다. 콜로이드는 대단히 큰 표면적을 가지고 있어 큰 흡착력을 가지고 있다. 대개의 흡착은 선택적으로 일어나며, 이 선택작용은 전하를 띤 입자를 만들어 콜로이드 분산의 안정도에 기여한다.

9.2.3 콜로이드의 분류

콜로이드는 물과 어떻게 작용하는가에 따라 일반적으로 친수성(hydrophillic), 소수성(hydrophobic)으로 구분된다. 친수성 콜로이드는 물과 강하게 결합하는 것으로 비누, 가용성 녹말, 가용성 단백질, 단백질 분해생성물, 혈청, 우뭇가사리, 합성세제 등이 있다. 친수성 콜로이드는 물에 쉽게 분산되며 이들을 제거하기 곤란하며, 그 안정도는 콜로이드가 가지고 있는 약한 전하량보다 용매에 대한 친화성에 의존한다. 단백질 및 단백질 분해생성물은 알루미늄염이나 철염과 같은 염을 형성하여 불용성으로 된다. 친수성 콜로이드의 대부분은 소수성 콜로이드를 보호하는 작용을 한다. 이와 같은 계에서 응집을 일으키기 위해서는 폐수처리에서 통상적으로 사용하는 양의 약 10~20배의 약품을 투여하여야 한다. 친수성 콜로이드에 대한 응집제의 작용에 관한 지식은 매우 부족한 상태로 많은 연구가 필요한 분야이다. 소수성 콜로이드는 물과 반발하는 성질을 가지고 있는 입자들로서 모두 전기적으로 하전되어 있어 전기장 내에 두면 입자는 어느 한 방향으로 이동한다. 또한 반대 부호로 대전된 콜로이드를 혼합하면 서로 중화되어 전하를 잃게 되어 간단히 응결한다.

9.3 응집(coagulation)과 응결(flocculation) 이론

9.3.1 입자의 응집이론

콜로이드 입자가 침강하기 위해서는 입자간의 응집이 이루어져 입자의 크기가 커져야 한다. 그러나 콜로이드 입자는 표면의 전하로 인하여 두 대전체 사이의 반발하는 힘인 쿨롱(Coulomb)의 힘에 의한 반발로 응결을 방해하는 안정요소로 작용하며 두 입자 사이의 반델발스(Van der Waals)의 힘에 의한 인력은 응집을 일으키는 불안정요소로 작용한다.

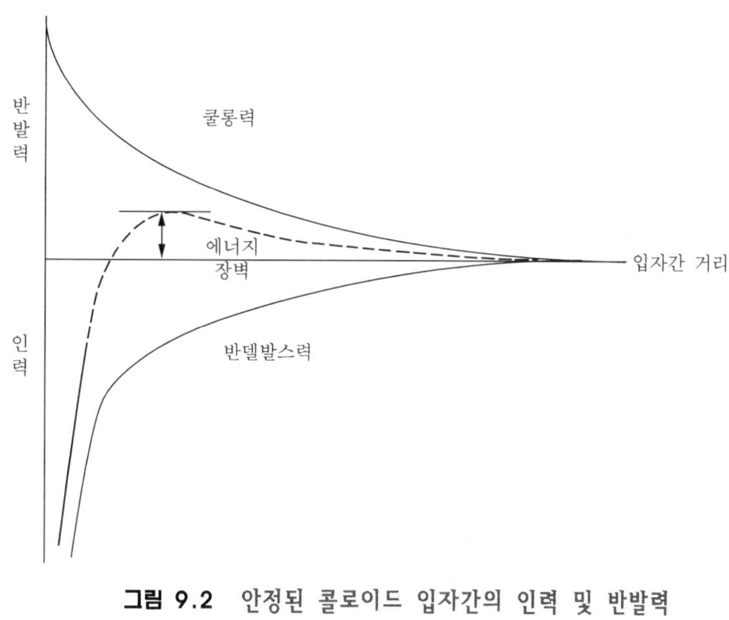

그림 9.2 안정된 콜로이드 입자간의 인력 및 반발력

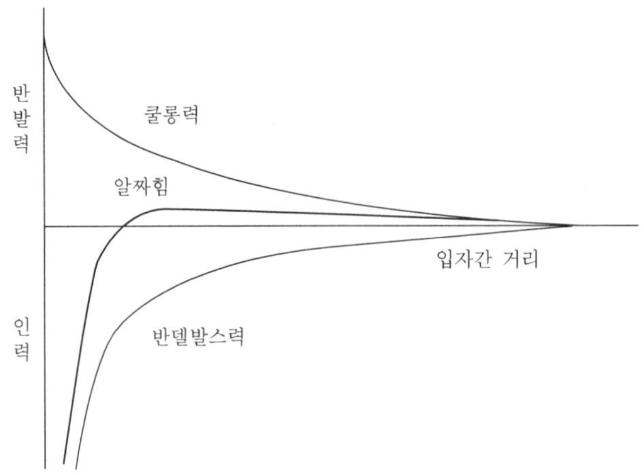

그림 9.3 불안정화된 콜로이드 입자간의 인력 및 반발력

그림 9.2는 두 입자 사이에 존재하는 정전기적인 반발력(쿨롱의 힘)과 반델발스 인력을 나타낸 것으로 두 입자가 서로 접근하게 되면 서로 떨어져 있으려는 정전기적 반발력이 증가한다. 그러나 이 에너지 장벽을 넘어 서로 충분히 가까워지면 반델발스 인력이 지배적으로 되어 입자들이 서로 합쳐지게 된다. 콜로이드 입자들을 응결시키려면 이 입자들 사이의 에너지 장벽을 극복할 수 있는 충분한 운동에너지를 가해 주거나, 입자표면의 반대전하를 가진 응집제를 가하여 표면전하를 중화시키거나, 전해질을 첨가하여 그림 9.3에서 보듯이 입자간의 반발력을 감소시켜 에너지 장벽을 낮추어야 한다.

9.3.2 콜로이드 입자의 하전과 전기이중층

자연수 중의 콜로이드 입자는 보통 음으로 하전되어 있기 때문에 정전기적 반발력에 의해 응집이 방해되어 안정한 상태에 있다. 음으로 하전된 콜로이드 입자는 전해질 용액 중에서 양이온에 대하여는 인력을 음이온에 대하여는 반발력을 나타내므로 콜로이드 입자의 표면 가까이에는 양이온이 흡착되어 양이온 농도가 높게 되고 반대로 음이온은 바깥쪽으로 반발되어 음이온 농도가 낮게 되어 Helmholtz의 고정전기이중층(electrical double layer)이 형성된다. 한편, 수중의 이온은 열역학적 운동에 의하여 농도 분포가 균일하게 되려고 하여 음이온과 양이온의 농도 불균형은 입자의 표면으로부터 어느 정도 떨어진 곳까지 미치게 된다. 이와 같이 넓어진 구조의 전기이중층을 Gouy Chapman의 확산이중층(diffused double layer) 또는 Gouy층이라고 부르고 있다. Stern은 이후 이론을 수정하여 입자의 표면에는 반대이온 또는 반대 전하를 가진 미립자가 흡착되어 고정층을 형성하고 있다고 하여 이를 Stern층이라 하고 Stern층과 확산이중층의 두 가지 층이 콜로이드의 외측 부분을 형성하고 있다고 생각하였다. 이것을 Stern-Gouy 이중층이라 하며, 그림 9.4에 나타내었다.

이중층은 전위가 Ψ_0에서 Ψ_s로 떨어지는 고정층(Compact Layer, Stern)과 열역학적 교란 때문에 고정층의 외부에 어느 정도 거리까지 반대전하이온의 농도가 높은 Gouy 확산층으로 구성되어 있다. Gouy 확산층 전단면에서의 전위를 Zeta Potential(ζ전위)라 하며, ζ전위는 콜로이드의 표면전하와 용액의 구성성분에 따라 변한다. 콜로이드 입자의 응집이 일어나려면 ζ전위를 감소시켜야 하며 입자 표면에 대하여 반대 하전을 가진 응집제를 용액에 첨가하여 ζ전위를 감소시켜 응집을 촉진시킬 수 있다. Psi (Ψ_s) 전위는 측정할 수 없지만 ζ전위는 측정할 수 있으므로 콜로이드 입자가 포함된 현탁액으로부터 콜로이드 입자를 제거하기 위하여 응집제를 사용할 때 적절한 응집제의 선정과 적절한 응집제의 투입량을 알기 위한 목적으로 ζ전위가 이용된다.

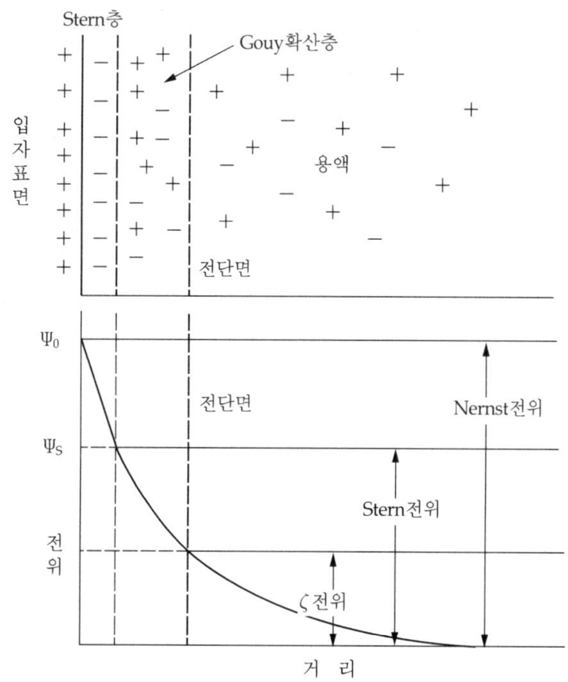

그림 9.4 콜로이드 입자의 전기이중층 모델

ζ전위는 다음과 같이 정의된다.

$$\zeta = \frac{4\pi v}{\epsilon X} = \frac{4\pi\eta EM}{\epsilon} \tag{9.1}$$

여기서, v : 입자의 속도

ϵ : 매체의 유전상수(dielectric constant)

η : 매체의 점도

X : cell의 단위길이에 가한 전위

EM : 전기이동도(electrophoretic mobility)

실제로 ζ전위 측정에 이용하기 위하여 위 식을 다시 쓰면

$$\zeta(\mathrm{mV}) = \frac{113{,}000}{\epsilon}\eta\ \mathrm{EM} \tag{9.2}$$

여기서, EM : 전기이동도, (μm/s)(V/cm)

25℃일 때 $\zeta = 12.8\mathrm{EM}$

통상 자연수의 ζ전위는 15~20mV 정도이며 최적의 응집을 일으키게 하기 위해서는 ζ전위를 5mV 이하로 조절하여야 한다.

이상을 정리하면, 응집은 물리적 요소와 화학적 요소로 나눌 수 있다. 즉,

① 입자의 불안정화 : 입자의 전기적 중화

② 입자의 이동 : 입자의 효과적인 충돌

상기 두 단계는 아래와 같은 4단계 과정에 의해서 콜로이드상태의 입자들을 불안정화(destabilization) 할 수 있다.

1) 전기적 이중층의 압축(compression of the double layer)

분산층(diffuse layer) 내 전하를 증가시키면 수용액 내에서 전기적 중화를 이루기 위해 농도구배가 감소하므로 콜로이드 표면에 근접시키는 효과로 나타나 전체 분산층의 두께는 줄어든다. 이때 입자와 용액사이의 불안정화로 반델발스력과 같은 인력이 작용하므로 반발력은 상대적으로 낮아진다.

2) 전기적 중화(charge neutralization)

콜로이드 입자는 자연수의 pH범위에서 일부 양의 하전을 띠지만 일반적으로 음의 하전을 띠며 쉽게 서로 부착하지 않는다. 따라서 양이온 금속 응집제 혹은 폴리머를 첨가함으로써 전기적 인력을 통하여 입자들이 불안정화 된다.

3) 투여 입자의 공침(enmeshment in a precipitate)

수용액 중에 황산알루미늄, 철염 등과 같은 용해성 양이온들을 투여하면 가수분해반응을 일으켜 불용성 침전물을 형성하고 수중에 첨가한 이온농도는 감소한다. 미세하게 분산된 입자들은 주위에서 형성된 응집입자에 체거름된다는 점에서 이러한 형태의 불안정화를 "포획응집(enmeshment 또는 sweep floc)"이라 불린다.

4) 흡착 및 가교작용(adsorption and interparticle bridging)

폴리머 응집제를 첨가할 때, 폴리머 사슬은 자유단(free end)이 가교(bridge)를 형성하여 다른 콜로이드와 접촉할 수 있도록 입자의 표면에 흡착된다. 음전하를 띤 긴 사슬의 폴리머는 입자들 사이에서 다리 역할을 하게 된다.

정수 및 하·폐수처리에서 콜로이드의 불안정화는 콜로이드에 대해 반대로 하전된 용해성 및 비용해성 가수분해 응집제의 흡착에 의해 이루어지며, 결과적으로 불안정화된 입자들은 수산화물 또는 탄산염의 침전물과 함께 공침을 함으로써 응집과정은 완결된다.

9.3.3 Schulze Hardy의 법칙

콜로이드 입자의 표면전하를 낮추어 입자가 서로 붙도록 하는 작용을 응집(Coagulation)이라고 한다. 응집은 무기계 전해질 응집제나 유기고분자 응집제에 의해 콜로이드 입자의 표면전하가 중화되어 일어난다. 응집제는 콜로이드 입자와의 친화성이 크고 콜로이드 입자의 계면에 머물러 그 전하를 중화할 수 있어야 한다. 전해질 이온의 응집력은 이온의 원자가가 클수록 기하급수적으로 커지게 되며 이러한 현상은 Schulze Hardy의 법칙에 따른다. 콜로이드의 응집과 분산은 고체표면의 전위 등에 지배되며 입자의 접근에 따라 나타나는 전위(Potential)장벽이 0이 되는 전해질 농도가 응집가이다. 응집가 C와 이온의 원자가 v와의 사이의 관계는 아래와 같고 이 식을 Schulze Hardy의 법칙이라 한다.

$$C \propto 1/v^6 \qquad (9.3)$$

따라서 1가, 2가, 3가 이온의 응집가는 $1 : \frac{1}{26} : \frac{1}{36}$의 비율이 되며, 이는 Al과 같은 3가 이온의 응집제가 주로 사용되는 이유 중의 하나이다.

9.4 응집제와 응집보조제

9.4.1 무기 응집제

1) 황산알루미늄[Aluminium Sulfate : $Al_2(SO_4)_3 \cdot 18H_2O$]

황산알루미늄은 Alum 또는 황산반토로 불리며 우수한 응집특성과 저렴하고 무독성이며 거의 모든 수중의 탁질에 적합하고 취급이 용이하여 오늘날까지 수처리분야에서 가장 많이 사용되어온 응집제이다.

황산알루미늄의 제조공정은 최근 알루미늄공업의 발달에 따라 값싼 수산화알루미늄을 얻을 수 있기 때문에 (9.4)의 반응식과 같이 수산화알루미늄을 주원료로 황산과 반응시켜 제조함으로써 불순물을 함유하지 않은 순도 높은 제품을 제조하고 있다.

$$2Al(OH)_3 + 3H_2SO_4 \rightarrow 2Al_2(SO_4)_3 + 6H_2O \qquad (9.4)$$

황산알루미늄은 고상과 액상이 있으며, 고상은 Al_2O_3(알루미나)로서 순도 14~15%이고, 액상은 Al_2O_3(알루미나분)로서 순도 8%인 제품이 일반적으로 사용되고 있다. 황산알루미늄의 결정석출점은 8.3%일 때 −14℃로 가장 낮으며 농도가 증가하면 결정석출온도가 급격히 높아져 상온에서도 결정이 석출되어 보관설비 및 주입설비를 폐쇄시켜 사용할 수 없게 된다.

황산알루미늄이 응집작용시 중탄산알칼리도와의 응집반응식은 식 (9.5)와 같다.

$$Al_2(SO_4)_3 \cdot 18H_2O + 3Ca(HCO_3)_2 \rightarrow CaSO_4 + Al(OH)_3 + 6CO_2 + 18H_2O \qquad (9.5)$$

또한 황산알루미늄 1mg/L의 주입율에 따른 수중의 알칼리도 소모율은 $CaCO_3$를 기준으로 0.45mg/L이다.

$$\text{알칼리도 소모율} = 1\text{mg/L} \times \{(3 \times CaCO_3)/Al_2(SO_4)_3 \cdot 18H_2O\} = 0.45\text{mg/L}$$

응집제로서 황산알루미늄의 특성은 표 9.2와 같다.

표 9.2 황산알루미늄의 특성

장 점	단 점	적정 pH범위
1. 가격이 저렴 2. 거의 모든 현탁물에 유효 3. 무독성 4. 부식성이 적어 취급 용이	1. floc이 철염보다 가벼움 2. 응집 pH범위가 좁음	5.5~8.5

2) 폴리염화알루미늄(Poly Aluminium Chloride : $[Al_2(OH)_nC_{6-n}]_m$, $1 \leq n \leq 5$, $m \leq 10$)

황산알루미늄 이후 새로운 응집제로 PAC라고 불리는 폴리염화알루미늄은 액체로서 그 액체가 가수분해로 중합되어 있으므로 일반적으로 응집성능이 탁월하고 적정 pH 범위가 넓으며 알칼리도의 저하가 황산알루미늄에 비하여 약 1/2 정도 적어 알칼리제의 투입량이 절감되며 floc의 형성속도가 빠르고 floc의 크기가 커서 침강속도가 빠르며 저온에서도 응집효과가 좋은 장점을 가지고 있다. 따라서 최근에는 소규모시설과 한랭지 상수도에서도 상시 사용하는 곳이 많아졌다. 다만 폴리염화알루미늄의 산화알루미늄 농도가 10~18%이고 −20℃ 이하에서는 결정이 석출하므로 보온장치를 하는 것이 필요하다.

폴리염화알루미늄은 수개월 이상 장기간 저장하면 변질될 우려가 있으므로 주의하여야 한다. 또한 폴리염화알루미늄을 황산알루미늄과 혼합 사용하면 침전물이 발생하여 송액관을 막히게 하므로 혼합 사용하지 않아야 한다. 처리가 잘 되고 경제적인 면에서 볼 때 평상시에는 황산알루미늄(alum)을 사용하고 고탁도시나 저수온시에는 폴리염화알루미늄(PAC)을 사용하는 방법이 좋다.

3) 황산제1철(Ferrous Sulfate : $FeSO_4 \cdot 7H_2O$)

황산제1철은 녹반이라고도 불리며 제조방법은 철을 황산에 용해시키거나 황산철을 자연산화시켜 만들기도 한다. Fe^{2+} 이온은 엷은 녹색을 나타내며 용해도가 크기 때문에 거의 침전하지 않으며 pH 7.7 이상에서 침전이 생긴다. 일반적으로 침전물을 형성하기 위해서는 석회가 동시에 첨가되어야 하고 응집제로서 반응은 식 (9.6), (9.7)과 같다.

$$FeSO_4 \cdot 7H_2O + Ca(HCO_3)_2 \rightarrow CaSO_4 + Fe(HCO_3)_2 + 7H_2O \tag{9.6}$$

$$Fe(HCO_3)_2 + 2Ca(OH)_2 \rightarrow Fe(OH)_2 + CaCO_3 + 2H_2O \tag{9.7}$$

수산화제1철은 수중에 녹아 있는 산소에 의해 수산화제2철로 된다.

$$4Fe(OH)_2 + O_2 + 2H_2O \rightarrow 4Fe(OH)_3 \tag{9.8}$$

또한 황산제1철 1mg/L의 주입율에 따른 수중의 알칼리도 소모율은 $CaCO_3$를 기준으로 0.36mg/L이다. 응집제로서 황산제1철의 특성은 표 9.3과 같다.

표 9.3 황산제1철의 특성

장 점	단 점	적정 pH범위
1. floc이 무거워 침강속도가 빠름 2. 가격이 저렴	1. 부식성이 강함 2. 철이온이 잔류함	9～11

4) 염화제2철(Ferric Chloride : $FeCl_3 \cdot 6H_2O$)

염화제2철은 암갈색을 띠며 제조방법은 철과 염산을 반응시켜 염화제1철을 만든 후 염소가스로 산화시켜 염화제2철을 만들며, 그 응집반응은 식 (9.9)와 같다.

$$FeCl_3 + 3H_2O \rightarrow Fe(OH)_3 + 3H^+ + 3Cl^- \tag{9.9}$$

염화제2철의 특성은 표 9.4와 같다.

표 9.4 염화제2철의 특성

장 점	단 점	적정 pH범위
1. floc이 무거워 침강속도가 빠름. 2. 색도제거에 유효함. 3. 응집 pH범위가 넓음. 4. 황화수소의 제거나 에멀션의 파괴에 유효함.	1. 부식성이 매우 강함. 2. 희박용액(pH 2 이상)에서 수산화물을 생성함. 3. 처리 후 색도가 남음.	9～11

5) 기타

이외에도 폴리황산알루미늄(Poly Aluminium Sulfate : $[Al_2(OH)_n(SO_4)_{3-n/2}]_m$), 폴리황산알루미늄규산(Poly Aluminium Sulfate Silicate : $Al_a(OH)_b(SO_4)_c(SiO_x)_d$), 폴리염화알루미늄규산(Poly Aluminium Chloride Silicate : $Al_a(OH)_b(Cl)_c(Si)_d$), 폴리염화알루미늄칼슘(Poly Aluminium Chloride Calcium : $Al_a(OH)_b(Cl)_c(Ca)_d$) 등이 최근에 개발된 응집제이다.

폴리황산알루미늄은 무색 내지 담황색의 투명한 액체로 PAS로 불리며, 일반식은 $[Al_2(OH)_n(SO_4)_{3-n/2}]_m$이고, n은 $1 \leq n \leq 5$이며, m은 $m < 10$이고, 염기도는 $n/6 \times 100\%$이다. PAS의 응집특성은 염기도가 50% 정도의 용액이 가장 좋으며 floc의 응집성능, 탁도제거효과, 알칼리보조제의 절감효과, 적정주입율의 범위, 응집pH범위 등이 PAC와 유사하다. 또한 PAS는 PAC보다 가수분해속도가 빠르고 희석안정성이 좋지 못하여 원액 또는 2배 희석액을 직접 주입하는 경우가 많다.

폴리황산알루미늄규산은 캐나다에서 개발된 응집제로 PASS라고도 불리며, Si를 함유하고 있고 분자량이 100,000~300,000에 이르며 침전성과 미세 탁질의 제거효과가 우수하고 수온이 낮은 겨울철에도 응집성능이 뛰어나다. 외관은 투명하며 Al_2O_3(알루미나)의 농도는 8~10%이고 염기도는 25~50% 제품이 일반적으로 사용되고 있다.

폴리염화알루미늄규산은 기존 PAC 응집제를 고농도화 시킨 것으로 Al_2O_3의 농도를 17%로 고농도화시키고 Silicate를 첨가하여 응집성능을 개선한 것으로 PACS라고도 불린다. 외관은 투명하며 Al_2O_3(알루미나)의 농도는 16~18%이고 염기도는 45~50% 제품이 일반적으로 사용되고 있다.

폴리염화알루미늄칼슘은 1997년에 개발된 응집제로서 염기도가 70%인 것이 특징이며 고탁도, 저알칼리도에 적합하며 홍수시 첨가된 칼슘으로 인하여 알칼리도 저하가 적어 알칼리제 사용량을 줄일 수 있다. 외관은 투명하며 Al_2O_3의 농도는 10%이며 PACC로 불린다.

예제 9.1

응집제에 관한 설명으로 틀린 것은?

1. 용수처리에서 가장 널리 사용되는 응집제는 황산알루미늄과 철염이다.
2. 황산알루미늄은 대개 철염에 비해 가격이 저렴하다.
3. 황산알루미늄은 철염에 비해 보다 넓은 pH 범위에서 적용할 수 있다.
4. 보통 용수처리장에 대한 응집제 선택에는 약품교반실험에 의한 실험실 연구가 적당하다.

풀이 황산알루미늄은 pH 4.5~8 범위로서 좁은 pH 범위에서 적용하는 것이 단점이나, 철(II)염은 적정 pH가 4~12로 넓은 장점이 있다.

9.4.2 응집 보조제(Coagulant aids)

응집 보조제는 응집제의 성능을 충분히 발휘시켜 그 효과를 높이고 응집제를 절약하기 위하여 사용되는 약품으로 주로 무기응집제와 병용하며 알칼리 보충제와 응집보조작용제가 있다.

1) 알칼리 보충제

알칼리 보충제로는 소석회[$Ca(OH)_2$], 탄산나트륨[Na_2CO_3], 수산화나트륨[NaOH] 등이 있다. 소석회는 저장 및 취급이 어려우며 중화에 의해 불용성염의 생성으로 슬러지 발생량이 많아지는 단점이 있으나, 가격이 저렴하고 알칼리 보충효과가 크므로 많이 사용되고 있다. 수산화나트륨은 취급시 위험이 따르고 값이 비싼 단점이 있으나 반응성이 좋고 슬러지 생성량이 적으며 용해도가 커서 용액으로 사용할 수 있으므로 주입이 용이하고 주입장치를 자동화할 수 있는 장점 때문에 최근에 소석회보다 많이 사용되어지고 있다. 알루미늄계 응집제 주입율 1mg/L당 알칼리도 감소율은 표 9.5와 같다.

표 9.5 1mg/L주입에 따른 알칼리도 감소율

종 류	알칼리도 감소율(mg/L)
고상 황산알루미늄(15%)	0.45
액상 황산알루미늄(8%)	0.24
폴리 염화알루미늄(Al_2O_3염기도 50%)	0.15

알칼리제 주입율을 결정할 때에는 원수의 알칼리도, 상등수의 잔류 알칼리도(약 30mg/L), 응집제 주입율 등에 따라 다르며, 다음 식에 의하여 산출한다.

$$W = [(A_2 + K \times R) - A_1] \times F \tag{9.10}$$

여기서, W : 알칼리제 주입율(mg/L)

A_1 : 원수중의 알칼리도(mg/L)

A_2 : 처리수의 잔류 알칼리도(mg/L)

K : 응집제별 알칼리도 주입율(mg/L)

R : 응집제 주입율(mg/L)

F : 알칼리도 1mg/L를 상승시키는데 필요한 알칼리제 소요량(mg/L)

표 9.6 알칼리도 1mg/L상승에 필요한 알칼리제 소요량

종 류	알칼리제 소요량(mg/L)
소석회(CaO 72%)	0.77
소다회(Na_2CO_3 99%)	1.06
고체가성소다(NaOH 45%)	1.78
액체가성소다(NaOH 20%)	4.00

2) 응집 보조작용제

응집제의 효과를 배가하기 위한 응집 보조작용제로서는 벤토나이트, 활성규산, Fly ash 등이 이용된다. 벤토나이트(bentonite)는 몬모릴로나이트(montmorillonite)를 주성분으로 하는 알칼리성 점토로 수중 콜로이드 입자의 흡착을 위한 핵을 제공함으로써 저탁도시 황산알루미늄과 함께 사용되어 현저한 응집보조작용을 한다. 활성규산(activated silica)은 황산알루미늄과 함께 사용할 때 floc이 무겁고 단단하며 floc형성속도가 빠르고 응집 pH범위가 넓어 한냉시나 홍수시 효과가 큰 장점이 있으나 여과지 손실수두가 크고 규산의 활성화가 곤란한 문제점도 있다. Fly ash는 화력발전소의 연돌가스에서 포집한 석탄재 분말로 주성분은 SiO_2, Al_2O_3이며 벤토나이트 정도의 효과가 있다.

9.4.3 약품교반 실험(Jar test)

응집제의 투여량을 이론적으로 계산하기가 불가능하기 때문에 그림 9.5와 같이 약품교반실험장치를 이용한 약품교반실험(Jar test)을 행하여 적정 응집제 주입량을 결정한다.

그림 9.5 약품교반실험(Jar test) 장치

실험 절차는 다음과 같다.

1) 최적 pH 결정

① 시료의 탁도, SS, TDS, 색도 등을 측정한다.

② 비커에 시료 200mL를 넣고 교반하면서 응집제를 1mL씩 증가시켜 최초의 floc 형성이 보이는 점이 최소 약품주입량이 되며 대략적인 약품주입량으로 한다.

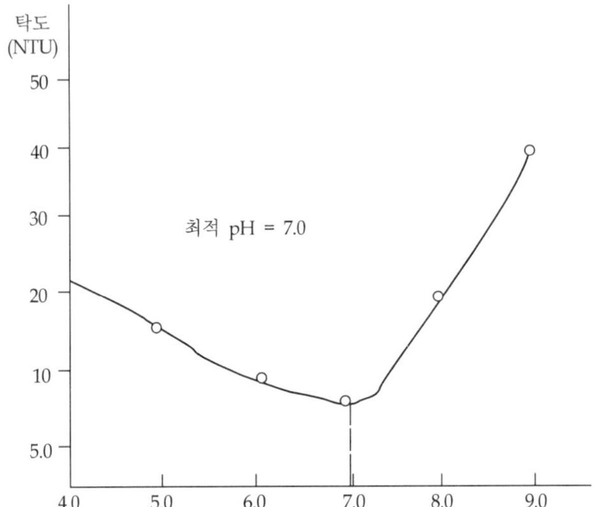

그림 9.6 최적 pH 결정 방법

③ 시료에 "②"에서 구한 대략적인 약품주입량을 주입하고 pH를 4~9까지 6단계의 시료를 준비한다.

④ 1분간 급속교반(120~140rpm)과 10~30분간 완속교반(20~70rpm)으로 floc을 형성하게 한 후 침전시키고 floc형성시간, 상징수의 pH를 기록한다.

⑤ 상징수의 탁도, SS, TDS, 색도 등을 측정하고, 그림 9.6과 같이 그래프를 그려 최적 pH를 구한다.

2) 최적 약품주입량 결정

① 6개의 1L 비커에 시료 1L씩을 넣고 앞에서 구한 최소 약품주입율의 25~200% 범위에서 약품주입농도를 변화시켜 시료를 준비한다.

② 앞에서 구한 최적 pH가 되도록 적정량의 알칼리제를 넣고 1분간 급속교반(120~140rpm)과 10~30분간 완속 교반(20~70rpm)으로 floc을 형성시킨 후 30~60분간 침강시켜 상징액의 탁도 등 필요한 항목을 측정한다.

③ 그림 9.7과 같이 최적약품주입량, 침전슬러지량, 슬러지농도 등을 산출한다.

일반적으로 Jar test는 응집제의 선택, 응집제의 주입량 결정, 응집보조제의 선택 및 주입량 결정, 적정 pH 선택, 혼합강도와 급속 및 완속교반시간의 결정, 현재 가동중인

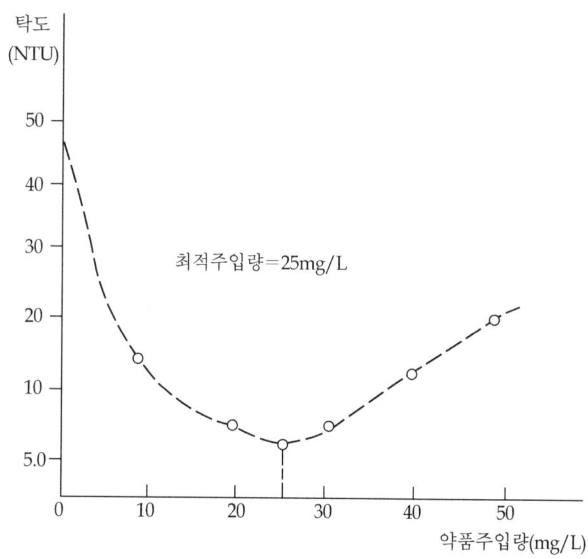

그림 9.7 최적 약품주입량 결정 방법

시설의 최적화 또는 신설 및 확장시설에 대한 설계인자의 개발 등에 이용된다.

응집효과를 개선하기 위한 방법으로는 첫째, 응집입자끼리의 접촉횟수가 빈번할수록 좋으나 입자가 깨지지 않도록 주의를 기울여 잘 교반하며, 둘째, 응집제 종류에 따라 최적 pH가 다르므로 Jar test를 실시하여 최적의 pH를 조사하며, 셋째, floc의 침전효율이 좋지 않을 때에는 응집 보조제를 사용하여 응집효과를 높이며, 넷째, 적정한 응결시간을 맞추며, 다섯째, Jar test를 통하여 최적 pH, 최적 응집제의 종류, 주입량 등을 결정한다.

9.5 응집 영향인자

응집반응은 응집제의 종류 및 주입량에 따라 응집효과가 달라지지만, 교반 조건, pH, 알칼리도, 수온 등에 의해서도 영향을 받게 된다.

9.5.1 교반 조건

콜로이드 입자간의 응집이 일어나려면 우선 표면전하의 중화, 응집제에 의한 가교작용 등이 필요하나 콜로이드 입자 상호간의 충돌 기회를 많게 하여야 한다. 효율적인 응집을 위해서는 콜로이드 입자의 Brown운동만으로는 부족하며 유체의 교반을 통한 난류변동을 주어 입자가 floc상의 응집이 일어나도록 하여야 한다.

그러나 과도한 교반은 유체의 흐름에 대한 속도경사(velocity gradient)의 증가에 따라 전단력이 증가되어 응집된 floc이 해체되어 무제한적으로 응집되지는 않는다. 실제 floc형성 조작에서는 교반을 적정하게 행하여 floc의 성장을 촉진시켜 응집효율을 좋게 하는 동시에 floc의 파괴를 적게 하는 노력이 필요하다.

따라서 교반의 효과로 속도경사(G)라는 수치가 이용되는데 식 (9.11)로 표현된다.

$$G = \sqrt{P/\mu V} \tag{9.11}$$

여기서, G : 속도경사(sec^{-1})

P : 동력(watt)

μ : 점성계수(kg/m · sec)

V : 응결지의 부피(m^3)

급속교반의 G값은 100이며 완속교반의 G값은 10이 적당하다. 응집시간(응집장치에서의 체류시간)을 t(sec)라고 하면 $G \cdot t$는 무차원이 되며 양호한 응집을 일으키기 위해서는 $G \cdot t$의 값이 $10^4 \sim 10^5$의 범위에 있어야 한다고 알려져 있다.

예제 9.2

부피 3000m^3 탱크의 G값을 50/sec로 하고자 할 때 필요한 이론소요동력(W)을 계산하시오. (단, 유체의 점도는 0.001 N · sec/m^2)

풀이

$W = \mathrm{N} \cdot \mathrm{m/sec}$

$G = \sqrt{\dfrac{P}{\mu V}}$ 로부터

$$P = \mu V G^2 = 0.001(\mathrm{N} \cdot \mathrm{sec/m^2}) \times 3000(\mathrm{m^3}) \times 50^2(1/\mathrm{sec^2})$$
$$= 7{,}500(\mathrm{N} \cdot \mathrm{m/sec}) = 7{,}500\,W$$

9.5.2 pH

현탁용액의 pH는 콜로이드 입자의 표면전하를 일으키는 분자의 해리와 응집제의 해리 등에 영향을 주므로 응집효과에 크게 영향을 미친다. 응집제의 종류에 따라 적절한 pH범위가 있으며 응집효과를 향상시키려면 해당 응집제별 적정 pH범위로 응집처리를 하여야 한다. 알루미늄염의 경우 6.0~7.5 정도가 적당하며, 철염의 경우는 비교적 pH의 영향이 적은 편이다.

9.5.3 알칼리도

무기응집제는 수중에서 알칼리도와 반응하여 수산화물의 침전을 생성하며 응집효과를 나타내기 때문에 현탁액 중에는 응집제 투여량에 따른 적당한 알칼리도가 존재하여야 한다. 응집제의 투여량이 많을 경우에는 부족하게 되는 알칼리도를 보충하기 위하여 알칼리제를 투여하여야 한다.

표 9.7은 응집에 영향을 미치는 인자들에 대한 내용을 간략히 요약한 것이다.

표 9.7 응집에 영향을 미치는 인자

영향인자	내 용
교반 조건	응집제 및 응집보조제의 반응을 위해서는 적절한 교반 조건이 필요함
pH	응집제의 종류에 따라 최적 pH를 조절해 주어야 함
알칼리도	알칼리도가 높으면 응집제를 완전히 가수분해시키고 floc을 형성시키는데 효과적임. 알칼리도는 pH의 변화와도 관련이 있음
수온	수온이 상승하면 반응속도가 증가하고 물의 점도도 저하되어 응집제의 화학반응이 촉진됨. 수온이 낮아지면 플록 형성에 소요되는 시간이 길어지며, 입자가 작아지므로 응집제 소요량도 많아짐
용존물질의 성분	응집반응에 영향을 미치는 용존물질의 존재 여부 검토가 필요함

■ 고체 황산알루미늄의 용적주입율 산출

$$V_v = Q \times Rs \times 100/C \times 1/1{,}000$$

V_v = 고형 황산알루미늄을 용해하여 C(%)의 농도를 가진 황산알루미늄 용액의 용적주입율(리터/시간)

Q = 처리수량(톤/시간)

Rs = 고형 황산알루미늄 주입율(mg/L)

C = 고형 황산알루미늄을 용해하였을 때의 용액농도(%)

예제 9.3

원수 1,500m^3/시간을 응집처리하기 위해 Jar Test를 한 결과 고체 황산알루미늄 적정 주입율이 15mg/L였다. 고체 황산알루미늄을 용해하였을 때 용액농도가 99%이면, 고체 황산알루미늄의 시간당 주입량은?

풀이

$$V_v = Q \times Rs \times 100/C \times 1/1{,}000$$

$$= 1{,}500 \times 15 \times 100/99 \times 1/1000 = 27\text{L/h}$$

■ 고체 알루미늄의 중량주입율 산출

$$M = Q \times Rs \times 1/1{,}000$$

여기서, M은 고체 황산알루미늄의 중량주입률(kg/시간)

예제 9.4

원수 1,500m^3/시간을 응집처리하기 위해 Jar Test를 한 결과 고체 황산알루미늄 적정 주입율이 15mg/L였다. 고체 황산알루미늄의 시간당 주입량은?

풀이

$M = Q \times Rs \times 1/1{,}000 = 1{,}500 \times 15 \times 1/1000 = 22.5\text{kg/h}$

■ **액체 황산알루미늄의 용적주입율(주입율을 고형 황산알루미늄으로부터 산정했을 때)**

$$V_v = Q \times Rs \times C_1/C_2 \times 1/d \times 1/1{,}000$$

V_v = 액체 황산알루미늄의 용적주입율(리터/시간)

Q = 처리수량(톤/시간)

Rs = 고형 황산알루미늄 주입율(mg/L)

C_1 = 고체 황산알루미늄의 Al_2O_3(%)

C_2 = 고체 황산알루미늄의 Al_2O_3(%)

d = 액체 황산알루미늄의 밀도(kg/L)

예제 9.5

원수 1,500m^3/시간을 응집처리하기 위해 Jar Test를 한 결과 고체 황산알루미늄 적정 주입율이 10mg/L였다. 액체 황산알루미늄의 밀도가 1.32 kg/L일 때 액체 황산알루미늄의 시간당 주입량은?

이때 고체 황산알루미늄의 산화알루미늄은 18%, 액체 황산알루미늄의 산화알루미늄이 8%일 경우

풀이

$$V_v = Q \times Rs \times C_1/C_2 \times 1/d \times 1/1{,}000$$
$$= 1{,}500 \times 10 \times 18/8 \times 1/1.32 \times 1/1000$$
$$= 25.6\text{L/h}$$

■ **액체 황산알루미늄의 용적주입율(주입율을 액체 황산알루미늄의 주입용량으로부터 산정했을 때)**

$$V_v = Q \times R_L \times 1/1{,}000$$

V_v = 액체 황산알루미늄의 용적주입율(리터/시간)

R_L = 액체 황산알루미늄 주입율(mg/L)

예제 9.6

원수 1,500m^3/시간을 응집처리하기 위해 Jar Test를 한 결과 액체 황산알루미늄 적정 주입율이 15mg/L였다. 액체 황산알루미늄의 시간당 주입량은?

풀이

$V_v = Q \times R_1 \times 1/1{,}000 = 1{,}500 \times 15 \times 1/1000 = 22.5\,\mathrm{L/h}$

■ **액체 황산알루미늄의 용적주입율(주입율을 액체 황산알루미늄의 주입 질량으로부터 산정했을 때)**

$V = Q \times R_m \times 1/d \times 1/1{,}000$

V = 액체 황산알루미늄의 용적주입율(리터/시간)

R_m = 액체 황산알루미늄의 주입율(mg/L)

d = 고체 황산알루미늄의 밀도(kg/L)

예제 9.7

원수 1,500m^3/시간을 응집처리하기 위해 Jar Test를 한 결과 액체 황산알루미늄 적정 주입율이 15mg/L였다. 액체 황산알루미늄을 시간당 몇 리터 주입해야 하나? 이때 액체 황산알루미늄의 밀도는 1.31kg/L이다.

풀이

$V_v = Q \times R_m \times 1/d \times 1/1{,}000$

$= 1{,}500 \times 15 \times 1/1.31 \times 1/1{,}000$

$= 17.2\,\mathrm{L/h}$

■ **pH 조절제는 원수의 알칼리도, 응집제 주입율과 Jar-Test시의 상등수 알칼리도 등으로부터 알칼리제의 필요량을 다음 식에 따라 주입량 결정**

$$W = [(A_2 + K \times R) - A_1] \times F$$

W = 알칼리제 주입율(mg/L)

A_2 = 원수 중의 알칼리도(mg/L)

A_1 = 처리 후 남아 있어야 할 알칼리도(mg/L)

K = 아래 표에서 제시한 사용 응집제 수치

[응집제 1mg/L 주입에 따른 알칼리제]

응집제 종류	알칼리도의 감소(mg/L)
황산알루미늄(고형)	0.45
황산알루미늄(액체)	0.24
폴리염화알루미늄	0.15

R : 응집제 주입율(mg/L)
F : 아래 표에서 제시한 사용 알칼리제 수치

[알칼리도 1mg/L 상승시키는데 필요한 알칼리제]

응집제 종류	알칼리도의 감소(mg/L)
소석회(CaO 72%)	0.77
소다회(Na_2CO_3 99%)	1.06
액체가성소다(NaOH 45%)	1.78
액체가성소다(NaOH 20%)	4.00

예제 9.8

알칼리도가 25mg/L인 원수를 액체 황산알루미늄으로 Jar Test하여 적정 주입량을 30mg/L로 정하였다. 응집처리 후 알칼리도가 20mg/L로 예상할 경우 알칼리제로써 소다회의 주입율은?

풀이

$$W = [(A_2 + K \times R) - A_1] \times F$$

$$= [(20 + 0.24 \times 30) - 25] \times 1.06$$

$$= 2.3\text{mg/L}$$

10

Chapter

침 전

수중의 많은 불순물들은 부유상태의 부유물질(suspended solid)로서 존재하기도 하지만 정지상태 또는 반정지상태에서 중력의 영향으로 수직적으로 움직이기도 한다. 수중의 입자는 주변의 액체보다 밀도가 더 높아서 침전이 일어나지만 매우 작은 입자와 밀도가 낮은 입자는 부상에 의한 제거가 보다 효과적일 수 있다. 침전은 침전성 고형물의 제거와 제거된 고형물을 보다 작은 부피의 슬러지로 농축시키는 두 가지 역할을 하고 있다.

10.1 침전이론

독립입자의 침전은 Stokes 법칙에 따른다. Stokes 법칙은 유체 중 입자의 중력과 이때 발생하는 마찰력(저항력) 간의 평형 조건에서 다음과 같이 유도된다.

$$\text{중력}(F_g) = \text{마찰력}(F_D)$$

$$F_g = (\rho_s - \rho_w)\, g\, V$$

여기서, ρ_s : 입자의 밀도(g/cm^3)

ρ_w : 액체의 밀도(g/cm^3)

g : 중력 가속도(980cm/s^2)

V : 입자의 부피

마찰력(F_D)은 차원해석에 의해 다음과 같은 식으로 표현할 수 있다.

$$F_D = C_D A_C \rho_w v_s^2/2$$

여기서, C_D : 뉴턴의 저항계수

A_C : 입자의 횡단면적

v_s : 입자의 침강속도

C_D는 일정하지 않으며 레이놀즈 수로 인해 변화하고 입자의 형상에 따라 다소 달라진다. 입자가 구형이라면 레이놀즈 수의 크기에 따라 C_D에 관한 식은 다음과 같다.

$$R \leq 1 \qquad C_D = 24/R$$

$$1 < R \leq 10^3 \qquad C_D = 18.5/R^{0.6}$$

$$R > 10^3 \qquad C_D = 24/R + 3/\sqrt{R} + 0.34$$

침전에서 $R = v_s d/\nu$

여기서, d : 입자의 직경(cm)

ν : 액체의 동점성계수(cm^2/s)

평형상태에서 입자의 중력과 마찰저항력이 같게 되었을 때 등속침강이 일어난다.

$$\text{중력}(F_g) = \text{마찰력}(F_D)$$

$$(\rho_s - \rho_w) g V = C_D A_C \rho_w v_s^2/2$$

$$v_s = \sqrt{2gV(\rho_s - \rho_w)/C_D \rho_w A_C}$$

입자가 구형이라면

$$V = \pi d^3/6, \quad A_C = \pi d^2/4$$

따라서 $$v_s = \sqrt{4gd(\rho_s - \rho_w)/3C_D \rho_w}$$

또는 $$v_s = \sqrt{4gd(S_s - 1)/3C_D}$$

여기서, S_s : 입자의 비중

난류일 때 $10^3 < R$

C_D는 0.4에 가깝기 때문에 따라서

$$v_s = \sqrt{3.3gd(S_s - 1)}$$

층류일 때 $R \leq 1,\ C_D = 24/R$

따라서 $v_s = gd^2(S_s - 1)/18\nu$

$= gd^2(\rho_s - \rho_w)/18\mu$

여기서, μ : 유체의 점성계수(g/cm · sec)

침전속도를 계산할 때 위의 식을 검토할 필요가 있다. 난류와 층류의 변화범위에서 v_s에 대한 시행 착오법을 이용할 수 있다.

예제 10.1

독립구형입자의 직경은 0.15mm이며, 20℃에서 물의 동점성계수는 1.01×10^{-6} m^2/s일 때 물에서 침강속도를 계산하시오.

풀이

층류라 가정하고 $v_s = gd^2(S_s - 1)/18\nu$을 이용하면

$v_s = 9.81 \times (1.5 \times 10^{-4})^2 \times (1.1 - 1)/18 \times 1.01 \times 10^{-6}$

$= 0.002\,\mathrm{m/s}$

침전속도를 계산한 후 $v_s = gd^2(S_s - 1)/18\nu$ 식을 이용하여 가정한 층류범위에서 R값을 산출할 필요가 있다.

$R = v_s d/\nu$ 에서

$R = 0.002 \times 1.5 \times 10^{-4}/1.01 \times 10^{-6}$

$= 0.297$

따라서 1보다 작기 때문에 $v_s = gd^2(S_s - 1)/18\nu$ 을 적용한다.

만약 계산된 R값이 1보다 클 때는 $C_D = 18.5/R^{0.6}$을 이용하여 침전속도 v_s를 다시 계산하고 $v_s = \sqrt{4gd(S_s - 1)/3C_D}$ 을 이용하여 다시 v_s를 계산한다.

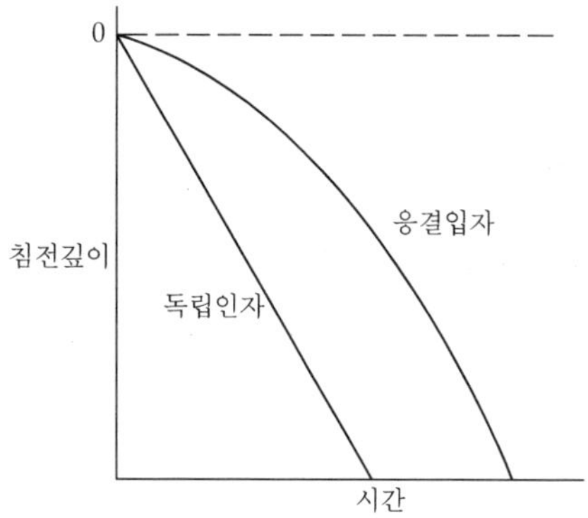

그림 10.1　독립입자와 응결입자의 침전

응결부유물을 다룰 때는 상기 이론을 적용할 수 없다. 왜냐하면 응결입자는 침전하면서 주위의 다른 입자들과 충돌 및 결합하여 보다 크고 무거운 입자를 형성시켜 깊이에 따라 침전속도를 증가시키기 때문이다. 이러한 현상을 그림 10.1에 나타내었다. 수처리에서 많은 부유물은 응결하는 성질을 가지고 있다.

일반적으로 침전은 다음과 같이 4가지 형태로 구분된다.

(1) Ⅰ형(독립)침전

저농도의 독립입자가 단독으로 침전하므로 입자 상호간의 간섭이 없다. 수중의 침사, 모래 등의 제거에 응용되며, 상수도의 보통침전지, 하수도의 침사지에 적용될 수 있다.

(2) Ⅱ형(응결)침전

저농도의 응집성 입자가 침전하면서 입자끼리 서로 충돌 및 결합하여 크고 무거운 입자를 형성하면서 침전속도는 증가한다. 상수도의 약품침전지 플록, 하수도의 최초 및 최종침전지의 상층부 현탁고형물의 제거에 적용이 가능하다.

(3) Ⅲ형(지역 또는 간섭)침전

응결입자 상호간 응집력이 커서 입자 상호간의 침전을 방해하면서 뚜렷한 경계면을 형성한다. 부유입자의 농도가 크기 때문에 집합체를 이루면서 침전한다. 하수도 최종

침전지의 슬러지 침적부 상층에 적용된다.

(4) Ⅳ형(압축 또는 방해)침전

고농도 입자가 서로 접촉하여 상층부의 입자가 압축하면서 간극수의 분리가 일어난다. 하수도 최종침전지의 슬러지 침적부 하층 및 슬러지 농축조에 적용된다.

예제 10.2

다음 중 폐수 내 입자들이 다른 입자의 영향을 받지 않고 독립적으로 침전하는 형태는 무엇인가?

풀이

침전형태의 분류

형 태	형 식	특 징
Ⅰ형 침전	독립 침전	독립입자로 침전하고 주변입자의 간섭이 없음
Ⅱ형 침전	응결 침전	침전하면서 주변입자와 응집하여 침전속도가 빨라짐
Ⅲ형 침전	지역 침전	입자가 덩어리 형태로 상부물층과 뚜렷한 경계면이 형성되어 지역구분이 되는 침전
Ⅳ형 침전	압축 침전	슬러지 침전층의 압축으로 인해 슬러지 내부의 간극수가 상승분리됨

따라서 Ⅰ형 침전이다.

10.2 이상적인 침전지

침전지에서의 독립입자는 다음 4가지 조건을 가정한다. 이상적인 침전지는 그림 10.2를 참조하여 연속류형으로 운전되고 있다.

1. 침전지역에서는 정체조건이다.
2. 침전지역을 횡단할 때는 흐름이 일정하다.
3. 침전지역으로 유입되는 고형물의 농도는 일정하다.
4. 슬러지 지역으로 들어간 고형물은 다시 부상하지 않는다.

침전속도 v_0를 가진 독립입자는 침전지 바닥의 슬러지 지역으로 떨어진다. 이 입자는 침전지의 체류시간 t_0일 때 깊이 h_0만큼 떨어진다.

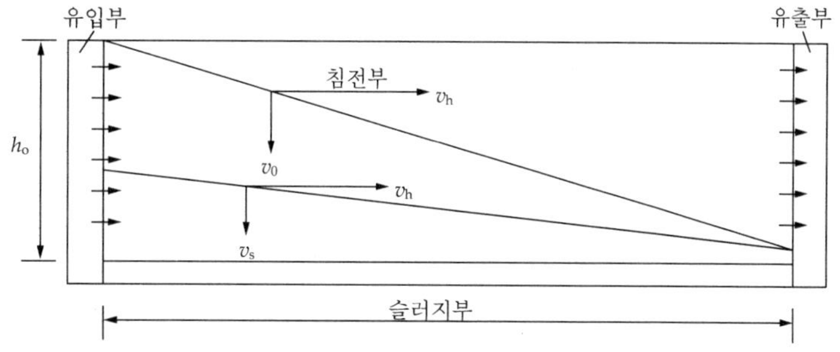

그림 10.2 이상적인 침전지

$$v_0 = h_0 / t_0$$

$$t_0 = \text{체적}(V) / \text{유량}(Q)$$

$$v_0 = h_0 \times Q / V = (h_0 \times Q) / (A \times h_0) = Q/A$$

여기서, A : 침전지의 표면적

Q/A는 수면적 부하율이라 하며, 독립입자일 때 고형물의 제거율은 침전지의 깊이에 의존하는 것이 아니고 침전지 표면적에 좌우된다. 그러나 응결 입자일 때는 침전지의 깊이가 깊을수록 응결물이 많이 발생하여 많은 고형물이 제거될 수 있기 때문에 깊이는 고형물의 제거에 영향을 준다.

만약 침전지에 다양한 크기의 독립입자가 부유하고 있다면, 그림 10.2에 나타난 바와 같이 전체 제거율을 알 수 있다. 침전지는 침전속도 v_0 보다 큰 모든 입자를 제거할 수 있도록 설계되어야 한다.

예제 10.3

유효수심이 4.5m, 체류시간이 4시간인 최종침전지의 수면적부하는 얼마인가?

풀이

$$\text{수면적 부하} = \frac{Q}{A} = \frac{h}{t} = \frac{4.5}{\frac{4}{24}} = 27.0\,\mathrm{m^3/m^2 \cdot day}$$

예제 10.4

침전지는 20℃에서 0.2mm의 직경, 비중 1.01의 모든 구형의 독립입자를 제거할 수 있도록 이론적으로 설계되었다. 구형독립입자의 직경 0.1 mm, 비중 1.03일 때 침전지의 이론적인 제거율을 구하라.(단, 20℃에서 물의 동점성계수는 $1.01 \times 10^{-6}\ m^2/s$이다.)

풀이

식 $v_s = gd^2(S_s - 1)/18\nu$ 에서

첫 번째 입자크기의 침강속도

$$v_o = 9.81 \times (2 \times 10^{-4})^2 \times (1.01 - 1.00)/(18 \times 1.01 \times 10^{-6})$$
$$= 0.0021\ \mathrm{m/s}$$

두 번째 입자크기의 침강속도

$$v_s = 9.81 \times (1 \times 10^{-4})^2 \times (1.03 - 1.00)/(18 \times 1.01 \times 10^{-6})$$
$$= 0.0016\ \mathrm{m/s}$$

두 번째 입자의 제거율 $= 0.0016 \times 100/0.0021 = 77.08\ \%$

10.3 침전특성 곡선

각 입자의 침전속도는 알려진 깊이에 침전하는 시간에 의해서 결정될 수 있으며, 이때 침전컬럼분석은 보다 유용하게 이용된다. 침전컬럼은 깊이가 2~3m이며, 시료채취 지점을 규칙적으로 두며, 직경은 가장 커다란 입자가 벽의 효과에 방해받지 않을 정도면 된다. 분석시 완전히 혼합되어야 하며 초기 SS의 농도는 c_0 mg/L로서 나타낸다. 시료는 t_1 시간 후 h_1의 깊이에서 채취하고 이때 SS의 농도를 c_1 mg/L이라 한다. v_1보다 큰 모든 입자는 시료채취지점을 지나 침전될 것이며, 나머지 입자 c_1은 v_1보다 작은 침전속도를 가진다. 따라서 v_1 보다 작은 침전속도를 가진 입자 p_1은 다음 식과 같다.

$$p_1 = c_1/c_o$$

t_2, t_3시간에 계속 반복적으로 실험하면 v_2, v_3 보다 작은 침전속도를 가진 p_2, p_3가 결정된다. 이러한 자료를 도식화하면 그림 10.3과 같이 침전특성곡선을 나타내게 된다. 침전조에서 $v_s > v$ 인 모든 입자의 월류속도 v는 침전지에 유입되는 위치에 관계없이 모두 제거될 것이다. 침전지(수평류형)에서 $v_s > v$ 인 입자는 $v_s t_0$를 초과하지 않는 바닥에서의 거리로 유입된다면 제거될 것이다. 따라서 그림 10.3으로부터 침전지

(수평류형)의 모든 입자의 제거는 다음과 같다.

$$P= 1-p+\int_{0}^{P}(v_s/v)\,dp$$

응결입자를 다룰 때는 입자의 농도와 응결깊이에 따른 영향을 고려해야만 한다. 시간간격으로 각 지점에서 채취된 시료의 SS는 원래 농도에 대한 비율로서 나타낸다.

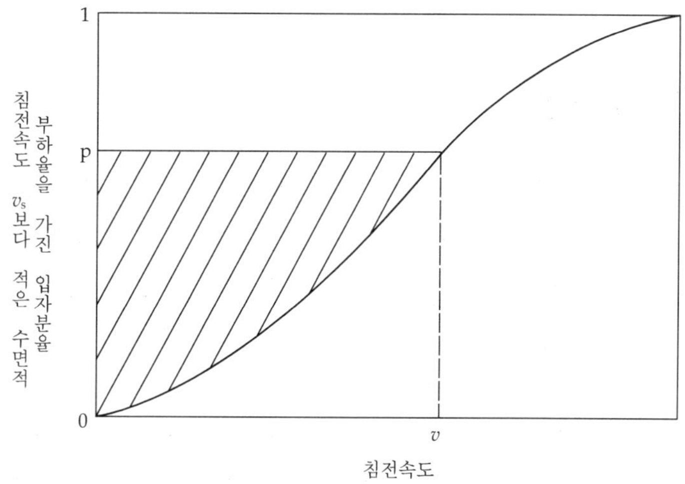

그림 10.3 독립입자에 대한 침전특성 곡선

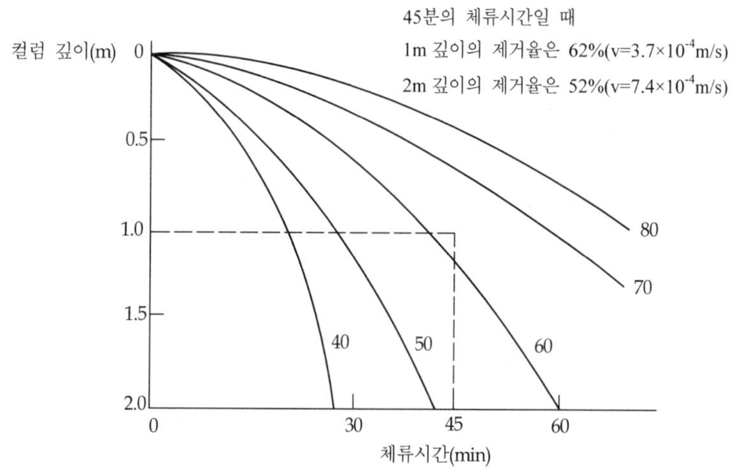

그림 10.4 등농도 곡선

이러한 차이는 시료채취지점을 지나 침전한 고형물의 비율이며 특정깊이와 체류시간을 갖는 침전지에서 제거됨을 나타낸다. 그림 10.4는 여러 깊이와 시간에 따른 SS의 제거에 따른 등농도곡선을 나타낸 것이다. 응결의 효과는 등농도곡선의 형태로 나타내며, 깊이에 따른 선의 경사가 크면 클수록 응결의 정도는 더욱 커진다. 모든 침전지의 운전은 등농도 곡선의 선형화와 운영비용을 고려한 후 선정된 단위공정을 통해 예측할 수 있다.

10.4 침전지의 효율

침전조의 수리학적 특성은 추적자(tracer)를 유입구에 투입시켜 유출구에서 나타난 것을 관찰함으로써 알 수 있다. 그림 10.5는 이상적인 압출유형, 완전혼합형 및 전형적인 침전지형태의 흐름곡선을 나타낸 것이다. 실제 얻어진 흐름곡선은 두개의 극단의 흐름을 조합한 것이며, 밀도류에 의한 단회로 현상이 발생하며, 이상적인 침전지에서 기대할 수 있는 것보다 빠른 peak를 나타내는 수리학적 난류에 의한 혼합도 발생한다. 따라서 실제 체류시간은 이론적인 값보다 종종 훨씬 작을 때가 있다. 침전지의 설치목적은 부유물질의 제거이기 때문에 효율은 부유물질의 제거율로서 나타낸다. 수 μm의 입자는 제거될 수 있지만, 100μm보다 작은 floc입자는 침전에 의해 제거되지 않는다. 따라서 침전조에서 모든 SS는 제거되지 않으며 하수에서 SS의 일반적인 제거율은 50~60%이다.

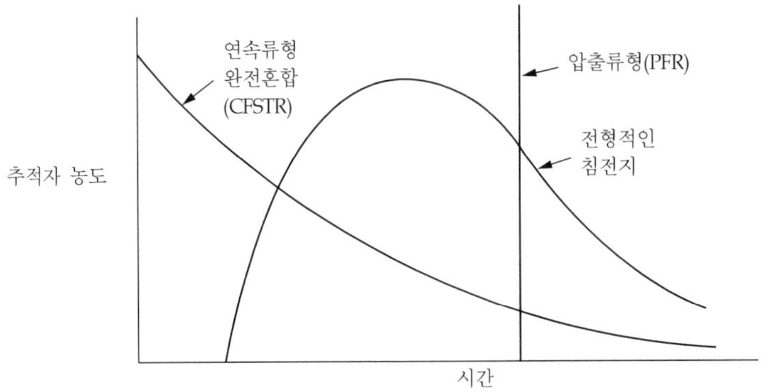

그림 10.5 침전지의 흐름곡선

예제 10.5

침전지에서 입자의 제거율을 향상시키는 사항을 나열하시오.

풀이

침전지에서 침전효율은 다음 식과 같이 표현할 수 있다.

$$E = \frac{v_s}{\frac{Q}{A}}$$

따라서 침전효율 향상방법으로는,

① 표면적 부하$\left(\frac{Q}{A}\right)$를 작게 한다.

② 침강속도(v_s)를 크게 한다.

③ 침전지의 침강면적(A)을 크게 한다.

10.5 침전지의 형태

일반적인 침전지의 형태는 그림 10.6에 나타내었다. 수평류형 침전지는 조밀하지만 부유위어가 채택되지 않으면 유출부의 위어길이가 제한되는 단점이 있다. 슬러지는 몇 개의 슬러지조 또는 연속벨트형에 의한 스크레이퍼에 의해 이동하여 제거된다. 방사형 침전지는 위어의 길이가 길고 간단한 스크레이퍼를 갖는 장점이 있지만 그리 조밀하지는 않다. 수직류형 침전지는 소규모 하수처리장에서 인기가 있으며, 종종 정수처리장에서도 이용되며 월류부하에서 침전에 의해서만 제거될 수 있는 것보다 작은 입자를 제거할 수 있는 sludge blanket으로 운전한다. 침전지는 침전성고형물의 제거와 제거된 고형물의 부피감소의 2가지 기능을 가지고 있다. 침전지의 설계는 이러한 두 기능을 고려해야 한다. 침전조의 sludge농축기능은 비교적 고농도의 균일한 고형물을 처리할 때 매우 중요하다.

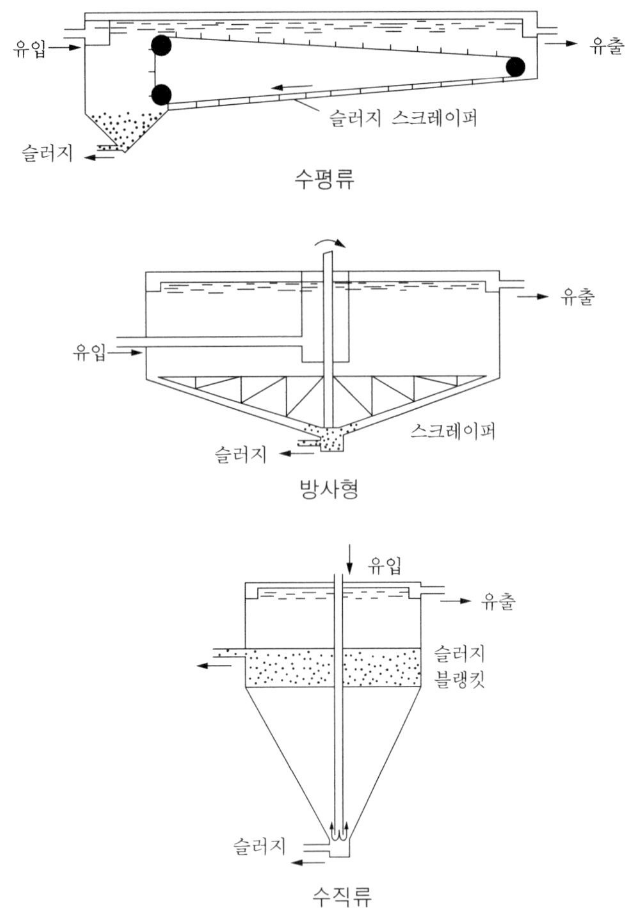

그림 10.6 침전지의 형태

10.6 부 상

수처리에서 나타나는 몇 가지 부유물질 중에서 침전속도가 느리고 밀도가 작으며 크기가 작은 입자가 있다. 이러한 입자를 제거하는 방법을 부상(floatation)이라 한다. 가장 인기 있는 방법으로는 그림 10.7에 나타난 용존공기부상법(DAF)이다. 이 공정은 공기를 400KPa 이상의 고압으로 주입되는 포화조와 부상지역으로 나뉜다. 부상지역에서는 고압의 공기가 갑작스런 압력저하로 인해 물에 과포화를 야기해 미세한 공기방울을 발생시키고 이러한 공기방울과 부유입자가 접촉하여 부상되어 스컴의 형태로 제거된다.

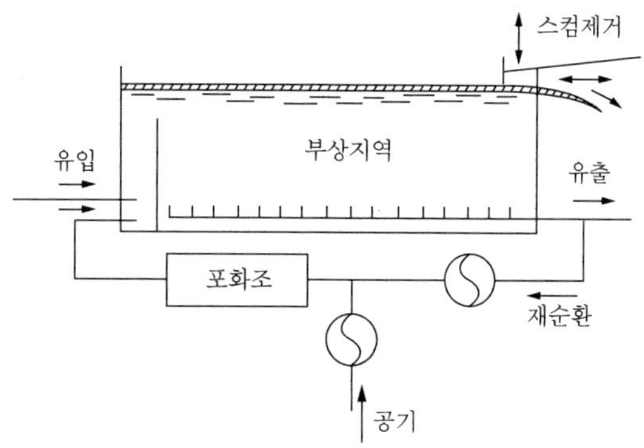

그림 10.7 용존공기부상법

침전속도는 4m/h 정도 되는 것에 비교하여 부상은 12m/h 이상의 속도를 갖는다. 이것은 부상조가 침전조보다 훨씬 용적을 작게 할 수 있다는 것을 의미하며, 낮은 탁도의 유출수를 얻을 수 있는 장점이 있다. 용존공기부상법은 재래식 침전지가 평형운전조건에 이르기까지 오랜 시간이 소요되는데 반해 짧은 시간 내에 완전한 운전조건을 만들 수 있다. 부상법으로 제거된 스컴은 보통침전에 의해 발생된 고형물보다 농도가 훨씬 높고 따라서 슬러지부피가 상당히 감소된다. 부상법의 투자비는 똑같은 용량의 침전시설보다 적으나, 운전비용은 펌프와 압축공기주입에 소요되는 동력으로 훨씬 크다.

예제 10.6 수중의 기름방울 A와 B의 지름과 중력가속도는 동일하지만, 기름방울 A의 비중은 0.88, 기름방울 B의 비중이 0.91이라고 할 때 기름방울간의 부상속도비(A/B)를 구하시오.

풀이

부상속도 $v_f = \dfrac{g(\rho_w - \rho)d^2}{18\mu}$

조건에서 d, g, μ가 동일하고 비중(ρ)만 다르므로

부상속도비 = (1−0.88)/(1−0.91) = 0.12/0.09 = 1.33

그림 10.8 수평류식 침전지

Chapter 11

여 과

대개 모래를 여재로 하는 부유물의 여과방법은 음용수의 최종정화를 위한 중요한 처리단계이다. 약 90% 정도의 탁도나 색도는 응집, 침전과정에서 제거되지만 어느 정도 양의 floc은 침전지에서 유출되어 이후과정에서 제거가 필요하다. 모래여과는 하수 방류수의 3차 처리를 위해 이용되기도 한다.

11.1 개 요

자연수의 정화나 정수처리과정에서 물을 정화하는데 있어 여과(filtration)는 현탁고형물 제거에 큰 역할을 담당한다. 정수처리에서 여과공정은 침전지 후단, 정수지 전단에 설치한다.

지하수는 공극을 갖는 물질을 통과할 때 자연적으로 여과가 일어나며, 대부분의 현탁물질이 제거되지만 지표수는 자연적인 여과과정을 거치지 않고 흘러내리면서 오염되므로 반드시 정수장에서 여과시키는 것이 필요하다. 정수장에서 현탁물질을 제거해야만 다음 처리공정인 소독을 효과적으로 수행할 수 있다.

일반적으로 여과는 여재에 의한 체거름 작용에 의해 현탁물질이 제거되는 것으로 생각하기 쉽다. 그러나 대부분의 현탁입자는 여재 내의 공극사이로 쉽게 통과되므로 여과에 있어 체거름 작용은 그다지 중요한 제거 메커니즘은 아니다.

여과는 복잡한 물리화학적 기구(mechanism)에 의해 현탁물질을 제거하며 가장 중요한 기구는 흡착이라 할 수 있다. 물이 여과층을 통과함에 따라 현탁입자는 여재 입자에 이미 침적된 물질에 의해 흡착 제거된다. 이때 입자가 여재에 부착되는 힘은 혼화, 응집에서 작용되는 힘과 동일하다. 사실 여과지 내에서도 어느 정도의 응집 침전은 일어나며, 여과전에 화학응집을 잘 시켜 주어야 하는 이유도 여기에 있다. 응집이 제대로 안되었을 때 여과지 운영관리에 심각한 문제를 야기할 수 있다.

그림 11.1 여과지 내부 모형

11.2 여과의 수리학

공극성 여재를 통과하는 액체흐름에 대한 저항은 조그마한 관을 통과하는 흐름과 유사하고 유체에 의해 제공된 침전입자에 대한 저항과 유사하다. 여과의 수리학

(hydraulics)에 대한 기본 개념을 단일크기의 여재층으로 가정하고 그림 11.2에 나타내었다.

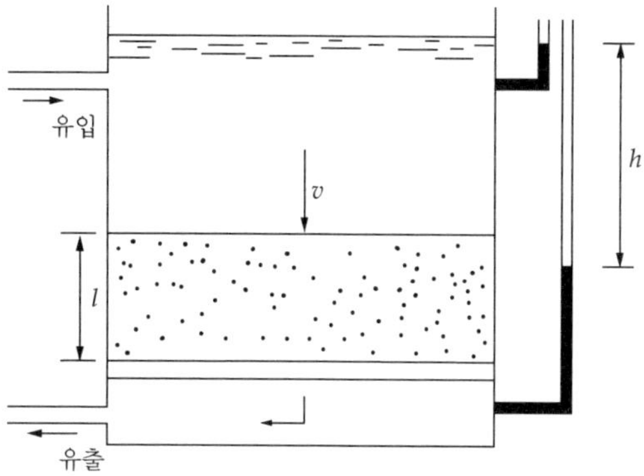

그림 11.2 단일층의 여재층

Darcy에 의한 초기 여과공식은 다음과 같다.

$$h/l = v/k \tag{11.1}$$

여기서, h : 깊이가 l 이고 속도가 v 인 여과상의 손실수두

k : 투수계수

Rose는 차원해석을 이용하여 식 (11.2)를 도출하였다.

$$h/l = 1.067\ C_D(v^2/gd\Psi)(1/f^4) \tag{11.2}$$

여기서, f : 여과상의 공극율 = 공극의 부피/전체 부피

d : 여과상의 입자 직경

Ψ : 입자형상계수

C_D : 뉴턴의 항력계수 = 0.34

Carman-Kozeny식은 식 (11.2)와 유사한 결과를 갖는다.

$$h/l = E\{(1-f)/f^3(v^2/gd\Psi) \tag{11.3}$$

여기서, $E = 150(1-f)/R + 1.75$

식 (11.2), (11.3)의 입자형상 계수 $\varPsi$는 입자의 실제 표면적과 구형입자의 표면적의 비이다.

$$\varPsi = A_0/A \qquad (11.4)$$

여기서, A_0 = 부피 V인 구형입자의 표면적

구형입자에 있어서 $\varPsi$는 일정하고, 입자의 직경 $d = 6V/A$이다. 입자가 다른 형태일 때 $d = 6V/\varPsi A$이다. 따라서 식 (11.2)와 (11.3)을 다시 표현하면 다음과 같다.

$$h/l = 0.178\ C_D(v^2/gf^4)(A/V) \qquad (11.5)$$

$$h/l = E(1-f)/f^3(v^2/g)(A/6V) \qquad (11.6)$$

$\varPsi$의 전형적인 값은 표 11.1과 같다.

표 11.1 입자형상 계수의 전형적인 값

물 질	$\varPsi$	물 질	$\varPsi$
Mica flakes	0.28	Worn sand	0.89
Crushed glass	0.65	Spherical sand	1.00
Angular sand	0.73		

예제 11.1

여과상은 0.40mm크기의 angular sand로 구성되어 있고, 전체 깊이는 750mm이며, 공극율은 42%이다. Rose식을 이용하여 여과속도 120m/d인 여과상의 손실수두를 구하시오.(물의 동점성계수 = 1.01×10^{-6} m²/s)

풀이

여과속도 = 120m/d = 120/(60 × 60 × 24) = 1.39×10^{-3} m/s

$$R = 1.39\times10^{-3}\times4\times10^{-4}/1.01\times10^{-6} = 0.55$$

따라서 층류임. 여기서 뉴턴의 저항계수 C_D는 다음과 같다.

$$C_D = 24/0.55 + 3/0.55^{0.5} + 0.34 = 48.01$$

(식 11.2)를 이용하면

$$h/l = 1.067\times48.01\times(1.39\times10^{-3})^2/(9.81\times4\times10^{-4}\times0.73\times0.42^4)$$
$$= 1.106$$

∴ 손실수두 = 1.106 × 0.750 = 0.833m

11.3 여과지의 세척

완속여과에서는 몇 달 간격으로 여재의 상층부를 세척, 교체, 제거함으로써 깨끗하게 할 수 있다. 급속여과는 높은 수리학적 부하로 인해 훨씬 빨리 폐색이 되며, 고형물은 여과상 내 깊이 통과한다. 보통의 여과속도보다 약 10배의 속도로 역세척함으로써 여과상을 깨끗하게 할 수 있다. 물의 상향류는 층을 팽창시켜 유동조건으로 만들고 축적된 고형물은 입자층에서 깨끗이 없어지게 된다.

역세척과 같은 시간 또는 전에 공기로 역세척(air scouring)을 하면 정화가 향상되고 세척수의 소모를 감소시킬 수 있다. 그림 11.3은 역세척 하에서 여과상의 거동을 나타낸 것이다. 역세척수가 여과상의 하부에 들어갈 때 상의 팽창이 시작되고 초기 손실수두가 있게 된다. 여과상이 팽창하면 손실수두의 증가율은 감소하며, 전체여과상이 부유되면 손실수두는 일정하게 된다. 이러한 점에서 상향의 역세척 힘은 수중의 여과상 입자의 하향중력과 같게 된다. 역세척흐름이 증가하면 팽창은 증가하지만 손실 수두는 증가하지 않는다. 지나친 팽창은 동력이 많이 필요하며 역세척 수의 소모량도 증가하기 때문에 바람직하지 않다.

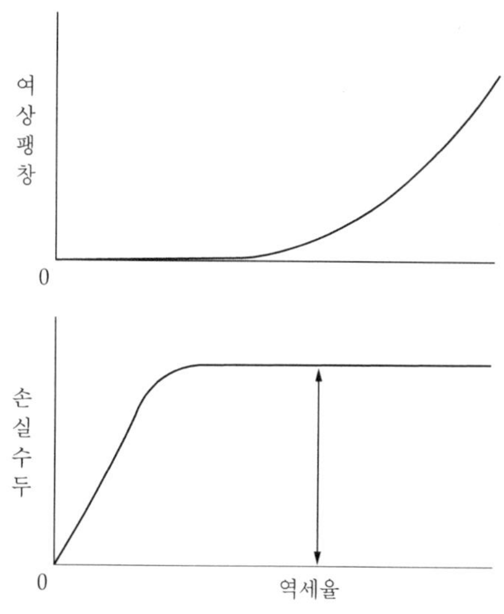

그림 11.3 역세척시 여과상의 거동

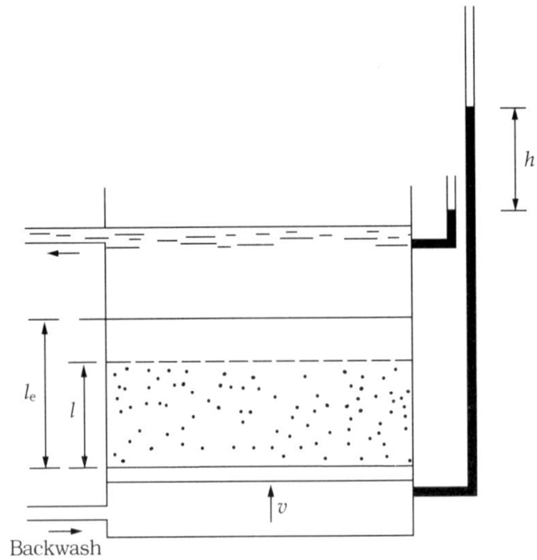

그림 11.4 역세조건하에서 여과상

그림 11.4는 역세조건 하에서 여과상을 나타낸 것이며, 팽창율은 l_e/l 이다. 미국에서는 때때로 50%까지 팽창시키는 경우도 있지만 보통은 5~25% 정도이다. 역세속도는 종종 부상속도(rise rate)로 표현한다.

여과상에서 최대 마찰력 하에서

상향의 수력 = 팽창된 깊이 × 여재의 순수부피 × 여재부피/전체부피

즉, $$h\,g\,\rho_w = l_e(\rho_s - \rho_w)\,g\,(l - f_e) \tag{11.7}$$

따라서, $$h/l_e = \frac{(\rho_s - \rho_w)}{\rho_w}(1 - f_e) \tag{11.8}$$

또는 $$h/l_e = (S_s - \rho_w)\,(1 - f_e) \tag{11.9}$$

여기서, S_s : 여재의 비중

입자는 부상하는 물에 의해 마찰력 때문에 부유하게 된다. 따라서 $R = v_s d/v$ 로부터

$$C_D\,A\,\rho_w\,(v^2/2)\,\phi(f_e) = (\rho_s - \rho_w)\,g\,v \tag{11.10}$$

$\phi(f_e)$는 항력이 입자의 침전속도 v_s 에 지배받는데 반해 v 는 역세척수의 속도이기 때문에 도입된다. 실험적으로 다음 식으로 나타낼 수 있다.

$$\phi(f_e) = (v_s/v)^2 = (1/f_e)^9 \tag{11.11}$$

따라서, $$f_e = (v/v_s)^{0.22} \tag{11.12}$$

또는 $$v = v_s f_e^{\ 4.5}$$

적정조건과 유동적조건을 고려하면

$$(1-f)\,l = (1-f_e)\,l_e$$

$$\frac{l_e}{l} = \frac{1-f}{1-f_e} = \frac{l-f}{1-(v/v_s)^{0.22}}$$

등급화된 여재에 대해서는 산술적분방법을 이용하여 전체 팽창율을 구할 필요가 있다.

11.4 여과의 형태

여과의 두 가지 기본적인 형태인 완속여과와 급속여과는 수십 년 동안 수처리분야에서 이용되어 왔으며, 이들 주요특징을 표 11.2에 요약하였다. 그림 11.5는 완속여과를 나타낸 것이며, 비록 몇몇 연구자들은 완속여과가 시대에 뒤진 것으로 여길지 모르나 사실 소규모 정수장 등에서 아직 많이 적용되고 있다. 낮은 수리학적 부하를 가지며, 몇 주 또는 몇 달 동안의 운전으로 낮은 탁도를 얻을 수 있다. 오랜 운전 때문에 여과상의 표면에 형성되는 생물학적 슬라임인 schmutzdecke(dirt cover)에서 생물학적 활동이 일어난다. 슬라임층은 미세한 부유물질을 제거하고 종종 원수에서 맛, 냄새 문제를 야기시킬 수 있는 유기물을 산화시키기도 한다.

여과상이 큰 완속여과에 의한 정화는 여과상의 상부로부터 몇 cm 내에서 제거와 세척이 되므로 고비용이다. 따라서 완속여과는 탁도가 약 20도 이상인 원수에 대해서는 이용되지 않는다. 고탁도의 원수에 대해서는 2중여과 공정을 이용할 수 있다. 즉, 급속여과에서 대부분의 탁도를 제거하고, 최종제거와 유기물의 산화는 2차 완속여과에 의해서 수행될 수 있다. 정수처리와 하수의 3차 처리 방류수에 폭넓게 이용되는 급속여과는 보통 중력조건 하에서 운전하지만 자유수면을 갖지 않고 수두를 파괴하는 조건 하에서 압력여과로서 이용될 수도 있다. 그림 11.6은 재래식 급속중력여과의 주요

형상이다. 급속여과는 상부에 큰 입자들이 충진되어 있고 미세한 입자를 잡기 위해 하부에 작은 입자들이 충진되어 조그마한 공극을 보유하게 될 수도 있다. 빠른 여과속도는 여과상을 팽창시켜 고형물을 빠져 나가게 할 수 있기 때문에 여과속도를 조절하기 위해서는 매우 조심해야만 한다. 두 여재로 구성된 하향류 여과의 이용은 경제적이다. 0.5mm 모래의 낮은 층보다 다소 밀도가 작은 안트라사이트(anthracite ; 1.25~2.50 mm)의 층으로 구성된 여과상은 역세척 후에 이러한 형상이 그대로 이루어지고 다시 큰 여과상입자가 유입되는 장점이 있다. 이러한 여과는 여과수질의 악화가 없고 같은 수리학적 부하에서 똑같은 전체깊이의 모래여과보다 손실수두가 훨씬 낮게 운전할 수 있다.

표 11.2 완속여과와 급속여과

특 징	완속여과	급속여과
여과속도, m^3/m^2d	1~4	100~200
여과상의 깊이, m	1	0.5~0.8
여과상의 면적, m^2	약 2,000	약 100
모래의 크기, mm	0.5~1.0	0.5~1.5
최대손실수두, m	1	2.5
운전시간, d	20~90	1~5

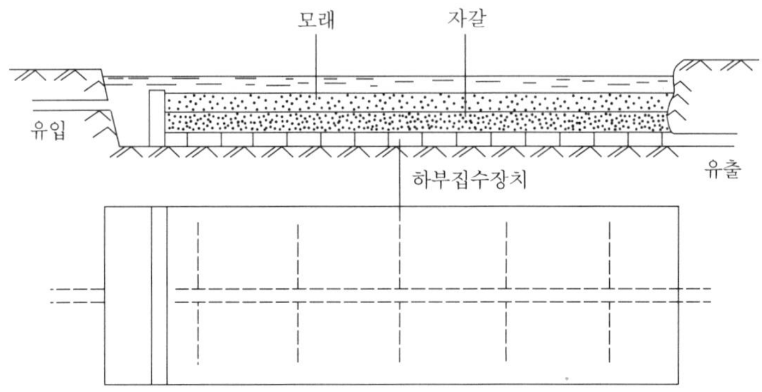

그림 11.5 완속여과

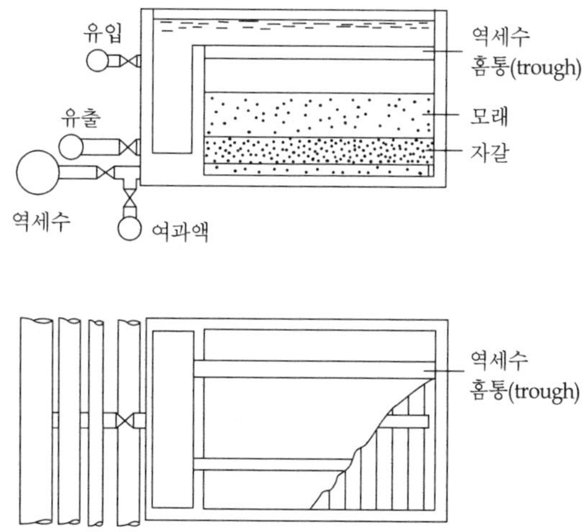

그림 11.6 재래식 급속여과

예제 11.2

완속여과와 급속여과에 관하여 비교 설명하시오.

풀이

항 목	완속여과	급속여과
여과속도	4~5m/day	120~150m/day
모래층 두께	70~90cm	60~120cm
용지면적	크다	작다
손실수두	작다	크다

예제 11.3

여과모래의 10% 통과율 입경이 0.2mm이고, 60% 통과율 입경이 0.5mm일 때 이 여과모래의 균등계수를 구하시오.

풀이

균등계수 $C_u = \dfrac{D_{60}}{D_{10}} = \dfrac{0.5}{0.2} = 2.5$

11.5 여과의 운전 및 조절

여과상에 걸리는 손실수두는 운전하는 동안 상승하며, 많은 경우 전체 손실수두를 일정하게 하기 위해 여과상 내에 증가하는 손실수두를 조절할 수 있는 유량조절모듈을 결합한다. 급속여과는 유량조절방식에 따라 정압여과, 감쇄여과, 정속여과(그림 11.7)로 구분된다.

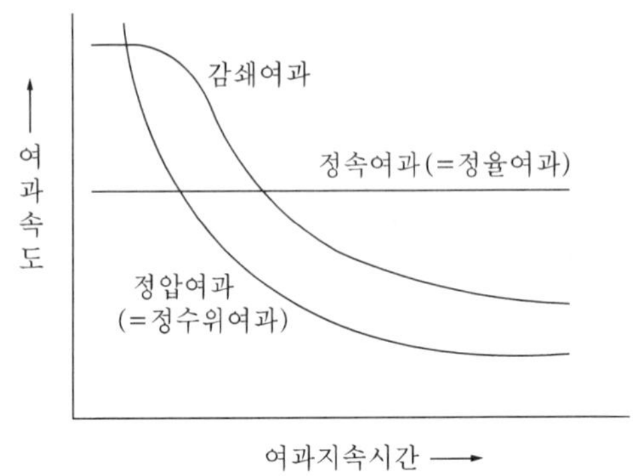

그림 11.7 여과종류에 따른 여과속도와 여과지속시간 관계

정압여과는 여층 상류측 수위와 하류측 수위와의 수위차, 즉 여층에 걸리는 압력차가 일정하면 여층의 폐색에 따라 여과유량(유속)은 서서히 감소하는 방식이다. 조절방법은 수위가 일정하도록 유입 또는 유출량을 조절한다.

감쇄여과는 정압여과의 변법으로 유출밸브 쪽에 일정 유량이 나갈 수 있도록 초기에 개도를 조절해 두고, 즉 여과속도의 상한만 제한해 두고 다른 제어는 하지 않는다. 감쇄여과는 복잡한 조절장치가 필요 없고 필요수두가 작으며 여과지 폐쇄에 따라 여과수량이 감소하므로 초기여과속도를 조작해 놓으면 탁질누출위험이 작다. 그러나 초기와 말기 유량차가 크므로 큰 저수지를 필요로 한다.

정속여과는 여과가 계속되면 여층에 탁질이 억류됨에 따라 여층 내의 유로 단면적을 감소시키고 투수성이 저하한다. 따라서 유입측의 수위를 높이거나 유출측의 밸브를 개방하여 손실수두를 감소시킴으로써 여층에 걸리는 압력차를 증가시켜 일정한 여과유량을 유지하는 방식이다.

여과가 진행됨에 따라 오탁물질이 여층의 간극에 억류되고 여층이 폐색되면 여과손실수두가 증가하여 여층 내 수압이 점차 떨어지며, 여과를 계속하면 폐색이 많이 진행된 부분에서 국부적으로 대기압보다 압력이 작은 부분이 발생하며 이때의 수두를 부(−)수두라 한다.

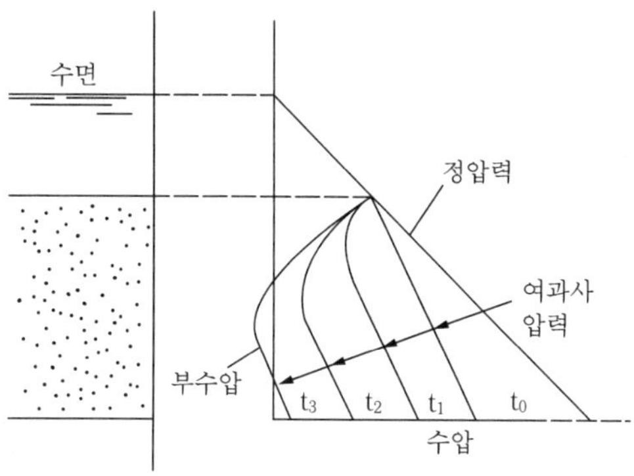

그림 11.8 여과시 여층내 수압분포

그림 11.8은 여과시 여층 내의 수압분포를 나타낸 것이다. 여과지내 부수두가 발생하면 용존산소가 수중으로부터 유리되어 여층중에 기포를 발생시키는 air binding현상이 발생한다. 이로 인하여 통수단면적이 감소하여 여과능력이 급격히 저하되고, 부력에 의하여 여층표면의 여과막 조직이 파괴되어 사층표면에 균열을 발생시키고 여층내에 한 방향으로만 유도되어 여과수에 탁질이 누출되는 탁질누출(break through)현상이 발생된다.

예제 11.4

급속여과에서 탁질 누출현상이 발생하는 원인을 쓰시오.

풀이

급속여과에서 여과가 어느 정도 진행되면 사층 내에 부수압의 범위가 확대되고 수중에 용존된 공기가 기포로 되어 air binding이 일어난다. 유속이 어느 한계를 넘으면 사립에 흡착된 탁질이 세류된다. 이 때 억류된 floc이 파괴되어 탁질 누출현상이 발생한다.

여과는 다음의 3가지 조건들을 종합적으로 판단하여 여과의 운전 및 조절을 한다.

1. 최종 손실수두(terminal head loss) : 급속여과상은 초기 손실수두가 0.3m 정도일 수 있으며, 운전은 탁질누출현상을 방지하기 위해 손실수두가 약 2.5m에 도달할 때 종결될 수 있다.
2. 여과 수질(filtrate quality) : 여과수질 중 탁도에 대한 지속적인 모니터링을 통해 탁도의 허용 한계가 초과될 때 운전은 중지될 것이다.
3. 운전기간(duration of run) : 실험에 의해 결정된 24~72시간의 표준운전주기는 일정한 유입수질조건 하에서는 만족할만하다.

12

Chapter

소 독

수중의 매우 작은 크기의 미생물은 응집, 침전, 여과 공정에 의해서도 완전제거가 불가능하다. 따라서 이러한 작은 크기의 수중 병원성 미생물을 불활성화 시키는 공정이 필요한데 이를 소독이라 한다. 음용수 중 수인성 전염병을 야기할 수 있는 병원성 미생물은 적절한 소독 공정에 의해 제거되어야 한다. 일반적으로 소독(disinfection)은 잠재적으로 인체에 해로운 미생물을 불활성화 시키는 것이며, 멸균(sterilization)은 살아있는 모든 미생물을 불활성화 시키는 것을 말한다.

물을 정수하는 과정에서 최종적으로 소독을 실시하게 되는데 소독의 목적은 병원성 세균을 사멸시키거나 비활동성으로 전환시키기 위한 것이다. 살균방법으로는 직접 열을 가하여 살균하는 방법과 자외선·X선 등을 이용하는 방법, 화학약품인 염소(Cl_2), 이산화염소(ClO_2), 오존(O_3) 등으로 살균하는 방법이 있다. 현재 상수도용으로 가장 많이 사용되는 염소소독은 다른 소독방법에 비해 경제적이며 잔류성이 있어 상당기간 동안 소독의 효과가 유지되는 장점이 있다. 오존살균이나 자외선 등에 의한 살균방법은 효과적이기는 하나 비용이 많이 들며, 소독 후에 다시 오염이 될 경우 소독 효과가 없는 단점이 있다. 도시상수도의 경우 정수장에서 가정까지 물이 공급되는 과정이 수 km가 되므로 운반도중의 2차 오염문제를 무시할 수 없다. 그러나 염소소독은 염소가 천연유기물과 결합하여 트리할로메탄(THM)이라는 물질을 생성하며 이것은 발암물질로 알려져 있다. 그러므로 원수에는 가능한 한 유기물이 적어야 하며, 따라서 상수원의 수질보호는 이러한 차원에서 철저히 지켜져야 한다.

12.1 소독이론

12.1.1 Chick의 법칙

소독이론은 Chick의 법칙으로 설명할 수 있다.

$$\frac{dN}{dt} = -KN \tag{12.1}$$

여기서, K : (특정 소독제에 대한) 살균반응속도 상수

N : 살아 있는 미생물 수

식 (12.1)을 적분하면 식 (12.2)와 같다.

$$\log_e \frac{N_t}{N_o} = -Kt \tag{12.2}$$

여기서, N_o : 초기 미생물의 수

N_t : t 시간에서의 미생물의 수

식 (12.2)를 상용대수로 변환시키면 식 (12.3)과 같다.

$$\log \frac{N_t}{N_o} = -kt \tag{12.3}$$

여기서, $k = 0.4343K$

$$t = \frac{1}{k} log \frac{N_o}{N_t} \tag{12.4}$$

상수 k 에 영향을 주는 인자는 소독제의 농도, 온도, pH 등이다.

가장 대표적인 소독제는 염소이며, 그 반응식은 식 (12.1)을 따르지 않고 다음 식에 의존한다.

$$\frac{dN}{dt} = -KNt \tag{12.5}$$

식 (12.5)를 적분하고, 상용대수(base 10)로 변환시키면

$$\log \frac{N_t}{N_o} = -\frac{k}{2} t^2$$

$$t^2 = \frac{2}{k} log \frac{N_o}{N_t} \tag{12.6}$$

대장균의 소독시 pH 7에서 유리잔류염소의 반응속도 상수 k는 약 1.6×10^{-2}/sec이며, 결합잔류염소의 반응속도상수 k는 1.6×10^{-5}/sec이다.

염소의 소독능력에 대한 다른 표현은

$$S_L c^n t = -\log\left(\frac{N_o}{N_t}\right) \tag{12.7}$$

여기서, S_L : 사멸계수(coefficient of specific lethality)

c : 소독제의 농도

n : 희석계수(배수)

위 식의 계수는 미생물에 따라 달라질 수 있다.

$$c^n t = \text{일정}$$

요구되는 소독능은 짧은 접촉시간이면 고농도의 소독제가 필요하며, 긴 접촉시간이면 저농도의 소독제가 필요하다.

Chick의 법칙은 소독지의 설계와 운전을 제어하는데 있어 매우 유용하기 때문에 일반적으로 소독방법은 이 식을 이용하여 설계된다. 그러나 일반적으로는 미생물의 소독제에 의한 사멸속도는 미생물의 특성과 환경조건에 따라서 위와 같은 단순한 1차식으로 표현할 수 없는 경우가 많고(그림 12.1), 보다 일반적인 미생물의 사멸속도를 표현하는 식은 다음과 같으며, 많은 연구자들이 이 식에서 출발하는 다양한 모델식을 제안하여 왔다.

$$dN/dt = -kmN^x c^n t^{m-1} \tag{12.8}$$

여기서, k와 m, n, x는 실험으로 얻을 수 있는 반응속도 계수와 상수들이다.

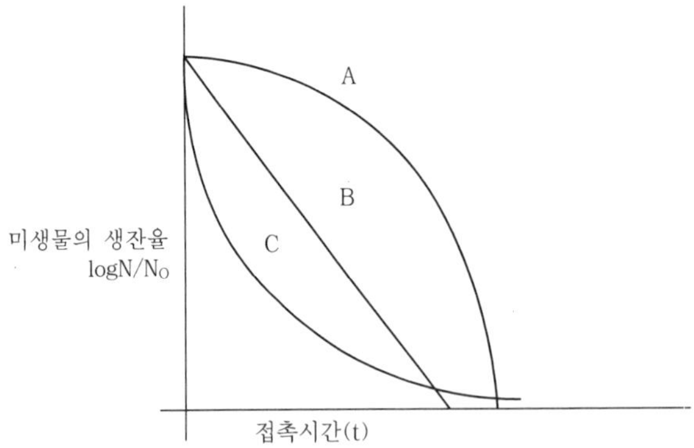

그림 12.1 전형적인 미생물의 사멸곡선의 예

(A : 초기 사멸속도가 느린 경우, B : Chick의 법칙에 의해 표현되는 1차 반응적인 사멸, C : 사멸속도가 줄어드는 경우)

12.1.2 CT값 개념과 계산

Chick의 법칙을 이용하면, 미생물의 사멸율은 소독제의 농도(C)의 n제곱과 미생물과 소독제의 접촉시간(T)의 곱에 비례한다. 많은 경우 $n=1$로 근사할 수 있고, 이때 요구되는 미생물의 사멸율은 소독제의 농도와 접촉시간의 곱에 의해서 결정된다. 이것이 소위 CT값 개념이다. 각 미생물은 소독제에 대한 저항성이 상이하므로 각각에 대해서 목표로 하는 사멸율을 달성하기 위한 CT값은 달라진다. 한편 염소와 같은 소독제는 pH 조건에 따라서 소독성능이 크게 달라지고, 잔류염소로 표현되는 소독제의 요구농도는 pH에 따라서 달라지므로 결국 요구되는 CT값은 pH가 높을 경우 커지게 된다. 또 온도가 낮은 경우 소독성능이 떨어지므로 이 경우도 같은 정도의 사멸효과를 얻기 위한 CT값은 커지게 된다. 표 12.1은 미국의 지표수 처리법(SWTR, surface water treatment rule)에서 요구하는 수준인 지아디아 포낭(Giardia lamblia)에 대한 사멸율 3log(99.9%)를 달성하기 위해 필요한 염소소독시의 CT값을 나타내고 있다. 일반적으로 병원성미생물의 분류인 바이러스, 세균, 원생동물의 소독제에 대한 저항성의 순서는 원생동물, 바이러스, 세균 순으로 강하므로 원생동물에 대한 안전성을 평가하면 대체로 나머지에 대한 안전성은 확보될 수 있다. 미국에서는 관심의 초점이 되고 있는 크립토스포리디움(Cryptosporidium)에 대해서 사멸율을 3~6log(99.9~99.9999%)로 요구하도록 하려는 움직임이 있다.

표 12.1 지아디아를 3log(99.9%)로 사멸시키는데 요구되는 각 조건에 대한 염소소독시의 CT값

유리잔류염소농도 (mg/L)	수 온(℃)				
	pH	0.5	5	10	20
≤ 0.4	6.5	163	117	88	44
	7.0	195	139	104	52
	7.5	237	166	125	62
	8.0	277	198	149	74
1.0	6.5	176	125	94	47
	7.0	210	149	112	56
	7.5	253	179	134	67
	8.0	304	216	162	81
2.0	6.5	197	138	104	52
	7.0	236	165	124	62
	7.5	286	200	150	75
	8.0	346	243	182	91
3.0	6.5	217	151	113	57
	7.0	261	182	137	68
	7.5	316	221	166	83
	8.0	382	268	201	101

이렇게 주어진 조건에서 CT값을 만족시키기 위해서는 잔류염소농도와 접촉시간이 적당한 값이 되도록 염소의 주입량을 조절하거나, 충분한 접촉시간이 확보되도록 접촉반응조(정수지)를 적절하게 설계하여 주어야 한다.

12.2 염소소독

염소는 가장 널리 사용되고 있는 소독제로서 소독력이 강하고 잔류성이 뛰어나며 가격이 저렴한 반면, 잔류염소농도가 감소하면 종속영양세균이 유기탄소 등의 영양물질을 이용하여 배·급수관망 내에서 재성장을 할 수 있다. 미생물 재성장은 수인성 질병의 원인이 될 뿐만 아니라 탁도, 맛과 냄새, 관부식, 관단면축소 등의 문제를 야기하기도 한다. 미생물의 재성장을 방지하기 위해 과잉의 염소를 주입하면 수중의 용존 유기물질과 염소가 반응하여 발암물질인 THMs(Trihalomethanes) 및 기타 소독 부산물

을 생성한다.

염소소독의 장점은

① 가스, 액체, 분말의 형태로서 쉽게 이용이 가능하고
② 다른 소독제에 비해 가격이 저렴하고
③ 비교적 용해도(7,000mg/L)가 높아 쉽게 적용이 가능하고
④ 잔류성이 있으며 저농도에서 인체에 무해하고
⑤ 산화력이 강해 대부분의 미생물에 강한 독성을 나타내 미생물의 대사활동을 정지시킬 수 있다.

반면 염소소독의 단점은

① 독성가스이므로 취급 및 저장에 주의해야 하며
② 맛, 냄새를 야기할 수 있다. 특히 페놀(phenol)이 존재하면 클로로페놀이 생성되어 매우 불쾌한 냄새를 발생시킨다.

기체상태의 염소는 20℃, 1기압 하에서 7,160mg/L 정도 용해하며, 암모니아가 존재하지 않을 때 수중에 염소를 주입하면 다음 식과 같이 빠르게 가수분해되어 차아염소산(HOCl)과 차아염소산이온(OCl^-)이 형성되며, 이들을 유리염소 또는 유리잔류염소라 부른다.

$$Cl_2 + H_2O \rightarrow HCl + \underline{HOCl}$$
$$HCl \Updownarrow H^+ + Cl^- \qquad HOCl \Updownarrow H^+ + \underline{OCl^-} \quad \text{(유리잔류염소)}$$

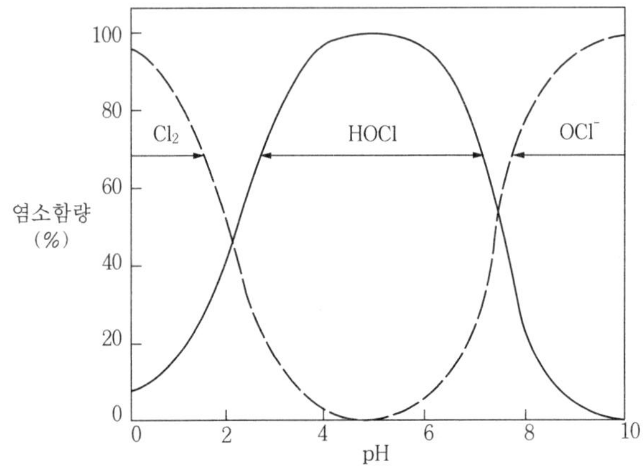

그림 12.2 pH에 따른 염소의 용해도

HOCl과 OCl^-의 상대적인 농도는 그림 12.2에서와 같이 pH에 따라 달라진다. 즉, 25℃, pH 7.5에서 HOCl과 OCl^-는 거의 동등한 농도로 존재한다. 반면 pH 5 이하에서는 HOCl이 주로 존재하고, pH 9.0 이상에서는 유리잔류염소의 약 95% 정도가 OCl^-로 존재한다. pH 11 이나 12에서 HOCl은 거의 모두 OCl^-로 된다. pH가 증가하면 OCl^-의 상대적인 양이 증가하는데 OCl^-의 소독효과가 HOCl의 1/80~1/100인 점을 고려한다면 높은 pH에서는 염소소독이 제 효능을 발휘하지 못하게 된다. 결론적으로 가장 효과적인 염소소독을 위해서는 산성 하에서 소독이 이루어져야 한다. 암모니아가 존재시 유리염소는 다음과 같이 반응하여 클로라민이라는 결합잔류염소를 생성하며, 3종류의 클로라민이 생성된다.

$$Cl_2 + H_2O \rightarrow HCl + HOCl$$

$$NH_3 + HOCl \rightarrow NH_2Cl(\text{monochloramine}) + H_2O$$

$$NH_2Cl + HOCl \rightarrow NHCl_2(\text{dichloramine}) + H_2O$$

$$NHCl_2 + HOCl \rightarrow NCl_3(\text{nitrogen trichloride 또는 trichloramine}) + H_2O$$

결합잔류염소는 유리잔류염소에 비해 소독력은 약 25배 정도 약하나, 안정하고 잔류성이 뛰어나며 맛·냄새의 문제가 없고 THM을 최소화할 수 있는 장점이 있어 최근 선진국에서는 많이 이용되고 있는 추세이다.

통상 염소소독과 관련하여 소독능을 가지는 유리잔류염소(free chlorine residual)이라 함은 $Cl_2(aq)$, HOCl, OCl^-를 합한 것을 가리키며, 암모니아와 반응하여 생성되는 클로라민(chloramines)인 NH_2Cl과 $NHCl_2$를 결합잔류염소(combine chlorine residual)라 부른다. 이들은 모두 소독력을 가지나 표 12.2와 같이 그 소독력에는 형태별로 큰 차이를 보이고 있다.

표 12.2 잔류염소의 형태별 소독성능 비교

형 태	화학식	HOCl 대비 소독능
차아염소산(hypochlorous acid)	HOCl	1
차아염소산이온(hypochlorite)	OCl^-	1/100 ~ 1/80
모노클로라민(monochloramine)	NH_2Cl	1/150
디클로라민(dichloramine)	$NHCl_2$	1/80

클로라민은 1차 소독제라기보다 배급수관내 2차 오염을 방지하기 위한 소독제로서 염소와 암모니아성 질소를 반응시켜 얻은 모노클로라민을 주입하는 방법이다. 모노클로라민의 생성은 염소주입량과 암모니아의 비, pH와 밀접한 관계가 있으며, 일반적으로 염소주입량이 암모니아에 비해 5배일 때까지와 pH 8.5 이상에서 주로 생성된다. 클로로클로라민 공정은 암모니아와 염소를 어떻게 주입하는가에 따라

① 별도의 공정에서 고농도의 염소와 암모니아 주입(preformed chloramine)
② 염소와 암모니아의 동시주입(concurrent addition)
③ 염소주입 후 암모니아 주입(postammoniation)
④ 암모니아 주입 후 염소주입(preammoniation)으로 나눌 수 있다.

클로라민 소독제의 이용은 THMs와 같은 유해소독부산물의 생성을 최소화할 수 있을 뿐만 아니라 유리염소에 비하여 잔류성이 뛰어나 배·급수관망에서 일정 잔류농도를 지속적으로 유지시킬 수 있다. 또한 생물막을 쉽게 파괴시킬 수 있고, 배·급수계통의 미생물 재성장을 억제하며 맛과 냄새를 감소시킬 수 있다.

수중의 잔류염소량은 병원성 미생물의 완전 소독을 위해 급수전 물에 유리잔류염소 0.2mg/L 이상, 결합잔류염소 1.5mg/L 이상 존재하여야 한다. 그러나 수중에 암모니아가 존재할 때 염소를 계속 주입하면 그림 12.3과 같이 클로라민 등을 생성하여 결합잔류염소량을 증가시킨다.

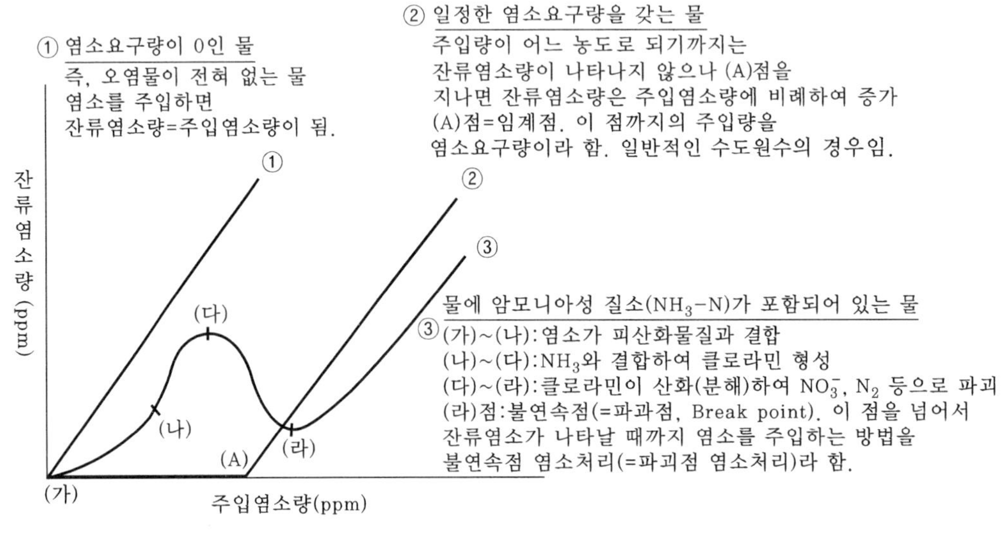

그림 12.3 파괴점 염소주입곡선

수중에 포함되어 있는 암모니아의 양에 따라 최대점까지 증가하다 이후 잔류염소량은 감소되어 0(zero)에 가깝게 된다. 염소 주입량을 계속 증가시키면 이 후에는 그 증가량에 비례하여 유리잔류염소가 증가하게 된다. 유리잔류염소가 검출되기 시작하는 점을 불연속점이라고 하며, 이 점을 지나 유리잔류염소가 검출되도록 염소를 주입하는 방법을 불연속점 염소처리(breakpoint chlorination)이라 한다. 불연속점까지의 염소 주입량은 수중에 철, 망간, 박테리아 등의 염소 소비물질이 존재하지 않을 경우 NH_3 −N 1mg 당 7.6mg의 염소(Cl_2)가 소요되나, 현실적으로 약 10mg의 염소가 요구된다.

예제 12.1

다음 중 염소소독에 관한 사항 중 틀린 것은?

① 살균능력은 차아염소산(HOCl) > 차아염소산이온(OCl^-) > 클로라민이다.

② 염소와 암모니아질소가 결합하면 클로라민이 생성된다.

③ 살균능력은 온도가 높고 pH가 낮을수록 강하다.

④ 배수지에서 잔류염소는 0.1ppm 이상 유지되어야 한다.

풀이

④ 배수지에서 잔류염소는 0.2ppm 이상 유지되어야 한다.

예제 12.2

암모니아성 질소 2mg/L를 불연속점 염소처리법으로 제거할 때 이론적으로 필요한 염소량은 얼마인가? (단, Cl, N, H, O의 원자량은 각각 35.45, 14, 1, 16임)

풀이

수중의 암모니아성 질소와 염소의 반응식은 다음과 같다.

$$Cl_2 + H_2O \rightarrow HOCl + HCl$$

$$2NH_3 + 3HOCl \rightarrow N_2\uparrow + 3HCl + 3H_2O$$

$$2NH_3 + 3Cl_2 \rightarrow N_2\uparrow + 6HCl$$

$$2N : 3Cl_2 = 2\times14 : 3\times70.9$$

$$\therefore \text{염소 필요량} = 1\text{mg/L}\times\frac{3\times70.9}{2\times14}$$

$$= 7.6\text{mg/L}$$

■ **살균소독제는 소독력 및 잔류효과 등을 고려하여 다음 식에 따라 주입율을 결정**

[액화염소의 질량주입량]

V_w = Q × R × 1/1,000
V_w = 질량 주입량(kg/시간)
Q = 처리수량(m^3/시간)
R = 액화염소 주입율(mg/L)

예제 12.3

살균소독을 위해 액화염소를 5mg/L 주입하여 1.500m^3/시간의 유량을 처리하고자 한다. 이때 액화염소의 주입량은?

풀이

$$V_w = Q \times R \times 10^{-3} = 1{,}500 \times 5 \times 10^{-3} = 7.5\text{L/h}$$

[차아염소산나트륨 주입량]

V_w = Q × R × 100/C × 1/d × 1/1,000
V_w = 용적주입량(리터/시간)
C = 유효염소농도(%)
d = C%일 때의 밀도(kg/L)

예제 12.4

살균소독을 위해 액화염소 주입량을 5mg/L로 하여 1.500m^3/시간의 유량을 처리하고자 한다. 만약 유효염소농도 6%, 밀도 1.1kg/L인 차아염소산나트륨을 사용하려고 하면 차아염소산나트륨 주입량은?

풀이

$$V_v = Q \times R \times 100/C \times 1/d \times 10^{-3}$$
$$= 1{,}500 \times 5 \times 100/6 \times 1/1.1 \times 10^{-3}$$
$$= 68\text{L/h}$$

과잉염소처리를 행한 경우 수돗물에 다량의 잔류염소가 존재하면 맛·냄새가 발생하므로 이를 제거하기 위해서는 탈염소처리를 해야만 한다. 탈염소처리에는 활성탄, 아황산가스, 아황산나트륨에 의한 방법이 있다. 아황산가스에 의한 방법은 아황산가스를 수중에 주입하여 다음 반응식과 같이 탈염소하는 것을 말한다.

$$Cl_2 + SO_2 + 2H_2O \rightarrow H_2SO_4 + 2HCl$$

한편 하·폐수의 염소소독은 방류수역의 수질한계를 고려하여 살균만을 위한 염소소독이 바람직하다. 염소처리시 발생하는 THM의 위해성, 환경에 미치는 2차적 독성, 수생생물에 대한 영향 등으로 인하여 염소소독에 대한 재검토 작업이 최근 활발히 전개되고 있으며, 2003년부터 하수종말처리장의 방류수 수질기준에 대장균수를 신설하여 염소소독 이외에 자외선소독, 이산화염소소독에 대한 연구가 활발히 진행되고 있다.

액체 염소는 염소가스를 액화한 것이며, 사용 시에는 기화시켜 가스상으로 된 염소를 물에 용해시킨 후 첨가하여 사용한다. 차아염소산 나트륨(NaOCl)은 액체염소에 비해 안전하고, 취급이 용이하며, 소규모에서 이용이 가능하고, 수산화나트륨 용액에 염소가스를 흡수시켜 제조한다. 또한 상온에서 불안정하고, 가용염소가 10~15%인 경우 최대 저장기간은 60~90일이며, 자외선에 의해 분해촉진, 온도상승에 따라 분해율은 증가하고, 차고 건조한 암실에서 저장하여야 한다.

이산화염소(Chlorine dioxide, ClO_2)는 이미 1950년대 초부터 주로 수돗물의 맛과 냄새를 제어하기 위해 유럽지역에서 이용되어 왔으며, 1974년 수돗물에서 염소소독부산물인 THM의 검출이 확인되면서 대체소독제의 하나로 주목받아 제한적으로 이용되고 있다. 이산화염소는 THM 생성을 억제할 수 있고, 알칼리 조건에서 염소보다 강한 소독제로서 중금속에 대한 강한 산화력을 나타내며, pH에 의한 영향을 받지 않을 뿐만 아니라 맛과 냄새 및 조류 제거 등의 장점이 있으나, 황록색의 불안정 가스로서 폭발성이 있으므로 현장에서 염소와 차아염소산나트륨(NaOCl)을 반응시켜 제조하여 사용해야 하는 단점이 있다. 이산화염소와 관련된 부산물로는 chlorite(ClO_2^-)와 chlorate (ClO_3^-)가 있으며 이들은 원수중의 성분과의 반응에 의해서 보다는 이산화염소의 제조과정과 관련이 있는 것으로 알려져 있다.

한편 염소소독에 의해 나타날 수 있는 가장 큰 문제점 중의 하나는 THM의 생성이 있다. 음용수 수질기준에서 미국과 일본은 THM을 100μg/L, 캐나다는 350μg/L, 독일은 25μg/L, 네덜란드는 75μg/L 이하로 제한하고 있다. 미국은 안전한 음용수 관리법(SDWA, 1986)에 따라 기준을 보완하기 위하여 병원미생물의 소독에 관한 지표수처리법 개정안(ESWTR, 1994), 잔류소독제 및 그 소독부산물법안(D-DBPR, 1994) 및 정보수집법(ICR, 1996)을 제정하고 실태파악과 실현 가능한 기술을 활용하고 있다. 과학적 실험조사의 결과에 따라 현재 최대허용기준(MCL)이 100 $\mu g/L$인 THMs의 경우 1998년 6월 발효된 1단계에서 80$\mu g/L$로 낮추고, 제1단계와 동시에 추진되어 2002년 1월부터 제2단계 기준에서는 40$\mu g/L$로 강화하였다. 우리나라의 THMs에 대한 현재 먹는물 수질기준은 100$\mu g/L$이다. THMs는 CH_4에서 3개의 H 대신에 Cl, Br, I 등 할로겐원소로 치환된 물질로서 원수 중에서는 거의 검출되지 않지만 염소소독시 humic acid 등의 유기물과 반응하여 생성되는 2차 오염물질이다. THMs는 주로 클로로포름($CHCl_3$)의 형태로 많이 존재하며 $CHCl_2Br$, $CHClBr_2$, $CHBr_3$ 등도 검출된다. 우리나라는 다른 선진국과는 달리 환경위생관리가 미흡하여 상수원수에 인위적인 유기물질, 암모니아성 질소 등의 농도가 상대적으로 높아 다량의 염소를 주입함으로서 THMs 생성가능성이 높은 실정임으로 전구물질로 작용하는 humic acid와 같은 유기물질의 제거기술 개발과 유해부산물의 기술적 관리 체계에 대해 미리 대처해야 할 필요성이 절실히 요구되고 있다. THM의 제거방법으로서는 일반적으로 그 원인물질인 미량 유기물의 제거와 생성된 THM을 제거하는 폭기법, 활성탄 흡착법 등이 있고, 염소를 소독제로 이용하게 되면 THM의 발생이 불가피하게 되므로 대체소독제인 오존(O_3), 이산화염소(ClO_2), 클로라민 소독법을 이용할 수 있다.

12.3 오존소독

오존에 의한 소독은 유럽에서 특히 프랑스를 중심으로 오랜 동안 널리 사용되어 오고 있다. 미국과 일본 뿐 아니라 국내에서도 염소소독에 의한 THM 발생이 문제된 후로 많은 관심을 끄는 기술이 되었다.

오존(O_3)은 산소의 동소체(산소원자 3개가 결합한 분자)로서 공기나 산소를 직접 또는 간접적으로 전기장내로 통과시킴으로써 발생되는 불안정 가스이며, 매우 독성이 강하고, 자극성의 냄새를 유발하는 엷은 청색의 가스이다. 오존은 세균의 세포벽을 직접 파괴하는 것으로 알려져 있으며, 염소보다 훨씬 강력한 산화제를 갖고 있어 수중 유기화합물의 산화 및 생분해 증진뿐만 아니라 바이러스의 불활성화 효과가 크며,

Geosmin과 2-MIB와 같은 맛·냄새 유발물질 및 철·망간의 제거에 유용하며, 염소요구량을 감소시켜 THM과 같은 유기염소화합물의 생성량을 감소시키는 장점이 있으나, 불안정하므로 반감기가 20~30분으로 매우 짧아 잔류성이 없고 상수처리시 염소처리와 병행되어야만 하며, 에너지 비용이 많이 들고, 오존발생장치가 필요하여 전력비용이 과다한 단점이 있다. 오존은 저농도에서도 염소보다 강력한 산화제이지만, 임계잔류농도 이하에서는 거의 작용을 하지 않는다. 수도에 있어서 오존주입율은 수질에 따라 다르지만 일반적으로는 0.2~1.5mg/L이다. 잔류오존은 박테리아에 대해서 0.1~0.2mg/L, 바이러스에 대해서는 0.4mg/L를 유지할 필요가 있다. 오존의 소독효과를 위한 접촉시간은 5~10분이다.

한편, 염소소독을 주로 행하고 있는 미국과 일본 등에서는 최근에 오존소독이 크립토스포리디움과 바이러스와 같은 염소소독에 저항성이 강한 병원성 미생물의 제어에 효과적이기 때문에 더욱 주목을 끌고 있다. 오존처리와 관련된 부산물로는 브롬산이온(bromate, BrO_3^-)과 알데하이드 등이 있으며, 이중에서도 브롬산이온이 주로 관심의 대상이 되고 있다. 브롬산이온은 수중의 브롬이온과 오존이 반응하여 생성되는 것으로 알려져 있으며, 수중에 암모니아가 공존하거나 pH가 낮아지면 그 생성이 억제되는 효과가 있음이 알려져 있다.

예제 12.5

상수의 오존처리에 대한 장점과 단점을 설명하시오.

풀이

장 점	단 점
• 맛·냄새·색도제거에 효과가 크다. • 바이러스의 불활성화에 우수한 효과가 있다. • 병원균에 대한 살균효과가 크다.	• 오존 발생 비용이 많이 든다. • 잔류효과가 없어 후염소 주입설비가 필요하다. • 수온이 높아지면 오존소비량이 증가한다.

그림 12.4 오존 살균 시설

12.4 기타 소독제

자외선 소독은 주파장이 254nm인 자외선이 미생물 세포내의 핵산(DNA)에 흡수되어 세포구조를 파괴하는 것이다. 자외선 소독은 화학물질을 첨가하지 않으므로 인체나 생물에 해가 없어 안정성이 높고, 맛·냄새 제거에 용이하고, 유지관리가 용이한 반면, 잔류효과가 없고, 유출수질이 양호할 때에만 적용이 가능한 단점이 있다.

그림 12.5 자외선 살균 시설

기타 소독제로서는 브롬, 은, 열 등이 있다. 브롬(bromine)은 염소보다 눈의 자극성이 적어 수영장의 소독에 유용하게 이용된다. 은(silver)은 정수기의 활성탄 표면에 코팅(coating)을 하여 미생물에 소독효과를 나타낼 수 있으며, 가격이 고가인 단점이 있다. 열(heat)은 매우 효과적이나, 비용이 많이 들고, 수중의 용존산소(DO)가 감소하여 물맛을 떨어뜨릴 수 있다.

일반적인 의미에서 소독이라 할 때는 가열처리, 태양광에 의한 소독, 약품소독 등이 포함될 것이나, 정수처리의 경우에 사용되는 중요한 소독방법은 염소(chlorine), 이산화염소(chlorine dioxide), 오존(ozone), 클로라민(chloramine), 자외선(UV) 등이 대표적으로, 표 12.3에 중요한 소독제의 특성을 정리하였다.

표 12.3 정수처리에 사용되는 대표적인 소독제의 비교

비교항목	염 소	이산화염소	오 존	자외선
적용 규모	모두	중/소	중/대	중/소
신뢰성*	양호	불명	대체로 좋음	대체로 좋음
취급의 안전성	요주의	요주의	대체로 안전	안전
바이러스제거	약간 약함	좋음	좋음	좋음
유해부산물	생성	생성	생성	없음
잔류효과	있음	있음	없음	없음
접촉시간	길다	중간	중간	짧다
암모니아와 반응성	반응	무반응	반응 (높은 pH에서)	무반응
색도제거	중간	효과	효과	효과 없음
기술적 난이	중/하	중	고	중/하

* 적용실적의 예가 많고 적음에 따름

13

Chapter

화학처리

수중에 함유된 많은 성분들은 이미 언급한 재래식 처리 공정만으로는 완벽히 제거되지 않기 때문에 다른 처리방법이 사용되어야만 한다. 수중의 용존 무기물은 화학침전 또는 이온교환에 의해 제거할 수 있다. 용존성 비생분해성 유기물은 흔히 흡착에 의해서도 제거될 수 있다.

13.1 화학침전

용존성 무기물의 제거는 화학약품을 첨가하여 용존성 무기물을 불용성 화합물로 전환시켜 침전 제거한다. 이때 침전에 미치는 영향인자는 용해도적, pH, 온도 등이 있다. 화학침전은 산업폐수처리에 적용 가능하다. 즉, 6가 크롬은 생물화학적 처리공정에 독성을 일으키므로 6가 크롬을 황산철 및 석회를 첨가하여 3가 크롬으로 전환시켜 수산화물로써 침전 제거한다.

$$Cr^{6+} + 3Fe^{2+} \rightarrow Cr^{3+} + 3Fe^{3+}$$

$$Cr^{3+} + 3OH^- \rightarrow Cr(OH)_3$$

$$Fe^{3+} + 3OH^- \rightarrow Fe(OH)_3$$

화학침전법은 슬러지가 많이 발생하여 슬러지 처리비용을 증가시키는 단점이 있다. 화학침전법은 경수의 연수화에도 이용된다. 경수는 수중에 2가의 양이온 금속이온인

Ca^{2+}, Mg^{2+} 등이 존재함으로써 나타나는 물의 특성으로서

① 세제효과를 감소시켜 세제의 소모를 증가시키고

② 세제의 경도성분을 불활성화 하기 위해 투입된 인산염 등이 호수로 유출되어 부영양화의 원인이 되기도 하며

③ 보일러나 수도관에 스케일을 형성시켜 보일러의 열전도율을 저하시키거나 파이프 등을 폐쇄시키는 문제점이 있다.

경도가 300~500mg/L as $CaCO_3$ 이상인 물은 공공용수 급수용으로는 과도한 것으로 여겨진다. 많은 소비자들은 수돗물의 경도가 150mg/L 이상이면 거부감을 가지며, 보통 60~120mg/L의 값으로 존재한다. 연수화(water softening)란 수중의 경도 성분(Ca^{2+}, Mg^{2+})을 제거하여 경수를 연수로 바꾸는 과정을 말하며, 세척력 및 열전도성을 증가시킨다.

경도를 $CaCO_3$(calcium carbonate)로 표현하면 다음과 같다.

$$X \text{ mg/L as } CaCO_3 = X \text{mg/L} \times \frac{\text{equiv wt } CaCO_3}{\text{equiv wt } X}$$

여기서, X : 임의의 이온 또는 라디칼

예제 13.1

어떤 물의 수질분석에서 이온성분의 농도가 Ca^{2+} 40mg/L, Mg^{2+} 24mg/L, Na^{+} 9.2mg/L, HCO_3^{-} 183mg/L, SO_4^{2-} 57.5mg/L, Cl^{-} 7.0mg/L 일 때, 이 농도를 $CaCO_3$로 전환하고 총경도와 탄산경도를 구하시오.

풀이

$$40\text{mg/L } Ca^{2+} \times \frac{50}{20.04} = 99.0\text{mg/L as } CaCO_3$$

$$24\text{mg/L } Mg^{2+} \times \frac{50}{12.16} = 98.5\text{mg/L as } CaCO_3$$

$$9.2\text{mg/L } Na^{+} \times \frac{50}{23} = 20.1\text{mg/L as } CaCO_3$$

$$183\text{mg/L } HCO_3^{-} \times \frac{50}{61} = 150.0\text{mg/L as } CaCO_3$$

$$57.5\text{mg/L } SO_4^{2-} \times \frac{50}{48} = 58.0\text{mg/L as } CaCO_3$$

$$7.0\text{mg/L } Cl^{-} \times \frac{50}{35.5} = 9.5\text{mg/L as } CaCO_3$$

양이온과 음이온의 합은 217.5mg/L이며, 그림 13.1은 이를 다이아그램으로 표기한 것이다.
침전연수화는 초기에 경도를 물에 주입함으로써 용해성 화합물이 불용성 물질로 전환된 다음 응결 및 침전에 의해서 제거되도록 하는 공정이다. 침전연수화 방법의 적용은 존재하는 경도의 형태에 따라 달라진다.

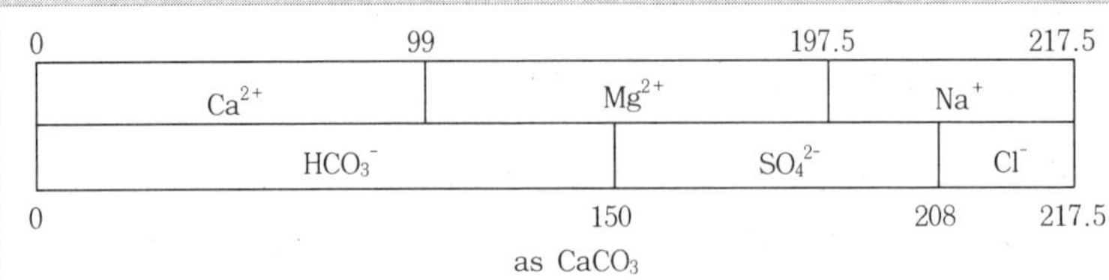

•총경도 197.5mg/L, 탄산경도 150mg/L

그림 13.1 $CaCO_3$로 표기한 수질분석

(1) 석회 연수화(Lime softening)

석회 연수화는 탄산염 형태의 칼슘경도를 제거하는데 이용한다. 아래 반응식과 같이 비탄산염 존재량에 같은 당량의 석회를 주입하면 불용성 탄산칼슘이 형성된다.

$$Ca(HCO_3)_2 + Ca(OH)_2 \rightarrow 2CaCO_3 + 2H_2O$$

$CaCO_3$의 용해도는 표준온도에서 약 20mg/L이며, 보통 플랜트에서는 접촉가능시간이 제한되어 있기 때문에 보통 약 40mg/L as $CaCO_3$의 잔류물이 남는다. 연수화된 물은 $CaCO_3$로 포화되어 급·배수관망 등에 스케일 침적이 일어난다. 이것은 아래 반응식과 같이 $CaCO_3$를 용해성의 $Ca(HCO_3)_2$ 으로서 전환시키는 탄화과정을 통하여 방지할 수도 있고,

$$CaCO_3 + CO_2 + H_2O \rightarrow Ca(HCO_3)_2$$

칼슘을 배제한 인산염을 첨가하여 스케일을 방지할 수도 있다. 그림 13.2는 석회 연수화의 단계를 도시한 것이다.

(2) 석회소다 연수화(Lime-soda softening)

석회소다 연수화는 칼슘경도의 모든 형태를 제거하는 것이다. 이는 Na_2CO_3 를 투입하여 비탄산경도를 $CaCO_3$ 로 전환시켜 침전제거하는 것이다.

$$CaSO_4 + Na_2CO_3 \rightarrow CaCO_3 + Na_2SO_4$$

가해진 Na_2CO_3 양 만큼 칼슘과 결합한 비탄산경도이다.

그림 13.3은 석회소다 연수화의 절차를 설명한 것이다.

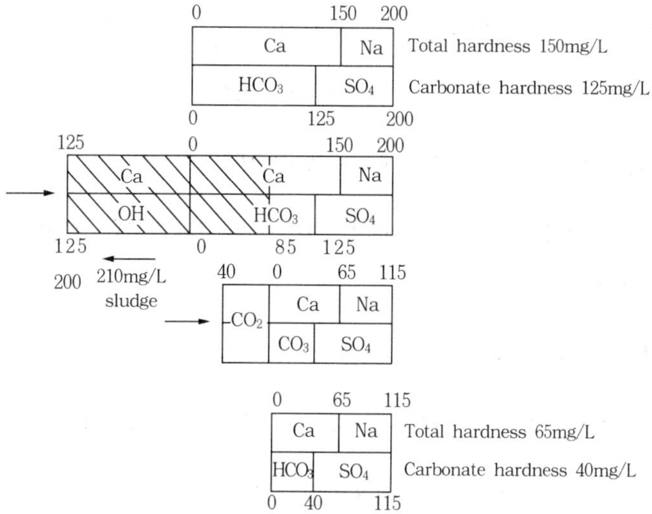

그림 13.2 석회 연수화

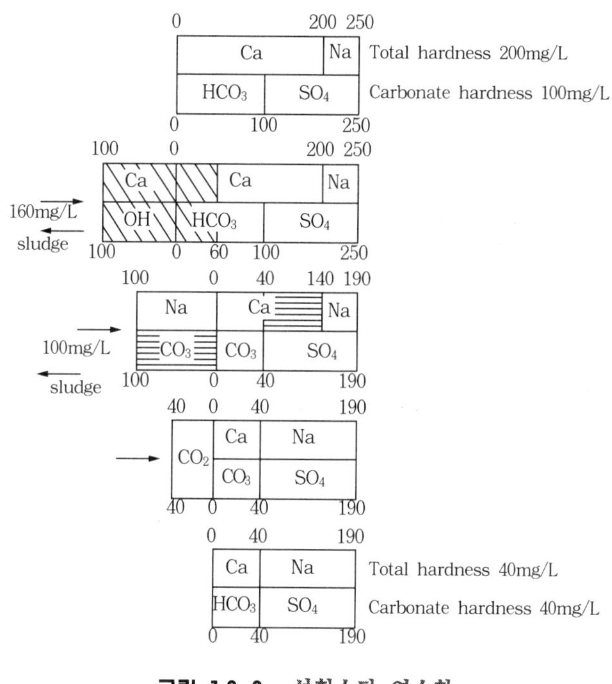

그림 13.3 석회소다 연수화

(3) 과잉석회 연수화(Excess-lime softening)

과잉석회 연수화는 마그네슘 탄산염경도를 제거하기 위한 것이다. 이 방법은 마그네슘 탄산염이 용해성이기 때문에 마그네슘 제거용으로는 효과적이지 않다.

$$Mg(HCO_3)_2 + Ca(OH)_2 \rightarrow CaCO_3 + MgCO_3 + 2H_2O$$

그러나 pH 11 부근에서는 다음과 같은 반응이 일어난다.

$$MgCO_3 + Ca(OH)_2 \rightarrow CaCO_3 + Mg(OH)_2$$

실제 $Mg(OH)_2$의 용해도는 약 10mg/L이다. 과잉석회연수화를 하기 위해 $Mg(OH)_2$를 가할 필요가 있다.

$$Ca(OH)_2 \equiv HCO_3^-$$

$+ Ca(OH)_2 \equiv Mg^{2+}$ [pH를 높이기 위하여 50mg/L의 과잉 $Ca(OH)_2$ 가함]

높은 pH는 부수적으로 좋은 살균효과를 나타내므로 연수화 후에 염소소독이 불필요하게 될 수도 있다. 탄화(carbonation)과정은 잉여 석회를 제거하고 pH를 낮추기 위하여 필요하다.

(4) 과잉 석회소다 연수화(Excess-lime soda softening)

과잉 석회소다 연수화는 모든 형태의 마그네슘경도를 제거하기 위한 공정이다. 이 공정에서는 석회와 탄산나트륨의 사용을 요구하는 복잡한 공정이다. 침전연수화의 모든 형태는 상당한 부피의 슬러지를 생산한다. 석회의 회수는 $CaCO_3$ 슬러지를 태우고 물을 넣어 소화시킴으로써 가능하다.

$$CaCO_3 \xrightarrow{heat} CaO(\text{고체}) + CO_2$$

$$CaO + H_2O \rightarrow Ca(OH)_2\ (\text{액체})$$

13.2 이온교환

이온교환은 역반응이 가능한 화학반응으로서 용액 속의 이온이 이온교환수지 교환기에 부착된 이온과 상호교환 되는 것이다. 이온교환반응을 화학반응으로 표시하면 다음과 같다.

$$2R \cdot H^{+} + Ca^{2+} \rightarrow R_2 \cdot Ca^{2+} + 2H^{+} \text{ (양이온 교환수지)}$$

$$2R \cdot OH^{-} + H_2SO_4 \rightarrow R_2 \cdot SO_4^{2-} + H_2O \text{ (음이온 교환수지)}$$

여기서 R은 각각 양이온 교환수지 혹은 음이온교환수지를 나타내며, 이들에 대한 재생은 다음과 같다.

$$R_2 \cdot Ca^{2+} + H_2SO_4 \rightarrow 2R \cdot H^{+} + CaSO_4 \text{ (양이온 교환수지)}$$

$$R_2 \cdot SO_4^{2-} + 2NaOH \rightarrow 2R \cdot OH^{-} + Na_2SO_4 \text{ (음이온 교환수지)}$$

이온교환은 이온교환수지의 주위로 폐수를 통과시킬 때 각 이온의 수지격자내의 농도와 폐수 내 농도의 차이에 의해 격자에 부착되어 있던 교환기(functional group)이온은 폐수 속으로 확산되고 폐수 내의 이온은 수지격자 속으로 확산, 흡착되어 궁극적으로는 교환기이온과 용액 내 이온이 그 위치를 교환하게 된다.

폐수 내의 교환수지이온과 수지의 교환기이온의 교환은 이온 교환수지격자내의 금속이온농도가 유입폐수내의 금속이온과 평형을 이룰 때까지 계속되나 이온교환법의 적용목적에 따라 수지를 통과한 처리수 내의 금속이온의 농도가 적정한도를 넘어서게 되면 재생과정을 통하여 수지의 교환능력을 회복시키게 된다. 이온교환은 슬러지 발생이 없으나, 이온교환능이 소진되면 재생이 요구된다.

이온교환수지는 통상 천연의 제올라이트(zeolite)를 많이 사용하며, 국내에 법정광물로 인정된 시기는 1980년 중반으로 예전에는 비석, 고령토라고 불리었다. 제올라이트의 주 조성성분은 $Na_2O \cdot Al_2O_3 \cdot 2SiO_2 \cdot 6H_2O$이다. 천연제올라이트를 이용한 이온교환에 의한 연수화의 예는 다음과 같다. 즉, 수중의 Ca^{2+}, Mg^{2+}이 Na^{+}와 교환이 이루어져 경도가 제거되는 것이다.

$$\begin{matrix} Ca^{2+} & & & & Ca & & \\ Mg^{2+} & + & Na_2 \cdot X & \rightarrow & Mg \cdot X & + & 2Na^{+} \\ & & \text{zeolite} & & & & \end{matrix}$$

그림 13.4 이온교환 시설

13.3 흡 착

흡착(adsorption)은 흡착제(adsorbent)를 사용하여 용액중의 기질이 물리적 또는 화학적 결합력에 의해 흡착제 표면에 붙는 현상을 말한다. 정수처리에서는 불쾌한 맛, 냄새, 색깔을 유발하는 화합물, 독성물질 또는 미량 유기물제거에 이용되며, 고도 폐수처리에서는 미량 난분해성 유기물의 제거에 이용된다. 그리고 산업폐수처리에서는 독성 유기물질 제거에 주로 사용된다. 흡착제의 종류는 활성탄, 실리카겔, 활성 알루미나, 분자체(molecular sieves) 등이 있다.

활성탄(activitated carbon)은 탄소입자 내에 수많은 모세관(공극)을 가지고 있어 비표면적(질량에 대한 총 표면적 비)이 커서 흡착제로서 가장 많이 사용되고 있다. 활성탄은 나무, 아몬드, 코코넛, 호도껍질, 그리고 석탄과 같은 물질로부터 만든 것이다.

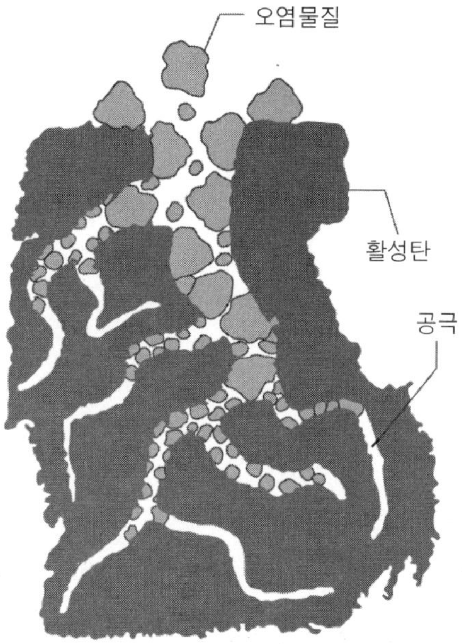

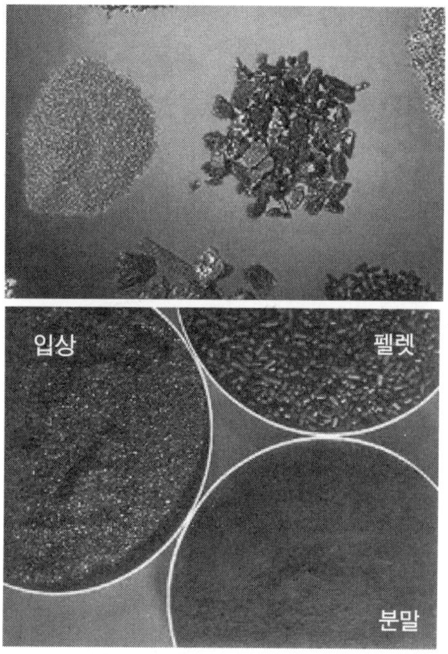

그림 13.5 활성탄 흡착과정(좌측) 및 활성탄 종류(우측)

활성탄의 제작과정은 탈수과정(dehydration), 탄화과정(carbonization) 활성화과정(activation)으로 나눈다. 탈수과정은 170℃에서 수분을 제거하는 것이며, 탄화과정은 400~600℃에서 공기가 없는 상태에서 숯을 만드는 것이며, 활성화과정은 750~900℃에서 CO_2와 공기를 혼합시켜 기공을 미세하게 만드는 과정이다. 활성탄의 형태는 그림 13.5와 같이 입상활성탄(GAC), 분말활성탄(PAC) 및 펠렛활성탄의 세 종류가 있다. 흡착과정은 흡착제 막을 통한 피흡착제의 확산(이동), 흡착제 공간을 통한 피흡착제의 확산, 흡착 및 탈착 등의 세 가지 단계로 이루어진다. 첫 단계에서는 이동과 확산에 의하여 유기물질이 물을 통하여 고액경계면까지 이동하는 것을 말한다. 두 번째 단계에서는 유기물질이 GAC의 대형 공극을 통하여 GAC 입자의 소형공극과 중형공극의 흡착지점으로 확산되는 것을 말한다.

흡착은 피흡착체의 양과 성질 그리고 온도에 따라 달라진다. 흡착된 물질의 양은 일정한 온도에서 농도의 함수로 나타내며 이 함수를 등온흡착식(adsorption isotherm)이라고 한다. 다음은 상수나 하수처리장에서 많이 사용되는 등온흡착식이다.

Langmuir 등온흡착식은 다음과 같다.

$$\chi / m = abc / (1 + ac)$$

여기서, χ : 흡착된 용질의 양

m : 흡착제의 양

c : 흡착이 평형상태에 도달했을 때 용액 내에 남아 있는 피흡착제의 농도

a, b : 실험에 의해 구해지는 상수

Freundlich 등온흡착식은 다음과 같다.

$$\chi / m = kc^{1/n}$$

여기서, k, n : 실험에 의해 구해지는 상수

χ/m : 단위 중량의 활성탄에 흡착된 물질의 양

c : 흡착이 평형상태에 도달했을 때 용액 내에 남아있는 피흡착제의 농도

양변에 log를 취하여 선형으로 변형하면 다음 식으로 변형된다.

$$\log(\chi/m) = 1/n \log c + \log k$$

여기서, χ/m와 c 사이의 log그래프가 직선이 되며, 그 기울기와 절편으로부터 n, k를 얻을 수 있다.

■ **입상활성탄의 흡착능력은 활성탄의 종류와 피흡착물질, 수온, pH, 공존 물질에 따라 다르나 등온흡착식은 Freundlich법에 따라 산출한다.**

$$q = kc^{1/n}$$

$$\log q = (1/n)\log c + \log k$$

여기서, q : 활성탄의 단위무게당 피흡착물질의 흡착량(mg/g-활성탄)

c : 활성탄 흡착 후 피흡착물의 예상 평형농도(mg/L)

k, n : 상수

예제 13.2

원수 중 10mg/L의 오염물질을 1mg/L로 처리하기 위해 원수 1리터당 흡착제의 필요량은?

풀이

Freundrich 등온흡착식 $\chi/m = kc^{1/n}$ $(k = 0.5,\ n = 0.5)$

$(10-1)/m = 0.5 \times 1^{1/0.5}$

$m = (10-1)/(0.5 \times 1^{1/0.5}) = 18\,\mathrm{g/L}$

그림 13.6 활성탄 흡착 시설

14

Chapter

환경미생물과 생태계

유기성 폐수처리에 있어서 미생물은 매우 중요한 역할을 하고 있으며, 또한 이들은 새로운 환경에 매우 탄력적으로 적응하여 인간을 오염물질로부터 보호하기 위해 없어서는 안 될 중요한 존재이다. 그러나 극히 일부의 미생물들은 다양한 질병을 야기하기도 하여 건강상의 문제를 일으키기도 한다. 본 장에서는 미생물의 일반적인 특징과 이들이 생태계에서 어떻게 작용하는지에 대하여 살펴보고자 한다.

14.1 미생물의 분류

미생물은 보통 육안의 가시한계를 넘어선 0.1 mm 이하의 미세한 생물을 말한다. 현재 이 범주에 속하는 생물은 세균(bacteria), 곰팡이(mold), 효모(yeast), 조류(algae), 원생동물(protozoa)과 바이러스(virus) 등이 있다. 여기서 곰팡이류, 효모류, 조류, 원생동물류는 진핵생물로, 세균, 바이러스는 원핵생물로 분류할 수 있다.

14.1.1 원핵생물과 진핵생물의 비교

진핵생물은 원핵생물에 비하여 더 진화된 위치에 있으며 그 세포의 구조는 원핵생물에 비해 더 복잡한 구조를 하고 있다. 가장 현저한 차이점은 진핵세포는 핵막으로 둘러싸인 진정한 핵이 있다는 점이다. 그 외에 진핵세포는 유사분열을 하며 세포질에는 미토콘드리아 및 기타 여러 가지 미세구조를 가지고 있다. 이에 비해 원핵세포는 구조가 간단하나 세포외피는 진핵세포보다 복잡하다.

표 14.1 원핵생물과 진핵생물의 비교

	원 핵 생 물	진 핵 생 물
1. 핵구조와 기능		
핵막	없음	있음
인	없음	있음
DNA	하나의 분자	여러 개 또는 많은 염색체로 존재
분열	유사분열이 없음	유사분열 함
2. 세포질의 구조와 구성		
세포막	보통 스테롤이 없음	보통 스테롤이 있음
리보솜	70S	80S
세포질내 소기관	없음	액포, 리소자임, 소포체(peroxisomes)
호흡계	원형질막 부분 또는 mesosome	미토콘드리아
광합성기구	정돈된 내부막 또는 액포 : 엽록체 없음	엽록체
세포벽	대부분 있음 : peptidoglycan으로 구성됨	식물, 조류, 곰팡이에 있음 원생동물에는 없고 보통 다당으로 구성됨.
내생포자	약간 있음 : 내열성	없음
3. 운동형		
편모운동	편모 : 현미경으로 관찰 안 됨	편모 또는 섬모 : 현미경으로 관찰 가능
비편모성운동	활주운동	세포질의 유동과 아메바운동 : 활주운동
4. 미소관	없음	널리 분포 : 편모, 섬모, 유사분열의 방추사, 중심체에 있음
5. 크 기	일반적으로 작음 보통 2μm 직경	보통 큼 2~100μm 직경

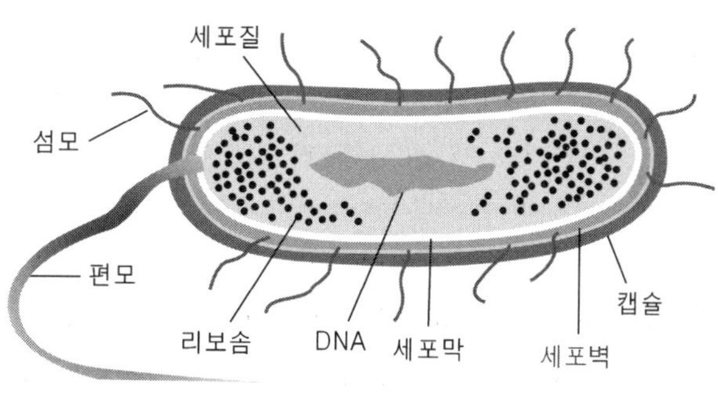

그림 14.1 원핵세포의 구조

14.1.2 세균의 분류

원핵세포로 되어 있는 하등 미생물 중 *cyanobacteria*를 제외한 미생물군을 세균이라고 하며, 이들 세균은 특별한 유성생식을 하는 경우를 제외하고는 이분법(binary fission)에 의하여 증식하므로 분열균(*Schizormycetes*)이라고도 불린다.

세균은 다음과 같은 일반적인 특징을 가지고 있다.

① 세균은 미세한 단세포 생물이다.
② 견고한 세포벽을 가지고 있다.
③ 세포막으로 둘러싸인 세포 내용물은 진핵세포보다 비교적 단순하다. 핵막이 없고 유사 분열기구, 미토콘드리아 및 골지체도 없다.
④ 이분법(binary fission)에 의하여 증식한다.

세균은 자연계에 가장 널리 분포해 있으며, 공기, 토양, 물, 야채 및 과실의 표면, 생체 소화기관 내, 심지어 온수 등 어디에서나 존재한다. 또한 세균은 수중 생물 중 최하위의 미생물이며, 제1차 소비자(분해자)로서 수질오염과 관련시켜 볼 때 매우 중요한 미생물이다.

표 14.2 세균의 분류

구 분	속명의 예
광합성 세균(Phototrophic bacteria)	*Rhodospirillum, Chromatium, Cholrobium*
활주세균(Gliding bacteria)	*Myxococcus, Beggiatoa*
협막세균(Sheathed bacteria)	*Sphaerotilus*
출아세균 및 돌기세균(Budding and/or appendaged bacteria)	*Hyphomicrobium, Gallionella*
스피로헤타(Spirochetes)	*Spirochaeta, Leptospira*
나선균 및 만곡형 세균(Spiral and curved bacteria)	*Spirillum*
그람음성 호기성 간균 및 구균(Gram-negative aerobic rods and cocci)	*Pseudomonas, Zoogloea*
그람음성 통성혐기성 간균(Gram-negative facultative anaerobic rods)	*Escherichia, Salmonella*
그람음성 혐기성 세균(Gram-negative anaerobic bacteria)	*Bacteroides*
그람음성 구균 및 단간균(Gram-negative cocci and coccobacilli)	*Neisseria*
그람음성 혐기성 구균(Gram-negative anaerobic cocci)	*Veillionella*
그람음성 화학독립영양세균(Gram-negative, Chemolithotrophic bacteria)	*Nitrobacter, Nitrosomonas*

(표 14.2 계속)

메탄생성균(Methane-producing bacteria)	*Methanobacterium*
그람양성 구균(Gram-positive cocci)	*Staphylococcus, Streptococcus*
내생포자생성 간균 및 구균(Endospore-forming rods and cocci)	*Bacillus, Clostridium*
그람양성 무포자성 간균(Gram-positive asporogenous rod-shaped bacteria)	*Lactobacillus*
방선균 및 유사세균(Actinomycetes and related organisms)	*Corynebacterium, Actinomyces*
리켓챠(Richettsia)	*Richettia, Anaplasma*
마이코플라즈마(Mycoplasma)	*Mycoplasma,Thermoplasma*

세균을 생물학적 방법에 의하여 일정하게 분류한다는 것은 거의 불가능하다. 그러나 현재 일반적으로 세균의 분류에 가장 많이 사용되고 있는 것은 Bergey's manual로, 여기에서는 다음 표 14.2와 같이 19개의 군으로 분류하고 있다. 주요 세균의 특징은 다음과 같다.

1) 활주세균군(Gliding bacteria)

이 균들은 활주라는 공통적 운동기전을 갖고 있는데, 활주운동이란 편모를 가지고 있지 않은 세균이 고체기질(solid substrate)에 접촉되어 서서히 움직이는 것이다. 이 세균군에 속하는 세균들 중 아직 특이한 운동기관을 갖고 있는 균은 없다. 세포벽은 매우 얇으며 전형적인 그람음성세균이다. 활주세균군에 속하는 세균 중 인체에 병원성을 나타내는 세균은 아직 보고된 바 없다.

2) 출아세균(Budding bacteria)

분열대신 출아(budding)에 의하여 증식하는 일련의 세균을 이 군에 포함시키고 있으며, 광합성균인 *Rhodomicrobium*이 대표적인 출아세균이다.

3) 방선균류(Actinomycetes)

분지형 filament상의 균사로부터 외부 무성포자(*external asexual spore*), 즉 분생자(*conidia*)를 형성하는 점에서 진균과 유사하나 진균은 진핵 세포인데 비하여 방선균류는 원핵세포이다.

방선균류에는 *Mycobactria*속, *Nocardia, Actinomycetes* 및 고등방선균류(*higher Actinomycetes*)가 포함되어 있다. 이들 균은 그람양성이며 전형적인 혐기성(anaerobe)균이나 일부는 통성혐기성인 균도 있다.

4) 리켓챠(Richettsia)

리켓챠는 단간균이며 분열에 의하여 증식하고 세포내에는 RNA, DNA를 가지며 또한 세포벽을 가지고 있다. 그러나 여기에 속하는 균들은 인공배지에서는 전혀 증식하지 못하는 절대기생성이다.

5) 세포벽 결핍성균군(Mycoplasma)

Mycoplasma는 세포벽이 없고 세포막이 직접 외부와 접하여 있는 일군의 세균을 말한다. 형태학적 특성에 의하여 Mycoplasma, Spiroplasma, Acholeplasma 및 Theroplasma의 4속으로 분류된다.

14.2 세균의 크기 및 형태

14.2.1 세균의 크기

미생물의 크기를 나타내는 단위로서 일반적으로 마이크로미터(μm)가 사용되고, 특히 virus에 대해서는 그것의 1/1,000인 nm가 사용된다. 단세포 미생물의 대체적인 평균치를 보면, 효모 3~5μm, 세균 0.2~5μm, virus 300nm 이하 정도이다. 그러나 사상균의 경우와 같이 일부 특수한 경우에는 1,000~2,000μm(2mm)에 달하는 것도 있다.

14.2.2 세균의 형태

세균을 형태에 따라 분류해 보면 그림 14.2와 같고, 아래와 같이 분류할 수 있다.

1) 구균(Coccus)

구균은 둥글거나 타원형이며 크기는 약 1μm이다. 각각의 세균은 단독으로 떨어져 있거나 연쇄상 혹은 포도송이 같은 덩어리를 이루기도 한다.

구균의 배열 상태에 따라 다음과 같이 분류한다.

① 단구균(*Monococcus*) : 세균 하나가 단독으로 존재하는 것
② 쌍구균(*Diplococcus*) : 두 개씩 쌍으로 배열된 것
③ 연쇄상구균(*Streptococcus*) : 염주알 모양으로 줄을 이루고 있는 것
④ 포도상구균(*Staphylococcus*) : 포도송이 모양으로 배열된 것
⑤ 사련구균(*Tetrads*) : 사각형의 모양으로 배열된 것
⑥ 팔련구균(*Sarcina*) : 8개의 균체가 입방형으로 배열된 것

2) 간균(Bacillus)

간균의 형태는 짧은 간균(구간균)에서부터 길고 가느다란 간균까지 있다.

① 장간균(*Filamentous bacillus*) : 간상세균의 장축이 긴 것
② 단간균(*Coccobacillus*) : 세균의 장축이 짧은 것
③ 방추상간균(*Fusiform basillus*) : 세균의 양 끝이 뾰족한 것
④ 콤마형간균(*Comma shaped bacillus*) : 콤마 형태로 생긴 것
⑤ 원주상간균(*Bacillus with squad ends*) : 세균의 양 끝이 곧은 원주 모양을 한 것
⑥ 연쇄상간균(*Streptobacillus*) : 간균의 양 끝이 서로 연결된 것

3) 나선균(Spirillum)

S자 모양 또는 나선 모양의 모든 균을 총칭하며 만곡 주기와 회전수에 따라서 다음과 같이 분류한다.

① 스피릴라(*Spirila*) : S자 모양을 한 것
② 스피로소마(*Spirosoma*) : 만곡 주기가 큰 것
③ 트레포네마(*Treponema*) : 만곡 주기가 중간정도인 것
④ 렙토스피라(*Leptospira*) : 만곡 주기가 짧은 것

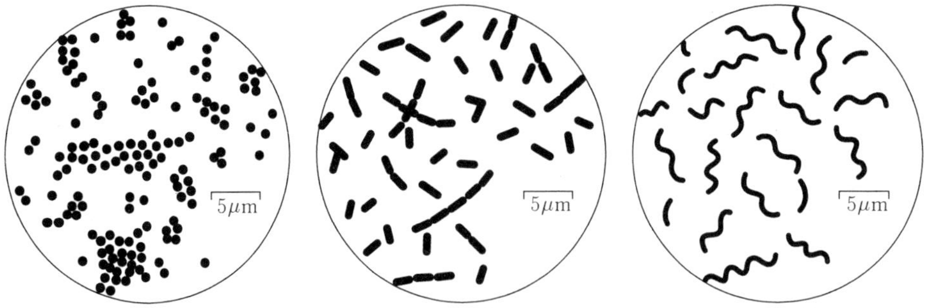

그림 14.2 여러 가지 세균의 형태

14.3 세균의 구조

일반적으로 원핵세포의 구조는 진핵 세포의 구조보다 간단하나, 세포외피는 진핵보다 복잡하다. 핵막(nuclear membrane)이 없고, 유사분열기구, 미토콘드리아, 골지체도 없다. 세균세포는 외부로부터 편모(flagella), 섬모(pili), 협막(capsule) 혹은 점막층(slime layer), 세포벽(cell wall), 세포질막(cell membrane), 핵(nucleoid), 포자(spore)와 세포질 내 여러 가지 과립체들로 이루어진다.

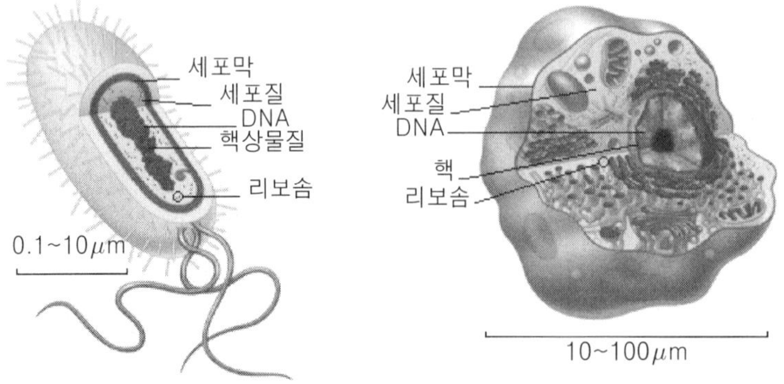

그림 14.3 원핵세포와 진핵세포의 구조 비교

14.3.1 핵(Nucleoid)

원핵세포의 핵은 핵막이 없어 세포질과 뚜렷한 경계를 나타내지 않고 세포질에 퍼져 있는 상태이고, 분열기구도 없어 유사핵이라고도 한다. 핵은 길이가 1mm 정도의 DNA로 되어 있으며 분자량은 $2\sim3\times10^9$ Dalton이며, 한 가닥의 연속된 분자이다. 세균을 조심스럽게 용해시켜 원심침전하면 DNA 외에 RNA, RNA중합효소(polymerase) 및 약간의 단백질이 포함되어 있음을 알 수 있다.

14.3.2 세포질 내 구조물

형태적으로 세포질막보다 내부, 즉 세포의 중심부를 세포질(cytoplasm)이라고 한다.

원핵세포의 세포질에서는 자가증식성 플라스미드, 내형질망, 세포골격 등이 관찰되지 않는다. 리보솜(ribosome)은 단백질을 합성하는 작은 입자로 세포질 내에 밀집되어 있으며, 단백질을 합성할 때에는 연쇄상으로 모여 polysome으로 된다.

세균은 때때로 세포질 내에 불용성 과립(insoluble granule)을 가지고 있는데 이 과립 속에는 녹말, 글리코겐, 함수탄소의 중합체인 β-hydroxybutyric acid, 포도당의 중합체인 granulose, 무기인산 중합체인 이염소체(voutin ; metachromatic granule) 등이 저장되어 있다. 이들 과립은 단백질과 핵산의 합성시 탄소원이나 질소원으로 사용된다. 그 밖에 아미노산, 기타 생체 보존을 위해 필요한 효소, 조효소, 비타민 그리고 약 80%의 물이 저장되어 있다.

14.3.3 세포질막(cell membrane)

이 막은 두께가 5~10nm의 전형적인 단위막으로 약 40%의 인지질과 약 60%의 단백질 및 미량의 함수탄소로 구성되어 있으며 세균의 대사 과정에서 중요한 역할을 한다.

세포질막에서 함입구조물이 돌출하여 간립체(mesosome)를 형성하는데 이는 세포분열시 세포벽 형성의 기능을 가지고 있다.

세포질막은 세포의 대사와 관련된 막으로 과잉의 수용성물질이 세포질 내로 유입되는 것을 방지하는 삼투장벽역할을 하며, 또한 대사과정에 필요한 물질을 세포질내로 끌어들이는 촉매작용을 한다.

이러한 세포질막의 기능을 크게 5가지로 나눌 수 있다.

① 용질의 세포질 내로의 선택적 투과와 수송
② 호기성균의 경우에는 전자전달과 산화성 인산화(oxidative phosphorylation)과정
③ 가수분해과정에 관여하는 세포외효소의 분비
④ 세포질막 지질, 세포벽 중합체 및 DNA 생합성에 필요한 효소와 전달분자의 함유
⑤ 화학주성계(chemotactic system)에 관여하는 단백질과 수용기의 함유

14.3.4 세포벽(cell wall)

세포질막과 협막 사이에 있는 세포외피층을 일괄하여 세포벽이라고 한다. 세포벽은 삼투압에 의하여 세균이 파열되는 것을 보호하며 세균의 형태를 일정하게 유지하는 견고한 막이다. 세포벽의 물리적 성질은 어느 정도의 신축성과 강인성을 갖고 있으며 여러 가지 물리 화학적 작용에 대하여 저항성을 나타낸다. 세포벽의 두께는 10~80nm로 세포질막의 바로 외층을 싸고 있다.

세포벽의 기능은,

① 높은 세포질 내 삼투압으로부터 세포 보호
② 세포분열시 필수적인 역할 수행
③ 세포벽 합성시 시발 분자(primer) 역할
④ 지방다당질(LPS ; lipopolysaccharide)과 내독소(endotoxin)와 같은 주요 항원 결정기를 갖고 있으며,
⑤ 비선택적 투과성을 갖고 있다.

세포벽의 구조는 세균의 종류에 따라 다르며, 화학적 연구에 의하면 그람음성의 세포벽과 그람양성의 세포벽은 그것을 구성하는 고분자 화합물에 따라서 큰 차이가 있다. 그람양성균의 세포벽의 두께는 25~80nm(세포 건조 중량의 20~40%)로 그람음성균보다 두껍고, 20~80% peptidoglycan과 단백질, 다당류, teichoic acid로 되어 있다. 그람음성균의 세포벽은 10~15nm의 두께로 세포 건조 중량의 10~20%이며, 이는 5~15%의 peptidoglycan, 35% 인지질, 15% 단백질, 50% 인다당류를 함유하고 있으며, 인다당류와 지단백의 복잡한 외막으로 된 외피와 결합되어 있다.

표 14.3 그람양성 및 음성세균의 세포외피 구성성분 비교

구 분 성 분	그 람 양 성 균	그 람 음 성 균
내막(inner membrane)	있다(두께 8nm)	있다(두께 8nm)
peptidoglycan 층	여러 층으로 되어 두껍다(두께 15~80nm)	단일층(두께 2nm)
외막(outer membrane)	없다	있다(두께 8nm)
협막(capsule)	있다	있다
세포막간 공간(periplasmic space)	없다	있다

14.3.5 협막(capsule)과 점질층(slime layer)

대부분의 세균들은 자연환경에서 증식할 때 협막이라고 하는 다당체로 된 세포외재성 중합체를 합성한다. 협막은 세포벽의 외부를 싸고 있다.

어떤 세균에서는 세포외재성 중합체 덩어리가 세균 전체를 싸고 있으면서도 세균과는 분리된 것 같이 보이는 경우도 있는데 이러한 형태를 점질층이라고 한다.

협막은 세균의 침입성 정도를 결정하는데 영향을 미친다. 즉, 협막으로 싸여있는 균은 탐식된 후 협막이 제거되지 않는 한 쉽게 파괴되지 않는다.

14.3.6 편모(flagella)와 섬모(pili)

편모는 진핵세균과 원핵세균이 다 가지고 있으나 구조상으로는 상이하다. 이는 운동기관으로서, 폭이 0.01~0.02μm, 길이가 3~12μm인 가늘고 긴 단일섬유와 같은 부속물로 전체가 단백질로 형성되어 있다. 편모는 세포막의 바로 밑에 있는 기저과립 또는 이에 근접한 부위에서 시작된다. 편모의 구성성분은 flagellin이라는 동질성인 가용성 단백질로 형성되어 있다. 편모를 기준으로 하여 세균을 아래와 같이 5종으로 구분한다.

① 무모균(*atrichous bacteria*) : 편모가 없는 균
  ex) 구균, *Shigella*

② 단모균(*monotrichous bacteria*) : 균체 한 끝에 1개의 편모를 가진 균
  ex) *Vibrio*

③ 총모균(*lophotrichous bacteria*) : 균체 한 끝에 다수의 편모를 가진 균
  ex) *Pseudomonas*

④ 양모균(*amphitrichous bacteria*) : 균체 양 끝에 각각 1개씩의 편모를 가진 균

⑤ 주모균(*peritrichous bacteria*) : 균체주위에 많은 편모가 분포되어있는 균

ex) *Salmonella*

편모보다 짧고 가는 섬모(pili)는 운동성과 관계가 없고 그람음성균에서 볼 수 있으며, 이를 가진 균은 적혈구 응집성을 나타내고 화학적 구조는 pilin이라는 단백질로 형성되어 있다. 이것은 세균이 접합을 할 때 수(male)의 DNA를 암(female)에 전달하는 통로 역할을 한다.

14.3.7 내생포자(endospore)

어떤 종류의 세균은 성장할 때 불리한 환경조건에서 포자를 형성하고 이 포자는 균체가 죽어도 살아남으며 외부 생활환경이 좋아지면 다시 발아하여 영양형의 균체를 형성한다. 포자는 100℃로 가열해도 죽지 않으며 건조, 동결, 소독제, 방사선 조사 등의 물리화학적 자극에 대해서도 저항력이 강하다. 진균에서 생기는 포자는 외생포자(exospore)라고 하며, 출아에 의해 생기고, 세균에서 형성되는 포자는 균체 내부에서 생기기 때문에 내생포자(endospore)라고 한다.

포자의 구조는 생장세포에 비하여 훨씬 복잡하고 여러 층으로 되어 있다. 가장 바깥의 얇고 가늘게 싸고 있는 층을 골자외막(exosporium)이라 한다. 그 안쪽에 세포벽과 같은 물질로 되어 있는 층을 포자벽(spore coat)이라 한다. 이 포자벽 안에는 피질(cortex)이 있고 그 안쪽에 보통의 세포벽으로 된 중심벽(core wall)과 세포막, 핵부위 등이 차례로 있다.

포자를 형성하는 균은 그 위치에 따라 중앙성 포자형성균(central spore-forming bacilli), 단재성 포자형성균(terminal spore-forming bacilli), 편재성 포자형성균(subterminal spore-forming bacilli)으로 구분할 수 있다. 포자는 건열멸균, 고압멸균, 간헐멸균에 의해 사멸시킬 수 있다.

14.4 세균의 생장과 증식

세균의 증식은 세균을 구성하고 있는 모든 화학적 성분이 증가하는 것과 세포분열

에 의하여 세포수가 늘어나는 것을 포함한다. 즉, 세균이 주위환경에서 이용할 수 있는 여러 가지 영양소를 섭취하여 세균의 구조물, 소기관 및 원형질 성분들을 합성하여 세포분열을 하는 전 과정을 말한다.

14.4.1 세균의 영양

미생물을 포함한 모든 생명체는 생명을 유지하고 성장하기 위하여 에너지와 세포의 구성성분을 요구한다. 이러한 영양물질은 균의 종류에 따라 큰 차이가 있다.

1) 영양소

세균의 에너지 생산방식과 생합성 능력은 균종에 따라 다르고, 각 균종에 따라 증식에 필요한 영양소의 종류도 매우 다양하다. 세균 증식에 필요한 일반적인 영양원은 다음과 같다.

① 물

세포질은 70~80%가 물로 구성되어 있다. 물은 단세포 생물에서 세포질과 외부 사이에 자유롭게 이동하면서 영양분을 세포에 전달하고 세포내의 대사산물을 외부로 분비하는 역할을 한다. 배지를 만들 때 칼슘과 마그네슘 이온의 농도가 높은 경수를 사용하면 이러한 이온과 배지성분인 펩톤 또는 육즙추출물(beef extract)과 침전물을 형성하므로 물은 항상 증류수를 사용한다.

② 탄소원과 에너지원

미생물을 포함한 모든 생명체는 에너지와 탄소를 얻는 방식에 따라 분류할 수 있다. 즉, 탄소원으로 CO_2를 이용하는 생물을 독립영양성(*autotrophs*), 유기물질에서 탄소를 얻을 수 있는 것을 종속영양성(*heterotrophs*)으로 구분한다. 에너지원으로 태양광선을 이용하는 생물을 광합성생물(*phototrophs*), 화학반응의 결과로 에너지를 얻는 것을 화학합성 생물(*chemotrophs*)이라 한다.

이러한 구분에 근거하여 세균을 다음의 4가지로 구분할 수 있다.

a. 독립영양 광합성 세균(*photoautotrophs*) : 태양광선을 에너지원으로, CO_2를 탄소원으로 이용하는 세균. 이러한 세균의 배지는 에너지 생산에 필요한 영양소를 공급하지 않아도 된다.

b. 종속영양 광합성 세균(*photoheterotrophs*) : 태양광선을 에너지원으로, 유기물질을 탄소원으로 이용하는 세균

c. 독립영양 화학합성 세균(*chemoautotrophs*) : CO_2를 탄소원으로 이용하고 간단한 유기물을 산화하여 에너지를 얻는 세균. 무색 유황세균, 철세균, 질산화세균 등이 있다.

d. 종속영양 화학합성 세균(*chemoheterotrophs*) : 유기물질을 탄소원으로, 화학반응에서 얻은 에너지를 이용하는 세균. 대부분의 세균이 이 범주에 해당된다.

③ 질소원과 인

세균 균체는 그 구성요소 또는 각종 효소계의 성분으로 단백질, purine, pyrimidine을 함유하고 있으므로, 이러한 성분의 기본 재료로서 질소 화합물이 공급되어야 한다. 독립영양성 세균은 무기질소원을 이용할 수 있으나 종속영양성 세균은 아미노산과 같은 질소원을 필요로 한다. 영양배지(Nutrient broth)에 이용되는 beef extract나 peptone이 질소원을 제공해 주는 물질이다. 인은 생체의 여러 가지 인화합물 구성에 이용되고 특히 에너지 생성에 필수적이다. 미생물은 주위 환경에서 무기인이나 인산염의 형태로 인을 공급받는다.

④ 무기이온

무기이온은 삼투압, pH 조정에 관계되는 외에 미량의 금속이온(Fe^{2+}, Mg^{2+}, Cu^{2+}, Zn^{2+}, CO^{2+}, Ca^{2+}, Na^{+}, K^{+})은 증식의 보조작용을 나타내고, 음이온 중에서는 Cl^{-}, SO_4^{2-}, PO_4^{3-} 등이 필요하다.

⑤ 발육 인자(Growth factors)

발육 인자는 그 자체는 분해되지 않고 미량으로 세균의 대사작용만을 촉진시키는 유기화합물을 말한다. 어떤 미생물은 이런 물질을 스스로 합성하지만 그렇지 못한 경우도 있다. 발육 인자가 없이는 세균이 발육하지 못하는 경우, 이를 필수 발육 인자라고 한다. 비타민, 아미노산, purine, pyrimidine 등이 발육인자의 예가 될 수 있다. 보편적으로 요구되는 비타민은 대개 조효소(coenzyme) 구성에 필요한 보결단(prosthetic group)의 역할을 한다. 미생물의 종류에 따라 비타민의 종류나 최소요구량은 다르다. 미생물의 성장에 요구되는 비타민의 종류에는 다음과 같은 것이 있다.

- ρ-Aminobenzoic acid
- Folic acid
- Biotin
- Cobalamin(B_{12})
- Lipoic acid
- Pantothenic acid
- Riboflavin
- Thiamin(B_1)
- Vitamin K quinoes
- Vitamin B_6(pyridoxal-pyridoxamine group)
- Hydroxamates(terregens, coprogen, mycobactin)

아미노산은 일반적으로 단백질 조성에 필요하며, purine과 pyrimidine은 핵산과 조효소의 구성성분으로 많은 미생물이 요구한다. 그 외의 발육인자로는 cytochrome이나 엽록소, 헤모글로빈을 구성하는 porphyrin 고리 같은 물질이 있다. 대부분의 종속영양성 세균은 beef extract에서 발육인자를 충분히 얻을 수 있다. Blood agar와 같은 영양소가 풍부한 배지를 필요로 하는 까다로운 기생성균도 있다.

14.4.2 증식환경

미생물은 환경 조건에 따라 그 증식상태가 다르다. 각종 영양소가 구비되어 있어도 환경의 물리 화학적 조건이 일정한 범위 안에 조정되어 있지 않으면 세포의 성장과 증식이 불가능하다. 이러한 물리 화학적 환경인자 중 중요한 것은 다음과 같다.

1) 습 도

모든 생활세포의 생명과 증식을 보존하기 위하여 수분이 절대적으로 필요하다. 건조된 상태에서 대부분의 미생물의 증식은 억제되지만 상당한 기간 동안 생존상태를 유지하고 있다. 이와 같은 원리를 이용하여 미생물을 냉동 건조시킴으로써 오랜기간 보존하는 방법을 이용하고 있다.

2) 온 도

일반적으로 미생물은 상당히 광범위한 온도 조건 하에서 생존할 수 있다. 그러나 미생물의 발육온도에는 각각 최저발육온도(minimum growth temperature), 최적발육온도(optimum growth temperature), 최고발육온도(maximum growth temperature)가 있다. 미생물은 최적온도에서 가장 증식이 잘 되며 최고온도 이상이면 대사 효소계가 불활성화된다. 미생물의 증식온도에 따라 다음과 같이 크게 3 가지로 구분할 수 있다.

① 저온균(*psychrophiles*) : 증식가능온도는 0~25℃, 최적온도는 12~18℃이다.

② 중온균(*mesophiles*) : 증식가능온도는 15~45℃, 최적온도는 30~37℃이다. 모든 병원균과 그 유연균이 여기에 속한다.

③ 고온균(*thermophiles*) : 증식가능온도는 40~75℃, 최적온도는 55~60℃이다. 토양 미생물의 일부, 온천균이 여기에 속한다.

3) 유리산소의 존재

세균이 증식하는데 있어서 유리산소를 필요로 하는 경우와 필요로 하지 않는 경우에 따라 다음 4 가지로 구분할 수 있다.

① 절대호기성균(*obligatory aerobes*) : 유리상태의 산소 공급이 없으면 증식할 수 없는 균

② 통성혐기성균(*facultative anaerobes*) : 유리산소의 존재 유무에 관계없이 증식이 잘 되지만 있을 때 증식이 더 잘 된다.

③ 미호기성균(*microaerophiles*) : 유리산소의 존재 유무에 관계없이 잘 증식되나 산소량이 너무 많으면 증식이 줄어든다.

④ 절대혐기성균(*obligatory anaerobes*) : 유리산소가 존재하면 유해작용을 하여 증식이 되지 않는 균

4) pH

대부분의 세균은 중성 또는 약알칼리성(pH 6.8~7.4)에서 증식이 가장 잘 된다. 따라서 배지를 만들 때 pH가 조절되어야 하며, 아울러 세균의 증식에 의한 pH 변동이 없도록 완충작용을 나타내야 한다.

5) 삼투압

경우에 따라서는 높은 삼투압을 필요로 하는 미생물이 있다. 이것을 호고장성(osmophilic)이라고 한다. 세균세포는 견고한 세포벽이 있기 때문에 삼투압이 변화된 환

경에서도 쉽게 사멸하지 않는다. 그러나 고장액 속에 세균세포를 넣으면 세포 원형질 속에 있는 수분이 빠져나와 세포질이 위축되고 세포막도 세포벽에서 박리된다. 이러한 현상을 원형질분리, 또는 원형질 박리(plasmolysis)라고 한다. 따라서 삼투압을 항상 생활세포 내부와 등장적(isotonically)으로 유지해야 한다. 높은 농도의 염류를 필요로 하는 것을 호염성(halophilic)이라고 하고, 높은 농도의 당류를 필요로 하는 것을 호당성(sucrophilic)이라고 한다.

6) 유해물질의 존재

① 대사산물 : 생활세포가 원형질 합성과 에너지 공급을 위하여 각종 효소의 촉매작용으로 대사작용을 할 때 여러 가지 대사산물, 즉 노폐물이 생긴다(예 : 수소, 황화수소, 이산화탄소, 인돌, 알코올, 황산 등). 이와 같은 노폐물의 축적은 미생물의 증식을 방해한다.

② 기타 유독물질 : 색소류, 산류, 금속이온, 석탄산과 그 유도체(cresol) 및 염화화합물 등이 있으면 미생물의 증식이 잘 되지 않는다.

14.4.3 증식

적당한 배지에 세균을 접종하면 그 균은 먼저 체적이 증대되고 그 후 모세포와 같은 2개의 세포로 분열한다(binary fission). 이와 같이 원형질이 증대되는 것을 발육이라고 하고, 원형질이 어느 정도까지 발육되면 2개로 분열하여 균의 수가 증가하는 것을 증식이라고 한다. 분열에 의하여 생긴 신생세포가 다음 분열을 시작할 때까지의 시간을 세대기간(generation time)이라고 한다. 대장균의 세대시간은 약 20분이다.

1) 증식상수(growth constant)

1개의 세포가 발육, 분화하여 생긴 2개의 새로운 세포는 각각 모세포와 동일한 속도로 발육할 수 있으므로 배양액 중의 세포수는 시간과 함께 기하급수적으로 증가한다.

어느 순간에서의 배양 세포의 발육 속도는 그 순간에 존재하고 있는 세포수에 직접 비례한다. 이 관계는 다음 식에 의해 표시된다.

$$\frac{dN}{dt} = kN$$

위의 식을 적분하면,

$$N = N_o e^{kt}$$

여기서, N_o는 시간 0에서의 균수이며, N은 임의의 시간 t에서의 균수이다.
위의 두 식에서 k는 증식상수이다. 이 식을 k에 대해 풀면,

$$k = \frac{\ln(N/N_o)}{t}$$

따라서, k는 균수의 자연로그가 시간에 따라 증가하는 속도로 표시된다.

2) 증식곡선(growth curve)

배지에 일정한 균량을 접종하고 배양 시간에 따라 모든 균수를 산정하면 증식곡선은 7시기로 구분된다.

① 초기정체기(initial stationary phase), 지체기(lag phase)

접종된 균체가 새로운 환경에 적응하여 발육을 준비하는 기간으로, 수분 및 영양물질의 흡수가 있을 뿐 균의 증감은 나타나지 않는다.

② 가속성장기(accelerated growth phase)

이 시기는 균의 체적이 증가하고 물질대사가 왕성하여 RNA 함량이 최고에 달한다. 이 시기가 종말에 이르면 세포 호흡률은 최고에 달하고 세포의 분열이 시작되며 그 분열속도가 빨라진다.

③ 대수성장기(logarithmic growth phase)

세균의 분열이 활발하고 세균의 세대시간도 가장 짧고 일정하며, 균수는 대수적으로 증가한다. 증식곡선은 거의 일직선에 가깝다. 세균의 대사가 왕성한 시기이므로 소독, 멸균, 화학요법, 기타 제재에 감수성이 매우 높다.

④ 쇠퇴성장기(retardated growth phase)

대수 증식기에서 세균이 왕성하게 증가하여 영양분의 소실, 부족, 노폐물의 축적, pH의 변화 등으로 세균의 분열 속도가 낮아지고 일부분의 세균이 사멸해가는 시기이다.

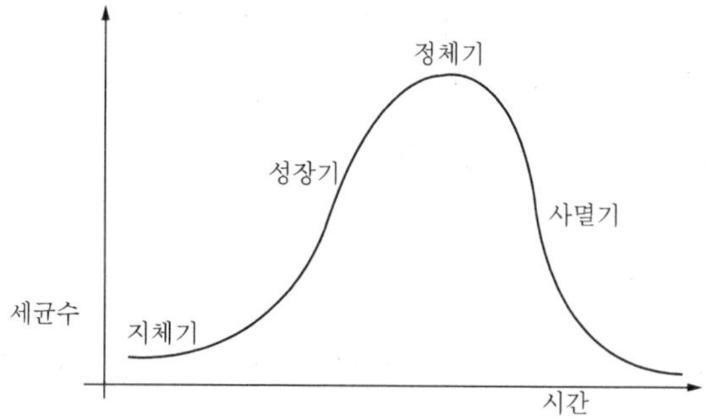

그림 14.4 미생물 성장곡선

⑤ 최대정체기(maximum stationary phase)

생균수가 최고에 달하여 증감이 없는 시기이다. 증식하는 균수와 사멸하는 균수가 같다.

⑥ 가속사멸기(accelerated death phase)

세균의 사멸률이 증가하는 시기이다. 세균이 나쁜 조건의 환경에서 증식이 완전히 정지되고, 사멸된 균의 수만 늘어간다.

⑦ 대수사멸기(logarithmic death phase)

세균의 사멸 속도가 대수적으로 진행됨으로써 곡선이 하향적으로 직선을 이루는 시기이다.

14.5 살균 및 멸균

살균은 미생물의 번식 능력을 완전히 소실시키는 과정을 의미하는 반면, 멸균은 모든 생명체가 제거되거나 죽는 상태가 되도록 하는 것을 말한다. 그리고 소독은 감염시킬 수 있는 미생물을 제거하는 것을 뜻한다.

14.5.1 살균

미생물 실험을 할 때 목적하는 미생물만을 순수배양하고 잡균의 혼입을 피해야 한다. 그러므로 배지를 무균으로 하고, 대기 중의 미생물이 배지에 오염되는 것을 막아야 한다. 이 조작은 미생물 실험에서 가장 중요한 것이며, 전자의 목적을 위해서는 기구와 배지의 살균, 후자를 위해서는 용기 입구에 면전을 하여 외부의 미생물이 용기 내에 침입하는 것을 방지해야 한다. 접종할 때에도 무균상에서 행해야 한다.

1) 화염(불꽃) 살균법

분젠버너, 가스, 알코올램프와 같은 그을음이 없는 불꽃 중에서 직접 살균하는 방법으로, 백금이, 피펫 등의 살균에 이용한다. 백금이는 백금부분을 비스듬히 하여 불꽃 중에 넣어 달구고 다음에 손잡이의 알루미늄부분도 살균한다. 백금이는 사용 전후에 반드시 화염살균 한다.

미생물을 접종할 때에도 먼저 시험관의 면전의 외부를 태워 살균하고 면전을 뺀 직후 또는 접종이 끝난 후 면전을 넣을 때 시험관을 비스듬히 쥐고 입구를 불꽃 부근에 놓고 면전을 빼거나 넣는다. 큰 플라스크인 경우 용기가 움직이지 않게 하여 버너를 손으로 쥐고 그 불꽃으로 용기의 입구 주위를 완전히 살균하는 것이 좋다.

2) 건열 살균법

면전한 시험관이나 플라스크, 페트리디쉬, 핀셋, 유발 등 고온에서 견디는 것은 이 방법으로 살균한다. 면전한 시험관은 적당한 금속망에 면전이 위로 향하도록 세우고 페트리디쉬나 핀셋은 신문지로 싸서 건열살균기에 넣어 가스 또는 전열로 가열하여 고열 공기로 살균한다. 약 160℃에서 30~60분 가열하면 살균의 목적을 달성할 수 있다.

건열살균의 목적은 면전, 초자 등에 부착된 미생물을 살균하는 한편 면전의 형태를 갖추게 한다. 이러한 점에서 보통 면전한 초자기구의 건열살균은 170~190℃에서 20~30분이 적당하다.

3) 증기 살균법(고압 증기 살균법)

배지를 건열살균한 시험관 또는 플라스크에 넣고 증기살균기 내에서 살균한다. 이 경우 면전은 신문지나 황산지로 싸거나 소형의 비커로 덮는다. 이렇게 하지 않으면 살균 중에 뚜껑의 내부에서 응축된 물방울이 낙하하기 때문에 면전이 젖어 배지 내에 물이 들어가서 배지를 못 쓰게 된다.

살균기 내의 온도는 98~99℃로, 생활세포는 완전히 살균되나 포자는 살균되지 않는다. 그래서 완전히 살균을 행할 때에는 하루에 30분씩 하여 3일간 반복한다. 이것은 한 번의 가열로 사멸되지 않은 포자를 항온기에 하룻밤 넣어 포자를 발아시켜 열에 저항성이 낮은 생활세포로 하여 다시 살균하는 것이다. 이렇게 연속하여 살균하는 방법을 간헐살균법(discontinous sterilization)이라 하며, 당분이나 비타민이 많은 배지의 살균에 응용된다.

4) 가압 증기 살균법

고압멸균기(autoclave) 내에서 고온 고압으로 처리하면 내열성의 포자도 짧은 시간에 한 번의 살균으로도 완전히 살균할 수 있다. 배지에 비타민이 있는 경우 상압 증기 살균법이 좋으나, beef extract, peptone 등을 대량 사용하는 배지는 내열성의 포자가 배지 속에 많이 존재하므로 가압 증기 살균법으로 해야 한다. 이 때 살균 시간과 압력은 0.7kg/cm^2(약 115℃)에서 20분간, 1kg/cm^2(120℃)에서 15분간 정도가 좋다.

5) 여과 제균법

세균 여과기를 사용하여 균체를 제거하여 무균액을 만드는 방법으로, 가열에 의한 살균법을 적용하지 못하는 특수한 배지(예, 혈청배지)에 사용된다. 또 배양액 중에 무균공기를 송입시키는 경우도 공기를 여과하여 잡균을 제거할 수 있다.

① 액체 제균법 : 액체의 제균장치는 다음 4 가지가 있다.

a. Chamberland 여과기 : 카오린과 규사의 혼합물을 강열시켜 만든 procolain filter이다.

b. Seitz 여과기 : 석면제의 여과판을 금속제의 기구에 끼워서 만든 asbestos filter이다.

c. Membrane filter : 미세한 구멍 사이에 cellulose ester제의 원형 filter이다.
그 구멍의 크기는 여러 가지가 있다. Filter는 황산지에 싸서 filter holder를 조립한다. 흡인병도 황산지에 싸서 120℃, 15분간 살균한다. 살균 후 여과병에 filter holder를 조립하여 funnen top을 풀어서 살균된 핀셋을 사용하여 filter를 얹고, 원래와 같이 고정한다. 이 조작은 잡균의 오염 때문에 무균상에서 행해야 한다. 여과장치에 여과관을 붙여 흡인여과를 한다. Chamberland 여과기의 사용 후에는 붓으로 관의 표면을 가볍게 씻고 여과기의 하부로부터 수돗물을 흘러내리게 하여 씻는다. 여과기의 여과면에 낀 시료가 가열로 응고될 우려가 있을 때에는 3% cresol에 1시간 이상 담갔다가 씻는다. 그러나 시료의 응고성이 없을 때에는 2% Na_2CO_3 용액에서 30분 정도 가열 살균한다. Seitz 여과기는 여과관을 풀어서 씻는다.

② 공기 여과기

효모의 대량 증식이나 초산균, 곰팡이 등의 호기성 배양의 경우는 대량의 무균 공기를 배양액 중에 불어 넣어야 한다. 이러한 경우 솜 여과관을 통과한 완전한 무균 공기를 사용한다. 솜 여과관은 길이 1~15cm, 직경 1.5~2cm의 유리관에 가볍게 솜을 넣어 160℃에서 1시간 건열하여 한쪽 끝을 배양병에, 다른 끝을 공기의 흡인, 혹은 압력장치에 연결한다. 배양병에 연결할 때에는 화염살균 한다.

6) 약품에 의한 살균법

가열살균이 되지 않는 손, 무균상, 무균실, 실험대, 두꺼운 초자기구 등의 살균에 응용된다. 보통 실험실에서는 승홍수, 포르말린, 석탄산, 알코올, 역성비누 등이 사용된다.

① 승홍수(boric acid)

0.1% 수용액을 사용한다. 보관 중의 분해를 방지할 목적으로 식염(5g/L)을 가한다. 이는 무균상, 초자기구의 외측, 목재류, 손 등의 살균에 쓰이고 금속류에는 부식성이 있기 때문에 사용하지 않으며, 손과의 접촉이 장시간이면 손이 거칠어진다.

② 역성비누(invert soap)(benzalconium chloride)

승홍수 대신 많이 사용되는 것으로 계면활성제의 일종이며, 보통 양성비누라고 한다.

③ 포르말린액

0.1~0.2%로 실내의 살균, 배양기 표본 보존 등의 목적에 사용된다.

④ 석탄산액

3% 수용액으로 의류나 실험대 등의 살균에 쓰이며 살균작용은 0.1% 승홍수와 필적되나 미각신경을 마취하는 작용이 있다.

⑤ 알코올

알코올의 농도는 70%가 살균작용이 가장 크며 손, 유리막대, 핀셋, 플라스크, 고무마개, 금속기구 등의 간이살균에 사용된다.

⑥ 기 타

Toluene은 주로 효소액의 보존에 1~2% 첨가하면 잡균의 침입을 방지할 수 있다. 또 1.2% NaOH나 KOH는 금속기구의 살균에 사용된다.

7) 면전

미생물을 배양할 용기는 충분히 씻고 건조하여 면전을 하여 용기 내부에 외부 공기의 오염을 방지한다. 이 방법은 공기 여과, 제균의 한 방법으로서 살균된 솜을 사용하면 좋다.

8) 전기적 살균법

자외선 조사기를 이용하여 2,000~2,800Å의 자외선을 발생시켜 공기나 물을 살균하는 방법으로 수술실, 무균실에 널리 이용된다. 이 경우 자외선이 직접 눈에 닿지 않도록 주의해야 한다.

표 14.4 살균 및 제균 일람표

피 살 균 물	살균방법	비 고
핀셋, 백금이, 면전	화염살균	그을음 없는 불꽃(가스, 알코올램프)
칼, 유리막대, 기타 초자기구	화염살균	2~3회 불꽃 중에 통한다.
높은 온도에서 파손되지 않는 것, 면전, 배양용기, petri dish,핀셋	건열살균	150~160℃에서 30~60분간 건열살균, 면전이 약간 누렇게 보일 정도. 포자의 살균에 유효
배양기, 금속기구, 주사기, 고무마개 등 건열살균이 불가능한 것	증기살균	1일 1회. 30~60분간. 100℃에서 3일간 (배양기의 경우) Koch 증기솥
다수의 내열성 포자를 함유한 배양기	고압증기살균	1.5기압(112℃)에서 20분간. 2기압(120℃)에서 15~30분간
가연 불가의 액체	액체제균	Chamberland 여과기. Seitz 여과기
공기의 잡균제거, 통기 배양법	공기여과	솜여과관
손, 무균상, 책상, 고무마개, 두꺼운 유리, 기타	화학약품	승홍수, 포르말린, 알코올, 크레졸, 역성비누
무균실, 병원, 수술실, 통조림, 빵 제조공장	자외선 전기살균	전류계면의 이용, 전류의 열작용, 고전압 방전은 아직 이용되지 않음

14.5.2 멸균(Sterilization)

미생물 실험에서 배지, 장비 및 유리기구 등에는 습윤멸균법(moist heat sterilization), 유리기구, 금속기구 등과 같이 열에는 강하나 젖으면 곤란한 것들은 건열멸균법(dry heat sterilization), 열에 약하고 젖어서도 곤란한 것들은 광선 조사법(radiation) 또는 기체 멸균법(gas sterilization), 그 외 기체나 열에 약한 물질의 용액, 점성이 낮은 연고류나 기름류는 여과법(filtration) 등이 이용되고 있다.

1) 습윤 멸균(Moist heat sterilization)

가장 널리 쓰이는 방법의 하나로 고압증기를 이용한 멸균법이며, 보통 15 lb/in^{2}의 압력(121℃)에서 15분간 처리한다. 이 방법의 적용대상은 배양 배지, 버리고자 하는 배양체, 오염된 기구, 고무관 및 고무마개 등의 고무제품, 유리 또는 금속기구 등이며 기름, 왁스, 순수한 glycerol 등에는 적용 불가능하다.

2) 건열 멸균(Dry heat sterilization)

습윤 멸균 처리가 곤란한 유지, 윤활유, 석유 등의 광유, 왁스, 분말 등과 유리기구, 주사바늘, 금속기구 등의 멸균에 사용된다. 이 방법은 습윤 멸균보다 효율이 낮고, 보다 높은 온도에서 보다 긴 시간동안 처리해야 한다.

3) 여과법(Filtration)

① 액체의 경우

석면, 압착 유리기구 여과관, milli pore 여과막 등을 사용하여 혈청이나 열에 약한 배지 성분 용액, 화학 약품을 멸균한다.

② 공기의 경우

실험용 발효조에 주입되는 공기는 섬유상 물질에 적정 밀도로 채워진 관을 사용한다. 무균실이나 무균대의 공기 순환 장치는 여과 종이가 여러 겹 들어 있는 용기를 여과장치로 사용한다.

4) 가스 멸균법(Gas sterilization)

열에 약한 플라스틱 제품 등의 멸균시 이용되는 방법으로 formaldehyde, propylene oxide, β-propiolacetone, ozone, peracetic acid, methyl bromide 등이 사용 가능하다. 일반적으로 각종 용기의 멸균에는 ethylene oxide(EtO)가 가장 널리 사용되며, 입원실의 소독 등에는 formaldehyde 가스를 많이 사용한다. Formaldeyde 가스는 특정 공간이나 물체의 표면을 멸균처리 할 때 많이 쓰이는 것으로 세균류, 곰팡이류, 바이러스, 리케치아 뿐만 아니라 곤충이나 다른 동물의 방지에도 효과가 크다. 기체상태의 formaldehyde 가스를 발생시키기 위해서는 polyoxymethylene glycol과 formaldehyde(90~99%)의 혼합체인 paraformaldehyde를 가열한다. Formaldehyde 가스 처리법으로 스테인리스강, 고무, 플라스틱, 유리제품 등을 천이나 종이에 싸서 멸균할 수 있다.

5) 빛 처리법(Radiation)

전리선(ionizing radiation)인 감마선이나, 가속 전자를 사용하기도 하며, 비전리선(non-ionization radiation)인 자외선을 이용하기도 한다. 감마선은 병원기구, 항생제, 비타민, 호르몬, 스테로이드, 1회용 플라스틱 기구 등의 멸균에 이용되며 세균, 사상균, 효모, 세균포자, 바이러스 등의 순으로 강한 효과를 나타낸다. 자외선은 파장 245nm의 빛이 가장 효과가 좋으며 세균포자 등은 자외선에 상당히 내성이 강하다(영양세포의 3~10배).

14.6 배 지

배지는 미생물이 생육 번식하기 위한 장소이며 영양물질의 저장소이다. 그 조성은 미생물의 종류, 생리적 조건과 실험의 목적에 따라 달라진다.

배지의 종류를 편의상 다음과 같이 나눌 수 있다.

1) 배지의 형태에 따라

① 액체배지

액체배지에는 nutrient broth, citrate broth, glucose broth, litmus milk 등이

있다. 이 배지는 미생물의 생리화학적 연구 혹은 미생물의 대량 배양에 사용된다.

② 고체배지

고체배지는 액체배지에 한천(agar)이나 젤라틴(gelatin)을 가하여 응고시킨 것으로 nutrient agar, blood agar, Sabouraud's agar 등이 있다. 이 배지는 미생물의 보존, 순수분리 등에 사용된다.

③ 반고체배지

반고체배지는 고체배지와 액체배지의 중간으로 agar나 gelatin을 가하는 점은 고체배지와 같으나 그 비율이 고체배지보다 낮아 젤리(jelli)와 같은 형태가 된다. 이 배지는 세균의 운동성을 조사하는데 특히 유용하다.

2) 배지의 재료에 따라

① 자연배지(natural medium)

감자나 토마토액 또는 우유처럼 자연산물을 이용하여 미생물을 배양한다.

② 합성배지(synthetic medium)

탄소원, 질소원, 무기염류 등의 화학조성이 명확한 화학물질만으로 만든 배지를 말한다.

③ 반합성배지(semisynthetic medium)

주요 성분의 일부를 천연물로 하고 다른 것은 화학약품을 이용한 배지이다.

3) 배지의 사용목적에 따라

① 선택배지(selective medium)

특정한 미생물의 성장을 도모하고 다른 미생물의 성장을 억제함으로써 원하는 미생물만 선택적으로 배양하는데 사용하는 배지이다.

② 감별배지(differential medium)

배지에 특수한 생화학적 지시약을 넣어줌으로써 한 종의 미생물을 다른 것으로부터 구별할 수 있게 하는 배지이다.

③ 증식배지(enrichment medium)

여러 미생물이 혼재하여 있을 경우 배지에 한 종류의 미생물이 보다 잘 자랄 수 있는 영양분을 넣어 주어 원하는 미생물의 증식을 도모하는데 사용하는 배지이다. 병원성 세균을 분리하고자 할 때 배지에 혈액을 넣어줌으로써 병원성 세균의 활발한 증식을 도모한다.

14.7 생태계의 원리

살아있는 모든 생물들은 크던 작던 간에 어느 정도의 상호의존성이 있다. 이러한 상호의존성은 영양상태로서 표현되며 유기물의 생산순환, 질소순환, 탄소순환 등의 예를 들 수 있다.

생태계에서 녹색식물과 몇몇 세균과 같은 독립영양균은 무기물로부터 유기물을 합성하기 때문에 생산자라 한다. 소비자라 알려진 종속영양 동물은 이미 만들어진 유기물을 섭취하며, 초식성(herbivores)과 육식성(meat eaters)로 구분된다. 종속영양 식물은 죽은 식물과 동물 또는 동물의 배설물에서 유기물을 분해시키므로 분해자라 불린다. 분해산물은 그들 자신의 성장과 에너지 소모에 이용되는 것도 있으며, 식물소모에 적합한 무기화합물로써 배출되는 것도 있다. 태양열은 외부에너지를 제공하여 탄수화물과 다른 유기화합물의 광합성을 할 수 있도록 해준다. 동물과 세균의 활동으로부터 나오는 이산화탄소, 물, 무기염은 독립영양으로 되돌아간다. 탄소가 순환하는 동안 에너지의 흐름은 하나의 방향을 가진다. 따라서 계속적인 에너지의 유입은 생태계를 유지하는 데 필수적인 것이다. 사실 생태계에서 에너지의 전환은 매우 느리다.

수환경에서 생물의 상호의존성은 복잡한 먹이연쇄를 낳는다. 하천에서 일반적으로 나타나는 먹이연쇄에서 연속적인 연결은 어느 정도의 생물을 포함하며, 이들은 Eltonian pyramid를 형성한다(그림 14.5). 이러한 피라미드의 구성은 영양상태에 의해 구분된다. 고등동물은 하등동물을 먹이로 이용한다. 생태계와 같은 자연상태에서는 오랜 기간 동안 이러한 균형이 유지되지만 수질과 기타 환경요소의 변화는 균형을 깨뜨릴 수 있다. 독성물질의 유입은 어느 정도 그 환경에서 담당하는 수를 감소시킨다. 청정한 지표수는 매우 많은 형태의 생물이 존재하며, 어떤 특정한 종이 우점종이 되지는 않으며 균형을 잘 이룬다. 심각한 유기성 오염은 고등동물에 적합하지 않는 조건을 만들기 때문에 한 두 종의 매우 큰 단일종이 형성될 것이다. 자연상태의 먹이연쇄는 5 또는 6 이상의 영양상태를 갖지는 않는다.

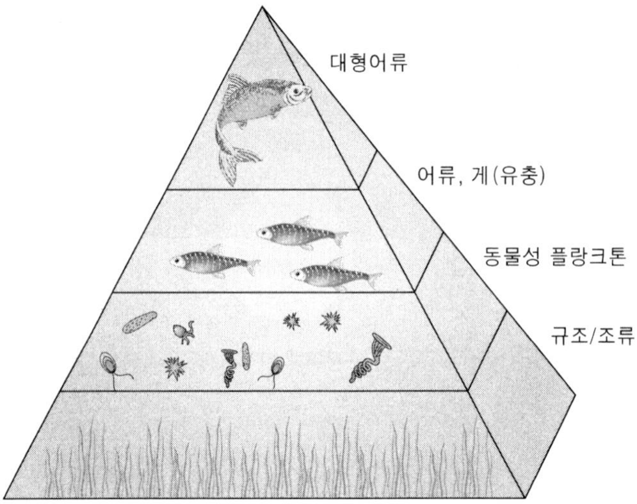

그림 14.5 Eltonian 피라미드

15

Chapter

유기성 오염물질의 생물분해

일반적으로 유기물질은 미생물에 의한 호기성 또는 혐기성 대사작용을 통하여 분해되어 생물학적으로 안정화된다. 호기성 분해과정에서는 산소가 존재하는 상태에서 호기성박테리아에 의해 유기물의 일부는 새로운 세포로 합성되고 나머지는 비교적 안정한 최종산화물로 전환된다.

유기물질 + 호기성박테리아 + O_2

⬇

CO_2 + H_2O + NH_3 + 새로운 세포

혐기성 분해과정에서는 산소가 없는 상태에서 유기물질이 유기산, 알코올, 케톤, 메탄과 같은 불안정한 최종산물로 전환되며 그 중 일부는 새로운 혐기성 미생물세포를 합성하는데 이용된다. 혐기성 분해반응은 크게 산생성단계와 메탄생성단계로 구분되는데, 산생성단계에서는 산생성균이 유기물을 분해하여 새로운 세포와 유기산 및 알코올로 전환시키고, 메탄형성단계에서는 메탄생성균이 위의 중간대사산물을 계속적으로 분해하여 새로운 세포를 합성함과 동시에 이산화탄소 및 황화수소로 전환시킨다. 혐기성 반응은 호기성 반응에 비해 상당히 느리며, 단위 유기물제거량당 세포생성율이 훨씬 낮다.

유기물 + 혐기성박테리아
⬇
알코올, 유기산 + 산생성균
⬇
메탄, 이산화탄소, 황화수소 + 메탄생성균

15.1 유기물의 특성

수질오염과 관련되는 유기물의 주요 형태를 살펴보면 크게 탄수화물, 질소화합물, 지방 등으로 구분된다. 탄수화물(carbohydrates)은 탄소(C), 수소(H), 산소(O)를 포함한다. 대표적인 예로서 설탕, 포도당($C_6H_{12}O_6$), 전분, 섬유소(cellulose) 등이 있다. 질소화합물(nitrogenous compound)은 탄소(C), 수소(H), 산소(O)외에 질소(N)가 더 포함되어 있다. 단백질도 질소화합물속에 포함되며 질소는 산화되면 암모니아로 유리된다. 지방(lipids)은 탄소(C), 수소(H) 외에 소량의 산소(O)가 포함되어 있는데 물속에서는 거의 녹지 않지만 유기용매에는 용해가 잘되는 특성이 있다. 따라서 폐수 내에는 용존성 유기물질과 비용존성 유기물질이 무수히 많이 포함되어 있는데, 이것들을 각 성분마다 분리하여 처리하기란 여간 어려운 일이 아니며, 이러한 이유 때문에 수중유기물질의 총량으로서 오염여부를 판정한다.

15.2 생화학반응

미생물은 유기물을 기질로 이용하여 분해반응 및 세포합성의 복잡한 반응을 수행하는데, 먹이를 섭취해 에너지를 얻은 후에 방출하기 위해서는 먼저 유기물을 분해시켜 에너지(ATP)를 얻는 이화작용(catabolic)과 에너지를 이용해서 새로운 세포를 합성하는 동화작용(anabolic)으로 구분되는 과정을 거쳐야만 한다.

에너지는 생화학반응에서 중요한 역할을 하는데 에너지와 관련 있는 물질은 ADP (adenonsine diphosphate, 아데노신2인산염)와 ATP(adenosin triphosphate, 아데노신3인산염)가 있는데, 유기물로부터 얻은 무기인(inorganic phosphorus)은 에너지 전달반응을 하기 위해서 ADP와 결합함으로써 저장에너지인 ATP를 생성하게 된다. 이 반응에서 세포막 내외의 수소이온(H^+) 농도의 구배에 의해 세포막 바깥에서 세포막 안으로 수소이온이 ATP생성효소를 통하여 이동되면 비로소 ADP와 무기인이 ATP로 전환되게 된다. 유기물 분해반응에서는 에너지가 소요되는데 ATP형태의 저장에너지가 사용됨으로써 ATP가 ADP로 전환되고 또다시 이것은 무기인과 결합하여 위에서 언급한 반응이 다시 일어나며, 이들 반응이 계속 반복된다.

생화학반응은 효소(enzyme)에 의해 지배받는데, 이밖에 여러 가지 환경인자에 의해서도 영향을 받는다. 예를 들면, 온도, pH, 기질농도, 방해물질의 존재여부 등의 영향을 받는다. 효소-촉매반응에서 산화란 산소의 결합, 또는 수소의 제거반응을 의미하고, 환원이란 수소의 결합, 또는 산소의 제거반응, 가수분해(hydrolysis)란 물이 가해진 후 분해가 일어나는 반응을, 탈가수분해란 물의 제거반응, 그리고 탈아미노화란 아미노기(NH_2 group)의 제거반응을 의미한다. 미생물세포 외부에서 주로 발생하는 반응은 세포표면에 위치한 세포외 가수분해(hydrolytic extracellular)효소에 의해서 유기물질이 세포유입전에 분해되는 반응이다.

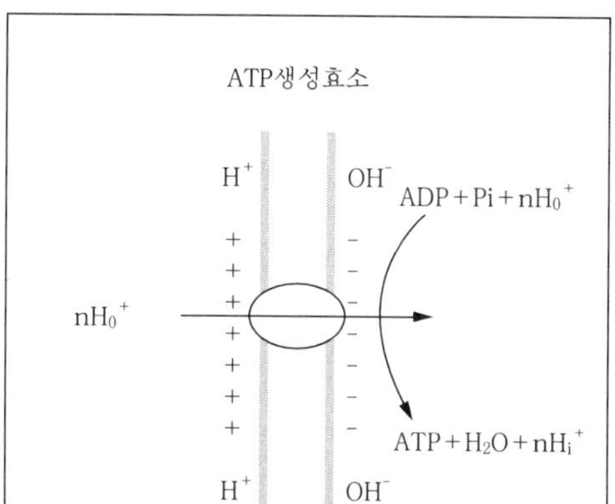

그림 15.1 세포 내에서의 ATP 생성과정

15.3 미생물성장의 특성

유기물의 분해는 미생물에게 적합한 생물학적 성장조건이 잘 갖추어져 있어야 빠르게 진행될 수 있기 때문에 다음과 같은 여러 가지의 조건이 만족되어야만 한다.

탄소원과 질소원이 미생물의 성장에 필요하다. 그 이유는 박테리아세포의 경험식 ($C_{60}H_{87}O_{23}N_{12}P$)에 질소와 인이 포함되어 있기 때문이다. 그러므로 폐하수 속에 세포의 분자식을 이루는 원소들이 포함되어 있어야만 유기물이 분해 될 수 있음을 의미한다. 여러 가지 원소 중에서 탄소, 질소, 인은 성장에 필수요소인데, 호기성 반응에서는 BOD : N : P = 100 : 5 : 1의 비율을 최소한 만족시켜줘야 한다. 예를 들면, 유기성 및 암모니아성 질소 1kg이 존재하면 BOD가 15~30(20)kg 필요하고, 인 1kg이 존재하면 BOD는 80~150(100)kg이 필요하다. 이외에도 미생물은 대사활동을 위해 에너지원을 필요로 한다.

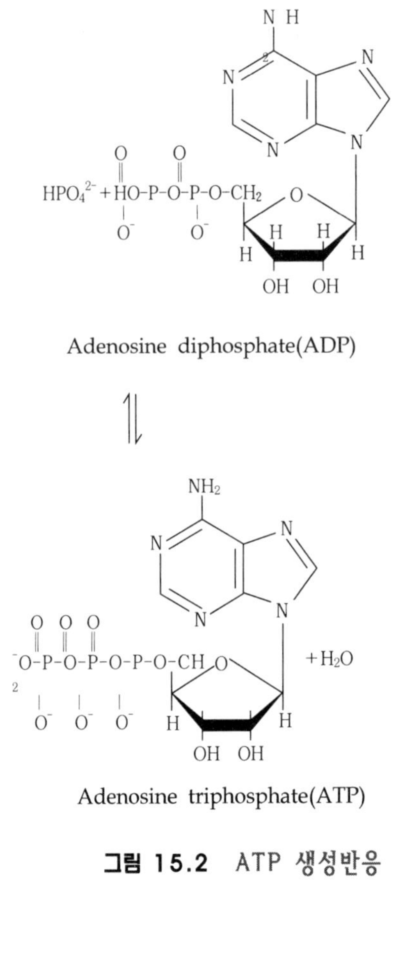

그림 15.2 ATP 생성반응

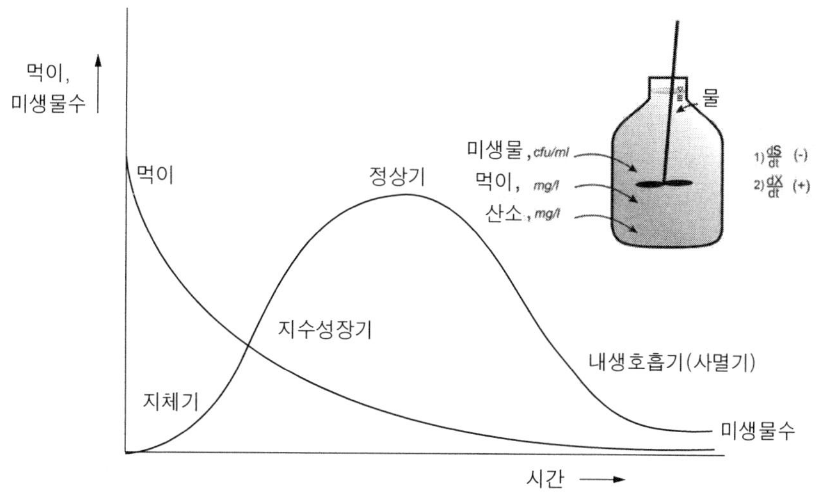

그림 15.3 회분식 반응조에서 미생물의 성장곡선

칼슘(Ca), 마그네슘(Mg), 칼륨(K), 철(Fe), 망간(Mn), 코발트(Co) 등과 같은 무기이온은 세포의 성장에 미세한 양이 필요하지만 성장에는 필수영양원소이다. 보통 상수원에 존재하므로 하수에도 존재한다. 살아있는 기타 모든 생물과 마찬가지로 미생물도 비타민과 같은 성장요소를 필요로 하며, 기타 용존산소농도가 2.0mg/L 이상으로 유지되는 호기성 조건이어야 하며, 성장온도는 중온성 처리가 대부분이므로 10~40℃ 이내로 유지시켜줘야 하고, pH는 중성영역인 6~8 범위에 있어야 한다. 만약 폐하수의 조성이 불균형 상태에 있으면 필요한 성분을 필요량만큼 보충해줘야 하는데, 식물성이 주성분인 폐수를 생물학적으로 처리하기 위해서는 질소농도가 보통 낮기 때문에 효과적인 처리를 위해 암모늄염을 투여하여야만 한다. 세포가 성장하는 데는 각각 특성이 있는 여러 단계를 거쳐 진행되어 나간다.

15.4 미생물의 성장동력학

회분식배양(batch culture)에서 미생물의 일반적인 성장은 지체성장(적응)단계, 대수성장단계, 감소성장단계, 내생호흡단계(사멸단계) 등으로 구분할 수 있다.

지체성장(lag growth)단계는 미생물이 환경에 적응하는 단계로서 만약 세균이 특정

기질 내에서 성장하지 못한다면 미생물이 효소를 기질로 이용하기도 한다. 그 다음 단계는 대수성장(log growth)단계로서 반응초기의 활동적인 성장단계인데 과량의 먹이 섭취로 인해 일어나며 성장은 대수적으로 증가한다. 미생물의 증가율은 시스템 내에 존재하는 미생물의 양에 비례한다. 대수성장단계에서 미생물의 성장이 1차 반응이라고 가정하면 미생물의 성장율은 다음의 식과 같다.

$$dX/dt = \mu X$$

여기서, X : 미생물농도(질량/단위용적)

t : 시간

μ : 비성장속도(미생물의 비성장율/시간) : 단위미생물당 미생물량 변화율

위 식을 적분하면

$$X_t = X_o e^{\mu t}$$

또는

$$\ln X_t = \ln X_o + \mu t$$

여기서, X_t : t시간일 때 미생물의 농도

X_o : $t=0$일 때 미생물의 농도

시간에 따른 미생물량의 변화를 반대수(semi-log) 그래프에 그리게 되면, 직선의 기울기(곡선의 접선)를 비성장속도 μ라고 한다.

대수성장단계(log-growth phase)는 최초의 배양액에다 미생물을 접종시키면 미생물은 세포분열을 시작하여 미생물의 수는 증가하며 양분이 충분하므로 미생물도 최대의 속도로 증식하는 단계로서 미생물의 대사율이 최대가 된다. 비록 폐수 내의 유기물이 최대의 속도로 제거되기 위해서는 대수성장단계가 바람직하지만 이 상태의 미생물은 침전되지 않고 분산되어 성장하므로 침전지에서 침전성이 나쁘므로 폐하수의 생물학적처리에 이용되지 않을 뿐더러 BOD제거율도 낮다.

감소성장단계(declining growth)는 성장이 쇠퇴하는 단계로서, 미생물의 수가 점차 증가하여 양분이 모자라게 되면 미생물의 증식률이 사망률과 같게 될 때까지 증식률은 감소하게 되며 그 결과 살아있는 미생물의 무게보다 원형질의 전체무게가 더 크게 된다. 이 단계에서는 미생물이 서로 응결되어 플록(floc)이 형성되기 시작하므로 점차

침전성이 좋아져 수처리에 이용되는 단계이다.

내생호흡단계(endogenous respiration)는 방사선 동위원소의 분해와 비슷하게 지수적 감소율을 나타내는 단계이다. 이것을 식으로 표현하면,

$$dX/dt = -bX$$

여기서, b : 내생호흡상수

위식을 정리하여 적분하면

$$X_t = X_o e^{-bt}$$

여기서, X_o: 내생호흡단계 시작점에서 미생물의 농도($t=0$)

X_t: 내생호흡단계를 시작한 후 t시간 후의 미생물량

살아있는 미생물들이 조금밖에 없는 양분을 두고 서로 경쟁하므로 결국 신진대사율은 더 큰 속도로 감소하고 따라서 살아있는 미생물의 수도 크게 감소하나, 미생물은 그들 자신의 원형질을 분해시켜 에너지를 얻으므로 원형질 전체무게가 줄어들게 된다. 활성슬러지조에서 폭기를 계속시켜주면 세포의 분해, 재합성, 그리고 원생동물에 의한 박테리아의 포식, 즉 약육강식이 일어나고 미생물의 자산화가 일어나게 한다. 이러한 경우 신진대사율이 낮더라도 유기물의 분해는 거의 완전하게 달성되며 미생물이 빨리 응결되고 침전성이 좋아서 높은 BOD제거율이 기대된다. 모든 미생물세포가 다른 미생물에 의해 이용될 수 있는 것은 아니다. 따라서 내생호흡단계에서 살아있는 세포량과 총바이오매스의 양과의 관계는 일정하지 않음을 인식하는 것은 매우 중요하다. 폐수처리를 고려할 때 기질의 농도를 가능한 한 낮은 농도로 유지하는 것이 필요하다. 그러나 기질이 완전히 제거될 때까지의 시간은 가장 많은 미생물생산이 관찰될 때까지의 시간과 같다. 기질이 완전히 제거되면 내생호흡이 일어나므로 슬러지량의 감소는 일어날 수 있으나, 이 단계에 도달하려면 보다 긴 반응시간이 필요하므로 이것은 처리시설의 규모를 더 크게 설계해야 할 뿐만 아니라 유지관리비용이 증가하는 것을 의미한다.

미생물 성장에서 중요한 용어가 있는데, 이것은 F/M비(Food to Microorganism ratio)이다. F는 먹이(유기물질)를 의미하고 M은 미생물의 양을 나타내는데, F/M비가 크면 대수성장을 하게 되므로 미생물이 분산되어 성장하고, 미생물성장에 소요되는 만

큼의 산소공급이 필요하다. F/M비가 중간정도이면 감소성장을 하게 되어 미생물 floc이 형성되기 시작한다. 반면에 F/M비가 작으면 내생호흡단계에 있게 되어 미생물floc이 형성되어 성장하게 된다. 침전조에서 미생물 플록이 잘 침전되어야 기대하는 좋은 결과를 얻을 수 있으나, 미생물 플록이 침전하지 않고 부상을 하게 되면 Bulking(팽화) 현상이라는 것이 발생된다. 이 현상은 긴 사슬형의 미생물인 fungi가 다량으로 발생하기 때문에 초래되는 현상으로서 F/M비가 커서 산소공급이 부족하게 되거나 낮은 pH상태와 유입하수 내에 질소가 부족하면 발생하게 된다. 탄수화물 계통의 유기물이 분해될 때에는 분해속도가 매우 크므로 용존산소의 결핍상태가 되어 팽화현상이 발생할 수 있다.

미생물 배양조 내 영양물질이 고갈함에 따라 세포증가율은 감소하게 되는데, 영양물질 중에서 첫 번째로 고갈되는 영양물질, 즉 제한기질(limiting substrate)과 μ와의 관계를 Monod는 Michaelis−Menten식을 이용하여 아래와 같은 실험식을 제시하였다.

$$\mu = \mu_m S/(K_s + S)$$

여기서, μ_m : 최대 비성장속도

S : 기질농도

K_s : $\mu = \mu_m/2$일 때의 기질농도

이 식은 대수성장단계의 초기에 비성장속도(μ)가 기질의 농도에 영향을 받지 않는다고 가정하여 도출한 식이다. 이것은 어떠한 시스템에서도 성장을 제한하는 기질농도를 예측할 수 있음을 의미한다. 비성장속도와 기질농도와의 사이에 많은 실험적 연구들이 진행되었으며, 순수배양에서 단일기질을 사용하였을 때 비성장속도는 기질의 농도가 증가함에 따라 최대값에 접근한다고 보고하고 있다. 이 식은 단순반응을 모델링할 때 유용하지만, 복잡한 기질에 대해서는 다소 의심스러운 면이 있다.

미생물의 기질이용율(dS/dt)과 미생물 성장률(dX/dt)간의 상호관계는 다음 식과 같다.

$$dX/dt = - Y\, dS/dt$$

여기서, S : 기질(substrate)농도

Y : 최대미생물 생성계수(단위제거유기물당 미생물의 생성량)

미생물의 비성장율이 Monod식에 따른다고 할 때 위의 식은 다음과 같은 식으로 변환될 수 있다.

$$dS/dt = -\mu_m XS/(Y(K_s + S) = -kXS/(K_s + S)$$

위의 식에서 $k = \mu_m / Y$ 로서 미생물 단위무게당 최대기질이용율을 의미하는데, 단위시간당 기질농도의 변화는 현재의 기질농도와 미생물농도의 함수이다.

미생물은 내생호흡에 의하여 세포물질을 산화시켜 에너지를 얻거나 사멸하게 되는데 미생물의 사멸이 1차반응에 따른다고 가정하면 이로 인하여 감소되는 미생물량은 다음식과 같다.

$$dX/dt = -k_d X$$

여기서, k_d : 내생호흡(분해)계수 (또는 사멸계수)

따라서 미생물의 순성장율은 다음 식과 같다.

$$dX/dt = \mu X - k_d X = (\mu - k_d)X$$

$$= YkXS/(K_s + S) - k_d X$$

위의 식들에서 기질농도는 용존성 유기물질에 국한하며, 동력학적 상수값들은 미생물종류, 기질종류, 환경조건(온도, pH 등)에 따라 변화한다. 또한 연속배양시에도 동일한 동력학적 상수들이 사용되는데, 상수값들과 미생물체류시간과는 무관하다. 다음 표는 활성슬러지공정의 일반적인 동력학적 상수값을 나타낸 것이다.

슬러지 생산량(Y)에 관한 식은 다음과 같은데, 기질의 슬러지 생산능력을 측정하는데 유용하게 사용될 수 있다.

$$Y = (X_t - X_o)/(S_o - S_t)$$

여기서, S_o와 S_t : $t = 0$ 와 t 시간일 때 기질의 농도

X_t 와 X_o : $t = 0$ 와 t 시간일 때 미생물의 농도

Y의 실제값은 다른 환경요소뿐만 아니라 기질의 특성과 처리공정 내에 있는 미생물의 형태에 영향을 받는다. 단일기질에 대한 Y값의 범위는 0.29~0.70 정도이며, 복잡한 기질인 폐수에 대하여서는 제거된 단위산소요구량당 생성된 VSS량을 Y로 표현하면 편리하다. 호기성폐수처리에서 Y값은 COD기준으로 0.55값이 종종 이용되며, 혐기성폐수처리에서의 Y값은 약 0.1이 이용된다.

표 15.1 하수처리장 활성슬러지공정의 동력학적 상수값

계 수	단 위	동력학적 상수값	
		범 위	일반적인 값
k	d^{-1}	2~10	5
K_s	mg BOD/L	25~100	60
	mg COD/L	15~70	40
Y	mg VSS/mg BOD	0.4~0.8	0.6
k_d	d^{-1}	0.025~0.075	0.06

15.5 호기성 산화에서 산소요구량

물에 유기물이 존재하게 되면 이것을 안정화시키는데 필요한 산소요구량을 구해야 한다. 대표적인 예로 글루코오스의 완전산화 반응식을 나타내면 다음의 반응식과 같다.

$$C_6H_{12}O_6 + 6O_2 \rightarrow 6CO_2 + 6H_2O$$

180g (1몰) 6×32g (BOD_u)

위의 반응식으로부터 알 수 있듯이 글루코오스는 CO_2와 물로 완전히 산화될 때 산소 6몰(mole)이 필요하다. 그렇다면 글루코오스 1몰의 최종BOD(BOD_u)는 192g이 된다.

탄소화합물을 안정화시키기 위해서 요구되는 산소에 부가해서 질소화합물의 질산화 기간동안의 산소요구량은 다음과 같다.

$$2NH_3 + 3O_2 \xrightarrow{\text{질산화박테리아}} 2NO_2^- + 2H^+ + 2H_2O$$

$$2NO_2^- + O_2 + 2H^+ \xrightarrow{\text{질산화박테리아}} 2NO_3^- + 2H^+$$

위의 반응식을 참고로 하여 암모니아성 질소 1mg/L를 질산성 질소로 산화시키기 위한 필요산소량이 이론적으로 얼마인지를 계산하기 위해서는 우선적으로 위 반응식들을 다음과 같이 재정리하여야 한다.

$$NH_3 + (3/2)O_2 \rightarrow NO_2^- + H^+ + H_2O$$

$$NO_2^- + (1/2)O_2 \rightarrow NO_3^-$$

위의 두 반응식을 결합하면,

$$NH_3 + 2O_2 \rightarrow NO_3^- + H^+ + H_2O$$

따라서 암모니아성 질소 1몰은 14g이고, 이에 대한 산소는 2몰이 화학양론적으로 소요되므로 64g이 필요하다. 그러므로 1mg/L의 암모니아성 질소를 질산성 질소로 산화시키는데 소요되는 산소량은 4.57mg/L가 된다. 완전히 산화되는데 요구되는 산소량은 시료의 완전한 화학분석에 근거하여 계산될 수 있으나, 이러한 계산은 어렵고 또한 시간이 많이 소모되는 단점이 있다. 시료의 여러 가지 특성을 알고 이론적인 산소 요구량을 계산하는 몇 가지 방법들을 제시하면 다음과 같다.

최종산소요구량(UOD, mg/L)

= 2.67 × 유기탄소 농도(mg/L)

+ 4.57 × (유기성질소농도 + 암모니아성질소 농도)(mg/L)

+ 1.14 × 아질산성질소 농도(mg/L)

과망간산칼륨이나 중크롬산칼륨을 이용한 화학적 산소요구량은 UOD의 비(중크롬산일 때 큰 비율)를 측정하는 것이다. 그러나 이들 방법은 두 가지 단점이 있다. 하나는 물질이 생물학적으로 분해가 되었는지 여부를 알 수 없고, 다른 하나는 생물계 내에서 생물학적 산화가 진행될 때 요구되는 산소의 비율을 알 수 없다는 것이다. 이러한 단점 때문에 대부분의 경우에 BOD값을 이용하거나 TOC값을 이용하게 되었다.

15.5.1 생화학적산소요구량(BOD)

BOD는 호기성조건에서 유기물을 산화시키는데 미생물에 의해 소비되는 산소의 양으로 정의할 수 있다. 이것은 폐수내의 유기물질의 종류를 일일이 분석하지 않고 호기성미생물에 의해 합성 또는 산화시키는데 필요한 산소량을 측정하면 유기물의 양을 간접적으로 측정가능하다. 폐수 내에 존재하는 유기물의 종류는 대단히 많으며 각 유기물의 농도를 일일이 구하는 것은 대단히 어렵다. 유기물이 자연수계에 유입되면 수계에 서식하는 미생물은 용존산소(DO)를 결핍시키므로 유입된 유기물의 양이나 종류보다는 오히려 용존산소를 결핍시키는 잠재능력의 평가가 중요하다. 실험실에서는 관습적으로 20℃에서 5일간 시료를 배양했을 때 소모된 산소량을 측정하는 데 그 값을

5일 BOD 또는 BOD_5라고 하며 통상 BOD라고 한다.

산화는 비교적 느리게 진행되며, 표준배양기간인 5일 동안의 배양으로는 완전하지 않다. 글루코오스와 같은 단순한 유기화합물은 거의 5일 내에 완전히 산화되지만 가정하수는 5일 동안 약 65%밖에 산화되지 않으며, 복잡한 유기화합물은 약 40% 정도밖에 산화되지 않는 것도 있다.

BOD반응은 1차 반응이라 가정하며, 1차 반응에서 산화속도는 잔존 산화가능 유기물의 농도에 비례하고, 반응은 적당한 미생물이 있는 상태에서 유기물 양에 의해 조절된다.

$$dL/dt = -kL$$
$$dL/L = -kdt$$

위식을 적분하면

$$L_t/L = e^{-kt}$$

그러므로

$$L_t = L \cdot e^{-kt}$$

자연로그 ln보다는 log10을 이용하는 것이 편리하며, 따라서 다음과 같이 나타낼 수 있다.

$$L_t/L = 10^{-kt}$$
$$L_t = L \cdot 10^{-kt}$$

여기서, $k = 0.4343K$, 속도상수[탈산소계수(BOD감소속도상수)]

K : 상수

L_t : t일 후 잔존 BOD

L : $t = 0$일 때 유기물량 또는 BOD_u

t : 시간

소모되는 산소, 즉 BOD_t는

$$BOD_t = L - L_t = L - L \cdot 10^{-kt} = L(1 - 10^{-kt})$$

예를 들어, 탈산소계수(k)가 0.1/d인 어느 유기물질의 5일간의 BOD가 200mg/L이

다. 2일 후에 남아 있는 BOD가 몇 mg/L인지를 구하여 보면,

$$200 = L(1 - 10^{-0.1\times5})$$
$$L = 292.5\,\mathrm{mg/L}$$
$$L_t = L\cdot 10^{-kt}$$

그러므로 $L_2 = 292.5\times10^{-0.1\times2} = 184.6\,\mathrm{mg/L}$이 된다.

k값은 산화율에 지배되며 어떤 물질의 생물학적 분해를 특징적으로 나타내면, 하수에서는 20℃에서 k가 0.17/d이며, 다른 온도에서는 새로운 값을 다음 식에 의해 구할 수 있다.

$$k_T = k_{20}\times1.047^{(T-20)}$$
$$L_T = L_{20}[1+0.02(T-20)]$$

여기서, k_T : T℃일 때 탈산소 계수(d−1)
k_{20} : 20℃일 때 탈산소 계수(d−1)
1.047 : 온도보정계수
T : 온도(℃)

예를 들어, 20℃에서 탈산소계수(k_{20})가 0.1day^{-1}이고 온도보정계수는 1.047, 온도가 25℃로 높아진다면 탈산소계수는 얼마인지를 계산하여 보자.

$$k_T = k_{20}\times1.047^{(T-20)}$$
$$k_{25} = 0.1\times1.047^{(25-20)} = 0.126\,\mathrm{day}^{-1}$$

Thomas법에서 5일 BOD계산은 L과 k값의 계산이 필요하지 않다. 이러한 값을 구하기 위해서는 1일에서 6일 동안의 BOD를 계산할 필요가 있고 그 자료로부터 그래프에 그린 곡선을 얻는다. Thomas법으로 그래프를 그리는 방법을 보면 다음과 같다. $(1-e^{-kt})$와 $k(1+kt/6)^{-3}$은 매우 유사하므로 이러한 표현은$\mathrm{BOD_t} = L(1-e^{-kt})$라 쓸 수 있으며, 다음과 같이 표현할 수도 있다.

$$\mathrm{BOD_t} = Lkt(1+kt/6)^{-3}$$

즉, $(t/\mathrm{BOD_t})^{1/3} = (kL)^{-1/3} + (k^{2/3}/6L^{1/3})^t$

$(t/\mathrm{BOD_t})^{1/3}$ 을 시간에 대해 도식화하면 직선을 얻을 수 있다.

$$(a) = (kL)^{-1/3} \text{(절편)} (b) = (k^{2/3}/6L^{1/3})^{t} \text{(기울기)}$$

따라서, $k = 6b/a$, $L = 1/ka^3$

실제 BOD곡선의 형태는 질산화에 요구되는 산소의 영향에 의해 변형되지만 질산화박테리아의 성장률이 느리기 때문에 그 영향은 8~10일까지는 그리 중요하지 않다. 그러나 처리수의 경우에는 질산화박테리아의 수가 많기 때문에 질산화의 효과가 1~2일 후에 나타날 수도 있다.

질산화 과정은 질산화 억제제 ATU (allyl thiourea)를 투입하여 BOD 실험에서 질산화를 억제시킬 수 있기 때문에 탄소성 생화학적 산소요구량(CBOD : carbonaceous biochemical oxygen demand)만을 측정할 수 있다. 만약 유출수 내에 질산성질소가 존재하면 환원조건에서 산소를 제공할 수 있다고 한다. 그러나 질산성질소에서 나오는 산소는 DO가 1.0mg/L 이하로 떨어지거나 수중의 생물이 죽는 상태에까지 도달해야 산소를 방출한다.

1) 1단계 BOD : 탄소화합물을 호기성 조건에서 미생물에 의해 분해(산화)시키는데 필요한 산소요구량(Carbonaceous BOD)
2) 2단계 BOD : 질소화합물을 호기성 조건에서 미생물에 의해 분해(산화)시키는데 필요한 산소요구량(Nitrogenous BOD)

원래 BOD 실험은 하천에 하수가 방류된 후 나타나는 상태를 조사하고자 실시하였다. 생물학적 처리에서 높은 미생물의 농도를 유지시키기 위해서는 계속해서 교반시켜야 하며, 충분히 DO를 공급해 주어야 한다. BOD측정의 단점은 $\mathrm{BOD_5}$가 5일의 기간이 필요하며 어떤 기간이상 매일 간격을 두고 측정하지 않으면 산소 소모율을 정확하게 나타내지 못한다.

수중의 산소용해도는 20℃에서 약 9.1mg/L이기 때문에 많은 시료들이 5일이 지나기 전에 용존되어 있는 모든 산소를 이용할 것이다. 시료에 대한 정확한 BOD값을 얻기 위해 주의를 기울여야 될 사항으로는, 실험이 끝날 때 1~2mg/L 정도의 산소만 소모될 수 있도록 희석하여야 한다. 이를 위해 희석시료와 희석수를 BOD병에 채워 폭기시켜야 하고 DO농도를 점검해야 한다. 희석된 시료와 희석수가 든 병의 남아 있는 DO농도가 측정되면 아래 보기와 같이 BOD는 계산된다.

예제 15.1

어떤 산업폐수를 1 : 5로 희석하였을 때 DO는 아래와 같다.

희석시료의 초기 DO : 9.1mg/L, 희석시료의 최종 DO : 4.3mg/L
희석수의 초기 DO : 9.1mg/L, 희석수의 최종 DO : 8.7mg/L

이 산업폐수의 BOD는 얼마인가?

풀이

희석시료의 산소소모(9.1~4.3=4.8mg/L)는 폐수에 포함된 것이 1/5이기 때문에 남아있는 것은 4/5이다. 희석수 자체는 BOD가 적다(9.1~8.7). 희석수가 든 병의 BOD의 4/5는 희석시료의 산소소모로부터 빼야만 하며, 희석되지 않은 폐수의 BOD를 구하기 위해서는 그 결과에 희석배수를 곱해주어야 한다.

$$
\begin{aligned}
\text{폐수의 BOD} &= [(9.1-4.3)-(9.1-8.7)4/5]\times 5 \\
&= [4.8-(0.4\times 4/5)]\times 5 \\
&= 4.48\times 5 = 22.4\text{mg/L}
\end{aligned}
$$

산소소모량을 보다 실제적으로 측정하기 위해서는 호흡계(respirometer)가 필요한데, 간단한 호흡계는 밀폐된 플라스크에 적접 시료를 넣고 기질을 제공한 후 교반기에 의한 교반으로 측정할 수 있는데, 그 원리는 미생물의 호흡에 의해 나오는 이산화탄소를 알칼리용액에 흡수시켜 플라스크 내의 압력이 떨어지는 것을 측정하는 것이다. 보다 정확한 호흡계는 DO전극을 이용하여 시료 내의 산소농도를 계속 측정하여 산소소모율을 계산하는 방법이다. 또 다른 형태의 호흡계로는 압력강하를 이용하여 전해질 산소발생기를 작동시켜 플라스크 내로 충분한 산소를 공급하고 표준치로 다시 압력을 낮추는 것이다. 최근에 개발된 호흡계는 밀폐된 반응기를 산소실린더와 연결시킨 다음 산소가 소비되는 만큼 산소실린더로부터 반응기로 전달되는 산소의 양이 자동으로 기록된다. COD/BOD의 비가 1~3인 물질은 생분해가 가능하다고 볼 수 있으며, 그 수치가 5보다 큰 것은 생분해가 의심스러운 경우에 해당된다.

15.6 혐기성 소화

유기성 폐기물의 경우 호기성 안정화는 산소가 매우 많이 필요하고, 반응조 내에 호기성상태를 유지시켜주는 것이 물리적으로 어려운 면이 있다. 반면에 혐기성 안정화는 낮은 분해효율과 느린 반응에도 불구하고 적당한 처리방법이 될 수 있다. 그러나 혐기성소화의 운전상의 문제점으로는 산생성 박테리아는 환경조건에 잘 적응하지만 메탄생성박테리아는 매우 민감한데, 예를 들면 pH를 6.5~7.5의 범위에서만 운전해야 한다. 따라서 메탄박테리아에 적합한 분해성장조건을 만들어 주는 것은 중요하다.

산생성 박테리아가 빠르게 분해활동을 하게 되면 과도한 개미산, 초산, 프로피온산 등의 휘발성 유기산(volatile fatty acid, VFA)이 생성되어 급속히 pH를 낮추게 되며, 이때 메탄생성박테리아의 활동이 멈추게 되어 심한 악취화합물질이 생산되며 이후 반응을 하지 못하게 된다. 산생성 박테리아가 저해 받을 수 있는 수준까지 pH를 조절함으로써만이 회복되지만, 미리 이러한 실패를 방지하기 위한 보다 좋은 해결책으로 평상시에 신중하게 pH와 휘발산의 농도를 관찰하는 것이 필요하다. 이들 두 종류의 박테리아 모두 따뜻한 환경을 좋아하는데, 혐기성소화의 최적온도는 중온소화일 경우 약 35℃, 고온소화일 경우에는 55℃가 적당하다.

예제 15.2

폐수 중에 포함된 입자상 유기물이 미생물의 먹이로 이용되는 과정을 간략하게 설명하시오.

풀이

입자상 유기물이 미생물의 체외효소에 의해 가수분해 되어 용해성 유기물로 전환된 다음 세포벽을 통과하여 에너지원으로 이용된다.

예제 15.3

박테리아는 나무, 토양, 퇴비 등과 같은 고형물질을 이용하기 어려운 조건에서도 곰팡이(fungi)는 어떻게 이들로부터 성장에 필요한 에너지를 얻을 수 있는지 간략하게 설명하시오.

풀이

곰팡이는 고형물을 가수분해 시킬 수 있는 체외효소를 만들어 낼 수 있도록 적응하는 특별한 특성을 갖고 있기 때문에 이들 물질로부터 에너지를 얻을 수 있다.

예제 15.4

미생물의 양을 휘발성부유고형물(VSS)로 나타낼 경우의 문제점과 그에 대한 보완책을 제시하시오.

풀이

VSS 값에는 죽은 미생물 및 기타 유기물까지 포함될 수 있어 활성미생물의 양을 정확히 나타낼 수 없다. 따라서 보다 정확한 값을 얻기 위해서는 ATP나 OUR (Oxygen Uptake Rate) 값을 이용할 수 있다.

예제 15.5

글루코오스($C_6H_{12}O_6$)를 이용하여 ThOD 200mg/L 용액 1L를 만들고자 한다. 소요되는 글루코오스의 양(g)을 구하시오.

풀이

$$C_6H_{12}O_6 + 6O_2 \rightarrow 6CO_2 + 6H_2O$$

180   192

ThOD Glucose   ThOD   Glucose

$$192 : 180 = 200\text{mg/L} : x(\text{mg/L})$$

$$x = \frac{180 \times 200(\text{mg/L})}{192}$$

$$= 187.5 \text{ mg/L}$$

즉, glucose 0.1875g을 물에 녹여 1L로 만든다.

그림 15.4 혐기성소화조

16

Chapter

유기물의 호기성 처리

하천에서 분해될 수 있는 유기물질의 양은 앞에서 언급한 바와 같이 DO의 존재량에 의해 제한 받는다. 많은 양의 폐수가 비교적 적은 유량의 하천으로 배출되는 공업지역에서는 호기성 조건을 유지할 수 없기 때문에 자적작용이 어려우며, 부상물질을 제거하는 처리공정이 필수적이다. 용존성 및 콜로이드성 유기물의 제거는 자정작용에서 일어나는 것과 같은 반응에 의해 이루어 질 수 있으나, 보다 효과적인 제거는 최적조건을 갖춘 처리장에서 얻을 수 있다.

16.1 생물학적 산화의 원리

호기성 산화반응의 속도는 크게 변화될 수는 없으나, 슬라임(slime)형태나 슬러지의 형태로 미생물을 많이 제공함으로서 유기물의 제거가 빠르게 이루어 질 수 있다. 미생물 표면은 초기에 콜로이드성 및 용존성 유기물을 흡착시키고, 새로운 세포로 합성되어 비교적 짧은 접촉시간 후에 용액 내의 잔류유기물이 거의 남지 않는다. 흡착된 유기물은 보통 호기성 최종산물(그림 16.1)로 산화된다. 유기물의 제거율은 생물성장곡선(그림 16.2)단계에 의존한다.

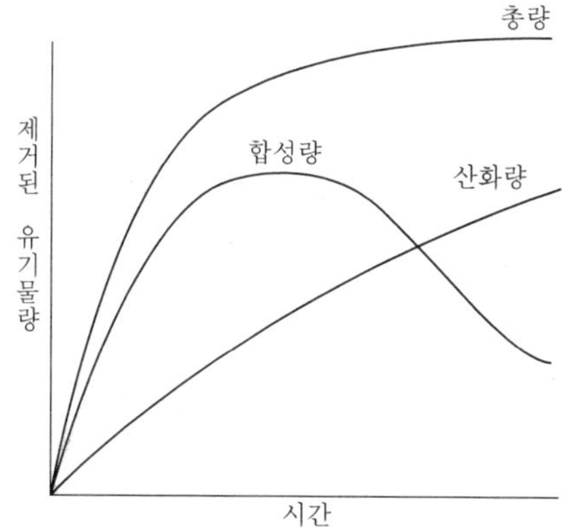

그림 16.1 생물학적 처리시 유기물질의 분해

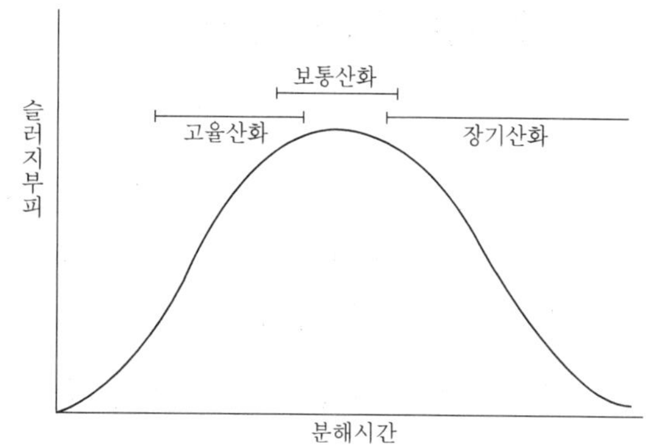

그림 16.2 생물학적 산화공정별 운전단계

그림 16.2는 다양한 호기성 처리방법의 폭기시간에 따른 성장곡선을 나타낸 것이다. BOD이론은 1차반응이라 가정하고 설명되는데, 때때로 반응이 농도와 무관한 0차반응 또는 2차반응이 되기도 한다. 여러 가지 화합물이 포함되어 있는 하수와 같은 액상폐기물을 다룰 때는 보다 상황이 복잡하게 된다. 고농도의 유기물일 경우, 단위세포무게당 일정한 유기물의 제거율은 다음의 식과 같이 0차(zero order) 반응으로 가정할 수 있다.

$$(Y/S)(dC/dt) = k$$

여기서, Y : 미생물 생성계수, 합성된 휘발성 부유물질(VSS)량/제거된 최종BOD의 단위무게(또는 제거된 COD의 단위무게)

S : VSS(미생물)의 양

k : 반응속도상수

유기물의 농도가 한계값으로 제거될 때 제거율은 농도에 의존하게 된다.

$$(Y/S)(dC/dt) = kC \quad \text{(1차반응)}$$

$$(Y/S)(dC/dt) = kC^2 \quad \text{(2차반응)}$$

폐기물의 COD중 약 1/3은 에너지로 이용되며, 나머지 2/3는 새로운 세포의 합성에 이용된다. VSS로서 측정된 슬러지생산량(Y)은 기질의 폭기시간에 의존하며 슬러지생산량은 0.2~0.8kg/제거된 COD kg의 범위에 있으며 폐수 내에 존재하고 있는 초기 SS에 대해서는 고려되어야 한다.

16.2 호기성 산화의 형태

생물학적 반응조는 적절한 지지표면에 고정막이 있는 부착성장(생물막) 시스템이나 혹은 적절한 정도의 혼합이 있는 상태에서 미생물이 적당하게 있는 부유성장시스템으로 구분할 수 있는데, 두 시스템 모두 고농도의 미생물이 존재하여야만 기대할 수 있는 처리효율을 얻을 수 있다. 이 두 시스템을 대표할 수 있는 처리공정은 다음과 같다.

① 생물여과 또는 생물여상－부착성장(생물막) 시스템
② 활성슬러지－부유성장 시스템
③ 산화지－주로 부유성장 시스템
④ 토양처리－혼합 시스템

생물여과와 활성슬러지 공정은 유사한 원리로 처리되며, 따뜻한 기후에 보다 적합한 산화지는 조류와 세균사이의 공생관계를 이용하여 안정한 유기물을 생산해내고 오염물질의 상당량을 제거할 수 있다.

16.3 생물여과

가장 오래된 생물학적 처리 공정은 기본적으로 자갈상(stone bed)으로 구성되어 있으며, 그림 16.3과 같이 순환형 또는 직사각형의 간헐식 또는 연속식으로 되어 있다. 재래식 여과상에 있어 여재크기는 50～100mm, 회전식 분배 메커니즘에 의해 폐수가 주입되며 보통 깊이는 1.8m이다. 미생물이 슬라임(slime) 또는 막(film)을 형성하는 부분의 여재의 틈사이로 액체가 흐르며, 막을 통과하기보다는 오히려 막 위로 흐르게 된다(그림 16.4).

미생물은 액체의 전단력에 반대되는 개념인 반델발스(Van der Waals) 힘에 의해 여재에 부착된다. 따라서 여과유출수내에 유기물이 거의 없다 할지라도 치환된 막의 형태로 존재하여 상당히 고농도의 SS가 유지될 수 있으며, 만족할 만한 유출수질을 얻기 위해서는 침전이 필요하다. 자연적인 환기에 의해 공급될 수 있는 산소의 양이 제한요소가 되며 여상의 상층부에서 산화속도가 가장 빠르다(그림 16.5).

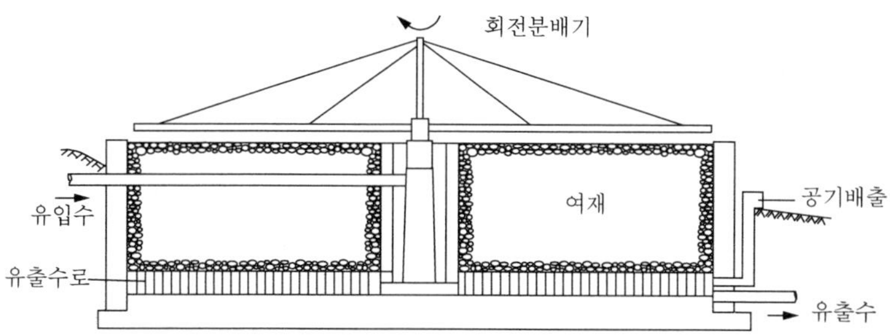

그림 16.3 일반적인 생물여상

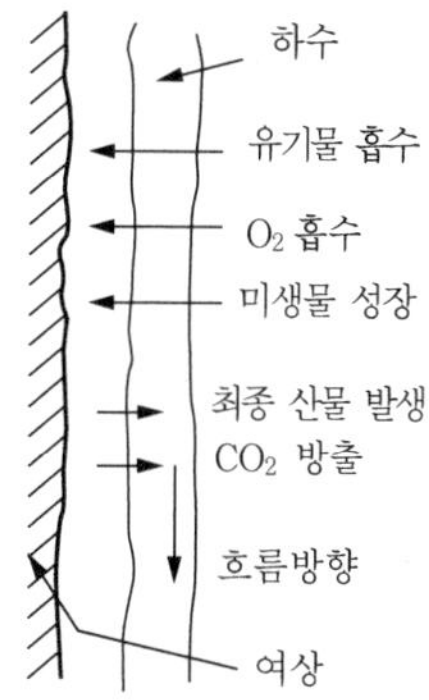

그림 16.4 생물여상의 분해과정 세부단면

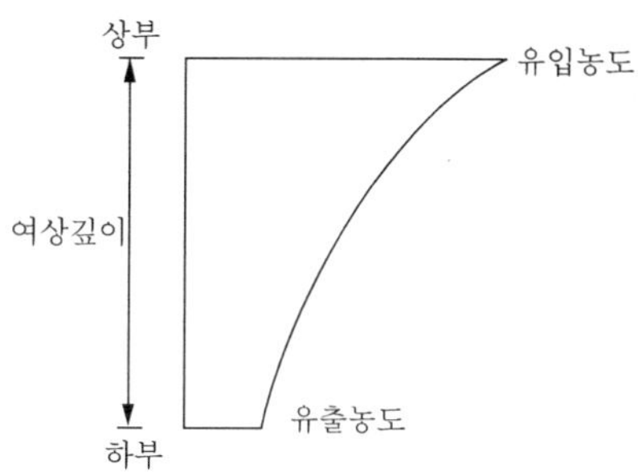

그림 16.5 여상깊이별 유기물농도 변화곡선도

여상깊이 1.8m 이하에서의 산화율은 유기물의 농도가 적으므로 감소하게 되며, 이러한 이유 때문에 2m 이상의 깊이를 가진 여상을 이용하면 그리 효율적이지 못하다. 액체막은 20~30초 동안 유기물과 접촉하게 되는데, 미생물부착 표면적이 넓기 때문에 짧은 접촉시간으로도 흡착과 안정화를 달성하는데 충분하다고 보고되고 있다. 유기물이 막을 통과하여 확산되는 것이 느리므로 최대 안정화속도는 미생물 액면에서 일어난다. 두꺼운 생물막을 가진 상태에서의 안정화는 많은 막이 내생호흡을 하고 있기 때문에 그리 효과적이지 못하다. 만약 여상의 부하가 증가하면 보다 높은 유기물 농도로 인해 공극을 폐쇄시켜 여상의 연못화와 혐기조건을 만드는 두꺼운 막의 형성이 초래될 것이다. 일반적인 설계 부하로는 유출수에서 상당히 높은 정도의 질산화가 얻어진다. 높은 부하로 운전할 수 있는 보다 효과적인 생물여상을 만들기 위해 그동안 수많은 연구가 있었으며, 기본 공정의 여러 가지 변법들이 다음과 같이 소개되어 왔다.

1) 고율여과

이미 언급된 바와 같이 여상에 상당한 부하가 작용하면 연못화를 초래한다. 커다란 여상을 이용함으로써 이를 방지하거나 줄일 수 있으며, $1.8m^3/m^3/d$의 수리학적 부하는 질산화가 거의 일어나지 않지만 가정하수로부터 좋은 유출수를 얻을 수 있을 것이다. 그리 안정된 유출수를 얻는 것이 아니라면 유기물부하가 $1.8kg\ BOD/m^3/d$까지의 부하를 가진 $12m^3/m^3/d$의 강한 산업폐수의 전처리로 60~70%의 BOD제거율을 얻을 수 있다. 이러한 고율여과처리는 보통의 자갈여재(40% 공극율)보다 높은 여상탑에 플라스틱여재(90% 공극율)를 사용함으로써 가능하게 되며, 따라서 연못화의 위험이 훨씬 감소될 것이다.

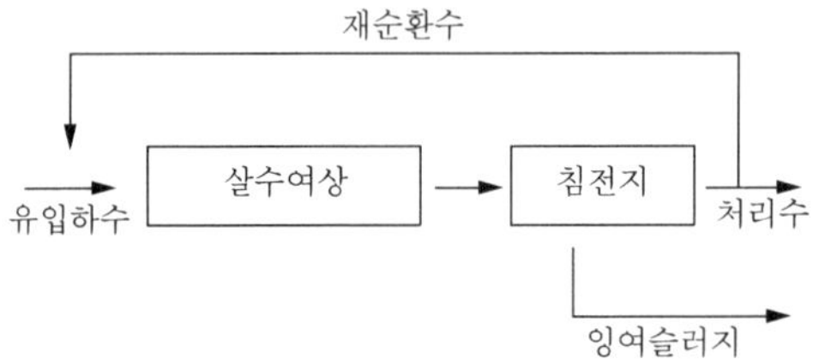

그림 16.6 살수여상의 공정흐름도

2) 대체 이중여과

연못화된 여상은 다른 여상으로부터 부분적으로 안정화된 유출수를 도입함으로써 다시 이용될 수 있다. 대체이중여과에서는 막이 성장하여서 유기물을 분해하는 과정이 반복된다. 두 개의 여상이 연속적으로 운영되며, 첫 번째 여상의 연못화의 징후가 보이면 여상으로의 흐름을 바꾸어 영향을 적게 할 수 있는데 이를 위해 두 번째 여상에 부가적인 파이프작업 및 펌프시설이 필요하다. 만족할만한 유출수는 $1.5m^3/m^3/d$, $0.24kg\ BOD/m^3/d$의 부하로 운전하였을 때 가능하며, 이 공정은 과부하상태의 재래식생물여과의 대체방법으로 이용될 수 있다.

재순환(recirculation)은 폐수의 농도에 의존하는데 보통 1 : 0.5~10의 비로 침전조 유출수와 원수의 혼합으로 여과상의 처리효율을 향상시키는 또 다른 방법이다. 여상으로 유입되는 유기물의 농도는 큰 수리학적 부하와 부가적인 펌핑과 파이프 작업으로 감소시킬 수 있다. 특히 고농도 폐수에 대해서는 2단 순환이 적용될 수 있다.

3) 회전원판법

종종 RBCs(Rotating Biological Contactors)라 불리는 이 공정은 느리게 회전하는 원판을 이용함으로써 막형성에 필요한 커다란 표면적을 제공한다. RBC공정은 원판의 표면이 회전함으로써 규칙적으로 물에 감겼다 나왔다 하면서 기질과 공기를 공급받는다. 두꺼운 막의 성장이 빠르게 촉진되며 높은 BOD제거가 일어날 수 있다. 비록 규칙적인 슬러지배제는 시스템의 적절한 운전을 유지하기 위해 필요하지만, 유입수내의 부유물은 혐기성 안정화가 일어날 수 있는 조의 하부에 침전된다.

16.4 활성슬러지법

활성슬러지법은 교반에 의해 부유상태를 유지하고 있는 고농도의 미생물플록을 이용하는 처리공정으로서, 교반하는 방법은 크게 공기를 송풍기로 보내주어 교반시키는 방법과 표면폭기기와 같은 기계적 교반으로 대별되는데 두 경우 모두 높은 산소전달 효율을 나타낸다. 활성슬러지조 유출수내에 포함되어 있는 유기물의 농도는 낮지만 반면에 고형물의 농도는 2,000~8,000mg/L의 고농도를 유지하고 있기 때문에 반드시 침전조가 필요하다. 이 공정의 효율은 반송되는 슬러지의 양을 어떻게 조절하느냐에 크게 좌우된다. 활성슬러지법의 장점은 생물여과보다 부지를 훨씬 적게 차지하며 손실수두가 훨씬 작으므로 많이 이용되고 있고, 또한 생물학적 시스템에 독성을 야기할 수 있는 산업폐수의 처리에도 이용되고 있다.

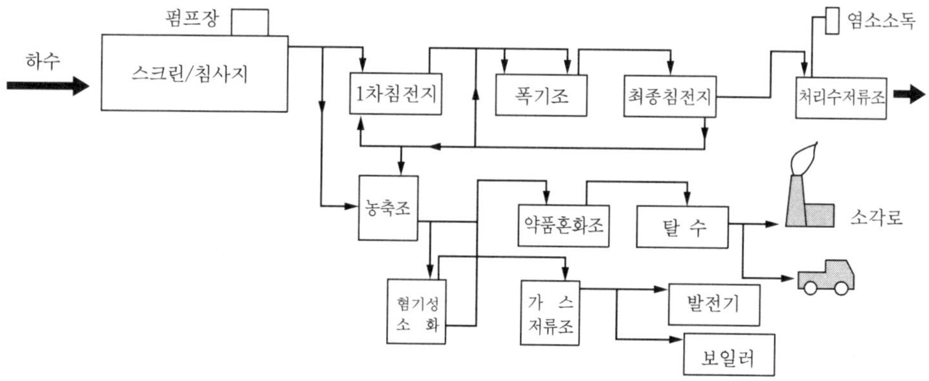

그림 16.7 일반적인 하수처리장의 공정흐름도(활성슬러지법)

산기 시스템에서 공급되는 공기의 대부분은 교반에 이용되며 단지 적은 양만이 실제 유기물의 산화작용에 이용된다. 교반이 없으면 최종침전조에서와 같이 고형물이 하부로 빠르게 침전되고 액체상태에서 유기물과 접촉하는 기회가 적게 되어 침전고형물은 폭기조로 반송되지 않으면 빨리 혐기성이 된다. 미생물 집합체라고 할 수 있는 혼합액에는 충분한 양의 공기가 공급되어야 하는데 보통 용존산소농도를 1~2mg/L 정도 이상으로 유지시켜주어야 한다. 혼합액(MLSS)은 처리에 적당한 농도가 되어야 하며, 유기물의 빠른 흡착과 산화가 일어날 뿐만 아니라 침전조에서 빠르게 침전되어 깨끗한 처리수가 유출되도록 항상 최적의 상태를 유지시켜야 한다.

일반적으로 침전슬러지의 25~50%는 후속 처리공정으로 배출되어 다른 슬러지와 함께 탈수처리 되고, 50~90%는 폭기조로 반송되는데 이는 폭기조 내의 미생물량을 일정한 농도로 유지시켜 주기 위함이다. 만일 불충분한 양의 슬러지가 반송된다면 폭기조 내 MLSS농도는 낮게 되고, 이로 인해 처리효율이 좋지 않은 결과를 초래하게 되며, 반면에 많은 양의 슬러지를 반송하면 매우 높은 MLSS농도가 유지되어 이 결과로 침전조에서 슬러지가 침전이 잘 안될 뿐만 아니라 폭기조에서 높은 산소요구량을 필요로 하게 된다. 슬러지가 침전조에서 빨리 제거되지 않는다면, 바닥이 혐기성 상태가 되어 질산성질소가 질소가스로 환원되고 이 가스가 슬러지에 부착되어 슬러지부상(sludge rising)현상이 유발될 수도 있다.

활성슬러지 공정을 최적의 상태로 유지하기 위해서는 관리지표가 있어야 하는데, 이러한 용도로 쓰일 수 있는 여러 가지 항목들은 아래와 같다.

1) 슬러지부피지수(Sludge Volume Index, SVI)

$$SVI = \frac{30\text{분후 침전된 슬러지의 부피}(\%)}{(MLSS(\%))}$$

슬러지가 좋은 상태이면 SVI값이 약 40~100 정도이지만, 200을 초과하면 슬러지 팽화(bulking)를 야기할 수 있는 불량한 슬러지를 나타낸다. 슬러지 팽화는 나쁜 침전특징을 가진 슬러지에서 나타나며, 이 현상의 원인으로서는 폭기조 내 용존산소가 부족하거나 질소가 적은 폐수처리시 나타나는 사상성 미생물의 존재에 기인한다. MLSS의 침전특성을 측정하는 지표로 사용되는 SVI의 문제점을 들자면, SVI 값이 고형물의 농도와 측정에 사용된 매스실린더의 직경에 의해서 영향을 받는다는 것이다. 이러한 문제점을 극복하기 위해서 35,000mg/L의 MLSS를 100mm 직경의 실린더에 넣고 1rpm의 속도로 교반시키는 SSV (stirred specific volume)실험이 종종 이용된다.

예제 16.1

표준 활성슬러지법으로 처리하는 하수종말처리장에서 SV는 30%, MLSS는 3,000ppm일 때 SVI 값은 얼마인가?

풀이

MLSS = 3,000mg/L = 0.3% (∵ 1% = 10,000mg/L)

$$\mathrm{SVI} = \frac{\mathrm{SV}(\%)}{\mathrm{MLSS}(\%)} = \frac{30}{0.3} = 100$$

---

2) 슬러지밀도지수(Sludge Density Index, SDI)

$$\mathrm{SDI} = \frac{\mathrm{MLSS}(\%) \times 100}{30\text{분 후 침전된 슬러지의 부피}(\%)}$$

SVI와는 개념이 반대가 되는 지수가 SDI인데, SDI값이 약 2 정도일 때 양호한 슬러지이며, 약 0.3일 때에는 불량한 슬러지를 나타낸다.

3) 평균세포체류시간(Mean Cell Residence Time, θ_c)

$$\theta_c = \frac{\text{폭기조 용적}(\mathrm{m^3}) \times \mathrm{MLVSS(mg/L)}}{\text{슬러지인출율}(\mathrm{m^3/d}) \times \text{슬러지}\ \mathrm{VSS(mg/L)}}$$

재래식 활성슬러지법의 설계기준을 살펴보면, BOD 용적부하는 0.56kgBOD/$\mathrm{m^3}$/d, 폭기조의 체류시간은 4~8시간, 산소공급량은 약 6.2$\mathrm{m^3/m^3}$, 최종침전지의 체류시간은 2시간 정도로 한다. 이러한 조건에서는 질산화가 일어날 수 없으므로, 질소를 제거하기 위하여 폭기조 앞에 혐기조를 두고 슬러지를 반송시키고 하수를 교반함으로써 얻어질 수 있다.

활성슬러지의 수많은 변법들이 다음의 그림 16.8과 같이 사용되고 있다.

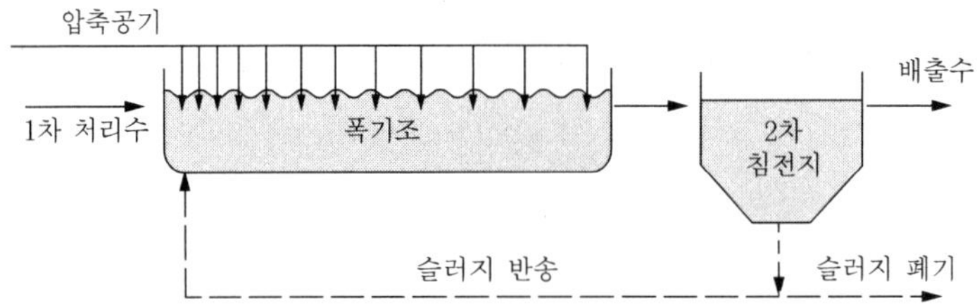

(a) 점감 폭기법

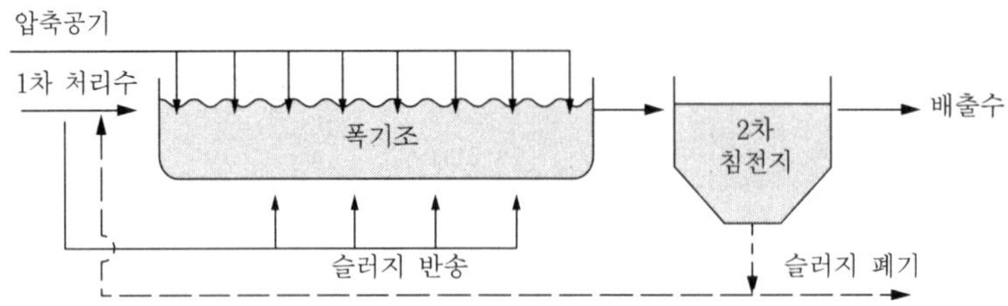

(b) 단계 폭기법

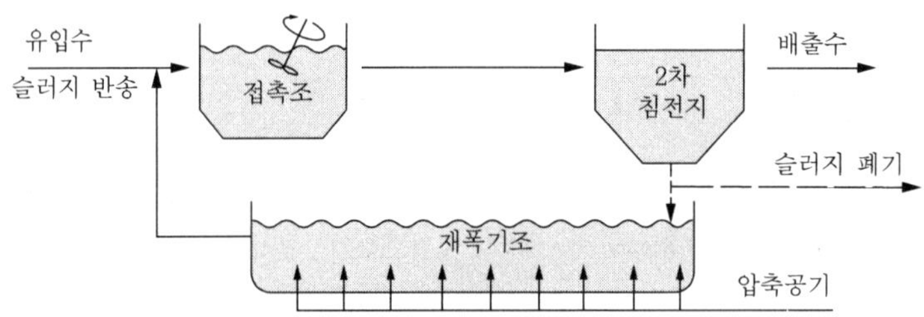

(c) 접촉 안정화법

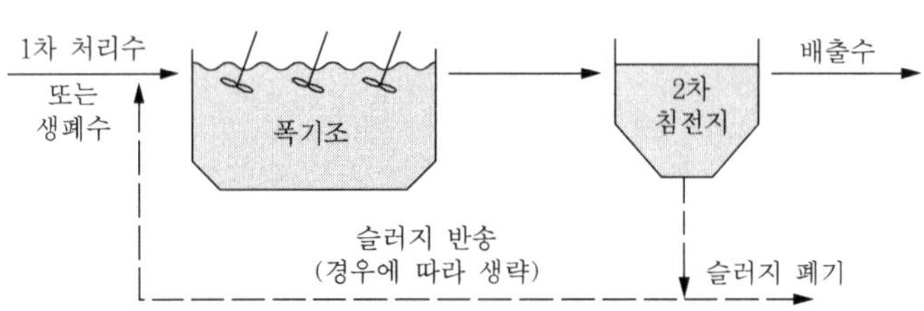

(d) 장기 폭기법

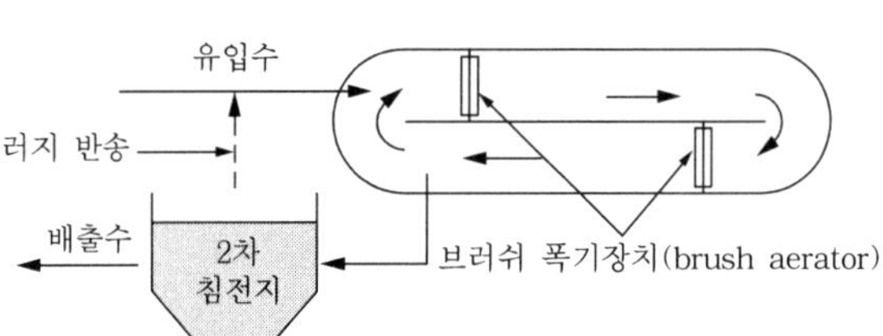

(e) 산화구

그림 16.8 활성슬러지 변법

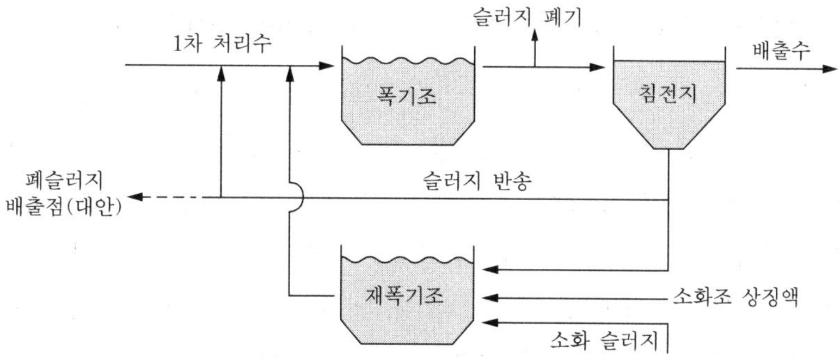

(f) Kraus 법

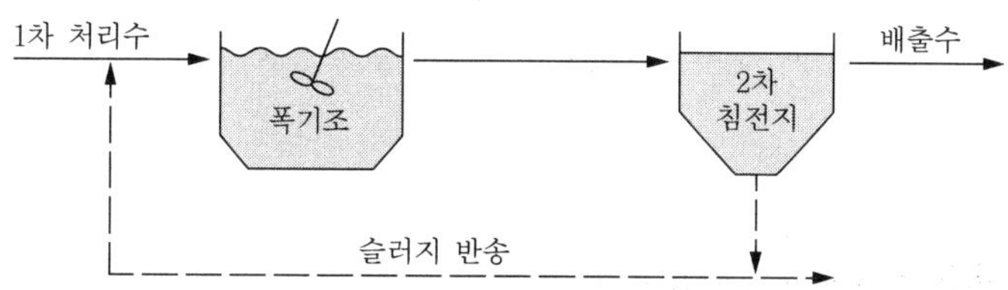

(g) 고속 폭기법

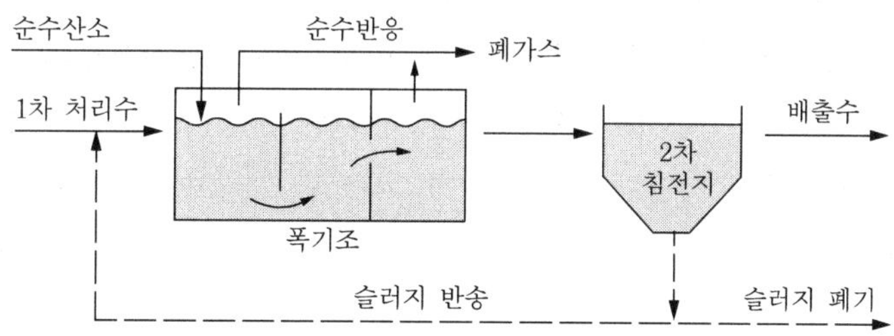

(h) 순수 산소법

그림 16.8 활성슬러지 변법(계속)

4) 고율활성슬러지법

짧은 체류시간(2시간), 낮은 MLSS(약 1000mg/L), 높은 BOD부하(약 1.6kgBOD/m^3/d)에서 운전되는 특징이 있으며, 공기의 공급은 $3m^3/m^3$의 속도로 공급된다. BOD 제거율은 60~70%로서 공기공급은 $3m^3/m^3$의 조건으로 부분적인 안정화가 낮은 비용에서 이루어진다. 강한 폐수의 전처리와 느슨한 기준이 적용되는 해안의 방류수에 적당한 공법이다.

5) 점감폭기 및 단계폭기법(Tapered aeration and step aeration)

재래식에서 산화율은 조의 유입 말단에서 가장 크며, 만일 균일한 공기분배가 이루어진다면 때때로 호기조건을 유지하기가 어려울 수도 있을 것이다. 점감폭기로 공기공급은 점차로 조의 길이를 따라 감소할 것이며 따라서 전처럼 같은 크기의 공기량이 이용된다할 지라도 높은 공기량의 요구에 대처하기 위해 보다 많은 공기가 유입부에 농축된다. 단계폭기는 폭기조 내에 보다 일정한 산소요구량을 주기 위해 조를 따라 일정한 간격으로 폐수를 유입시킴으로서 똑같은 목적을 달성할 수 있다. 폭기조 유입부에 DO가 0이 되는 것을 막기 위해 재래식 활성슬러지법에서 종종 사용되었던 반송슬러지의 재폭기는 필요하지 않다. 완전한 혼합공정은 이러한 개념의 자연적인 연장인 것이다.

6) 장기폭기법(Extended aeration)

오랜 폭기시간(24～48시간)을 이용함으로서 내생호흡단계에서 운전이 되기 때문에 보통의 공정보다 슬러지 발생량이 적게 된다. 0.24～0.32 kg BOD/m^3/d의 낮은 유기물 부하가 이용되며, 작은 슬러지 부피를 갖는 작은 도시에는 인기가 있고, 비교적 불쾌감이 없는 성질의 광물성 슬러지는 상당히 이롭다. 그러나 높은 운전비용(오랜 폭기시간에 기인)이 드는 단점이 있다.

7) 산화구법(Oxidation ditches)

장기폭기법을 개량한 처리방법이며, 브러쉬형태의 폭기장치를 설치하여 포기시키며, 폐수의 흐름을 이것으로 조절하며, 다른 공법에 비해 건설비가 적지만 부지소요가 크다.

8) 접촉안정화법(Contact stabilization)

접촉안정화공법은 접촉조와 안정화조로 구분되며, 접촉조(폭기조)는 0.5～1시간의 폭기시간을 두며, 여기에서는 유기물 제거를 위해 슬러지의 흡착능을 이용하는데, 미생물 농도(MLSS)를 2,000mg/L로 유지한다. 접촉조 후속 시스템은 안정조(재폭기조)라고 하며, 이것은 2～3 시간을 폭기하고, 반송 슬러지(sludge and absorbed organics)

를 재폭기 한다. 슬러지와 세포내 저장된 기질을 충분히 대사하여 내생호흡상태와 내호흡이 진행된 슬러지를 다시 접촉조로 반송하며 이것은 미생물 흡착(biosorption)을 이용하는 공법이다.

9) 순산소활성슬러지법(Pure oxygen activated sludge)

밀폐된 폭기조에 순수한 산소를 공급하여 용존산소(DO)농도가 4~10mg/L가 되게 높게 유지시키며 MLSS농도를 6,000~8,000mg/L가 되게 함으로써 슬러지의 침강성을 향상시키는 공법이다.

10) 유동상법(Fluidized bed)

반응조 내에 모래, 플라스틱, 활성탄 등과 같은 입상물질을 충전하여 상향류로 폐수를 흘려보내면, 미생물수가 증가하게 됨으로써 처리효율을 향상시키는 공법이며, 비표면적이 크므로 생물막이 성장하게 되지만 시간이 지남에 따라 폐색이 될 수 있는 단점이 있다.

11) 심층폭기법(Deep shaft)

1960년대 중반에 영국의 ICI사가 개발한 공법으로서, 공기 부양식 발효공법에 의한 단세포 단백질 생산을 위한 에너지 효율이 뛰어난 기술개발에 대해 연구하기 시작하여, 1973년 단세포 단백질의 연구과정 중 고효율 및 호기성 처리시스템인 심층폭기(100~150m 깊이)법을 도입하였다. 이 공법의 특징은 상승관과 하강관이 있으며 이로 인해 효율적인 혼합이 이루어지고, 효율적인 산소전달이 이루어져 반응조의 하단에서는 대기압 용해도의 10배 정도가 용해되며, 고농도의 MLSS를 유지할 수 있어 부지면적이 적어지나 에너지 소비가 큰 것이 단점이다.

12) 침적폭기여상법(Submerged aerated filter)

여재를 충전한 폭기식 반응조로서 여재에 부착된 생물막의 유기물 분해반응, 부유물질의 여과과정과 역세척을 행하게 되면 과도한 미생물막이 제거되어 여과기능을 회복하게 되며, 2차 침전지가 없어지거나 적어져 처리장의 부지면적이 감소하게 된다.

16.5 산화지

산화지란 얕은 연못 등을 이용하는 공법으로서, 처리원리는 따뜻하고 햇볕이 있는 기후조건에서 자연의 자정능력을 이용하여 폐수를 증발 및 지하침투 하여 처리하는 공법이다. 처리의 특징을 들면, 건설비가 적게 들고, 운전 구조가 간단하지만 부지면적이 커야하기 때문에 우리나라의 도시지역에서는 부적절하지만 부지단가가 저렴한 농촌지역 등에서는 활용 가능성이 있다.

1) 임의성지(Facultative ponds)

수면은 호기성 상태이고 바닥은 혐기성 상태이므로, 상반되는 두가지 상태를 적절히 이용하는 공법(그림 16.9)이다. 수면상부의 조류는 무기인과, CO_2를 이용하여 광합성 작용을 하게 되고 산소를 방출하여 유기물의 박테리아 분해를 도와 무기염과 CO_2를 생성하게 된다. 바닥층에서는 산소공급이 원활치 못하여 혐기성 분해가 발생하는데 슬러지가 안정화되면서 유기물 방출이 되며 이것은 다시 호기성 지역에서 분해를 원활히 하기 위한 탄소원으로 이용되게 된다.

깊이는 보통 1~2m이고 표면유기물 부하는 0.02~0.05kg BOD/m^2/d, 체류시간은 5~30일 정도 소요된다. BOD제거율은 70~85% 정도를 얻을 수 있고, 형태는 직사각형의 구조가 일반적이며 길이 : 폭의 비는 3 : 1 정도가 적당하다.

2) 성숙지(Maturation ponds)

완전 호기성 산화지이며 매우 낮은 유기물 부하(0.01kg BOD/m^2/d)에서 운전되며, 임의성 산화지 또는 기타 생물학적 처리의 후속처리로 이용할 수 있다.

3) 혐기성지(anaerobic ponds)

유기물 부하가 0.5kg BOD/m^2/d의 높은 유기물 부하에 적용되며, 혐기성지의 깊이는 3~5m이며 표면적이 작으면 수심전체가 혐기성 상태가 유지될 수 있다. 체류시간은 약 30일 정도이며, BOD제거율은 50~60% 낮은 범위에 있어 고농도 유기물질의 전처리용으로 이용할 수 있다. 냄새가 심각하므로 인구밀집지역에서 멀리 위치시켜야 한다.

4) 호기성지(Aerated ponds)

BOD 부하가 0.2kg/m^2/d 정도로 크며, 냄새를 극복하기 위해 표면 폭기장치를 설치하여 높은 DO농도를 유지시킴과 동시에 완전혼합을 이루게 한다. 체류시간은 10일 이하가 되게 하여 장기폭기식 활성슬러지법과 유사한 원리로 운전된다.

16.6 토양처리

토양살포에 의한 폐수 처리 방법은 지하수를 오염시킬 가능성이 있으므로, 살포 전에 지질과 지하수 조사가 선행되어야 하며 특별히 공중위생학적인 영향을 심도 깊게 조사하여야 한다. 토양처리법은 자연정화법의 일종이며, 여기에는 저속관개법(slow-rate irrigation method), 급속 침투법(rapid infiltration), 표류수법(overland flow method), 습지살포(wetland application), 수중재배(aquaculture) 등의 방법이 있다.

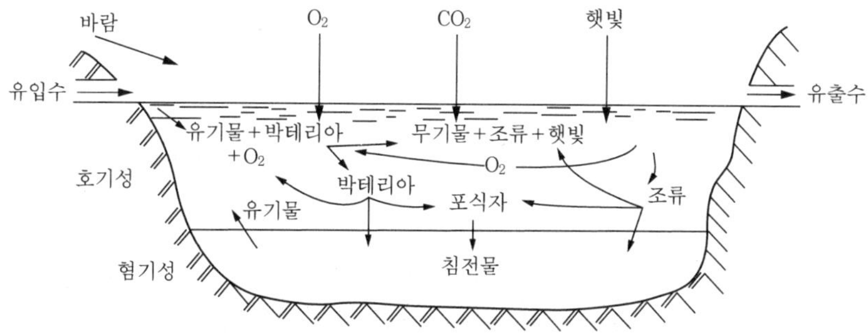

그림 16.9 임의성지에서의 분해과정

예제 16.2 회분식실험방법으로 폐수를 처리하고자 한다. 반응조의 유효용적이 500mL라면 SRT를 20일로 유지시키기 위해 하루에 유출·입시키는 유량은 얼마인가?

풀이

$$HRT = \frac{V}{Q}$$

$$Q = \frac{V}{HRT} = \frac{500\text{mL}}{20\text{day}} = 25\ \text{mL/day}$$

회분식공정에서는 HRT=SRT이다. 그러므로 매일 25mL의 MLSS를 빼내고, 유입수 25mL를 주입한다.

예제 16.3

슬러지의 침강 특성을 나타내는 지표로서 SVI값을 이용한다. 대부분의 처리시설에서 SVI값이 80~120이면 양호한 침전성을 보인다. 만약 SVI값이 매우 낮은 값을 나타내었다면 그 원인이 될 수 있는 예를 열거하시오.

풀이

① 슬러지가 급속으로 침전된 경우
② 무기성 SS가 너무 많은 경우
③ 미생물이 충분히 존재하지 않을 경우

예제 16.4

슬러지 벌킹 현상을 설명하고, 그 원인을 크게 두 가지로 분류하여 설명하시오.

풀이

벌킹슬러지란 침전성과 압축성이 나쁜 슬러지를 말한다.
그 원인으로는

① 사상균의 이상 증식
② 박테리아 플록 내에 물이 갇혀 있어 플록의 밀도가 감소된 경우

등을 들 수 있다.

그림 16.10 호기성 처리(산화구)

17

Chapter

유기물의 혐기성 처리

혐기성 처리는 생물학적 처리이기 때문에 호기성 처리와 유사한 점을 많이 갖고 있다. 최근까지 생물학적 처리라 하면 포기를 시켜서 호기성 박테리아가 폐기물을 분해 및 동화하도록 하는 호기성 공정을 일컬어 왔다. 이 공정에서는 공기의 공급이 주요 운전비용을 차지한다. 또한 많은 양의 슬러지가 생산되며, 이것은 재판매 가치를 가질 수도 있고 그렇지 못할 수도 있다. 만약 재판매의 기회가 없다면, 슬러지 처분은 또 하나의 주요 비용이 된다. 호기성 처리와는 달리 혐기성 처리는 공기의 주입을 요구하지 않으며 상당히 적은 양의 슬러지를 생산한다. 생산된 슬러지는 호기성 공정에서 생산된 슬러지 정도의 단위 무게당 비료 가치를 갖는다. 혐기성 처리는 상당한 양의 열 에너지 공급을 필요로 하지만 이 에너지는 처리과정에서 생산되는 메탄으로 완전히 대체될 수 있다.

혐기성 소화처리법의 장점으로서는 산소공급의 불필요, 최종반응생성물로 발생되는 메탄가스의 에너지원으로의 재이용, 최종 소화슬러지의 양이 적어서 이의 처리 및 처분에 소요되는 경비의 절감, 최종 소화슬러지의 토양개량제로의 이용, 그리고 여러 가지 병원성 미생물에 대한 높은 소독효과 등을 들 수 있으며, 위에 열거한 장점들은 처리장 운영경비의 절감으로 귀결될 수 있다. 그러나 호기성처리법에 비해 소화실패(failure)의 위험이 크고, 일단 소화실패가 발생하면 이의 회복이 어려운 점이 있고, 반응속도가 호기성 소화에 비해 매우 느려 대용량의 시설이 필요하므로 초기투자비가 크며, 최종유출수의 유기물 농도가 비교적 높아 방류수 수질기준에 맞추기 위해서는 연속적으로 호기성 처리와 연계하여 처리하여야 하는 단점이 있다.

혐기성 소화는 크게 산생성단계와 메탄생성단계로 구분되는데 산생성균의 반응산물인 휘발성산은 메탄생성균의 기질로 작용하지만 고농도로 존재할 때 메탄생성균의 성장을 저해하는 요인으로 작용하기 때문에 두 반응사이의 균형유지가 혐기성 소화에서 가장 어려운 점이라 할 수 있다. 이러한 문제점들을 개선하는 여러 가지 대안들이 제시되고 있는데, 그 중에서 대표적인 것이 산생성반응과 메탄생성반응을 분리하는 2단(two-phase) 소화이다.

17.1 혐기성산화의 원리

혐기성조건에서 유기물이 분해산화 되면 이산화탄소와 메탄가스로 전환된다. 이 과정을 화학반응식으로 표시하면 다음과 같다.

$$\text{유기물질}+\text{결합산소} \xrightarrow{\text{혐기성미생물}} \text{새로운 세포}+\text{세포에 필요한 에너지}+\text{메탄}+\text{이산화탄소}+\text{기타 최종산물}$$

$$C_nH_aO_b + \left(n - \frac{a}{4} - \frac{b}{2}\right)H_2O \rightarrow \left(\frac{n}{2} - \frac{b}{4} + \frac{b}{4}\right)CO_2 + \left(\frac{n}{2} + \frac{a}{8} - \frac{b}{4}\right)CH_4$$

위의 반응식에서 결합산소원으로 이용될 수 있는 물질로는 CO_3^{2-}, SO_4^{2-}, NO_3^-, PO_4^{3-} 등이 이용되며, 기타 최종산물로는 H_2S, H_2, N_2와 같은 가스들이 발생된다.

혐기성소화조 내에서 복합유기물분자가 메탄과 이산화탄소로 전환되는 과정에는 상호의존적인 미생물군들의 여러 가지 그룹에 의하여 수행된다.

표준상태에서, 1kg의 최종BOD(또는 1kg COD)로 나타낸 유기물의 혐기성분해시 약 0.35m^3의 CH_4가스가 발생되며, 열량은 35kJ/L에 해당된다. 이러한 가스의 생산량은 그림 17.1에서 보는 바와 같이 온도에 크게 의존된다. 최적 가스 발생량은 35℃(중온소화)와 55℃(고온소화)에서 일어난다. 추운 지역에서는 열손실이 크기 때문에 고온소화의 경우는 따뜻한 지역에서 경제적이다.

혐기성소화 동안 미생물의 작용은 고형물의 액화, 용해성고형물의 소화, 그리고 가스생성을 들 수 있다. 이들 반응에 관여하는 미생물은 유기산생성 종속영양미생물과 메탄생성 종속영양 미생물을 들 수 있다. 하루에 발생되는 메탄생성량은 다음의 공식으로 계산할 수 있다.

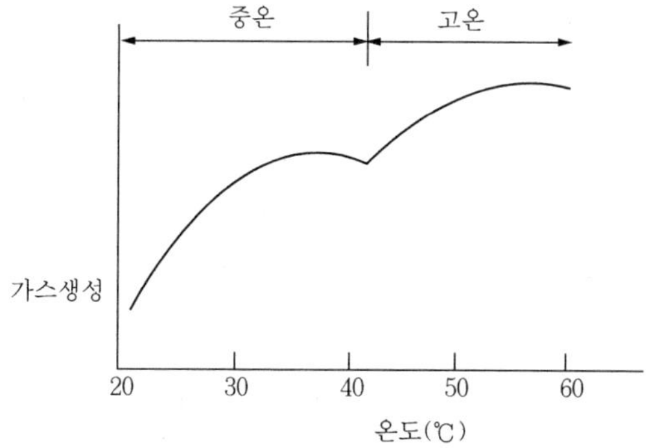

그림 17.1 가스발생량에 대한 온도의 영향

$$G = 0.35(L_r - 1.42P_x)$$

여기서, G : CH_4의 생성율(m^3/d)

L_r : 제거된 최종BOD량(g/d)

P_x : 세포의 실생산율(gVSS/d)

1.42 : 세포의 BOD_u 환산계수

$$P_x = \frac{YL_r}{1 + b\text{SRT}}$$

여기서, Y : 세포생산계수(gVSS생성량/gBOD제거량)

b : 세포의 내생 호흡계수(1/d)

SRT : 고형물(세포)체류시간(d) $= \dfrac{\text{반응조 내의 슬러지량(g)}}{\text{반응조로부터 슬러지의 제거율(g/d)}}$

여기서, $L_r = E \cdot Q \cdot S_o$로 나타낼 수 있으므로 위의 식은 다음과 같이 표현할 수도 있다.

$$GP = [0.35\text{m}^3/\text{kg}(E \cdot Q \cdot S_o(10^{-3}\,\text{kg/g}) - 1.42P_x]$$

여기서, GP: 가스발생량(m^3/d)

Q : 유량(m^3/d)

E : BOD 제거 효율

S_o : 유입 BOD_u 농도(mg/L)

이 식이 의미하는 것을 자세히 살펴보면, 0.35는 BOD_u 1kg이 메탄가스(CH_4)로 전환되는 환산계수를 의미한다. 즉,

$$C_6H_{12}O_6 + 6O_2 \longrightarrow \underset{(180g)}{6CO_2} + \underset{(192g)}{H_2O}$$

$$\underset{(180g)}{C_6H_{12}O_6} \xrightarrow{\text{혐기성}} \underset{(3\times 22.4L)}{3CH_4 + 3CO_2}$$

따라서,
$$\frac{m^3CH_4}{kg\,BOD_u} = \frac{3\times 22.4m^3CH_4/180kg}{192kg\,BOD_u/180kg}$$
$$= 0.35m^3CH_4/kg\,BOD_u$$

또한 위식에서 $E \cdot Q \cdot S_o(10^{-3}\,kg/g)$가 의미하는 것을 살펴보면,

$$E \cdot Q \cdot S_o = \frac{S_o - S}{S_o} Q \cdot S_o = (S_o - S)\,Q$$

여기서, S : 유출 BOD_u 농도(mg/L)

그러므로 $E \cdot Q \cdot S_o(10^{-3}kg/g)$는 제거 BOD_u량(kg/d)을 의미한다. 그리고 계수 1.42가 의미하는 것은 미생물 세포의 화학조성식을 $C_5H_7O_2N$라고 하면

$$\underset{113}{C_5H_7O_2N} + \underset{160}{5O_2} \rightarrow 5CO_2 + 2H_2O + NH_3$$

그러므로 미생물이 완전산화 하는데 필요한 산소량(BOD_u or COD)의 비는 160/113 = 1.42가 된다.

17.2 혐기성처리법의 적용

일반적인 혐기성 처리 공정은 도시하수처리 중 발생되는 1차 침전조 슬러지 및 2차 침전조 슬러지를 비롯하여 고농도 폐수의 소화에 적용한다. 혐기성소화조 그림 17.2

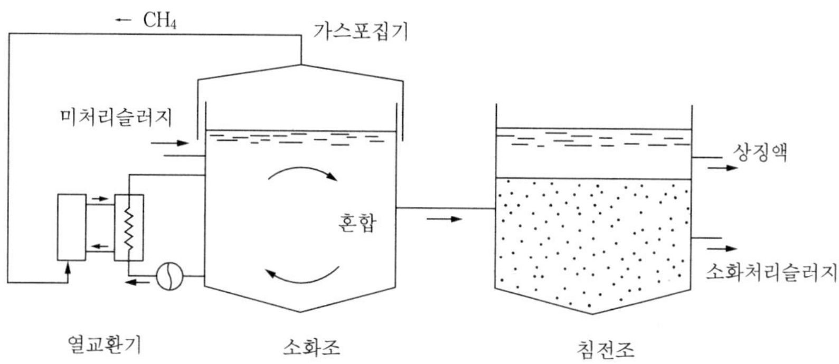

그림 17.2 혐기성 소화조의 구조

내 슬러지의 SS농도는 20,000~60,000mg/L(2~6%)이며, 소화조를 거치기 전의 슬러지는 불균일한 특성을 지니고 있고, 혐기성 안정화의 영향으로 인해 휘발성분이 50% 이하로 감소되며 TS는 약 2/3 감소하게 된다. 소화 슬러지는 소화전 슬러지보다 훨씬 균일한 특성을 지니고 영양염류를 함유하고 있으므로 토양개량제로 사용될 수 있으나 병원성 미생물의 사멸이 우선되어야 한다.

혐기성 폐수처리공정은 크게 혐기성여상(Anaerobic Filter Reactor, AFR), 혐기성접촉법(Anaerobic Contact Reactor, ACR), 혐기성 유동층 반응조(Anaerobic Fluidized-Bed Reactor, AFBR), 혐기성 상향류 슬러지 블랭킷법(Upflow Anaerobic Sludge Blanket, UASB) 등으로 분류할 수 있다(그림 17.3).

혐기성여상(AFR)에서는 미생물이 여재표면에 부착하여 성장한다. 여재는 미생물을 반응조 내에 유지시키는 기능을 하는 동시에 고형물과 소화과정에서 생성되는 가스를 분리하는 기능을 한다.

혐기성접촉법(Anaerobic Contact Reactor)은 접종미생물을 분리하여 순환시키는 공정으로서 체류시간을 6~12시간으로 조작하며, 고도로 처리하기 위해서는 고형물 체류시간은 10일 정도로 한다. 일반적으로 분리단계에서의 고형물의 부상을 방지하기 위하여 탈기장치를 사용한다.

혐기성 유동층반응기(Anaerobic Fluidized-Bed Reactor)는 충전물이 유동하는 점이 혐기성 여상과 다른 점이다. 미생물은 입자상의 여재표면에 부착증식하게 되며, 폐수는 반응조 하부에서 상부로 흐른다. 폐수는 농도와 유동속도에 따라 순환수의 비율을 결정한다. 희석폐수에서 부하가 4kgCOD/m^3/d로 하였을 때 유기물제거율이 80% 정도가 된다.

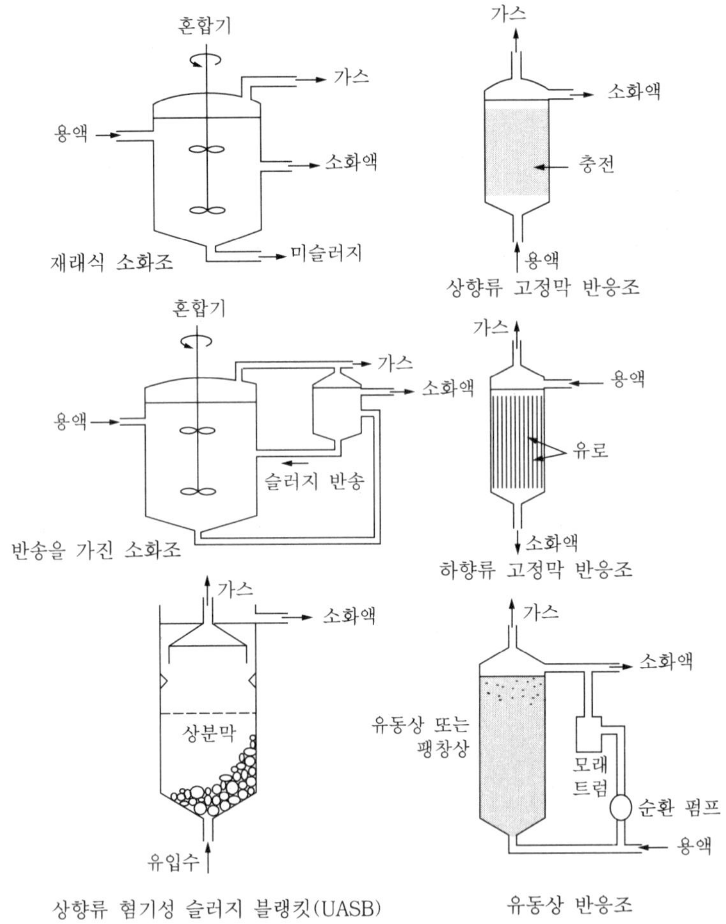

그림 17.3 혐기성 처리공정의 종류

상향류 혐기성슬러지층법(UASB)은 폐수를 반응조 하부에 도입하고 균일하게 분포시키기 위하여 하부로부터 상부로 흐르게 하는 공정이다. 생물학적으로 형성된 입상층(granule blanket)을 통과하는 동안에 유기물이 분해되고 생성되는 메탄가스와 이산화탄소가스는 상승하여 가스포집기에 포집된다. 액체는 반응조의 침강부분을 통과하면서 고액 분리가 일어나고 다시 고형물은 입상층의 영역으로 되돌려진다. 이 공정에서는 입상물의 생성과 유지가 대단히 중요하다.

17.3 혐기성소화조의 운전

혐기성 공정은 pH에 매우 민감한 공정이며, 양호한 소화를 위해서는 pH가 6.4~7.8(최적 pH 6.8~7.4)의 범위에 있어야 한다. pH의 감소는 공정이 불안정해 진다는 의미를 갖는다. 휘발산이 지나치게 생산되면 알칼리도의 완충능력을 파괴하며, pH를 낮추고 가스 발생량을 감소시킨다. 슬러지가 높은 알칼리도를 갖고 있는 한 산생성량이 늘어나도 초기에는 pH에 별 영향을 미치지 않을 것이기 때문에 휘발산의 측정이 더 나은 제어변수가 된다. 보통 휘발산의 농도는 250~1,000mg/L이며, 2,000mg/L를 초과하면 문제가 될 수 있다. 휘발산 발생량이 높아지면 흔히 석회를 사용하여 소화를 회복시킨다. 하루에 투입 및 인출되는 건조 고형물량이 소화조 내에 있는 건조 고형물량의 3~5%일 때 기대되는 결과를 얻을 수 있으며, 이를 초과할 때에는 소화조가 산성화되기 쉽다. 산성화가 일어나면 악취, 거품, 슬러지 부상 등의 이상현상이 발생되며, 이로 인해 pH의 강하, 메탄 박테리아 성장의 억제, 가스 생성량의 감소, 슬러지 가스중의 메탄 함량 감소 등이 일어난다. 이에 대한 대책으로서는 일시적인 방법으로 석회를 주입하여 pH를 상승시키고, 영구적으로는 메탄 생성균이 방해받지 않고, 원활한 소화가 가능토록 환경을 조성해야 한다. 표 17.1은 혐기성 소화조의 운전환경과 운전인자의 적정 범위를 정리한 것이다.

표 17.1 혐기성 소화조의 적정 운전 환경과 운전 조건

운전인자	최적범위	한계범위
pH	6.8 ~ 7.4	6.4 ~ 7.8
산화환원전위(ORP) (mV)	−520 ~ −530	−490 ~ −550
휘발산(mg/L as acetic acid)	50 ~ 500	〉 2,000
알칼리도(mg/L as $CaCO_3$)	1,500 ~ 3,000	1,000 ~ 5,000
온도 : 중온소화	30 ~ 35℃	20 ~ 40℃
고온소화	50 ~ 56℃	45 ~ 60℃
수리학적체류시간 (day)	10 ~ 15	7 ~ 30
가스 성분: CH_4 (% V)	65 ~ 70	60 ~ 75
CO_2 (% V)	30 ~ 35	25 ~ 40

예제 17.1

35℃로 운전되는 혐기성소화조로부터 1일 4,000m^3의 가스가 생산되며 이 중 메탄 함유율이 69%라면 몇 g의 COD가 전환된 것인가?

풀이

$$4{,}000m^3 \times 0.69 \times 1{,}000L/m^3 \times 1gCOD/0.395LCH_4$$

$$= 7 \times 10^6 gCOD/d$$

예제 17.2

글루코오스($C_6H_{12}O_6$) 1kg이 35℃의 온도로 혐기성 분해될 경우 발생 가능한 CH_4 가스의 용적은 얼마인가?

풀이

$$C_6H_{12}O_6 \longrightarrow 3CH_4 + 3CO_2$$

$$180(g) \quad : \quad 3 \times 22.4(L)$$

$$1(kg) \quad : \quad V(Sm^3)$$

$$V = 3 \times 22.4(L) \times 10^{-3}(L/m^3)/180(g) \times 10^{-3}(kg/g)$$

$$= 0.373(Sm^3)$$

$$V' = \frac{T'V}{T}$$

$$= \frac{(273+35)(°K) \times 0.373(m^3)}{273(°K)}$$

$$= 0.421m^3$$

예제 17.3

혐기성소화조를 운전하는 데 쓰일 수 있는 운전인자는 무엇인가?

풀이

① pH
② 산화환원전위(ORP)
③ 휘발산
④ 알칼리도
⑤ 가스발생량

18

Chapter

슬러지의 처리

용수 및 폐수처리시설에서 주요 문제점의 하나는 슬러지의 처분이다. 슬러지는 그대로는 탈수처리가 곤란하기 때문에 약품응집, 열처리 혹은 냉동처리 등의 전처리가 필요하다. 하수처리장에서 슬러지 처리에 소요되는 에너지는 약 38% 이상이며, 슬러지의 수분함량이 증가하면 증가할수록 슬러지를 탈수하거나 최종처분 하는데 보다 많은 비용이 소요되므로 처리비용의 반 이상을 차지할 수 있다. 따라서 가급적이면 슬러지의 함수율을 낮추어 슬러지 처리시설로 보내는 것이 중요하다. 혐기성으로 소화된 슬러지는 건조상, 진공여과, 원심분리, 가압여과, 그리고 슬러지 라군을 이용하여 탈수한다. 이 탈수공정은 다음 공정에서 슬러지 부피를 최소가 되도록 가능한 한 많은 수분을 슬러지로부터 제거하는 것인데, 생슬러지는 탈수하기가 매우 어려우므로 전처리과정으로 개량(conditioning)이 요구된다.

처리과정에서 나온 슬러지의 형태는 1차 침전조 슬러지, 2차 침전조 슬러지, 소화슬러지, 응집슬러지 등으로 구분할 수 있다.

18.1 탈수의 원리

처리 공정에서 발생되는 슬러지의 형태는 다음과 같다.

① 폐수의 침전으로부터 발생되는 1차 슬러지

② 생물학적 폐수처리로부터 발생되는 2차 슬러지

③ 위의 슬러지를 별도로 또는 혼합하여 소화시킨 슬러지

④ 용수 및 산업폐수의 응집 침전으로부터 발생되는 수산화물 슬러지

⑤ 연수화 시설 및 산업폐수처리로부터 발생되는 침전 슬러지

이들 슬러지 모두 낮은 고형물 함량(1~6%)을 갖고 있어서 슬러지 부피가 크기 때문에 처분 전에 수분함량을 줄여 부피를 작게 처리해야만 한다. 슬러지처리에서 주요 관심사는 가능한한 탈수를 많이 시켜서 고형물을 농축시키는 것이다. 밀도와 고형물 입자의 특성은 발생된 슬러지의 농축에 상당한 영향을 미친다. 그러므로 비중 2.5인 고형물로 이루어진 야금광석슬러리는 빨리 분리되어 고형물 함량을 약 50%로 높게 만들 것이다. 반대로, 하수슬러지는 비중이 약 1.4이며 상당한 압축성이 있는 고형물을 함유하며 단지 2~6%의 고형물 함량을 갖는 슬러지를 생산할 것이다. 주의하지 않으면, 잉여 수분을 배수하여 고형물 함량을 높이려는 시도가 고형물을 압축하는 원인이 되어 공극을 막고 더 이상의 배수를 방해하는 원인이 될 수도 있다. 1차 하수슬러지는 섬유상의 고형물로 불균일한 특성을 갖고 있어서 배수가 훨씬 균일한 특성을 갖고 있는 소화슬러지보다 더 용이하다. 입자상 고형물을 포함하는 슬러지의 비중은 다음 식으로 결정될 수 있다.

$$\text{슬러지의 비중} = \frac{100}{\left(\frac{\text{고형물\%}}{\text{고형물 비중}}\right) + \left(\frac{\text{수분\%}}{\text{물의 비중}}\right)} \tag{18.1}$$

슬러지의 부피에서 수분을 감소시키는데 따른 영향은 다음의 간단한 예로서 알 수 있다.

예제 18.1

고형물의 비중 1.4이고 그 함량이 2%인 슬러지를 탈수하여 고형물 함량을 25%로 높였다. 탈수 전후의 부피를 결정하시오.

풀이

2%고형물을 함유한 슬러지 1톤은 20kg의 고형물과 980kg의 물을 함유하고 있다.

$$\text{비중} = 100[(2/1.4) + (98/1)] = 1.006$$

$$\text{부피} = 1000/1.006 \times 1000 = 0.994\ \text{m}^3$$

고형물 함량이 25%인 경우, 고형물이 20kg이면 물은 60kg 포함된 것이다.

$$\text{비중} = 100/[(25/1.4) + (75/1)] = 1.076$$

$$\text{부피} = 80/1.076 \times 1000 = 0.074\,\mathrm{m}^3$$

결과적으로 수분 함량을 98%에서 75%로 감소시키면 슬러지의 부피는 13.4배로 줄어든다.

18.2 슬러지 조정(개량)

1) 농 축

농축이란 슬러지 부피를 감소시켜 슬러지의 고형물 함량을 높이는 공정을 말하며 농축의 목적으로서는 슬러지 고형물 농축과 상징액 중의 부유물질을 감소시켜 탈수의 효율을 향상시키는 데에 있다.

2) 개 량

화학적 개량이란 약품처리라고도 하며 탈수성을 높이기 위해서 농축, 탈수 이전에 전처리하는 것으로서, 유기성 고분자응집제와 알루미늄염이나 철염과 같은 무기성 응집제가 많이 사용된다. 그러나 슬러지고형분의 단위중량당 30~50%의 첨가를 하여야 하므로 슬러지량의 증대 및 발열량의 저하가 수반되는 단점이 있다.

3) 세 정

세정이란 슬러지에 물이나 유출수를 가하여 혼합시켜서 개량에 소비되는 약품소요량을 줄이고 약품을 가하기 전에 고형물의 침전이나 상등수의 제거가 가능하도록 하는 것이다. 개량시에 약품요구량이 높은 소화슬러지를 세정하면 많은 알칼리도가 제거되기 때문에 약품의 소요량이 감소된다.

4) 열처리

열처리란 유기물의 안정화와 탈수성을 향상시키기 위하여 가압상태 하에서 폐수슬러지에 열을 가하는 것이다. 슬러지에 190℃의 높은 온도와 1.5MPa의 높은 압력 하에서 30분간 열처리하게 되면 세포가 파괴되어 탈수로 제거되지 않는 세포 내 수분이 방출된다. 열처리한 슬러지는 농축조로 보내지며, 상등수는 안정화시키기 위하여 주요 산화플랜트로 반송시켜야 한다. 그러나 상등수의 한정된 생분해성으로 인하여 안정화가 항상 용이한 것은 아니다. 부식문제와 높은 에너지비용은 현재 대부분의 상황에서 열처리플랜트를 선호하지 않는 요인이 되고 있다.

18.3 슬러지 탈수

슬러지 내 수분을 탈수시킬 수 있는 방법으로서는 여러 가지가 있는데(그림 18.1), 대표적인 공정으로서는 건조상, 가압여과, 진공여과, 원심분리, 슬러지라군 등이 있다.

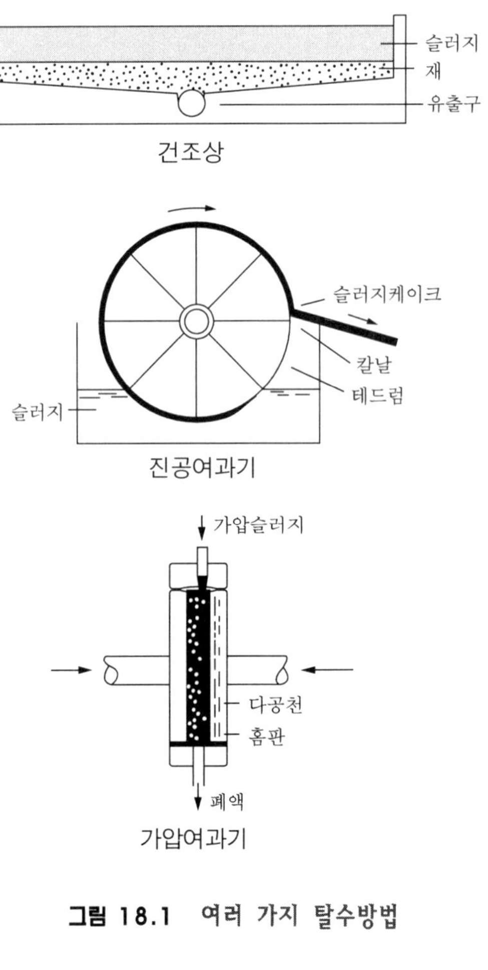

그림 18.1 여러 가지 탈수방법

1) 건조상

건조상은 모래 위에서 건조시키는 방법으로서 고형물함유량을 30~45%까지 건조할 수 있다. 보통 모래건조상으로 고형물을 25%까지 건조시키며, 기계적 장치를 이용하여 탈수할 경우 얻어지는 고형물 함유율은 근본적으로 슬러지의 성질, 슬러지의 개량 여부에 따라 크게 차이가 난다.

2) 가압여과

화학적으로 개량된 1차, 2차 소화슬러지 혼합물을 가압여과하면 고형물함유량이 45~50%인 슬러지 케이크를 생산할 수 있게 된다.

3) 진공여과

화학적으로 개량시킨 1차 소화슬러지를 진공여과시키면 여과부하가 24~39kg/m^2/hr일 때 고형물함유량이 25~30%인 케이크를 생산할 수 있고, 여과부하가 17~29인 경우에는 14~22%의 케이크를 생산할 수 있다.

4) 원심분리

화학적으로 개량시킨 1차 슬러지를 원심분리시키면 고형물이 28~35%인 케이크를 생산할 수 있고, 화학적으로 개량된 1차 및 2차 소화슬러지 혼합물을 원심분리시키면 고형물이 15~30%인 케이크를 생산할 수 있다.

5) 슬러지라군(largoon)

슬러지라군을 이용하여 소화시킨 슬러지를 0.6m 깊이로 투입하여 건조시킨다. 이 같은 방법으로 슬러지를 넣고 건조시키기를 반복하여 건조슬러지가 라군에 가득차면 슬러지를 제거시킨다.

그림 18.2 슬러지 탈수기(벨트프레스)

18.4 슬러지 최종처분

화학응집과 연수화공정을 사용하는 정수처리장과 폐수처리장에서 생산된 슬러지는 최종처분이 필요한데, 이러한 고형물처리는 최종처리로서 일반적으로 토양이나 수중에 폐기하는 방법이 적용될 수 있다. 일반폐수처리장에서 슬러지는 기본적으로 1차 슬러지, 잉여활성슬러지, 살수여상 부식질 등과 같이 많은 부분이 유기물질로 구성되어 있다. 고도처리과정에서 배출되는 슬러지는 응집과 침전에 의해 형성되기 때문에 주로 무기물질이 함유되어 있다. 이런 경우 유기성 슬러지와 무기성 화학슬러지는 따로 분리해서 처리하는 것이 효과적인데, 그 이유는 서로 다른 성상의 슬러지를 혼합하면 처리가 오히려 어렵게 되는 수가 종종 있기 때문이다.

예제 18.2

정수장의 배출수 처리과정을 열거하시오.

풀이

정수처리과정에서 배출수는 응집침전 및 여과의 역세척으로 인해 발생된다.
정수장 배출수 처리과정은 다음과 같다.
조정 → 농축 → 탈수 → 건조 → 처분

예제 18.3

슬러지를 개량시키는 목적은 무엇인가?

풀이

농축 및 탈수성을 향상시키기 위함

예제 18.4

슬러지 개량방법을 열거하시오.

풀이

① 고분자 응집제의 첨가
② 무기약품첨가
③ 세정
④ 열처리
⑤ 소각재의 첨가

예제 18.5

고형물 농도가 60(g/L)인 슬러지를 하루에 100(m^3) 탈수시키고자 한다. 슬러지 개량을 위해 소석회를 슬러지 중의 고형물에 대하여 30(%)를 첨가하였을 경우 건조슬러지량(kg/hr)은 얼마인가?

풀이

$$\text{건조슬러지량(kg/hr)} = 60(\mathrm{g/L}) \times 10^{-3}(\mathrm{kg/g}) \times 100(\mathrm{m^3}) \times 10^3(\mathrm{L/m^3}) \times \left(\frac{100+30}{100}\right) \times \frac{(\mathrm{day})}{24(\mathrm{hr})} = 325(\mathrm{kg/hr})$$

예제 18.6

함수율 98%를 함유하는 슬러지를 하루에 100m^3씩 침전지로부터 제거하는 처리장에서 앞으로 함수율을 94%까지 감소시킨다면 1일 제거할 슬러지의 부피는 얼마인가?

풀이

$$\text{슬러지 발생량} = \frac{100(\mathrm{m^3/day})(20{,}000)(\mathrm{mg/L}) \times 10^{-6}(\mathrm{t/g})}{(0.06)(\mathrm{t/m^3})} = 33.34\mathrm{m^3/day}$$

19

Chapter

상하수의 고도처리

19.1 상수의 고도처리

19.1.1 개 요

각종 산업의 발달, 인구의 도시집중현상에 의한 상수원의 오염이 급속히 진행됨에 따라 급속모래여과를 처리의 중심으로 설치한 국가들에서는 급속모래여과법으로는 처리가 곤란한 문제점들이 대두되었다. 이러한 문제점 중에 조류와 관계되는 문제를 제외하면, 대부분이 용존상태의 수질인자로서 취수원에서 운반되어 나온 것이며, 이러한 것들이 응집, 침전, 모래여과, 염소소독처리로 조합된 재래식 정수처리체계로는 잘 처리되지 못해 건강장해, 이취미 등의 문제 등이 야기되고 있다.

국민들의 수돗물에 대한 관심과 그에 따르는 불만 및 불신은 1991년 3월 낙동강의 페놀누출사고 이후 점점 높아져 급기야 정부에서는 G7 프로젝트에 고도정수처리에 대한 연구가 핵심과제로 연구가 진행되었다. 상수원수는 인간이 생활하는데 필수 불가결한 것이기 때문에 이것을 청정하게 유지하고 보전하는 것은 상당히 중요한 것이다. 그러나 도시주변의 상수원수는 대부분이 생활하수 등에 의해 오염이 진행되고 있다. 이러한 문제를 해결하기 위해서는 하천, 호소에 유입되는 오염원을 완전히 배제하는 것이 최선의 방법이나 현실적으로 오염물질의 상수원 유입을 완전히 차단하는 것은 거의 불가능에 가까우므로 정수기술의 보완 및 발전이 요구된다. 이러한 시대적 요구에 따라서 정부는 1994년 초 발생한 낙동강과 영산강의 수질오염사고를 계기로 유역특성상 생활하수와 산업폐수 등으로 인해 원수수질이 나쁜 한강수계 3개소, 낙동강수계 15개소, 금강수계 2개소 등 총 20개 정수장에 고도정수처리방식을 도입하였으며, 대부분 오존, 활성탄 및 생물학적 전처리시설을 이용한 고도정수처리시설을 도입하고 있다.

19.1.2 기존 정수처리방식

기존의 정수처리방식은 물리화학적인 방법에 의한 응집, 침전, 모래여과, 소독공정으로 단순히 현탁성 부유물질의 제거에 목적을 두고 있다. 대부분의 정수처리장은 기존의 정수처리방법으로서 생활하수로부터 유입되는 유기물질 및 암모니아성 질소에 거의 무방비 상태이다. 암모니아성 질소는 암모니아(NH_3)와 암모늄이온(NH_4^+)의 형태로 존재하는 질소를 총칭하는 것으로서 그 발생원은 단백질과 같은 질소화합물의 분해과정, 분뇨, 하수, 농토의 표면 유출수, 특정산업폐수 등이다. 우리나라의 강과 호수에서 나타나는 암모니아성 질소는 생활하수 및 축산폐수의 방류가 주원인이다.

암모니아성 질소는 그 자체로서 위해하다기 보다는 일종의 지표 항목으로서 먹는 물 수질기준에 포함되어 있다. 수중에 존재하는 각종 유기물질에 대한 분석이 어렵고, 유해한 유기물질에 대한 정보가 부족하였을 때에 암모니아성 질소는 주요 발생원인이 하·폐수 및 축산폐수이므로 이의 검출은 곧 원수에 하수나 축산폐수가 방류되었음을 의미하였으며, 검출이 쉬운 암모니아성 질소를 분석함으로써 오염의 정도를 간접적으로 추정하려 했던 것이다. 미국, EU, WHO의 음용수 수질기준에는 암모니아성 질소가 규제대상으로 정해져 있지 않지만, 우리나라와 일본에서는 0.5mg/L 이하로 규정되어 있다. 상수원수의 암모니아성 질소 제거방법은 그 동안 파괴점염소처리(breakpoint chlorination)방법이 주로 이용되어 왔으나 과량의 염소주입으로 인한 소독부산물의 위험성이 잔존할 뿐만 아니라 저농도에서만 이용 가능하며 한계농도가 0.5mg/L 정도이므로 오염이 심각한 곳에서는 사용이 제한될 수 있다. 질산화 미생물을 이용하여 암모니아성 질소를 제거하는 생물처리공정은 가장 경제적이고 효과적인 공정으로 널리 알려져 있다.

정수처리에서 기본적인 재래식 정수처리공정은 청정한 원수의 처리를 목적으로 조합되어 있으며, 주된 대상은 진흙 등으로부터 유래되는 점토성분 등의 무기성 현탁미립자, 미생물 등이다. 수중에서 미립현탁물질들은 대부분 (−) 표면전하를 띄고 있어 현탁입자들은 전기적으로 서로 반발하여 일정한 거리를 유지한 채 평형상태를 이루고 있다. 이러한 상태를 안정상태라 한다. 수처리에 있어서 이러한 안정상태를 파괴하고자 사용하는 화학약품이 '응집제'이다. 응집제는 대부분 (+)의 표면전하를 가지는 물질로 Al, Fe 등이 사용된다. 응집제를 안정상태의 수중에 투입하게 되면 (−)전하의 현탁미립자 표면에 흡착되어 전기적 중화상태를 만든다. 이때 현탁미립자들의 반발력이 최소화되어(불안정 상태) 반델발스힘 등에 의하여 미립자들이 뭉쳐진 플록이 형성된다. 전기적 중화상태와 중화상태시 입자와 입자들 간을 결합시키는 가교작용 등을 '응집'이라 한다. 응집공정에서 형성된 현탁미립자들의 덩어리들, 즉 플록을 자연침강에 의하여 가라앉히는 공정을 '침전'이라고 한다.

보통 0.45~0.75mm의 유효경을 가진 모래 속으로 침전이 끝난 상징액을 통과시키는 공정을 '여과'라고 한다. 응집상태가 불량하거나 플록의 특성 또는 수리학적 인자에 의하여 작은 플록들이 침전공정에서 완전히 제거되지 않은 상태로 유출되기 때문에 이들 플록들을 모래층에 의하여 제거하는 것이 여과공정이다.

정수과정의 최종단계는 소독단계로서 보통 염소에 의한 소독이 주로 이루어지고 있으나, 소독 후 부산물로서 THM과 같은 발암성 물질들이 생성된다는 보고가 있은 이후 염소이외의 대체소독기술들이 검토되고 있다.

이상과 같이 정수의 기본공정은 주요 대상물질이 현탁물질이므로 원수의 오염이 용존물질에 의하여 심화됨에 따라 정수처리 기능에 한계가 있어 수돗물파동과 같은 사태가 초래되었다.

19.1.3 정수처리기술의 변천

초기의 정수처리기술은 완속여과에서부터 출발하였다. 완속여과는 주로 양호한 수질의 표류수를 수원으로 하는 정수방법으로서 모래층에 발달한 생물막에 의한 흡착, 생물학적 여과작용 등으로 물을 정화하는 방식이며 미량의 암모니아성 질소, 망간, 악취 등이 제거된다. 여과속도는 통상 4~5m/일이며, 여과수를 염소로 소독한 후 배수한다. 양호한 수질의 지하수, 용천수 등을 수원으로 하는 경우에는 완속여과도 하지 않고 염소소독만으로 급수하는 경우도 있다.

상수원수의 수질악화로 인해 유기물질에 의한 오염이 심화됨에 따라 완속여과에서는 여과층 내에 용존산소 부족 및 질산화능력의 약화 등이 생겨 정화능력이 현저히 저하되었다. 한정된 완속여과시설에 의한 수돗물의 생산량은 물의 급속한 수요증가에 대처하기 어려운 경우도 있었다. 이에 대한 대책으로서 각 정수장에서는 약품침전과 급속여과가 잇달아 도입되었다.

약품침전은 응집제(황산알루미늄, PAC 등)를 첨가하여 조류성장의 억제, 침전 및 여과 효율의 제고, 이취미 유발물질, 철 · 망간 등을 제거할 목적으로 전염소처리와 조합하여 이용하는 경우가 많다.

급속여과는 모래층을 이용하여 물리, 화학적으로 미세한 플록을 제거하는 공정으로 여과속도는 120~150m/일로 운용된다. 약품침전과 급속여과에 의한 방법은 완속여과에 비하여 적은 면적으로 많은 수량을 처리할 수 있으므로 현재 대부분의 정수장이 이 방법을 채택하고 있다.

19.1.4 고도정수처리의 정의

국내에서는 고도정수처리에 대한 개념이 정확히 확립되어 있지 않다. 일본 후생성의 고도정수시설 도입지침서에 의하면 고도정수처리란 "통상의 정수방법으로는 충분히 대응할 수 없는 취기물질, THMs 및 HAA(할로아세트산) 전구물질, 색도, 암모니아성 질소, 음이온 계면활성제 등의 처리를 목적으로 도입하는 활성탄처리시설, 오존처리시설 및 생물처리시설을 말한다."라고 정의하고 있다. 미국의 EPA는 1991년에 제정한 National Primary Drinking Water Regulations에서 미생물, 무기물질, 휘발성 유기화합물질, 살충제 등의 합성유기화합물질 및 방사성 물질들을 제거하기 위해 이용 가능한 단위공정(Best Available Technology, BAT)을 표 19.1과 같이 제시하고 있다. 이를 종합해 보면 고도정수처리란 "기존의 정수처리방법으로는 완전히 제거되지 않아 안심하고 마실 수 있는 음용수의 수질목표 달성이 불가능한 여러 가지 유해물질들의 처리를 위해 도입하는 새로운 수처리 기법"이라 말할 수 있다.

19.1.5 고도정수처리의 종류

1) 생물처리

고도정수처리 방법 중의 하나인 생물처리는 용존 유기물을 생물학적으로 안정한 물로 전환시킴으로써 전염소처리의 불필요, 후염소의 저감, 소독부산물에 대한 위험성

표 19.1 고도정수처리기술의 종류

최적 정수처리 기술
1. 응집 및 여과(Coagulation and filters)
2. 부식제어(Corrosion control)
3. 직접여과(Direct filtration)
4. 규조토 여과(Diatomite filters)
5. 이온교환(Ion exchange)
6. 석회 연수화(Lime softening)
7. 역삼투처리(Reverse osmosis)
8. 전기투석(Electrodialysis)
9. 고분자응집제 투입(Polymer addition practices)
10. 활성알루미나(Activated alumina)
11. 입상활성탄(Granular activated carbon)
12. 충진탑 폭기(Packed tower aeration)
13. 클로라민처리(Chloramines)
14. 이산화염소(Chlorine dioxide)
15. THM전구물질 저감(Improved clarification for THM precursor reduction)
16. THM저감 위한 염소주입위치 이동(Moving the point of chlorination to reduce THM)
17. 분말활성탄(Powdered activated carbon)
18. 주민교육 및 납관 교체(Public education and lead service line replacement)

감소, 맛·냄새의 감소, 배급수관망 내 미생물의 재성장 방지, 비용절감 등의 장점을 가지고 있다. 생물처리는 정수처리의 전처리기술로서 구미제국 및 일본에서 실용화를 위한 국가적 노력이 지속되고 있으며, 최근 우리나라는 상수원수의 오염이 심각하게 진행되면서 정수처리에 있어서도 생물학적 전처리분야가 서서히 연구되기 시작하고 있다. 오염된 상수원수는 기존의 정수처리방법에 의하여 정화하기 어려우므로 생물학적 전처리에 의해 오염된 상수원수를 처리한다면 비용과 시간을 절약할 수 있고, "맛있는 물"을 경제적으로 생산한다는 점에서도 유리하기 때문에 최근 특히 주목받고 있다.

오염된 상수원수의 전처리기술들은 재래식 정수공정에 부가해서 전염소처리, 전오존처리, 분말활성탄흡착 방법 등이 이용되어 왔다. 그러나 물리화학적 처리공정을 유지하기 위해서는 많은 비용이 드는 단점이 있어서 1980년대 초부터 일본에서는 하니콤법이 재래식 정수처리 계통에서 전처리공정으로 채택되고 있다. 상수원수의 생물처리는 유입수질의 BOD가 일반적으로 10mg/L 이하로 유기물의 농도가 매우 낮으므로 폐수처리에서와 같이 혐기성처리나 활성슬러지법은 적용할 수 없고, 호기적 조건하에서 충전여재 표면에 부착된 미생물에 의해서 정화하는 부착생물막법의 적용이 가능하다. 부착생물막법에 의한 호기적 산화분해를 이용하여 전염소처리 및 응집침전을 행하기 전에 처리하는 것을 상수원수의 생물학적 전처리라 말할 수 있다. 상수원수의 생물처리는 이와 같이 호기적으로만 행하여지고, 유기물질, 암모니아, 조류, 이취미물질, 철, 망간 등을 제거하는 등 오염된 상수원수의 정화에 극히 유효한 방법이며, 이를 기존 정수처리공정의 전처리로서 이용되면 그 후속 공정인 응집, 침전에 대해서도 매우 유리한 공정이라 할 수 있다. 원수에 탁도나 조류가 급격히 변화해도 충분히 견디어낼 수 있는 처리능력이 있으며, 생물처리를 거친 유출수는 상당히 침강성이 좋게 된다. 생물처리를 정수공정의 전처리 기술로 도입한다면, 경우에 따라서 오존이나 활성탄처리 등 어느 것도 행할 필요가 없고, 다른 처리에 비해서 처리비용이 비교적 저렴하고 조작이 용이하다는 등의 장점이 있다. 따라서 생물처리는 장래성이 있는 처리방법으로 장래 상수원의 오염이 심각하게 진행될 경우 상수원수의 전처리로서 상당히 많이 채택될 것으로 생각된다.

상수원수의 생물학적 전처리공정은 대부분 여재를 이용한 생물막법이며, 하니콤법, 회전원판법, 생물활성탄 유동상법, 기타 공정들로 분류할 수 있다.

하니콤법은 셀 크기가 13~50mm의 정육각형 단면을 갖는 튜브를 마치 벌집모양으로 많이 연접한 것이다. 운전중 튜브는 완전히 물에 잠긴 상태가 되기 때문에 이와 같은 형태의 장치를 일반적으로 침적여상이라고 부르기도 한다. 반응조 내 중앙부분은 적당한 크기로 하니콤튜브를 도려내고, 연직하게 드래프트를 설치하는 것이 보통이다. 물이 튜브 내를 흐르면 튜브 내면에 형성된 생물막에 접촉하여 피산화물질은 산화분해 된다. 튜브내의 평균유속은 1~3m/min 정도로 하는 편이 좋다. 드래프트내의 적당한 위치에 설치한 프로펠러 또는 드래프트 저부에 설치한 폭기장치를 운전함으로써 드래프트 내에는 상향류가 발생한다. 유입부하량이 많은 경우에는 체류시간이 짧아지고 부착생물막량과 침전물량은 동시에 많아진다. 침전물은 부착생물막이 비대해져 전단력을 받아 생물막의 일부가 탈리되기도 하며 여상에 유입하는 원수 중의 부유물질이 직접 조내에 침강함으로써 축적될 수도 있다. 이러한 침전물에서 때때로 암모니아나 용존성 유기물질 등이 수중에서 용출되는 경우도 있다. 이때에는 제거현상과 용출현상이 동시에 진행되고, 오히려 제거에 역효과를 가져다주기도 한다. 특히 용해성 유기물질은 용출현상이 현저하기 때문에 원수와 처리수를 비교할 만큼 제거현상이 규명되지 않아서 이를 위해서는 반응조 내에서 발생되는 물질수지를 확실하게 파악하는 것이 중요하다. 하니콤법은 부유물질, 조류, 암모니아성 질소, 맛·냄새, THM 전구물질 등을 제거하는 효과가 매우 크므로 일본에서는 실제 몇몇 정수장에서 운전되고 있다.

회전원판법은 하수나 폐수처리를 목적으로 처음 독일에서 발명되었으나 미국, 영국, 프랑스 등 각국에서 더욱 개량 발전시킨 방법이다. 그러나 상수원수의 전처리로서 일본의 D정수장에서 회전원판법이 1984년 4월에 운전을 개시함으로써 수도에서도 그 이용이 실용화되고 있다. 그 원리는 생물막이 부착된 원판을 회전시켜 상수원수와 접촉시켜 산화시킨 방법이다. 생물막은 각 원판의 양면에 형성되며 원판의 회전에 따라 생물막은 원수와 공기에 상호 접촉하게 된다. 공기에 노출될 때 공기 중의 산소를 호흡함으로써 호기성상태를 유지하고, 원수에 침적될 때 원수중의 피산화물질을 산화분해하므로 특별히 폭기를 행할 필요가 없으므로 동력비가 절감되는 장점이 있다.

원판의 총 요구면적은 수량부하 또는 면적부하를 고려하여 결정한다. 수량부하는 원판단위 면적당 1일 처리수량, 면적부하는 원판단위면적당 1일에 부하되는 제거대상물질량으로 표시하고 있으나, 일반적으로 농도변화에 의한 다소의 영향은 수용되지만 일정한 수량부하가 이용되고 있다. 이러한 결정에는 처리대상수를 이용한 실험에 의해서 결정되어야 하지만, 일반적으로 $0.1 \sim 0.4 m^3/m^2 \cdot day$ 정도이다. 회전원판법은 많은 원판의 집합체를 수중에 약 40% 침적시킨 상태로 회전시켜 물과 공기가 서로 접촉하므로 원판표면에 생물막이 형성되고 산소공급이 원활하게 이루어진다. 폴리에틸렌 등 가격이 저렴하고 가벼운 재질을 원판으로 이용함으로써 운전비가 낮은 것이 장점이다. 원판이 회전함으로써 수중에 전단력이 발생하여 생물막의 일부가 탈리되지만, 동시에 새로운 미생물이 증식되어 항상 활성도가 높은 생물막이 유지되고 부하변동에 강하여 안정된 처리효율을 얻을 수 있다.

생물활성탄 유동상법은 원수를 상향류로 흐르게 하고, 적당한 유동상 팽창율로 입상활성탄을 부유시키는 것이다. 고정상법은 원수에 현탁물질이 함유하게 되면 짧은 시간에 여상이 폐색되기 때문에 역세척을 빈번히 행하여야 하며, 그렇지 않으면 현탁물질을 별도로 제거해야 한다. 글래스 비드나 안트라사이트의 경우와 같이 표면이 미끄러운 것은 역세척으로 인해 표면에 부착된 생물막이 대부분 탈리되어 역세척 후에 미생물에 의한 정화능은 거의 없어진다. 생물활성탄 유동상법은 활성탄에 부착된 미생물에 의한 제거효과 뿐만 아니라 활성탄을 유동시킴으로써 운전중 두꺼워진 생물막으로부터 탈리된 생물플록이 배출되지 않고 반응조 내에서 부유하면서 플록 내에서 생물증식이 일어나므로 부유미생물에 의한 제거효과도 다소 거둘 수 있다. 처리시간을 단축할 수 있으므로 전체적으로는 소규모로 할 수 있어 설치면적을 줄일 수 있고, 겨울철 수온저하시에도 다른 전처리공정에 비해 제거율의 저하도 비교적 적다. 또한 생물활성탄 여과법의 단점인 막힘현상이나 손실수두가 요구되지 않으며 용존성 유기물, 암모니아성 질소, 맛·냄새 유발물질 등의 제거효과가 우수하여 오염이 진행된 하천수나 부영양화된 호수에 극히 유용한 방법이다.

2) 오존처리

오존의 강력한 산화력을 이용하여 원수중의 미량 유기물질의 성상을 변화시켜 제거하는 방법으로 THM전구물질이나 악취물질의 제거에 효과적이다. 그러나 오존은 오염물질을 분해 변화시키는 기능을 가지고 있지만 오염물질을 완전히 제거하는 것이 주목적이 아니기 때문에 오존처리 후에는 활성탄 흡착을 거치도록 하는 것이 일반적이다.

또한 오존은 살균효과가 우수하면서도 THM 등의 미량 유기염소화합물을 생성하지 않는 장점이 있어 대체 살균제로도 사용되나 잔류성이 없어 대체 살균제로 사용할 경우 배급수관망에서의 살균을 위해 염소소독을 추가로 실시해 배급수관망에서 잔류염소를 유지하도록 해야 한다.

3) 활성탄처리

활성탄처리는 분말활성탄을 이용하는 경우와 입상활성탄을 이용하는 경우가 있다. 두 가지 모두 활성탄의 흡착작용에 의해 취기물질 및 미량의 유기물질 등을 제거하는 기능은 같다.

분말활성탄처리는 보통 급속여과방식의 정수처리에 있어서 비상시에만 착수정 또는 혼화조에 분말로 주입하며 흡착한 후는 침전지와 여과지의 슬러지로써 회수하여 폐기한다.

입상활성탄처리는 입상활성탄을 어떤 일정한 층의 두께로 채워놓은 탱크내로 통수하는 방법을 이용한다. 입상활성탄은 일정기간 통수하면 흡착성능이 저하되므로 흡착성능을 지닌 새로운 활성탄으로 교체할 필요성이 생긴다. 한편 흡착성능이 저하된 입상활성탄은 수백도의 고온에서 처리함으로써 재생, 부활이 가능하며 흡착성능을 회복시킬 수 있다. 활성탄 재생은 연간을 통해 입상활성탄 설비를 가동시키는 경우에 자체적으로 하는 것이 유리한 경우가 많다.

생물활성탄처리는 일반적으로 BACF (biological activated carbon filter)라고 불리며 아직까지 처리 메커니즘이 정확히 규명되어 있지는 않지만 입상 활성탄에 생물막이 형성되어 활성탄을 이용한 흡착과 미생물에 의한 생물학적 산화분해라는 두 작용이 공존하여 서로의 기능을 보완함으로써 유기오염물질의 제거효율을 향상시키는 시스템이다. 국내에서도 상수원수의 수질오염이 심화되어감에 따라 기존의 정수처리시설에 의해서는 양질의 음용수를 생산 · 공급하는데 기술적인 한계가 있다고 판단하고, 오염수역이 위치한 지방자치단체들은 오존과 생물활성탄을 병합하는 고도정수처리를 계획 추진중에 있다. 표 19.2는 생물활성탄과 입상활성탄을 비교하여 정리한 것이다.

4) 고급산화법(AOP)

오존, H_2O_2와 이산화염소(ClO_2) 등 산화력이 강한 물질에 의해 난분해성 물질들을 산화분해하는 방법으로 오존 등의 분해산물인 OH radical에 의해 산화를 촉진시키는데 자외선(UV)을 사용하는 것이 보통이다. 정수장에서 AOP를 사용하는 것에 대해서는 아직 논란의 여지가 있으나, 원수의 수질을 악화시키는 요인이 복잡해짐에 따라 AOP의 사용도 신중히 고려해 볼 수 있다.

5) 기타

막분리공정은 반투과성 경계막을 이용하여 여과 및 확산에 의하여 오염물질을 제거하며, 종류로는 역삼투(RO), 정밀여과(MF), 한외여과(UF), 나노여과 (NF), 전기투석법이 있다. 주로 이온성 물질의 제거는 RO 및 NF가 입자상 물질의 제거는 UF 및 MF가 효과적이다.

탈기법(Air stripping)은 휘발성 유기화합물로 오염된 물을 공기와 접촉시켜 오염물질들을 액상에서 기상으로 전달하여 공기와 함께 배출하는 처리법이다.

이온교환수지법은 처리대상이온이 그보다 선택도가 낮은 이온교환수지상의 이온과 위치를 바꾸어 흡착제거되는 처리법으로서 이온의 선택도는 일반적으로 산화수가 많을수록 높아진다.

국내 정수처리에서 주로 문제가 되고 있는 수질항목으로는 암모니아성 질소, 음이온

계면활성제, 조류 및 맛·냄새 유발물질, THM 등이다. 이들은 기존의 정수방법으로는 처리가 곤란하므로 고도정수처리기술의 도입이 필요하다.

표 19.2 생물활성탄과 입상활성탄의 비교

구 분	BAC	GAC
특 성	① 일반 GAC에 오존주입설비를 추가하여 유기물 분해의 증가 및 미생물성장능을 증가시킴 ② 흡착과 미생물분해가 동시 발생 (암모니아성 질소, 유기물, 맛·냄새 제거)	① 흡착기능만 이루어짐 (맛·냄새 제거)
경제성	① GAC에 비해 초기투자비 증가 ② 염소주입량 감소(약 40% 이상) ③ 운전비 감소(Carbon재생주기연장) ④ 약 4년 이상 운전시 초기투자비분에 대한 회수가 가능하므로 재투자를 위한 재원확보 가능	① 흡착기능이 약화되기 쉬워 6~18개월마다 재생 : 재생비용이 높고 흡착지속시간이 짧아 재생주기가 단축되며 활성탄의 손실 및 보충이 요구됨 ② 초기투자비 감소, 운전비증가
처 리 수 질	① 암모니아성 질소 제거능 우수 ② 유기물질의 제거 극대화; 염소주입의 최소화, THM생성의 최소화 ③ 유기물질의 최소화로 급배수관망의 미생물 재성장 억제	① 특정물질(농약 등 난분해성 물질)의 제거에 유효
설계시 고 려 사 항	① 유입수질의 암모니아성 질소의 농도가 5mg/L 이하일 때 유효 ② 잔류염소에 의한 Bacteria의 사멸로 인해 전염소처리 불가 ③ 부유물질의 제거공정이 전단에서 필수적 이루어져야 함 ④ 미생물 활동은 여러 환경요소(온도, pH, DO의 이용정도, 유기물 종류 및 독성 등)에 크게 영향을 받음	① 암모니아성 질소 제거에 유효하지 않음 ② 부유물질의 제거공정이 전단에서 필수적으로 이루어져야 함
설 계 인 자	① 접촉시간 : 20℃(상온)에서 약 10분 정도, 5℃ 이하의 저온에서 약 30분 정도 ② 활성탄충전높이 : 1m 정도 ③ 안정화 기간 : 75~100일 정도 ④ 역세척주기 : 일정기간 간격 ⑤ 활성탄 재질 : 목탄, 석탄, 이탄계	① 접촉시간 : 약 10분 정도 (온도 고려하지 않음) ② 활성탄충전높이 : 1m 정도 ③ 안정화기간 : 불필요 ④ 역세척주기 : 손실수두 증가에 따라 실시 ⑤ 활성탄 재질 : 석탄, 이탄계

표 19.3 고도정수처리기술의 개요

처리 방법	처리 목적	일반적인 처리흐름도	비 고
생물학적 처리	주로 암모니아성질소에 유효	취수 → 착수정 → 생물접촉조 → (불연속점 염소주입, 응집제) → 약품침전지 → 급속여과지 → (후염소주입) → 정수지(배수지) → 배수	유기물질 오염이 진행된 원수를 처리하는 경우에 많이 이용
오존처리	주로 양호한 수질의 표류수	취수 → 착수정 → (전염소주입, 응집제) → 약품침전지 → 급속여과지 → 오존접촉조 → 입상활성탄조 → (후염소주입) → 정수지(배수지) → 배수	입상활성탄과 병용
분말 및 입상활성탄	주로 냄새(취기)물질, 미량유기물질 제거에 유효	(분말활성탄처리) 취수 → 착수정) → (분말활성탄, 전염소주입, 응집제) → 약품침전지 → 급속여과지 → (후염소주입) → 정수지(배수지) → 배수	비상시에 이 용
		(입상활성탄처리) 취수 → 착수정) → (전염소주입, 응집제) → 약품침전지 → 급속여과지 → 일상활성탄조 → (후염소주입) → 정수지(배수지) → 배수	입상활성탄의 재생필요

표 19.4는 고도정수처리의 종류에 따른 장·단점을 나타낸 것이다.

전염소처리(불연속점 염소처리)는 암모니아성 질소를 100% 제거할 수 있는 능력이 있으나, 수중의 암모니아성 질소 양의 10배 이상 주입하여야 하므로 발암물질인 THMs 등 유기염소화합물질을 생성시킬 가능성이 높아 사용할 때에 주의를 요한다.

현재까지 생물처리 이외에는 암모니아성 질소를 효과적으로 제거할 수 있는 방법이 개발되어 있지 않기 때문에 우리나라와 같이 지역에 따라 오염으로 인한 암모니아성 질소의 농도가 높은 경우 적극 검토되어야 할 것이다.

표 19.4 고도정수처리의 장·단점

종 류	장 점	단 점	비 고
불연속적 염소처리	• 암모니아성 질소제거	THM(발암물질) 등의 생성	
생물학적 처리	• 암모니아성 질소제거, 취기물질, THM전구물질, BDOC 제거 경제적	• 수온의 영향을 받음 (10℃ 이하에서는 효율저하)	슬러지 발생
오존처리	• 강력한 산화력으로 탈취, 탈색가능 • 생물학적 난분해성 유기물질을 분해성으로 바꿈	• 암모니아성 질소제거 불가능 • 알데히드류 등 생성 • 지속성이 없음 • 다량의 에너지 소모	환경에의 영향 고려
활성탄처리	• 후민산, SOCs, VOCs 등의 유기물질 흡착능력 우수	• 높은 투자비용	흡착물질의 재방출우려
막분리	• THM전구물질제거 • 바이러스제거	• 높은 투자비용 • 처리용량의 한계성	
이온교환	• 유해중금속, NH_4-N, • NO_3-N 등	• 높은 투자비용	2차 오염

19.1.6 고도정수처리시설 도입시 고려사항

기존의 정수처리공정에 대한 평가는 원수 및 처리수의 수질로 결정되어야 하나, 수질항목은 상호간의 복잡한 관련이 있어서 그 판단기준을 정하기는 어렵다. 상수의 수질향상을 위해 고도정수처리시설의 도입여부를 검토하기 위한 가장 기본적인 사항은 원수의 수질파악이며, 상수원의 수질 파악은 현재의 수질뿐 아니라 장래의 수질예측까지 포함되어야 한다.

고도정수처리시설의 도입 계획시 고려되어야 할 사항으로서는 첫째, 현재의 상수원수의 수질에 어떤 문제가 있고 장래의 변화추이를 조사·해석하는 원수의 수질분석이 필요하며, 둘째, 기존 정수시설과 처리방법을 점검하여 최적화를 기하고, 셋째, 그래도 수질에 문제가 있을 경우 문제시되는 수질에 대한 처리수의 목표수질 및 수량은 수질기준 및 물수요 예측결과를 토대로 설정하고, 넷째, 대상물질의 처리를 위한 시설계획과 운전인자를 도출할 수 있는 실험을 통하여 효율성과 안전성, 경제성 등을 비교 검토하여 고도정수처리공정 및 운전조건을 정하고, 다섯째, 기존시설과의 유기적 관계 등을 검토한 시설배치계획을 수립하여야 한다.

처리대상물질에 따른 최적의 고도정수처리공정은 표 19.5와 같다.

이들 중 대부분의 문제수질들은 활성탄과 오존에 의해 처리가 가능하지만, 질산성 질소, 불소, 황산이온 등은 이온교환 혹은 막을 이용한 공정에 의해서만 가능하다. 최적 고도정수처리공정의 선정은 공정도입시 합리적인 기준에 의해 시간적 여유를 가지고 지역적 특성에 알맞은 처리 공정시스템을 검토해야 한다.

표 19.5 고도처리 대상물질별 적용가능 고도정수처리 공정

처리대상물질	처리가능한 단위공정	병행처리공정
맛, 냄새	O_3, GAC, BAC, PAC, 생물처리, 막, AOP	O_3 + BACF O_3 + GAC O_3 + BAC
암모니아성 질소	생물처리, 막, BAC 불연속점 염소처리	O_3 + GAC O_3 + BAC
질산성 질소	이온교환, 막, 생물처리	–
황산이온	이온교환, 막	–
불소이온	활성알루미나, RO, Lime Softening	–
ABS	O_3, GAC, BAC, PAC, 생물처리, 막, AOP	AOP + GAC AOP + BAC
VOCs	Air Stripping, GAC, PAC, AOP, 막	Air Stripping + (GAC, PAC)
SOCs	AOP, GAC, PAC, 막	AOP + PAC(GAC)
THMFP	GAC, PAC, O_3, 막, AOP	O_3 + GAC(BAC) AOP + PAC(GAC)
중금속	이온교환, 막, 응집 · 침전, GAC, PAC, Lime Softening	응집 · 침전 + PAC(GAC)

19.2 하수의 고도처리

19.2.1 개 요

고도처리란 하수중의 유기물 제거를 주목적으로 하는 2차 처리에서 얻어지는 처리수질 이상의 수질을 얻기 위하여 행해지는 처리과정이다. 예전에는 3차 처리라는 용어로 사용되어 활성슬러지법 등에 의해 2차 처리를 행한 후 부가적으로 행해지는 처리를 의미하였으나, 최근 하수처리기술의 개발에 의하여 단독 공정으로도 2차 처리 이상의 수질을 얻을 수 있는 처리기술들이 많이 등장하였기 때문에, 3차 처리라는 용어 대신에 고도처리라는 용어를 사용하게 되었다.

고도처리를 도입하는 이유로는 (1) 방류수역의 수질환경기준의 유지 및 달성, (2) 폐쇄성 수역의 부영양화 방지, (3) 방류수역의 이용도 향상, (4) 하수처리수의 재이용에 있다. 특히 부영양화의 주원인으로 알려진 질소와 인이 1996년부터 배출허용기준에 추가적으로 설정되어 있어 이를 제거할 수 있는 고도처리 공정의 개발 및 보급이 활발하게 이루어지고 있다. 질소(N), 인(P)뿐만 아니라 하수의 고도처리에는 처리대상물질에 부유성 유기물 제거공정, 용해성 유기물 제거공정 등도 포함될 수 있다.

환경부는 하천·호소 등의 부영양화·녹조발생원인 물질인 총질소·총인에 대한 배출허용기준 적용대상지역을 전국으로 확대하는 등 환경규제를 강화하기 위하여 2000년 10월 22일 수질환경보전법시행규칙을 개정·공포하였다. 총질소·총인의 배출허용기준 적용대상 지역과 시설을 현행 팔당호유역(9,260km^2), 대청호유역(4,139km^2), 낙동강유역(10,132km^2)에 위치한 1일 폐수배출량 50m^3 이상인 업소에서 전국의 모든 업소에 대하여 확대 적용하기로 하고, 그 시행시기는 총질소·총인 처리를 위한 방지시설 설치가 필요한 업소가 많은 점과 설치기간을 고려하여 2003년 1월 1일부터 시행키로 하였으며 총질소·총인 처리기술은 1992년부터 G-7 프로젝트, 2001년부터 차세대 핵심환경기술개발사업 등을 통하여 국내 실정에 적합한 다양한 처리기술이 개발되어 실용화되고 있다.

19.2.2 하수의 고도처리방법

고도처리방법은 처리대상물질에 따라 잔류 부유물질 및 잔류 용존유기물 제거공정, 질소제거공정, 인제거공정, 질소－인 동시제거공정 등이 있다.

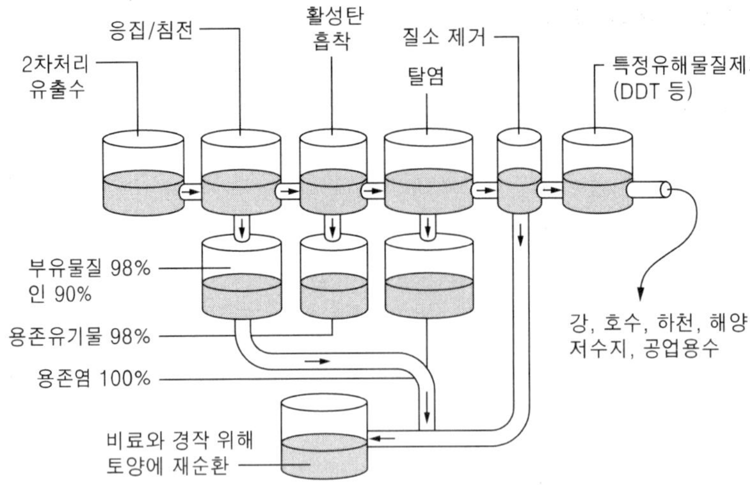

그림 19.1 하수의 고도처리의 예

1) 잔류 부유물질 및 용존 유기물 제거공정

(1) 급속여과

급속여과법은 안정된 처리성능을 얻을 수 있고, 운전이 용이하며, 2차 처리수질의 향상을 기대할 수 있는 고도처리의 기본 공정이다. 급속여과법은 모래, 안트라사이트 등의 입상여재로 이루어진 여층에 비교적 높은 속도로 유입수를 통과시켜 여재에의 부착 또는 여층 내에 걸리는 등의 처리 메커니즘에 의해 부유물을 제거하는 방법이다. 급속여과지의 형식은 주로 3가지의 요인에 의해 다음과 같이 분류할 수 있다.

① 여과압에 따라서 : 중력식 및 압력식
② 여과방향에 따라서 : 하향류, 상향류, 수평류 및 상하향류
③ 여층의 형태에 따라서 : 고정상형 및 이동상형

급속여과법의 계획처리수량은 고도처리로서 전량을 여과하는 경우 계획 1일 최대여과수량으로 하고, 재이용 등을 위해 처리수의 일부를 여과하는 경우에는 목표로 하는 최대여과수량으로 한다. 또한 여과를 계속하게 되면, 포착된 부유물질에 의해 여층의 손실수두가 증가하기 때문에 미리 설정된 수두에 도달하면 세정을 해주어야 한다. 여과지의 세정방법에는 표면세정, 공기세정 및 수역류세정 등의 조합이 있다. 하수처리장에 있어서는 통상 공기세정, 공기·수동세정으로 여층 내에 포착된 부유물을 이탈시키고, 역류세정으로 부유물의 배출과 여층의 성층화를 행하는 방법이 사용되고 있다.

(2) 마이크로스트레이너(microstrainer)

마이크로스트레이너는 주로 2차 처리 유출수 중의 잔류부유물질을 여과망에 통과시킴으로써 제거하는 표면여과시설이다. 이를 설계할 때에는 제거대상이 되는 고형물의 특성을 파악하고, 여과망의 간격과 역세척기구를 설정하여야 한다. 마이크로스트레이너는 유지관리비가 저렴하고 손실수두가 작으며 건설비가 적은 이점이 있으나, 사여과나 응집침전 등에 비하여 처리효율이 떨어지는 단점이 있다.

(3) 활성탄(activated carbon) 흡착

활성탄은 다양한 종류의 유기화합물을 흡착하므로 정수처리, 하수의 고도처리 그리고 유기산업폐수의 처리에 광범위하게 사용되고 있다. 하수의 활성탄처리는 일반적으로 정상적인 생물학적 처리를 거친 물의 최종처리 공정으로 이용되고 있으며, 이때 활성탄은 잔류용존유기물질의 제거에 사용된다. 또한 산업폐수의 처리에 있어서는 독성유기물질을 흡착하기 위해 주로 사용된다. 흡착이란 흡착제(adsorbent)를 사용하여 용액으로부터 오염물을 제거하는 것으로서 흡착장치는 회분식(batch), 칼럼식(고정상과 역류이동) 또는 유동층 흡착조 등이 있으며 하수처리에 사용되는 활성탄은 과립형태를 일반적으로 사용하고 있다.

(4) 기타

이외에도 하수의 고도처리에는 오존산화시설, 약품에 의한 산화환원시설, 전해법에 의한 산화환원시설, 막분리시설 등이 필요에 따라 사용될 수 있다.

오존산화시설 및 약품에 의한 산화환원시설은 색도, 악취, 총유기탄소(TOC), 탁도물질, 세균 등의 제거에 사용될 수 있으나 영양염류, 중금속 등은 제거가 불가능하다.

전해법에 의한 산화환원시설은 색도 및 난분해성유기물 제거에 효과적이며 처리수의 재이용이나 유기물의 회수를 위해 적용가능하다. 막분리법은 압력차에 의해 막을 통과시켜 물질을 분리하는 방법으로서 막의 종류에 따라 다양한 입경의 물질을 제거할 수 있지만, 막의 폐쇄에 의한 투과수량의 감소 또는 막의 물리적 손상이나 화학변화에 의한 분리성능의 저하 등의 단점이 있다.

예제 19.1

다음 중 하폐수의 고도처리(3차 처리)를 하는 이유와 가장 거리가 먼 것은?

1. 질소에 의한 산소소모(NOD) 방지
2. 부영양화현상 방지
3. 부패균 감소
4. 염소살균시 효율저하 방지

풀이

고도처리는 전염성균이나 병원성균을 감소시키기 위한 것이지 부패균을 감소시키기 위한 공정이 아니다.

2) 질소제거공정

(1) 질산화 활성슬러지법

본 공정은 암모니아성 질소를 활성슬러지법으로 질산화 하는 처리공정이며, 이 질산화 활성슬러지법의 처리계통은 그림 19.2와 같다. 이 처리법에서는 1년 내내 암모니아성 질소를 질산화하기 위해서 질산화세균에 의한 질산화반응을 유지시키는 것이 중요하다. 이 때문에 저수온시에도 질산화가 촉진되는 SRT를 설정할 필요가 있으며, 연간의 최저 기온을 기록한 동절기의 조건(수온 및 수량)이 설계 대상이 된다.

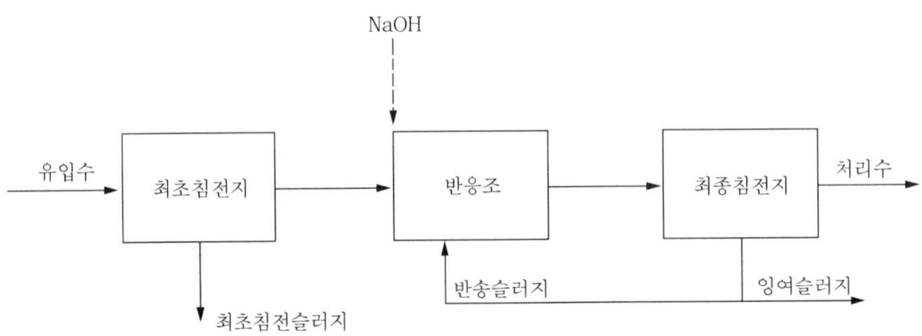

그림 19.2 질산화 촉진형 활성슬러지법

(2) 질산화－탈질법

질산화－탈질법은 그림 19.3에서 볼 수 있듯이, 반응조를 무산소(탈질)조, 호기(질산화)조의 순서로 배열하여 유입수 및 반송슬러지를 무산소조에 유입시키고, 한편으로 연속되는 호기반응조의 질산화 혼합액의 일부를 무산소조에 순환시켜 처리하는 방식이다.

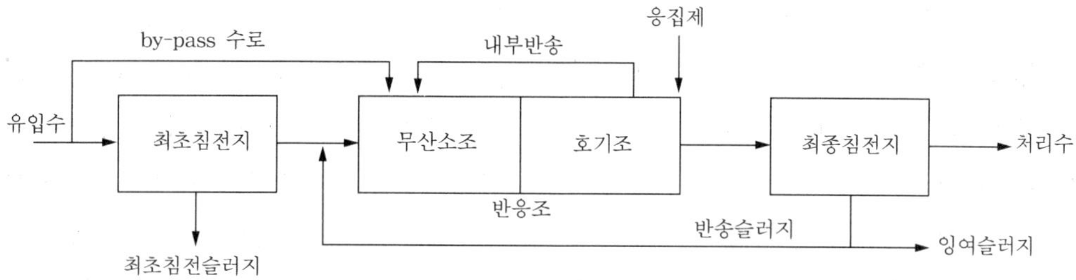

그림 19.3 순환식 질산화-탈질법

호기조에서는 유입된 암모니아성 질소가 아질산성 질소로, 그리고 다시 질산성 질소로 산화되며, 무산소조에서는 질산성 질소가 유입수 중의 유기물의 산화반응에 의해 질소가스로 환원된다. 일반 도시하수의 경우에는 탈질에 필요한 수소공여체(메탄올 등)와 pH 조정용 알칼리제(수산화나트륨 등)의 첨가가 필요 없지만, 유입수의 수질에 따라서는 이에 대한 고려가 필요하다. 또한 하수 중의 유기물의 일부가 탈질반응에서 분해·제거되기 때문에 질산화촉진형 활성슬러지법에 비해 BOD 제거에 필요한 산소공급량이 적어지게 된다. 또한 질소 제거율 향상을 목적으로 그림 19.4에 나타나 있는 것처럼 2단 순환방식이 있고, 이 방식에서는 무산소조, 호기조를 2단, 직렬로 조합시켜 유입수를 각 단의 무산소조에 단계별로 유입시킴으로써 높은 MLSS 농도와 긴 SRT를 얻을 수 있다.

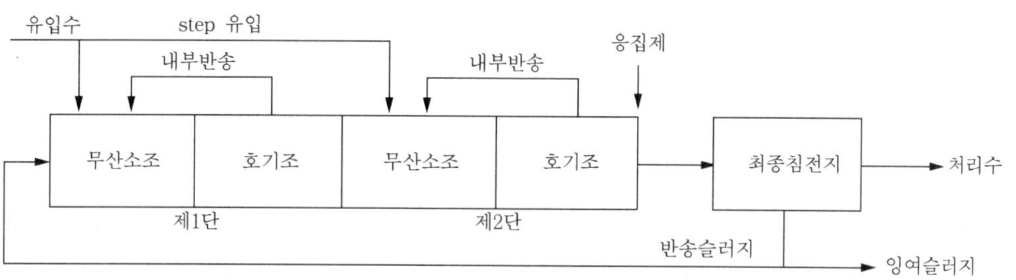

그림 19.4 2단 순환방식에 의한 질소제거

일반 도시하수의 경우, 유입수(최초 침전지 유출수)에 대해 총질소(T-N) 제거율은 연평균 60~70%를 기대할 수 있으며 동시에 표준활성슬러지법과 비교해 볼 때, BOD, SS에 대해서도 제거율이 높은 편이다.

질산화-탈질법의 질소제거 성능은 유입수의 수온, 유입수의 질소 및 유기물 농도, 호기조의 고형물체류시간, 순환비, MLSS 농도, 호기조의 용존산소 농도, pH 등에 의해 많은 영향을 받는다. 그러므로 설계 목표수질을 정하는 경우에는 이러한 사항을 충분히 고려할 필요가 있다. 다단식의 순환법을 채용하는 경우, 총질소 제거율은 단단식에 비해 10% 정도 향상되지만, 질소제거성능은 전술한 인자들뿐만 아니라, 각 단계에의 유입비, 전단과 후단의 반응조 용량비 등에 의해 크게 좌우되기 때문에 운전관리가 그리 쉽지는 않다. 순환식 질산화-탈질법의 설계 및 유지관리상의 유의점은 다음과 같다.

① 질소제거율의 목표치를 60~70%로 설정한 경우 반응조의 용량이 표준활성슬러지법의 반응조의 용량에 비해 크게 한다.

② 무산소조는 무산소상태가 항상 유지될 수 있는 구조로 하여야 한다.

③ 질산화액을 순환시키기 위해 펌프가 필요하다. 질산화액의 순환방법으로는 순환펌프를 사용하면서 호기반응조의 폭기와 동반하여 에어리프트 효과에 의한 순환류를 이용하는 방법이 있다.

④ 강우시와 사용개시 시점의 대책으로 무산소조에 필요한 유기물을 확보하기 위해서 유입수가 최초침전지를 우회하는 bypass 수로를 설치한다.

⑤ 반응조의 MLSS 농도는 활성슬러지법에 비해 높은 2,000~3,000mg/L를 유지하여야 한다. 따라서 최종침전지에의 유입고형물부하가 크게 되므로 수면적부하를 작게 하고 유효수심은 깊게 할 필요가 있다.

⑥ 무산소조에서 스컴의 발생이 많은 것으로 보고되므로 스컴파쇄장치의 설치가 요구된다.

(3) 질산화-내생탈질법(후탈질법)

질산화 내생탈질법은 그림 19.5의 처리계통에 나타나 있는 것처럼 질산화공정 이후에 탈질공정을 배치하여 탈질반응에 필요한 수소공여체로서 활성슬러지에 흡착되어 세포내에 축적된 유기물을 이용하게 된다. 따라서 탈질반응에 필요한 유기물을 외부로부터 첨가하거나, 더욱이 순환식 활성슬러지법에서와 같은 질산화액의 순환도 행하지 않는다.

이 방법에서는 전단의 호기조에서 질산화된 질소의 전량을 후단의 무산소조에서 탈질하는 것이 가능하기 때문에 높은 질소 제거율이 가능하다. 반면, 탈질반응의 수소공여체로서 활성슬러지에 흡착되어 세포 내에 축적된 유기물을 이용하게 되기 때문에 탈질속도가 작고, 큰 무산소반응조가 필요하게 된다.

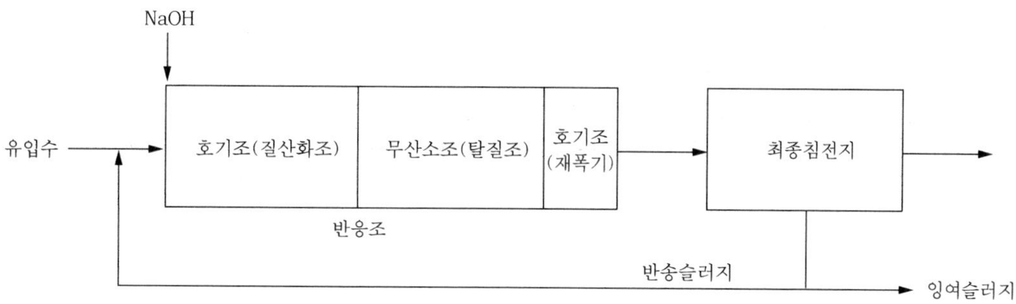

그림 19.5 질산화 내생탈질법

일반적인 도시하수의 경우, 최초침전지를 설치하지 않은 하수처리장에 있어서 T-N 제거율은 70~90% 정도가 가능하며, 처리수의 총질소 농도는 5mg/L 이하까지 되는 것이 가능하다. 질산화－내생탈질법의 질소제거효율은 유입수의 총질소 및 유기물 농도, 호기조와 무산소조의 HRT, 수온, pH, MLSS 농도, SRT, 용존산소 농도 등에 의해 많은 영향을 받는다. 이 방법을 적용할 경우 유지관리상의 유의점은 다음과 같다.

① 질산화 반응조 이후에 무산소조가 설치되기 때문에 생물반응조 말단에 재포기조를 설치할 필요가 있다.
② 질산화액의 반송을 위해 순환펌프가 필요하지 않다.
③ 각 반응조의 용량은 순환법에 비해 통상 1.2~1.3배가 필요하다.
④ 내생탈질용 유기탄소원을 확보하기 위해 최초침전지를 생략한다.
⑤ 순환법에서는 탈질공정이 선행되기 때문에 이 공정에서 알칼리도의 생성이 있고, 후속 질산화 공정에서 소비되는 알칼리도의 일부를 보충할 수 있다.

내생탈질법에서는 통산 70~100% 정도의 높은 슬러지 반송율에 의해 탈질공정에서 생성하는 알칼리도를 질산화공정에서 이용할 수 있다. 그러나 유입수의 알칼리도와 총질소 농도에 따라서는 전단에 질산화공정이 설치되어 있기 때문에 알칼리도 소비에 의한 pH 저하대책을 확실히 세워야 할 필요가 있다. 알칼리도의 보충이 필요한 경우, 보통 수산화나트륨 첨가 설비를 준비한다.

(4) 기타

기타 질소제거법으로 산화구법과 회분식 활성슬러지법 등이 있다. 산화구법은 SRT가 길기 때문에 처리과정에서 질산화반응이 일어나기 쉽고 처리 중에 질산화되지 못한 질소화합물이 잔류되어 처리수의 BOD가 높아질 가능성이 있다.

일반적으로 반응조 내에 무산소 상태를 도입하여 탈질반응을 발생시키고, 생물학적 질소제거를 도모함으로써 안정성의 향상을 기할 수 있다. 또한 회분식활성슬러지법에서 SRT를 길게 하여 유기물 부하를 낮게 설정할 수 있는 경우에는 질산화반응이 진행되고 탈질공정을 도입하여 동일한 반응조에서 용이하게 질소제거를 행할 수 있다.

예제 19.2

생물학적 원리를 이용하여 하수내 질소를 제거하는 공법과 가장 거리가 먼 것은?

1. UCT
2. SBR
3. Bardenpho
4. A/O

풀이

A/O 공법은 혐기-호기법으로 인(P)제거를 목적으로 개발된 공법이므로 질소(N)가 제거되지 않는다.

3) 인제거 공정

(1) 응집제 첨가공정

응집제첨가 공정의 인 제거기작은 3가 금속 이온이 하수 중의 3가 인산이온과 반응하여 난수용성의 인산염을 생성하는 반응에 기초를 둔다.

$$M^{3+} + PO_4^{\ 3-} \rightarrow MPO_4 \downarrow$$

통상적으로 중성부근에서 침전물을 생성하는 알루미늄염이나 3가 철염이 응집제로 사용된다. 이와 같은 원리에 기초한 제거공정은 응집제와 하수와의 혼화, 플록형성 및 침전분리의 3가지 공정이 필요하지만, 이 방법에서는 혼화 및 플록형성은 반응조 내의 흐름에 따라 이루어지고, 생물플록과 합쳐진 플록을 형성하며, 이것이 최종침전지에서 침전 분리된다. 이 방법에 적용 가능한 응집제로서는 황산알루미늄, 폴리염화알루미늄(PAC), 염화제이철, 황산제일철 등이 있다. 응집제첨가 활성슬러지법에 의한 인제거의 기본 처리계통은 그림 19.6과 같다.

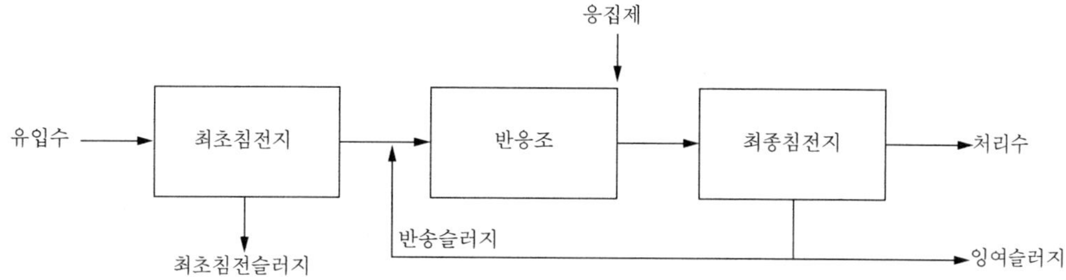

그림 19.6 응집제첨가 활성슬러지법

이 방법은 적절한 운전조건을 통해 처리수의 용해성 총인 농도를 0.3mg/L 이하 총인농도를 0.5mg/L 이하로 낮추는 것이 가능하다. 이 방법에 있어서 설계 및 유지관리상의 유의점은 다음과 같다.

① 응집제의 선정에 있어서는 응집제의 성질, 처리시설의 특성, 응집제의 가격 등을 고려하여야 한다.

② 유입수의 용해성 총인농도에 대한 응집제의 첨가량은 목표 처리수 인농도와 응집제 몰비의 관계로부터 설정한다.

③ 각종 응집제가 활성슬러지 미생물의 생물활성에 거의 악영향을 주지는 않지만, 어느 응집제를 사용하여도 이 방법에 의한 처리 개시 시에는 활성슬러지의 응집제에 대한 적응이 필요하다. 응집반응에 동반되는 알칼리도 소비에 따라 질산화가 저해를 받을 가능성이 있지만, 반응조 말단에 응집제를 첨가하여 이러한 저해를 없앨 수 있다.

④ 응집제로서 알루미늄염을 사용하는 경우는 첨가한 알루미늄량의 5배 정도의 SS가 철염을 사용하는 경우에는 첨가된 철의 3.5배의 SS가 발생하여 잉여슬러지량이 증가하게 된다. 잉여슬러지의 농축성, 탈수성은 표준활성슬러지법의 잉여슬러지와 거의 같다.

(2) 혐기-호기 활성슬러지법(A/O)

혐기-호기 활성슬러지법은 그림 19.7과 같이 활성슬러지 미생물에 의한 인과잉섭취현상을 이용하여 원수 중의 인을 생물학적으로 제거하는 방법이다.

이 방법은 도시하수 처리에 있어서 처리수의 BOD 및 SS 농도를 표준활성슬러지법과 동등하게 처리할 수 있고, 유입수 중에 총 인농도가 5.0mg/L 정도 되면, 처리수의

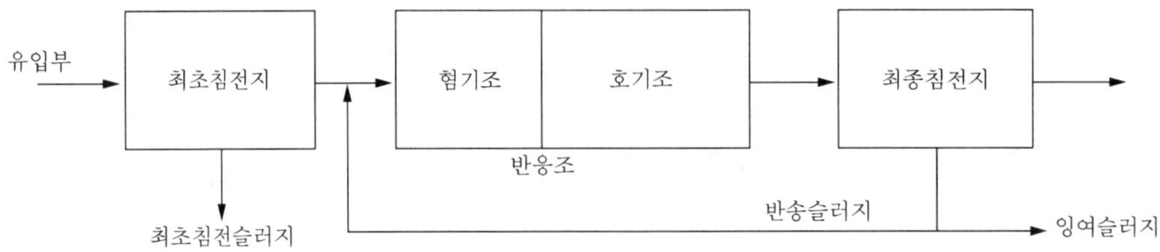

그림 19.7 혐기-호기 활성슬러지법

총인 농도를 1.5mg/L 이하로 처리하는 것이 가능하다. 그러나 이 방법에 있어서 인 제거 성능은 유입수의 총인농도, 유기물농도, MLSS농도, 각 반응조의 HRT, 혐기조의 ORP, 호기조의 용존산소농도 등에 의해 많은 영향을 받기 때문에 이에 대해 충분히 고려를 할 필요가 있다. 또한 혐기-호기 활성슬러지법은 인제거 기능 이외에 사상균에 의한 벌킹이 억제되는 효과가 있는 것으로 알려져 있다. 혐기-호기 활성슬러지법의 설계 및 유지관리상의 유의점은 다음과 같다.

① 표준활성슬러지법의 반응조 전반 20~40% 정도를 혐기조로 하는 것이 표준이다.

② 슬러지 처리시설에 있어서 잉여슬러지가 혐기상태에서 섭취한 인을 재방출하기 때문에 방류수의 인부하에 의해 처리수의 인농도가 증대될 수 있으므로 인의 방지대책을 세울 필요가 있다.

③ 우천시에는 인제거 성능이 저하되는 경향이 있기 때문에 보다 안정적인 처리수의 총인농도를 확보할 필요가 있는 경우에는 보완적 설비로서 응집제 첨가 등의 물리화학적인 인제거공정의 병용이 필요할 경우도 있다.

예제 19.3

생물학적 방법으로 하수내의 인(P)을 제거하기 위한 고도처리 공정인 A/O 공법에 관한 설명으로 틀린 것은?

1. 혐기조에서 탈질산화가 일어난다.
2. 혐기조에서 유기물 제거와 함께 인의 과잉섭취가 일어난다.
3. 폭기조에서 인의 과잉섭취와 질산화가 동시에 일어난다.
4. 하수내의 인은 결국 잉여슬러지의 인발에 의하여 제거된다.

풀이

A/O 공법은 공정흐름은 유입수 → 혐기성조 → 호기성조 → 침전조로 구성되는데 인이 제거되는 것은 혐기성조에서 유기물제거와 함께 인의 방출이 일어나고, 호기조성에서 인의 과잉섭취가 일어나 세포내로 유도한 다음 잉여슬러지를 인발함으로써 인을 제거하게 된다.

(3) 기타

이외에도 인제거 방법에는 정석탈인법과 포스트립 공정, LE 공정 등이 있다. 정석탈인법에 의한 인제거원리는 정인산이온이 칼슘이온과 난용해성의 염인 하이드록시아파타이트[$Ca_{10}(OH)_2(PO_4)_6$]를 생성하는 반응에 기초를 둔다. 정석탈인법의 장점은 응집침전법에 비해 석회의 주입량을 30~90mg/L로 적게 할 수 있기 때문에 슬러지의 발생량이 적다는 점과 비교적 고농도의 인(10mg/L)을 함유하고 있는 유입수로부터 1mg/L의 비교적 낮은 농도의 인을 함유하는 유입수까지 적용가능하다는 점이다.

포스트립(phostrip) 공정은 생물학적 및 화학적 인제거의 조합으로서 반송슬러지의 일부를 혐기조로 유입시켜 혐기성 상태에서 인을 방출한 후, 그 상징액에 과량 함유된 인을 응집제로서 침전시키는 방법이다. LE 공정은 그림 19.8과 같이 1차침전조의 상단에 무기응집제를 소량 첨가하여 인과 유기물을 상당량 제거함으로써 유기물의 부하량과 질소의 비를 인위적으로 낮추어 후단의 질산화조에서 질산화 작용을 선택적으로 촉진시키고, 탈질조에서 외부 또는 내부의 탄소원을 공급하여 탈질작용을 촉진시키는 공정이다.

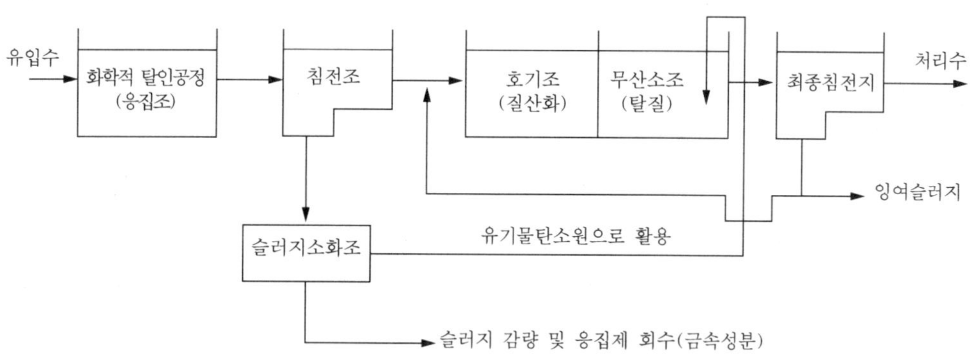

그림 19.8 LE공정

4) 질소·인 동시제거 공정

(1) 혐기-무산소-호기법(A^2/O)

혐기-무산소-호기법은 생물학적 인제거공정과 생물학적 질소제거공정을 조합시킨 처리법으로 활성슬러지 미생물에 의한 인 과잉섭취현상 및 질산화와 탈질반응을 이용한 것이다. 이 방법의 기본적인 처리계통은 그림 19.9와 같다.

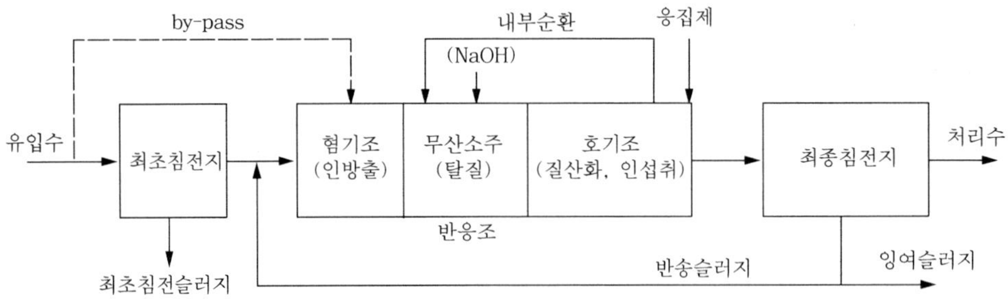

그림 19.9 혐기-무산소-호기법(A^2/O)

이 방법에 의해 표준 도시하수를 처리할 경우, 최초침전지 유출수에 대한 처리효율은 총질소제거 60~70% 정도, 총인 70~80% 정도가 예상된다. 이러한 방법에 의한 질소, 인 제거효율은 유입수의 질소, 인 농도, 유기물 농도, 슬러지 처리계통으로부터의 인 반류부하 등에 의해 많은 영향을 받는다. 혐기-무산소-호기법에 의해 질소와 인을 제거할 경우, 설계 및 유지관리상의 유의점은 다음과 같다.

① 우천시나 운전초기시에 대한 대책으로 혐기조 또는 무산소조에 필요한 유기물을 확보하기 위해 유입수가 최초침전지를 우회하는 bypass 수로를 설치하는 것이 바람직하다.

② 표준 도시하수의 경우에는 탈질을 위한 메탄올이나 pH 조정용의 수산화나트륨 등의 첨가가 필요 없지만, 유역특성에 의해 유입수중의 알칼리도가 낮은 경우, 그리고 국내하수와 같이 유입수 중의 유기물이 절대적으로 부족한 경우에는 알칼리제나 메탄올 등의 탈질보조제의 주입설비가 필요하다.

③ 인제거를 보다 효과적으로 행하기 위해서는 호기조의 말단에 응집제(PAC) 주입 설비를 갖추는 것이 바람직하다.

(2) 수정 바덴포(Bardenpho) 공정

수정 Bardenpho 공정은 무산소-호기-무산소-호기의 4단계로 구성된 Bardenpho 공정 앞에 무산소조(혐기조)를 추가하여 NO_X가 혐기성 상태에서 인의 방출을 저해하는 것을 막고 유기물을 분해하면서 70% 정도의 NO_X가 앞부분에 위치한 무산소조에서 제거되어 질소와 인의 제거효율을 높이도록 한 공정이다.

처리공정은 그림 19.10과 같이 반송슬러지가 유입수와 함께 혐기조에 유입되어 발효반응이 일어나면서 인이 방출되는 것으로부터 시작된다. 일차 무산소조는 후속 호기조로부터 혼합액이 내부반송되고 유입수 중의 용존성 유기물을 탄소원으로 하여 질산성 질소가 질소가스로 환원되는 탈질반응에 의해 시스템에서 발생된 질산성질소의 약 70%가 여기에서 제거된다. 이차 무산소조는 호기성 단계에서 생성된 잔류 질산성질소를 전자수용체로, 내생유기탄소를 전자공여체로 탈질을 수행한다. 마지막 호기조에서는 잔류질소가스를 제거하고 침전지에서 인의 용출을 최소화하기 위해 사용된다.

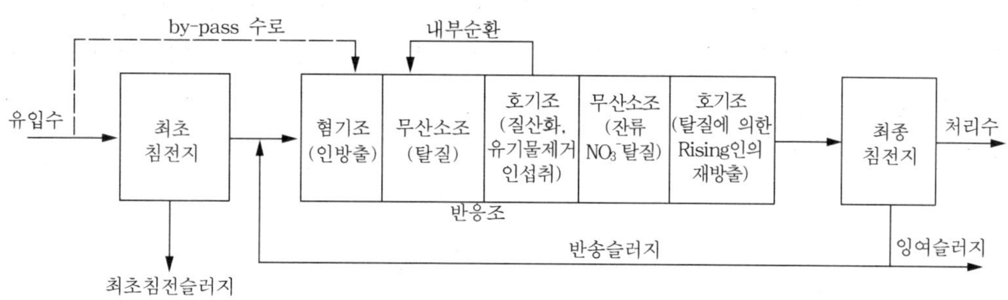

그림 19.10 바덴포 5단계 공정

바덴포 5단계 공정은 A^2/O 공정에 비해 긴 고형물체류시간(10~40일)을 사용하기 때문에 유기탄소의 이용능력이 증대된다. 인의 제거는 과잉으로 섭취한 잉여슬러지를 폐기시킴으로써 가능한데, 1mg/L 이하로 방류시키기 위해서는 금속염을 첨가하거나 여과장치가 필수적인 것으로 알려져 있다.

(3) UCT 공정

UCT(University of Cape Town) 공정은 그림 19.11과 같이 반송슬러지가 혐기조 대신 무산소조로 반송된다는 점과 혼합액의 내부순환이 무산소조에서 혐기조로 이루어진다는 점을 제외하면 A^2/O 공정과 유사하다. 활성슬러지를 무산소조로 반송시킴으

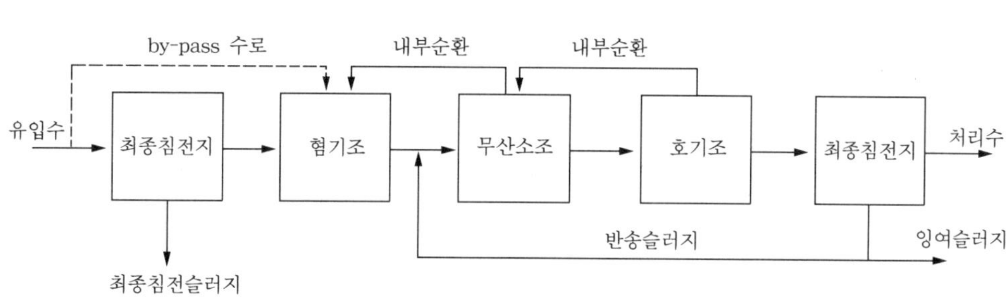

그림 19.11 UCT (University of Cape Town) 공정

로써 혐기조에의 질산성질소 유입이 방지된다. 무산소조의 혼합액은 상당량의 용존성 BOD를 함유하지만 질산염은 거의 없으며 무산소조의 혼합액 반송이 혐기조에서 발효 반응을 증진시킨다.

(4) VIP 공정

미국 버지니아 주에서 특허화된 VIP공정은 그림 19.12에 나타낸 바와 같이 A^2/O 및 UCT 공정과 유사하지만 재순환 방식에 차이가 있다. 호기조에서 질산화된 혼합액은 반송슬러지와 함께 무산소조의 입구로 순환되며, 무산소조의 혼합액은 혐기조로 반송된다. 한편 유입수내의 일부유기물은 혐기조에서 혐기분해되어 전체 공정의 산소요구량을 감소시킬 수 있다고 보고되고 있다.

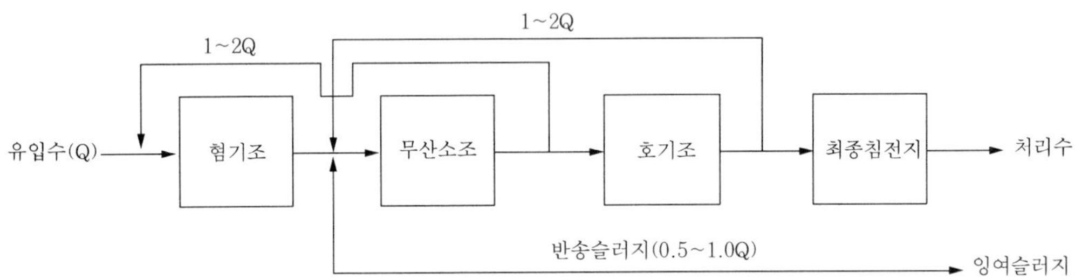

그림 19.12 VIP 공정

(5) 수정포스트립(Modified Phostrip) 공정

수정포스트립공정을 기존의 포스트립 공정과는 달리 추가적인 질소제거를 위해 질산화와 탈질반응에 필요한 부가설비를 설치한 것으로 그림 19.13과 같다.

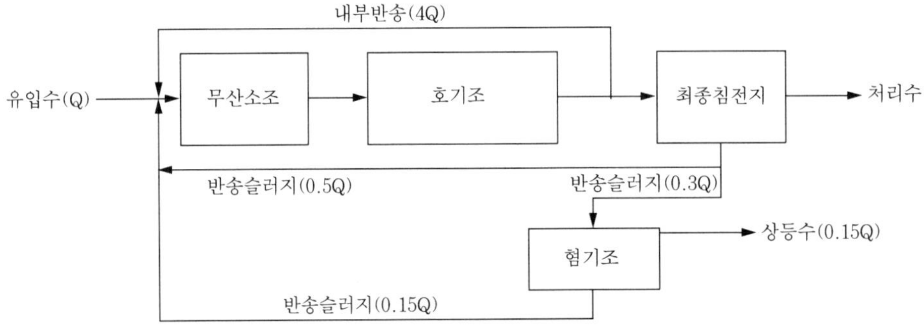

그림 19.13 수정포스트립(Modified Phostrip) 공정

탈인조 앞의 탈질조에서 산화질소에 의한 영향을 최소화함과 동시에 시스템 전체의 질소제거 및 탈인조의 인방출 능력을 향상시킬 수 있다.

(6) 기타

이외에도 질소·인의 동시제거 공정으로 SBR (Sequencing Batch Reactor) 공정, Biodenipho (BIOlogical DENItrification PHOsphorus) 공정, BB (Bunnik-Bunschoten) 공정, 수정 Carrousel 공정 등이 있다.

SBR공법은 한 반응조 내에서 포기, 침전, 배출 등이 일어나는 것으로 인의 용출과 유기물 제거가 혐기상태에서 일어나고 호기상태에서는 인이 제거되며 호기상태 및 무산소상태에서 질산화 및 탈질반응이 일어난다.

Biodenipho 공정은 인제거를 위해 활성슬러지장치의 특별한 운전방법에 따라 개발되었고, 준혐기성과 호기성단계로서 두 쌍의 포기조의 선택에 특성을 가지며, 폐수의 선택적 공급에 의해 질산화와 탈질이 동일조에서 일어난다. 네덜란드의 pilot 폐수처리시설인 Ede에서는 Biodenipho 공정을 이용하여 유출수 인과 질소의 농도를 각각 1mg/L와 10mg/L로 낮추었다.

BB 공정은 선택적 포기에 의한 2단계 활성슬러지 공정이다. 이 공정은 선택적 포기의 결과로 활성슬러지가 혐기, 준혐기와 호기성 단계 전체를 거치는 특성이 있다.

수정 Carrousel 공정은 loop식 수로의 활성슬러지 반응조에 폐수가 연속적으로 주입되며, 포기시스템은 활성슬러지공정의 폭기와 동일한 공정으로 낮은 산소발생으로 질산화가 일어나는 호기성조가 형성되는 특징이 있다. 네덜란드의 Bennekom 하수처리시설은 인 제거를 위하여 이러한 공정으로 수정되었으며 이에 따른 유출수의 총인 농도는 평균 1.1mg/L 이하, 암모니아와 nitrate 농도는 각각 0.7과 2.9mg/L로 줄었다고 보고되고 있다.

예제 19.4

생물학적 질소(N)와 인(P) 동시제거 공정 중에서 2차 침전지와 슬러지 반송을 생략할 수 있는 처리공정으로 가장 적합한 것은?

1. A/O 공정　　2. A^2/O 공정
3. UCT 공정　　4. SBR 공정

풀이

연속회분식 활성슬러지법(SBR)은 1개의 반응조에 2차 침전지의 기능을 갖게 하여 하수유입, 반응, 침전, 상등수배출, 슬러지배출 공정을 반복하여 처리하는 공정으로서 활성슬러지법에서의 공간개념을 시간개념으로 전환한 공정이다.

20

Chapter

물의 재이용

얼마 전까지만 하더라도 물은 공짜라는 인식이 있었으나 우리나라는 유엔이 정하는 물 부족국가에 해당하며 실제 최근에는 심각한 물 부족현상이 일어나는 실정이다. 그 주된 요인은 산업용, 가정 용 물의 수요가 급격히 증가하고 있는 반면 수자원으로서의 하천수나 지하수는 한정되어 있기 때문이다. 풍부하다고 생각했던 물도 사실은 한계가 있는 소중한 자원인 것이다. 정부에서도 최근에 물 절약 종합대책 추진의 일환으로 일정규모 이상의 시설에 대하여 중수도시설을 의무적으로 설치 운영하도록 하였고 여러 지방자치 단체에서는 중수도시설을 설치하는 자에게 수도요금을 감면하여 주는 등 적극적으로 중수도시설을 설치하도록 하고 있다. 산업폐수나 생활하수 등을 처리해서 순환이용하는 시설로서 상수도와 하수도의 중간에 위치한다는 뜻에서 중수도라 한다. 또 세척용수나 살수용수 등 신체에 직접 닿지 않는 잡용도에만 쓰이므로 잡용수도라고도 한다. 인구과밀지대에서 상수도의 공급력이 한계에 이르거나, 도시에 따라서는 하수도가 받아들이는 능력이 부족한 경우에 물의 순환이용을 통해 상수의 소비와 하수의 배출을 함께 억제하는 것이 목표이다.

1960년대 이후 급속한 산업화와 경제발전에 따른 생활수준의 향상으로 인하여 우리나라에서는 용수수요가 지속적으로 증가하여 왔으며 이에 대처하기 위하여 대규모 다목적댐 건설 및 지하수개발이 진행되어 왔다. 그러나 다목적댐 건설 및 지하수개발을 통한 수자원확보는 댐건설 적지의 부족, 환경파괴, 지하수 채취에 따른 지반침하 등과 같은 문제점들이 수반되었으며 이러한 문제점으로 인하여 안정적인 용수원확보는 점차 어려워지고 있는 실정이다. 그러나 이러한 실정에도 불구하고 향후 용수수요량은 산업화 및 생활수준의 향상 등으로 인하여 더욱 증가할 전망이어서 전반적인 용수수요관리체제 구축의 필요성이 강조되고 있다. 이에 정부에서는 용수수요관리의 일환으로 1991년에 중수도시설의 설치를 권장하기 위하여 수도법에 중수도 제도를 신설하였고 1994년에는 중수도 설치와 유지관리방안을 제시한 "중수도시설기준 및 유지관리지침"을 보급하였다. 정부에서는 물 수요관리를 강화하기 위하여 물을 많이 쓰는 일정 규모 이상의 건축물 및 공장에 대하여 사용수량의 10퍼센트 이상을 재이용할 수 있는 중수도시설의 설치를 의무화하도록 수도법을 개정하여 시행하고 있다. 개정된 수도법에 의하면 중수도의 시설기준 및 관리에 관한 사항, 용수사용수량 산정, 폐수발생량 산정 등에 대하여는 환경부령으로 정하고 있다. 중수도를 설치함으로써 얻을 수 있는 기대효과를 살펴보면, 중수도의 설치 의무화로 생활용수부분은 현재대비 10배, 공업용수부분은 현재대비 5배 수준의 중수보급의 증가가 기대되며, 중수도가 확대 보급될 경우 도심 한가운데에 대규모 댐을 건설하는 것과 같은 수자원개발 효과가 발생하여 댐 건설수요를 저감시킬 수 있다. 이에 정부는 빗물이용, 중수도, 오수 및 하폐수 처리수의 재이용 촉진을 제도적으로 뒷받침하기 위하여 '물의 재이용 촉진 및 지원에 관한 법률'을 2010년 6월에 제정 · 공포하였다.

20.1 중수도 시설

20.1.1 처리시설

중수처리시설로 유입되는 원수의 성분은 일반 오 · 폐수(이하 하수) 중에 포함된 성분과 동일하며 다만 원수의 종류에 따라 각 성분의 농도 또는 양이 서로 다를 수 있다. 이러한 관점에서 볼 때 중수처리시설과 하수처리시설은 유사하나 중수처리시설의 경우 처리수를 재이용하여야 하므로 하수처리시설에 비하여 보다 양질의 처리수질을 얻기 위한 여과공정, 소독공정 등이 추가로 설치된다.

하수처리시설의 경우 여러 가지 처리공정 중 유입되는 하수의 성분 및 목표수질기준을 토대로 가장 유리한 공정을 채택하는 것과 마찬가지로 중수처리시설을 설치할 때에도 유입 원수의 수질특성 및 용도별 재이용수의 수질기준을 참고로 처리공정을 도입하여야 한다.

1) 원수의 수질

중수처리시설로 유입되는 원수는 원수의 발생장소, 중수도의 이용방식 등에 따라 생활계 배수, 공장폐수, 하수처리수 등으로 다양하게 구분되는데 이 중 생활계 배수는 화장실배수, 세면배수, 목욕배수, 냉각수, 청소배수, 주방배수 등으로 구분되며 이들의 수질은 다음과 같다.

표 20.1 생활계 배수의 수질 특성

수질항목	세면배수		목욕 배수	냉각수 (하계)	주방배수		수세식 화장실배수		혼합배수	
	하계	동계			하계	동계	하계	동계	Type-1	Type-2
COD_{Cr}(mg/L)	106	155	—	106	732	844	597	719	-	-
BOD(mg/L)	49	80	48.8	4	480	418	197	328	167	260
SS(mg/L)	41	101	15.4	6	218	296	170	444	67	432
NH_4-N	—	—	-	—	—	—	91	141	2.0	12
ABS(mg/L)	2.8	2.0	0.2	0.3	54.4	21.7	8.7	0.7	19.9	8.9
n-Haxane(mg/L)	2.5	7.0	—	—	44	32	—	—	-	-
Cl^-	—	—	—	—	—	—	119	211	43.6	0
pH	7.6	6.5	—	7.5	5.4	6.0	8.7	8.6	6.9	5.5
색도	8.2	50	—	60	—	51	—	286	-	-
증발잔류물	—	—	220	—	—	—	—	—	-	-
T-N	—	—	4.0	—	—	—	—	—	-	-
전도율	—	—	—	1,473	—	—	—	—	-	-
TDS(mg/L)	—	—	—	1,254	—	—	—	—	-	-

주) 자 료 : 건축물에 있어서 배수재이용 실무편람(일본주택설비 시스템협회)
Type-1 : 빌딩 내 식당 및 레스토랑이 입주해 있는 고층빌딩
Type-2 : 빌딩 내 사무실 및 주택이 입주해 있는 혼합빌딩

표 20.1과 표 20.2에 나타낸 바와 같이 중수처리시설로 유입되는 각종 생활계 배수 및 하수처리수의 성상은 종류별로 차이는 있으나 주로 유기계 오염성분인 BOD, COD를 비롯하여 질소와 인을 포함한 무기계 오염성분, SS와 같은 부유물질로 구성되어 있다. 공장폐수의 경우에는 상기에 명시된 바와 같은 오염성분 이외에 공장에서 사용하고 있는 원료 및 제품제조 공정에 따라 각종 중금속을 비롯한 보다 다양한 오염성분을 포함하고 있다.

표 20.2 하수처리수의 수질특성(평균값)

수질항목	가정하수, 처리결과가 양호한 하수처리수	가정하수, 처리결과가 보통인 하수처리수	공장폐수를 일부 포함한 하수처리수
COD_{Mn}(mg/L)	13.4	14.9	21.4
BOD(mg/L)	10.7	20.2	15.0
SS(mg/L)	12.7	29	21.4
NH_4^+-N(mg/L)	9.2	15.2	10.4
ABS(mg/L)	0.8	15.0	14.5
$PO_4^{3-}-P$(mg/L)	7.1	8.6	4.6
Cl^-(mg/L)	57	61	362
pH	7.2	7.2	7.3
n-Hexane(mg/L)	2.7	2.0	2.6

주) 자료 : 건축물에 있어서 배수재이용 실무편람(일본주택설비 시스템협회)

2) 일반적인 처리방법

중수처리시설로 유입되는 원수의 수질은 하수처리장으로 유입되는 하수의 오염성분과 유사하며 이에 따라 중수처리방법은 일반적인 하수처리방법과 매우 유사하다. 중수의 원수 중에는 부유성 유기물, 용존성 유기물, 질소, 인, 무기염류, 중금속, 색도성분, 냄새성분, 대장균 등이 함유되어 있으며 이러한 오염성분은 각각의 오염성분을 적절히 처리할 수 있도록 고안된 생물학적, 물리적, 화학적 처리공정에 의하여 처리된다.

유기물을 다량 함유하고 있는 생활잡배수의 경우에는 생물학적 처리공정이 주로 사용되고 있으며 무기물 및 부유물질의 농도가 높은 공장폐수의 경우에는 응집침전, 여과장치, 막처리 등과 같은 물리, 화학적 처리방법이 주로 사용된다. 그러나 중수처리시설로 유입되는 원수의 오염성분은 다양하므로 하나의 독자적인 처리공정으로 원수를 처리하기는 어려우며 일반적으로 중수처리시설은 유입되는 원수의 오염성분을 고려하여 각각의 오염성분에 대응되는 처리공정을 조합하여 계획된다. 이러한 중수처리시설은 크게 전처리, 주처리, 후처리공정으로 구분되며 각각의 공정별 처리방법은 다음과 같다.

(1) 전처리공정

전처리공정은 주처리공정 중에 장해가 되는 원수중의 불순물 제거 및 원수의 유입유량 조정 역할을 담당하는 공정으로 스크린, 파쇄기, 침사지, 유량조정조 등과 같은 단위공정이 포함된다.

① 스크린

원수 중에 포함된 부유물질 중 상대적으로 규모가 큰 고형물질을 제거하여 각종 기계설비의 파손 방지 및 관로 내부 유체의 흐름을 원활하게 하기 위하여 사용된다.

② 파쇄기

원수 중에 함유된 비교적 큰 부유물질을 분쇄하는 설비로 스크린의 보조 및 대용 수단으로 사용된다.

③ 침사지

처리시설로 유입되는 음식물과 찌꺼기와 같은 침사(grit)를 제거함으로써 기계류의 마모, 파손 등을 방지하고 관로 내 침사의 퇴적을 방지하기 위하여 사용된다.

④ 유량조정조

유입되는 원수의 유량변동으로 인한 처리효율의 저하 및 각 단위공정의 운전에 미치는 악영향을 방지할 목적으로 사용된다.

(2) 주처리공정

주처리공정은 전처리공정에서 제거되지 않은 미세한 부유물질, 용존성 유기물질 등을 제거하기 위하여 사용되며 주로 활성슬러지법, 접촉산화공정, 장기폭기법 등과 같은 생물학적 처리공법이 사용되나 막을 이용한 특수처리공법도 많이 사용되고 있다.

① 생물학적 처리방법

- 활성슬러지법

  대표적인 호기성 부유성장식 공정으로 미생물과 오·폐수의 혼합액 내에서 미생물이 부유상태로 성장하면서 오·폐수내의 유기물을 분해하여 이용 가능한 유기물로 만든 후 새로운 세포나 최종생성물로 전환시키는 공정이다.

- 접촉산화공정

  호기성 부착성장식 공정으로 폭기조 내 접촉매체의 표면에 생성된 생물막에 의하여 폐수중의 유기물을 제거하는 공정이다.

– 미생물첨가방식

기존의 생물학적 처리공정 내에 미생물 배양조를 첨부한 형태의 처리기술로서 배양조 내에서 배양된 임의성 토양미생물을 원수유입조, 침사조, 유량조정조 및 폭기조에 일정량 반송시켜 유기물을 제거하는 처리방법이다.

– 장기폭기법

활성슬러지 공법의 일종으로 미생물 성장곡선상의 내생호흡단계로 운전되며 유입 원수의 유기물부하가 낮은 경우에 주로 사용된다.

② 특수처리방법

– 정밀여과법(MF : Microfiltration)

정밀여과법은 약 0.05～10μm의 공경을 가진 막을 이용하여 유입수를 여과하는 방식으로 순수 클리닝, 역삼투막 장치의 전처리, 박테리아의 제거 등을 목적으로 개발되었으며, 원통형 카트리지 방식과 평면형막이 사용되고 있다.

– 한외여과법(UF : Ultrafiltration)

한외여과법은 반투막을 이용하여 수중에 용해되어 있거나 부유하고 있는 고분자 물질과 콜로이드 입자 등을 분리, 압축하는 방법으로서 순수 제조 및 단백질이나 박테리아와 같은 세균류의 제거를 포함한 오·폐수의 고도처리 등에 주로 사용된다.

– 역삼투법(RO : Reverse Osmosis)

역삼투법은 삼투현상을 역으로 이용하여 농도가 강한 쪽의 용액에 삼투압 이상의 압력을 가함으로써 반투막에 의하여 물을 얻는 방법으로 주로 해수의 담수화에 사용되어 왔으며 오·폐수의 처리에 있어서는 수중에 포함되어 있는 염을 제거하기 위한 탈염장치로 사용된다.

(3) 후처리공정

후처리공정은 중수로서의 수질을 조정하기 위하여 미세한 입자나 잔류 유기물 등을 제거하기 위한 공정 및 처리수 중의 병원균을 소멸하고 슬라임의 발생 억제를 위한 공정으로 구성된다. 후처리공정의 단위공정으로는 침전지, 응집시설, 여과 및 활성탄 흡착, 소독 등의 공정이 포함된다.

① 침전지

침전 가능한 고형물질을 침전 제거함으로써 오염부하를 줄이고 후속처리시설에 적합한 수질을 제공할 수 있도록 하기 위하여 사용된다.

② 응집시설

일반적인 생물학적 처리방법으로는 제거가 어려운 미세입자, 부유고형물 등과 같은 물질들을 제거하기 위하여 사용되며 미세입자 등을 제거하기 위하여 응집제를 투입하고 오·폐수와 응집제 간의 접촉을 위한 교반시설을 갖추고 있다. 응집제로는 알루미늄염 또는 철염 등이 널리 사용되고 있다.

③ 여과

주처리공정의 유출수에 함유된 부유물질을 제거하기 위한 목적으로 쓰이고 있으며 거름작용에 의하여 부유물질의 제거가 이루어진다. 여과공정은 여과와 세정단계가 교대로 일어나는 반연속식 여과 및 여과와 세정단계가 동시에 일어나는 연속식 여과방식이 있다.

④ 활성탄 흡착

활성탄의 흡착작용을 이용하여 유기물을 비롯하여 색도, 탈취, 중금속을 제거하는데 사용한다. 활성탄흡착에 사용되는 여재는 이용형태에 따라 직경 200mesh 이하의 분말활성탄과 입경 0.1mm 이상의 입상활성탄으로 분류되며, 분말활성탄의 경우 흡착성능이 우수함에도 불구하고 운전방법의 부족 및 재생기술의 부족으로 인하여 사용이 제한되고 있다.

⑤ 소독

소독은 화학적 첨가제를 이용하는 살균 방법과 물리적 살균에 의한 방법으로 구분되나 화학적 살균제를 투입하는 방법이 주로 사용되고 있다. 화학적 소독시 사용되는 약품으로는 염소, 브롬, 요오드 등이 있으나 이중 염소를 이용하는 경우가 가장 많다. 이 밖에도 오존소독과 자외선처리도 소독공정에 이용되고 있다.

3) 오염성분별 처리방법

중수처리시설로 유입되는 원수의 주요 오염성분은 크게 유기물(BOD, COD, 유분 등), 탁도, 색도, 세균 등이며 이들에 대한 처리방법은 일반적으로 그림 20.1과 같다.

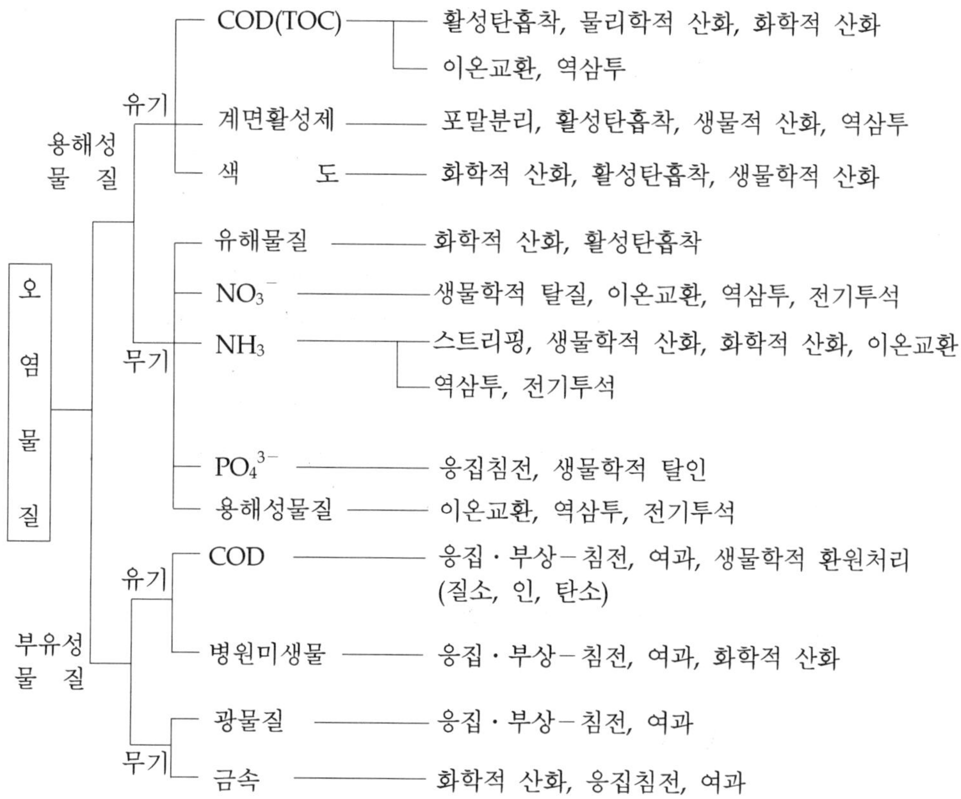

그림 20.1 제거 대상물질별 처리방법

중수처리방법은 크게 물리적, 화학적, 생물학적 방법으로 구분되며 유입되는 원수의 성분에 따라 적절한 방법이 선택된다. 일반적으로 유기물의 농도가 높은 생활잡배수의 경우에는 주처리공정으로 생물학적 처리방법이 채택되며 이후 응집침전법, 모래여과법, 소독 등과 같은 후처리공정을 통하여 미세 입자 및 병원균 등을 제거한다. 중수처리방법으로 주로 이용되는 처리방법을 분류하면 다음과 같다

표 20.3 중수처리방법별 분류

처 리 방 법	처 리 공 정
생물학적 처리	활성슬러지법, 생물막법
물리 · 화학적 처리	스크리닝, 응집침전법, 응집여과법, 모래여과법, 활성탄처리법, 오존처리법, 염소처리법, 막처리법

우리나라의 "중수도 시설기준 및 유지관리지침"에 의하면 유입되는 원수의 성분에 따른 중수처리방법을 다음과 같이 분류하고 있다.

- 부유성유기물
  - 응집침전
    - 석회 및 황산반토 응집침전 처리
    - 기 타
  - 여과처리
    - 사여과 처리
    - 마이크로스크린 처리
    - 기 타
- 용해성유기물 (색도, 냄새성분 포함)
  - 생물처리
    - 접촉산화 처리
    - 회전원판접촉 처리
    - 기 타
  - 활성탄흡착 처리
  - 오존처리
- 세 균
  - 오존살균처리
  - 염소살균처리

그림 20.2 유입 원수의 성분별 처리공정의 분류

기존의 연구결과에 의하면 중수도의 이용방식에 따라 유입되는 원수의 종류를 생활잡배수, 오수, 하수처리수 등으로 구분하고 각각의 원수에 대한 처리방법 및 처리대안을 다음과 같이 제시하고 있다

표 20.4 처리공정의 구성

원 수	처 리 과 정	적 용 대 상
양질 잡배수 (세탁, 세면 및 목욕배수)	(응집침전) → 여과 → 염소 (응집침전) → 여과 → 활성탄처리 → 염소	공동주택 배수
일반 잡배수 (양질잡배수 + 청소, 주방배수)	(생물학적처리) → 응집침전 → 여과→염소 (생물학적처리) → 응집침전 → 여과→활성탄처리 → 염소응집침전 → 막처리→염소	공동주택, 대형빌딩 배수
잡배수 + 오수 (잡배수 + 수세식 화장실 배수)	생물학적 처리 → 응집침전 → 여과 → 염소 생물학적 처리 → 여과 → 활성탄처리 → 염소 생물학적 처리 → 응집침전 → 막처리 → 염소	대형빌딩 배수
하수처리수	응집침전 → 여과 → 염소	하수처리장 처리수

표 20.5 처리대안의 기준 설정

적용대상	전 처 리	주 처 리	후 처 리
대형빌딩 배수	스크린 → 유량조정조	응집침전 → 여과	염소소독
	스크린 → 유량조정조	응집침전 → 여과 → 활성탄처리	염소소독
	스크린 → 유량조정조	응집침전 → 막(MF) → 여과	–
공동주택 배수	스크린 → 유량조정조	응집침전 → 여과	염소소독
	스크린 → 유량조정조	응집침전 → 여과 → 활성탄처리	염소소독
하수처리장 처리수	2차 처리수	응집침전 → 여과	염소소독

예제 20.1

다음 중 물의 색도를 제거하기 위한 방법이 아닌 것은?

1. 오존처리
2. 염소처리
3. 활성탄처리
4. 응집침전처리

풀이

물의 색도를 제거하는 방법에는 응집침전처리, 오존처리, 활성탄처리, 전염소처리 등이 많이 사용된다.

4) 중수처리시설 운영 현황

우리나라에서 가동중인 유형별(공장, 업무용빌딩 및 레저시설) 중수도 시설현황은 표 20.6과 같으며 공장의 경우 사용원수는 세면수, 목욕수, 공정폐수, 폐수처리수 등이 주종을 이루고 처리수는 세정수, 냉각수, 공정용수 등으로 주로 사용되고 있다. 업무용빌딩 및 레저시설의 경우 원수로는 세면수, 목욕수, 오수처리수가 주종을 이루고 처리수는 화장실세정수나 청소용으로 사용되고 있다.

중수도 시설을 운영중인 건축물에서의 중수처리시설은 대부분 전처리, 주처리, 후처리 공정으로 이루어져 있으나 중수 원수의 종류, 사용용도 등에 따라 중수처리방법이 다양하며 이에 대한 내용은 다음과 같다.

표 20.6 유형별 가동중인 중수도시설 현황

구 분		중수도 원수	용 도	주공법
공장	전기·전자	세면수, 목욕수, 세정수, 냉각수, 공정폐수, 폐수처리수, 생활오수	청소, 화장실세정수, 공정용수, 세정수, 냉각수, 세척용수, 연마용수	화학침전, S/F, A/C, R/O, M/F, EDR
	제 지	폐수처리수, 공정폐수, 세면수, 목욕수, 세정수, 냉각수	화장실세정수, 공정용수, 세정수, 냉각수, 청소용수	미생물첨가방식, S/F, C/F, 화학침전, M/F
	섬 유	세면수, 목욕수, 공정폐수, 세정수, 냉각수	세정수, 냉각수, 세척수	활성오니법
	자동차	오수처리수	공정용수	화학침전, A/C, RO, 가압부상
	철강 항공	생활오수, 세정수, 냉각수	청소, 화장실세정수, 조경용수, 세정수, 냉각수, 살수용	U/F, C/F, 활성오니
	기 타	세정수, 냉각수, 세면수, 목욕수, 폐수처리수	청소, 조경, 냉각수, 세륜, 세차수	화학침전, 이온교환
업무용빌딩 및 레저시설	백화점	오수처리수, 세면수, 청소수, 목욕수	청소수, 화장실세정수	S/F, A/C, U/F, C/F, 화학응집, 활성오니, 오존, 응집침전
	레 저	목욕수, 세면수, 욕실수, 생활오수	청소수, 화장실세정수, 조경용수, 축사용수, 제설용, 화장실용수	S/F, A/C, C/F, 단계폭기법, 응집침전, 가압부상
	호 텔	세면수, 욕실수, 생활오수	냉각수, 화장실세정수, 조경용수	RBC, 화학침전, S/F, A/C, 화학응집,
	공 공	세면수, 청소수, 목욕수, 오수처리수, 주방배수	화장실세정수, 청소용수, 조경용수	활성슬러지법, S/F, A/C, U/F, A/F, C/F, Uni-F, 화학침전, 오존산화
	다세대	세면수, 목욕수, 생활오수	화장실세정수	접촉산화, S/F, A/C, 탈질, 탈인, 오존산화
	병 원	오수처리수	청소용	화학응집, A/C
	기 타	오수처리수, 생활오수	청소용, 화장실세정수	화학응집, S/F, C/F

주) S/F : Sand Filtration, A/C : Activated Carbon, U/F : Ultra Filtration,
Uni-F : Uni-Filtration, A/F : 안트라싸이트 Filtration, M/F : Micro Filtration,
R/O : Reverse Osmosis, B/R : Bio-Reactor,
EDRL: Electrodialysis Reversal(역전 전기투석)

① 공장에서의 중수도 사용

원 수 : 세면수, 목욕수, 냉각수, 세정수, 공장폐수, 폐수처리수

용 도 : 청소수, 화장실세정수, 공정용수, 냉각수, 세정수

모식도 :

㉮

스크린 → 유량조정조 → 응집반응조 → 스크린 →
모래여과 → 활성탄여과 → 소 독 → 중 수

㉯

스크린 → 유량조정조 → 응집반응조 → 스크린 →
모래여과 → 역삼투법 → 소 독 → 중 수

㉰

스크린 → 유량조정조 → 응집반응조 → 스크린 →
미세여과법 → 역삼투법 → 소 독 → 중 수

② 상업빌딩에서의 중수도 사용

원 수 : 세면수, 목욕수, 생활오수, 오수처리수

용 도 : 청소수, 화장실세정수, 조경용수

모식도 :

㉮

원 수 → 유량조정조 → 폭 기 → 침 전 →
모래여과 → 활성탄여과 → 소 독 → 중 수

㉯

원 수 → 유량조정조 → 폭 기 → 침 전 →
모래여과 → 침전 또는 부상 → 여 과 → 소 독 → 중 수

㉰

원 수 → 유량조정조 → 화학응집 →

한외여과 → 소 독 → 중 수

③ 공공빌딩에서의 중수도 사용

원 수 : 세면수, 청소수, 목욕수

용 도 : 청소수, 화장실세정수

모식도 :

㉮

원 수 → 유량조정조 → 폭 기 → 침 전 →

모래여과 → 활성탄여과 → 소 독 → 중 수

㉯

원 수 → 유량조정조 → 폭 기 → 침 전 →

응집반응 → 침전 또는 부상 → 여 과 → 소 독 → 중 수

㉰

원 수 → 유량조정조 → 폭기조 →

한외여과 → 소 독 → 중 수

5) 최소한의 설치기준

우리나라의 중수도 시설로 유입되는 원수의 종류로는 세면수, 목욕수, 청소수 등과 같은 생활잡배수와 화장실세정수와 같은 오수가 주를 이루고 있으며 이들 원수는 COD, BOD, SS, 탁도, 색도 등과 같은 유기계 성분 및 부유물질로 이루어져 있다.

이러한 성분을 함유한 중수의 원수를 처리하기 위해서는 물리적, 화학적, 생물학적 처리방법을 이용하는 전처리, 주처리, 후처리공정이 필요하나 중수처리시설은 유입원수의 종류 및 중수의 사용용도별로 처리방법이 다양하므로 유입되는 원수의 특성을

고려하여 설치기준을 설정하는 것이 타당할 것이다.

① 주처리공정으로 생물학적 처리방법을 사용하는 경우

- 전처리공정 : 스크린, 유량조정조
- 주처리공정 : 생물학적 처리공정(활성슬러지법 등)
- 후처리공정 : 침전조, 여과공정, 소독공정

② 주처리공정으로 물리화학적 처리방법을 사용하는 경우

- 전처리공정 : 스크린, 유량조정조
- 주처리공정 : 응집반응조
- 후처리공정 : 침전조, 여과공정, 소독공정

③ 주처리공정으로 막을 이용하는 경우

- 전처리공정 : 스크린, 유량조정조
- 주처리공정 : 막처리공법(MF, UF, RO 등)
- 후처리공정 : 소독공정

④ 오수처리수를 이용하는 경우

- 전처리공정 : 필요 없음
- 주처리공정 : 필요 없음
- 후처리공정 : 여과공정, 소독공정

유입수의 수질 및 오염부하에 따라 처리공정 중 일부가 생략될 수도 있음을 고려하여 비록 처리공정중 일부가 생략되더라도 당해 중수처리시설로부터 배출되는 처리수의 수질이 중수수질기준을 만족하는 경우에는 중수처리시설로 인정하는 것이 타당하다.

20.1.2 송배수시설

처리된 중수를 사용처로 공급하기 위해서는 적절한 송배수시설이 필요하다. 송배수시설이란 처리된 중수를 송수, 저류하고 급수구역으로 배분하는 시설로서 "중수도 시설기준 및 유지관리지침"에는 송배수시설로 송수펌프, 송수관, 배수탱크, 고가탱크, 배수펌프, 배수관 등이 명시되어 있다. 이들을 이용한 일반적인 중수처리수의 공급방식은 다음과 같다.

① 중수처리시설 → 배수탱크 → 펌프 → 배수관 → 이용시설

② 중수처리시설 → 배수탱크 → 펌프 → 송수관 → 배수탱크
→ 펌프 → 압력탱크 → 배수관 → 이용시설

③ 중수처리시설 → 펌프 → 송수관 → 배수탱크
또는 고가탱크 → 배수관 → 이용시설

중수처리수를 이용시설로 이송하기 위해서는 처리장의 위치, 이용설비의 설치위치 등에 따라 다양한 시설이 사용되나 대체로 상기에 명시한 바와 같이 배수탱크, 고가탱크, 배수관, 송수관, 펌프 등으로 구성된다.

그러나 이 밖에도 원활한 중수공급을 위해서는 상수관을 배수탱크에 연결할 필요가 있다. 중수도의 원수인 생활잡배수는 계절별, 시간별 유량변동이 심하여 원수공급이 줄어드는 경우가 있는데, 이러한 경우 필요한 양만큼의 중수의 생산 및 공급이 어려워지므로 부족한 수량을 공급하기 위하여 상수도관의 연결이 필요하다.

이상의 내용을 종합할 때 송배수를 위해서는 배관시설, 탱크시설, 펌프 등이 반드시 필요하나 사용되는 배관 및 탱크시설의 종류는 건축물의 설계에 따라 변할 수 있다

– 송배수시설 –

· 배관 : 배수관, 송수관, 상수도관

· 탱크 : 배수탱크, 고가탱크,

· 펌프 : 송수펌프, 배수펌프

송배수시설에 대한 최소한의 설치기준은 상기에 명시된 배관, 탱크, 펌프시설에 대하여 각각 하나 이상의 설비를 갖추어야 하며, 중수도의 사용수량에 대하여는 법적인 근거에 의거하여 사용량이 결정됨을 고려하여 중수의 사용수량을 검토하기 위한 유량계는 반드시 설치되어야 한다.

예제 20.2

원형인 중수도관의 직경을 2배로 증가시키면 유량은 몇 배로 증가되는가?

1. 1배 2. 2배
3. 3배 4. 4배

풀이

연속방정식 $Q = Av = (\pi D^2/4) \times v$ 에서 $Q \propto D^2$ 하므로
직경(D)이 2배 증가되면 유량(Q)은 4배 증가하게 된다.

용어해설

ABS : 합성세제 음이온계면활성제의 총칭. 세제, 염색제, 소화기, 부유선광 등의 이용 공장이나 가정에서 배출 되어 하천 수면에 포막형성. 자정작용을 방해하고 DO를 감소시킴.

As(Arsenic) : 비소 황 및 많은 금속(동, 코발트, 납, 아연 등)과 화합물형태로 존재. 급성중독은 중추신경계로 혼수상태에 이르며 위장, 신경계, 호흡기관 및 피부가 영향을 받음. 만성중독은 근육강화, 식욕상실, 눈, 코, 후두의 점막을 자극, 구역질을 일으킴.

BOD(Biochemical Oxygen Demand) : 생물화학적 산소 요구량 물속의 유기물질이 20℃, 5일 동안 호기성 미생물의 작용에 의해서 자연히 분해되는 과정에서 소비되는 산소량을 말하며 BOD가 높으면 물속의 유기물질이 많다는 것을 의미

Cd(Cadmium) : 카드뮴 은백색의 금속. 안료, 화학, 전지제조와 도금의 각 공장에 이용. 급성독성은 위장점막에 염증을 일으키고 기침, 현기증, 복통 등의 증상유발. 만성중독시 간장장애, 간경화증, 다발성 골절 등의 증상을 나타냄.

CN(Cyanogen) : 시안 자연수중에 함유되어 있지 않으며 황산화합물을 사용하여 폐액으로부터 오염. 인간에 대한 단일용량은 치명적임.

COD(Chemical Oxygen Demand) : 화학적 산소 요구량 물속의 유기물질을 화학적으로 산화시킬 때 소비되는 산소량을 말하며 COD가 높으면 물속의 유기물질이 많다는 것을 의미

DO(Dissolved Oxygen) : 용존산소 물속에 녹아있는 산소량을 mg/L로 나타낸 것으로 생물의 호흡이나 수중의 유기물 의 산화 등에 의하여 소모되기 때문에 오염된 물일수록 DO는 감소

Hg(Hydrargyrum, mercury) : 수은 수은중독의 영향은 신경과 콩팥장애이며, 일반적인 독성작용은 콜레스테롤 대사를 방해

MPN(Most Probable Number) : 최확수 대장균군의 정량시험법으로서 단위 용적당 수치를 말하며 검수를 10 mL, 1 mL, 0.1 mL, 0.01 mL 순차적으로 10배씩 희석해 각 5개씩 대장균군 시험을 행한다. 대장균군 최확수표 또는 계산에 의해 통계적으로 검수 100 mL당 MPN값을 구할 수가 있음.

pH : 수소이온농도 액체 1 L중의 수소이온 몰농도의 역수의 상용대수. 1~14까지 있으며 산성은 pH 1~6, 알칼리성은 pH 8~14임.

SS(Suspended Solid) : 부유물질
크기가 0.1μm 이상의 현탁 상태의 고형물을 말하며, 물의 탁도 및 색도를 유발하는 원인물질

THM(Trihalomethane) : 트리할로메탄
물속에 포함되어 있는 유기물질이 정수과정에서 살균제로 쓰이는 염소와 반응하여 생성되는 물질. THM은 상수원의 오염이 심할수록, 유기물이 많을수록, 염소를 많이 쓸수록, 살균 과정에서 반응과정이 길수록 많이 생김. 암을 일으키는 발암물질로 알려져 엄격히 규제하고 있음.

T-N(Total-Nitrogen) : 총질소 무기성 질소 및 유기성질소의 질소량의 합계를 말하며, 전자는 암모니아성질소, 아질산성 질소, 지산성 질소를 가리키고 후자는 단백질, 요소, 아미노산을 가리킴.

T-P(Total-Phosphorus) : 총인
Phosphoric acid, Meta, Dyrro, Polyphosphoric acid 등의 무기인산염과 농약, 에스테르, 인지질 등의 유기인 화합물이 있으며 용존상태 또는 현탁상태로 존재. 호소, 해역의 부영양화 현상을 유발하는 하나의 원인

1,1-디클로로에틸렌 ① 노출경로 : 합성화학 중간 물질로서 주용도는 세척제, 접착제 등에 이용후 환경으로 배출 ② 특징 및 일반성상 : 무색에서 담황색 투명한 무거운 액체이며, 휘발성유기염소화합물로 클로로포름과 비슷한 냄새가 남. 매우 불안정하여 산소와 접촉하면 과산화물을 생성함. ③ 인체위해성 : 수년간 기준을 초과한 물을 마시는 일부 사람들에게 간의 문제를 야기함.

1,1,1-트리클로로에탄 ① 노출경로 : 유기염소화합물 생산시 중간 생성물질로서 산업폐수로 발생 ② 특징 및 일반성상 : 무색투명의 불연성 액체인 휘발성 유기화합물로서 불연성 용제 중에서 가장 독성이 낮아 이용분야가 넓음. 오존층 파괴물질이며, 비중이 물보다 무거워 지하수에 존재함. ③ 인체위해성 : 수년동안 기준을 초과한 물을 마시는 일부사람들에게 간, 신경계 또는 순환계의 문제를 야기함.

1,2-디브로모 3-클로로프로판 ① 노출경로 : 콩 재배시 등에 토양훈증 소독제로 이용후 환경으로 배출 ② 특징 및 일반성상 : DBCP라고도 하며, 선충구충용 훈증제임. 지표수에서 는 휘발되지만 토양에서는 매우 안정적이어서 2년 이상 잔존할 수 있으며, 유동적이어서 지하수까지 이동할 수 있음. ③ 인체위해성 : 수년간 기준을 초과한 물을 마시는 일부 사람들이 위, 신장, 간장 등의 장애를 경험할 수 있음.

6가 크롬 ① 노출경로 : 천연에서 널리 분포되어 있으며, 특수강 분야에 주로 이용 ② 특징 및 일반성상 : 원자가가 6가인 크롬은 크롬산염(일반식 M_2CrO_4 : M은 1가의 양이온), 중크롬산염 $M_2Cr_2O_7$ 등의 화합물을 만들며, 유기물질에 의해서 쉽게 3가 크롬으로 환원됨. 화합물은 황색에서 적색이며 일반적으로 강한 산화작용을 하며, 크롬도금,부식방지에 주로 이용함. ③ 인체위해성 : 수년동안 기준초과된 물을 마시는 사람의 일부가 피부 알러지 등을 경험할 수 있음.

가정하수 일상생활에서 발생하는 하수의 총칭으로서 일반 가정, 호텔, 식당, 사무실 등으로부터 배출되는 오수, 잡배수 등. 공장이나 공공건물 등의 배수와 구별되는 용어

간이상수도 지방자치단체가 관할지역주민의 음용 등에 제공하기 위하여 원수를 "먹는물수질기준및검사등에관한규칙"에 적합하게 처리할 수 있는 간이정수시설을 갖춘 수도시설에 의하여 급수인구 100인 이상 2천5백인 이내에게 정수를 공급하는 일반수도로서 1일공급량이 20톤 이상 500톤 미만인 수도 또는 이와 비슷한 규모의 수도로서 시장·군수가 지정하는 수도

간이처리 일반적으로 수질이 양호한 지하수를 수원으로 하는 경우에 적용하는 방식으로 주로 염소소독처리만을 함.

강수량 강수가 모두 지표에 고였다고 가정하였을 때의 수심. 눈이나 우박은 녹아서 물이 된 것으로 산정하고 측정단위는 mm

경도 ① 노출경로 : 자연원천의 퇴적층 암석 침출수 등에서 배출됨. ② 일반성상 : 물의 경도는 비누와 반응할 때 물의 수용력을 측정하는 전통적인 방법임. 경수(hard water)는 거품을 내는데 비누가 훨씬 많이 소비되며, 이러한 원인은 용존금속 이온에 의해 발생하는데 칼슘과 마그네슘 양이온이 가장 대표적임. 경도는 리터당 몇 mg의 탄산칼슘(calcium carbonate)에 해당하는가로 표현하며, 물의 탄산칼슘 함량이 60 mg/L 이하면 연수(soft water)로 여김. ③ 인체위해성 : 인체에 유해하다는 확실한 근거는 없음. ④ 기타 : 물에 포함되어 있는 칼슘과 마그네슘 양을 탄산 칼슘의 ppm으로 환산해서 나타낸 수치로 당량수는 CaO 또는 $CaCO_3$로 계산하고 100 mL속에 1 mg이 함유 되었을 때의 물의 경도를 1도로 함. 총경도(total hardness), 일시 경도(temporary hardness), 영구 경도(permanent hardness) 등이 있음.

경수 칼슘과 마그네슘염류를 비교적 다량으로 함유한 물을 경수라 하며, 이러한 염류 함유량이 적은 물을 연수라 함. 물 속의 칼슘 및 마그네슘의 이온은 주로 황산염과 탄산수소에서 나옴. 탄산수소염으로서 존재하는 것은 끓여서 탄산염으로 하여 침전시켜 연수로 할 수가 있으므로 일시경수라 하고, 황산염으로서 존재하는 것은 끓여도 연수화하기 힘들기 때문에 영구경수라 함.

계면활성제 표면활성제라고도 하며, 액체의 표면에 흡착되어 계면의 활성을 크게 하고 성질을 현저하게 변화시키는 물질. 특히 표면장력을 떨어뜨리고 세정력, 분산력, 유화력, 기용력, 살균력 등이 뛰어나며 가정용 세제를 시작으로 각종 공업에 널리 사용되고 있는 양이온 계면활성제로 대별하고, 어느 것이나 분자 중에 친수성과 친유성 원자단을 가짐. 세제의 대부분은 계면활성제이고, 합성세제의 일부는 정화가 어려워 하천, 우물 등을 오염시키기 쉬움.

고도처리 통상의 정수처리공정인 응집/침전→여과→소독으로 구성된 기존 정수방법으로는 완전히 제거되지 않는 맛·냄새 유발물질, 미량유기오염물질, 암모니아성 질소 등을 제거하기 위하여 생물처리, 오존처리, 활성탄 처리 등의 공정을 단위 또는 조합하여 기존 정수공정에 추가 설치하는 시설. 최근의 정수방법으로 종래의 급속여과법에 오존처리와 활성탄 처리를 추가하여 쓰고 있음. 급속여과만으로는 트리할로메탄 등 유기염소화합물이 야기시키는 폐해나 곰팡이 냄새문제가 해결되지 않아서 대도시를 중심으로 이 정수방법을 채용하고 있음. 3급수 이상의 더러운 물은 고도 정수처리를 해야 함.

고분자응집제 응집제에는 유기 응집제와 무기 응집제가 있으며, 전자 중에 고분자 응집제가 포함됨. 이는 수만에서 수백 만의 분자량을 가진 수용성의 선상(linear) 폴리머임. 무기 응집제는 수중에 존재하는 부유물질의 표면 전하를 중화함으로써 응집이 이루어지게 함. 고분자 응집제는 이러한 효과 외에도 폴리머상의 활성점에서 부유물질을 흡착 가교하여 응집시키는 효과를 함께 갖고 있기 때문에 무기 응집제보다 사용량이 적어도 됨. 이 응집제는 음이온계, 양이온계, 비이온계로 분류할 수 있음.

고정 발생원·점오염원 자동차나 비행기처럼 이동하는 오염원에 대하여 공장, 발전소, 광산, 빌딩(냉난방 시설)등 고정된 오염물질 발생원. 고정발생원에서 배출된 질소산화물 비율은 전국적으로 자동차 교통량이 많고 공장이 많지 않은 지역에서는 낮고 공장이 많은 지역에서는 높음.

공동폐수처리 하수와 공장 폐수를 합하여 처리하는 경우를 말함. 하수는 공장 폐수를 희석하고 그 속의 영양분(배설물 등)에서 활성슬러지 미생물을 증식시키는 한편 하수 속의 인이나 질소는 이로써 감소되는 등 상호간에 이익이 됨.

공업용수 공업 제품의 제조 과정에서 냉각 · 제품 처리 등에 사용하는 물. 상수 · 지하수 · 하천수 외에 하수의 처리수가 쓰임.

과망간산칼륨소비량 ① 노출경로 : 수중의 유기물의 산화에 의해 소비되는 양으로 오염물질을 총체적으로 짐작할 수 있음. ② 일반성상 : 과망간산칼륨을 산화제로 사용하여 그 소비된 양으로 표시함. 화학식은 $KMnO_4$이고, 망간 염류를 알칼리 용해하면 녹색의 망간산염이 생성되며, 이를 산화하면 흑자색의 결정이 추출됨. 이것이 과망간산 칼륨이며, 수용액은 자색을 띄고, 엷게하면 적자색이 됨. ③ 인체위해성 : 수돗물의 착색, 이취미 등에 관계가 있으나 인체에 직접적인 영향은 없음. ④ 기타 : 강알칼리에서는 녹색의 망간산염용액이 되고, 산화성이 강하며 산화제로 사용됨. 산화 적정의 표준액으로도 사용됨.

과잉염소처리 염소소독을 할 경우 염소를 다량 주입하는 처리법을 말하며, 악취제거와 소독효과를 확실하게 할 때 행함.

관거 상(하)수도에 사용하는 수도관을 말하며, 콘크리트관, 철근 콘크리트관, 경질염화비닐관 등이 있음 단면형은 원형을 취하는 것이 널리 쓰이고 있고 그 밖에 계란형, 타원형, 반원형이나 말굽형, 장방형 등이 있음.

관개용수 우량을 조정하여 인공적으로 농지에 물을 끌어 들이는 것을 관개라고 하고 여기에 이용되는 물을 관개용수라 함.

관정부식(crown corrosion) 콘크리트 하수관거 내의 하수가 높은 기온, 낮은 유속, 낮은 관거경사, 적은 유량의 조건으로 인하여 혐기성 상태가 되고 관거 윗부분에 물방울을 맺히게 하는데, 혐기성 조건에서 하수에 포함되어 있던 황화합물은 황화수소로 환원이 되고, 환원된 황화수소는 수면 윗부분 공기 중의 산소와 티오바실러스(Thiobacillus)라는 황산화 미생물에 의해서 황산으로 산화가 되어 물방울을 강산성으로 변화시켜 콘크리트관의 윗부분이 부식되는 현상

광산배수 금속 광산 폐수와 유화 광산 폐수로 분류할 수 있음. 이 폐수는 철, 구리 등의 중금속 이온과 함께 황산염을 함유하여 pH가 낮은 것이 특정임. 보통의 광산에서 $1\sim5m^3/min$ 정도, 많은 곳에서는 $10m^3/min$의 폐수가 배출됨. 황화광산 폐수의 일례를 보면 pH 1.7, 철 454 ppm, 알루미늄 153 ppm, 황산염 3440 ppm정도임.

광역상수원 넓은 구역이나 범위에 걸쳐 음용수 · 사용수 등으로 사용되어지는 물

광합성 좁은 의미로는 식물체에 있어서 탄수화물의 광합성을 말함. 클로로필을 가진 식물이 빛의 작용하에서 탄산가스와 물로 전분을 합성할 때 산소를 공중에 방출하는 반응. 수생식물이나 식물플랑크톤은 광합성으로 산소를 발생시키고, 이 산소가 용존산소가 되어 어패류를 생존하게 함. 대기 중 산소의 60% 이상은 바다속의 식물플랑크톤에 의하여 공급된다고 함.

구리(동) ① 노출경로 : 자연상태에서 광석으로 존재하며, 전선, 건축자재 등으로 사용 후 환경으로 배출 ② 일반성상 : 주로 황동광으로부터 정련하여 얻어지며, 전기 및 열의 양도체인 것이 특징이고, 전연성이 풍부하며 가공하기 쉽고, 관이나 판, 선, 전기재료로서, 또 각종의 합금 성분으로서 널리 사용되고 있음. ③ 인체위해성 : 수년간 기준을 초과한 물을 마시는 일부 사람이 위장통증을 경험할 수 있음. ④ 기타 : 수도법에 의한 기준은 1 ppm 이하이고, 수질 및 수생태계 보전법에 의한 배출기준은 3 ppm임.

급속여과 응집제 등을 투여하고 혼화·응집·침전공정을 통해 원수를 전처리한 후 모래 등의 여과지를 이용하여 1일 100미터 이상의 속도로 여과하는 정수처리공정을 말함. 약품침전지, 급속여과지, 소독시설로 구성되어 있고, 현탁물질을 처음부터 약품처리에 의해 응집시켜 응집물질을 침전제거하고 다음에 급속여과지에서 여과 제거하는 방식임.

급수관 배수관을 기점으로 하여 일반 수용가에 까지 이르는 관

급수량 급수인구에게 연간 공급한 수돗물량을 365일로 나눈 값(=1일 평균 급수량). 공업용과 기타(가정용 등)로 구분하여 기재

급수인구 광역상수도 및 지방상수도의 급수시설이 정비된 지역내에 거주하여 수돗물을 공급받고 있는 인구수

기름오염 육상에서는 주로 가솔린, 등유, 윤활유가 상수원으로 유입되거나 토양을 거쳐 지하수로 침투함으로써 땅을 오염시키므로 상수유입구 등을 항상 감시해야 함. 그리고 2007년 태안 앞바다의 원유에 의한 해양오염사고와 같이 원유해양오염은 유출량이 많고 전 해양적인 넓이를 갖기 때문에 특히 중요함. 원유의 대량유출은 유조선 사고, 해저유전의 유정 사고, 연안 저유시설의 사고등의 원인이 됨.

기타여과 모래 이외의 활성탄, 막 등 다공성 여재를 이용하는 정수처리공정

남조류 육지의 수역, 바다 수역에서 동시에 발견되는 식물성 플랑크톤. 핵도 엽록체도 없는 가장 하등한 조류. 부영양화가 심한 지역에서 나타나는 미크로키스티스의 이상발견은 유명함. 또한 폴미디움, 아나베나는 수돗물 냄새의 원인물질로서 문제가 됨.

납 ① 노출경로 : 인쇄·도금공장폐수 급배수관 ② 특징 및 일반성상 : 납은 주기율표 제 4B족에 속하는 탄소족 원소로 원소기호는 Pb이며 무거운 원소들 중 가장 흔한 것으로 자연상태에서 몇가지 안정된 동위원소들로 존재하는데 청백색이며 무겁고 연하며 전성이 풍부하며 열에 녹기 쉽고 용도는 아주 넓으나 독성이 있음. 주요 용도는 전지, 땜납, 합금, 전선보호재, 도료, 부식방지제 등에 쓰이며, 먹는 물에서는 배관고정물의 납화합물과 배수시스템의 땜납으로 사용되므로 중요성을 지님. ③ 인체위해성 : 기준을 초과한 물을 마시는 일부사람들은 신체적 정신적장애를 경험할 수 있으며, 아동들은 주의집중에 다소 부진하며, 만성중독시 성인의 경우 빈혈이나 고혈압의 문제를 야기할 수 있음.

냄새 ① 노출경로 : 냄새는 순수한 물에 유기물 등 이물질 유입을 의미 ② 일반성상 : 먹는 물에서의 냄새는 미생물에 의해 생기며, 수처리 과정에서 문제점이 생기거나 저장시설이나 파이프로부터 침출된 물질에 의해 생길 수도 있음. ③ 인체위해성 : 인체에 직접적인 영향은 없음. ④ 냄새의 원인은 유기물 존재, 조류번식, 폐수의 유입 등 ⑤ 기타 : 냄새의 문제를 가장 자주 일으키는 미생물은 방선균과 여러 종류의 녹조류이지만 수중 원생류와 곰팡이류도 가끔 원인이 될 수 있음.

냉각수 오염 냉각수는 물의 온도를 높이는데, 물의 온도가 높아가면 물 속에 사는 물고기들의 체온도 올라가고, 체온이 증가하면 호흡률도 증가. 호흡은 산소를 몸속에 받아들이는 것이므로 호흡을 많이 하려면 더 많은 산소가 있어야 함. 그런데 물 속에 녹아 있는 산소량은 일정하므로 생물들은 산소의 부족을 겪게 되는 것. 냉각수를 버릴 때는 수온이 25℃를 넘지 않도록 하여야 함.

녹조류 조류 중 녹색을 띠며, 탄소동화작용에 의하여 전분을 생성하여 저장. 유성 또는 무성생식. 클로렐라와 같이 사상 또는 지상으로 퍼져

나가는 다세포를 가진 것 등 여러 종류. 하천이나 도수로, 여과지 등에 번식하여 수로를 방해하고 착색, 발취, 막힘 등의 원인. 염소나 황산구리 등의 살균제에 강한 종류가 많아 주의해야 함.

농도 넓은 의미에서 용액의 조성을 나타내는 양을 의미함. 용액 속에는 혼합가스 또는 고용체가 함유되어 있음.

농도규제방식 오염물질의 배출량을 배출구에서의 농도만으로 규제하는 방식. 배출 수량이나 배출 가스량을 규제하지 못하는 결점이 있으며 이를 시정하기 위한 방법으로 총량 규제가 있음.

농약 농작물(수목 및 농·임산물 포함)을 해치는 균, 벌레, 쥐, 기타의 동식물 및 바이러스 등 병충해를 방제하기 위해 사용하는 살균제, 살충제, 기타의 약제 및 농작물 등의 생리 기능의 증진, 또는 억제에 사용되는 성장 촉진제, 발아 억제제, 기타 약제를 농약이라 함. 살균제로는 PCP, 유기 수은제, 유기 비소제 등이, 살충제로는 디엘드린제, 엘드린제, DDT 등이, 토양 병해충제로는 DAPA제, DBCP제 등이 있음. 물에 대해 난용성의 것이 많음.

누수량 정수된 물이 배수·급수관을 통해 수용가로 이동하면서 노후된 관 등으로부터 새어나가 유실된 물의 양. 일반적으로 수돗물이 사용 목적을 위해 유효하게 사용되지 못하고 배수과정에서 유실되거나 기타 수밀구조가 불완전하기 때문에 유실되는 수량

다이아지논 ① 노출경로 : 벼농사의 살충제 농약으로 사용되어 환경으로 배출 ② 특징 및 일반성상 : 유기인계 살충제로서 파라티온보다 살충력이 약하고, 접촉제 또는 음독제로 사용하고 순수한 것은 무색의 액체임. 물에는 잘 녹지 않지만 아세톤, 알코올, 자일렌, 벤젠 등에는 잘 녹고, 공업용으로 쓰이는 것은 주성분이 95% 포함된 끈끈한 액체이며, 묽은 알칼리에는 비교적 안정하지만 물이나 약한 산성 용액에서는 서서히 가수분해함. 이화명충, 잎굴파리, 심식충 방제에 널리 사용됨. ③ 인체위해성 : 수년동안 기준을 초과한 물을 마시는 일부사람들이 중추신경계 장애를 경험할 수 있음.

담수호 호수는 염분의 농도에 따라 500 ppm을 기준으로 담수호와 염호로 구분되는데, 호수에 녹아 있는 무기염류의 합계가 1 L당 500 ppm 이하인 호수를 담수호라 함. 화산지역 일부 호수나 석호, 건조지역의 내륙호 등을 제외하면 대부분의 호수는 담수호. 담수호는 호수의 밀도가 수온에 지배되므로 전순환호가 되는 경우가 많다. 전순환호란 호수 수원의 계절변화 상태에 따라 호수의 전층이 순환하는 것으로 온대호·열대호·한대호로 구분. 낮은 위도지방의 열대호 중에는 연중 계속 순환하는 경우도 있음. 담수호에 영양물질이 과다 유입되면 부영양화를 일으키기도 함. 시화호의 오염은 대표적인 사례라고 할 수 있음.

대장균군 ① 노출경로 : 자연생태계에 존재하며, 인간 또는 동물의 장관에서 배출 ② 정의 : 사람과 동물의 장내에서 기생하는 대장균 및 대장균과 유사한 성질을 가진 균의 총칭. ③ 인체위해성 : 일반적으로 무해한 잡균으로 알려지고 있으나 병원균이 존재할 가능성이 있음. ④ 특징 : 사람 및 동물의 장내에 기생하는 세균(Escherichia coli형)과 주로 물, 토양 및 넓게 자연계에 분포된 세균(Aerobacter aerogenes형 및 중간형)의 3형을 대장균군이라 총칭함. 이들 3세균군을 각기 정확하게 구별하기는 어렵고, 일반적으로 3세균군을 합해 coli형 균이라 하여 검사하고, 물과 식품의 안전도 지표로 함. ⑤ 기타 : 대장균군은 그람 염색음성의 간균으로 포자를 형성하지 않고 유당을 분해하여 산과 가스를 발생하는 호기성, 통성혐기성 균으로 병원성은 낮음. 대장균군은 항상 변 중에서 배출되므로 그 검사는 변에 의한 오염 기준으로서 가치가 있음. 따라서 어떤 수계에서 대장균군이 검출되면 사람과 가축의 배설물에 의한 오염이 이루어졌음을 뜻하고 또한

수인성 전염병원균의 존재 가능성을 시사함.

도수관 취수시설에서 정수장까지 원수를 보내는 관

도시하수 생활 오수중 특히 도시에서 방출되는 것으로 세탁 및 식용 배수, 분뇨, 음식찌꺼기 등이 함유됨. 유기물이 많고 대체로 공공수역으로 배출됨.

디브로모아세토니트릴 ① 노출경로 : 수돗물의 염소처리과정중 유기물질과 반응하여 생성 ② 특징 및 일반성상 : 수돗물 염소소독시 유기전구체와 반응하고 생성되며 물에서 가수분해되어 비휘발성물질을 생성. 과염소산나트륨/브로모칼륨을 경구 투여한 쥐의 위에서 검출되는 것으로 보아 위에서 유기물질과의 반응에 의해 생성되는 것으로 추측됨. 고도응집처리나 활성탄처리를 통해 처리할 수 있음. ③ 인체위해성 : 수년 동안 기준을 초과한 물을 마시는 일부사람들이 호흡기관 및 피부장애를 경험할 수 있음.

디클로로메탄 ① 노출경로 : 산업폐수에서 발생 ② 특징 및 일반성상 : 무색투명의 휘발성 유기용제로 불연성이고 물에 약간 녹으며, 알코올 및 에테르에 녹음. 살충제, 염료, 니스, 페인트 제거제, 저비점유기용매, 향료, 공업용 세정제 등의 폐수에 의해 환경 중으로 배출됨. ③ 인체위해성 : 수년간 기준을 초과한 물을 마시는 일부사람들이 간의 문제를 경험할 수 있음.

디클로로아세토니트릴 ① 노출경로 : 수돗물의 염소처리과정중 유기물질과 반응하여 생성 ② 특징 및 일반성상 : 수돗물의 염소 소독시 생성되며 물에서 가수분해되어 비휘발성물질을 생성하며 음용수 소독과정에서 유기전구체로부터 생성됨. 위에서 흡수되어 대부분이 소변으로 배출되고 아주 적은 양이 호흡이나 배설물을 통해 배출되며, 대사산물은 간, 혈액, 근육, 피부에서 고농도로 검출됨. ③ 인체위해성 : 수년동안 기준을 초과한 물을 마시는 일부사람들이 호흡기관 장애를 경험할 수 있음.

막여과(Membrane Filtration)
막(Membrane)을 여재로 하여 여과하는 정수처리 공정. 막여과 기술은 고액분리, 이온분리, 가스분리 등을 행하는 분리기술로서 정수처리, 해수담수화, 식품 및 의료분야 등 다양한 분야에서 사용. 막여과 공법은 제거되는 입자의 크기에 따라 역삼투(RO ; Reverse Osmosis)법, 나노여과막 또는 저압역삼투(NF ; Nanofiltration)법, 한외여과(UF ; Ultrafiltration)법, 정밀여과(MF ; Microfiltration)법, 전기투석(ED, Electrodialysis)법으로 분류. 막여과 공정에 이용되는 막(Membrane)에는 역삼투막(RO ; Reverse Osmosis Membrane), 나노여과막 또는 저압 역삼투막(NF ; Nanofiltration Membrane), 한외여과막(UF ; Ultrafiltration Membrane), 정밀여과막(MF ; Microfiltration Membrane)이 있음.

말라티온 ① 노출경로 : 벼멸구 진딧물 살충제로서 토양에 흡착되어 환경으로 배출 ② 특징 및 일반성상 : 1950년 미국의 ACC사(American Cyanamid Co.)에서 사이티온이라는 상품명으로 개발된 저독성 유기인계 살충제로 벼멸구 진딧물 살충제로 쓰임. 투명한 황색의 액체로서 대부분의 유기용매에는 조금 녹는 편임. ③ 인체위해성 : 수년동안 기준을 초과한 물을 마시는 일부사람들이 중추신경계 장애를 경험할 수 있음.

맛 ① 노출경로 : 맛은 순수한 물에 대한 무기물 등 이물질 유입을 의미 ② 일반성상 : 물에서 맛을 내는 성분들은 대개 무기성분인데 유기성분 농도보다 매우 높으며, 물에 있는 이온중에 증류수에 함유된 철, 구리, 마그네슘, 아연도 맛을 낼 수 있음. ③ 인체위해성 : 인체에 직접적인 영향은 없음. ④ 맛의 원인은 마그네슘, 칼륨, 칼슘, 아연 등의 유입 등 다양 ⑤ 기타 : 오존은 냄새와 맛을 제거하는데 가장 효능이 좋은 물질이나

오존의 사용은 중간 반응물의 형성을 초래하기도 함. 정수장에서 생성된 맛과 냄새는 종종 염소소독의 간접적인 결과임.

망간 ① 노출경로 : 자연수에서 철과 함께 공존, 미량으로도 물에 색(흑수)을 유발 ② 일반성상: 망간이온 농도가 0.1 mg/L만 넘게 되면 음료가 불쾌한 맛을 내고 배관공사 접착물과 세탁물이 얼룩지며, 일부 미생물들은 망간을 농축시켜서 급수의 맛, 냄새, 탁도에 문제점을 야기시킴. ③ 인체위해성 : 수년동안 기준을 초과한 물을 음용하는 일부 사람이 신경장애 및 언어장애를 경험 ④ 기타 : 망간은 철제품, 강철 다른 합금을 만드는데 일차적으로 이용되며, 이산화망간과 다른 망간화합물은 배터리, 유리, 폭죽제품에 이용되고 과망간산칼륨은 청소, 표백, 소독용으로 쓰이는 산화제임.

망간모래 정수 공정의 모래여과 때 4가의 산화망간 결정을 우선 여과 모래 속에 넣어 두면 이것을 씨로 하여 물속의 산화 망간도 결정이 되기 때문에 물속에서 제거가 가능. 이때의 여과 모래를 망간 모래라고 함.

먹는물 먹는데에 통상 사용하는 자연상태의 물. 자연 상태의 물을 먹기에 적합하도록 처리한 수돗물, 먹는샘물, 먹는해양심층수 등을 말함.

먹는샘물 샘물을 먹기에 적합하도록 물리적으로 처리하는 등의 방법으로 제조한 물

모래여과 정수장에서 이루어지는 정수 공정의 하나로 모래층을 통과시켜 물을 정화. 급속여과와 완속여과 두 가지 방식. 급속여과는 대량으로 처리가 가능하나 정화력은 떨어짐. 완속여과는 생물막의 활동으로 용존물질도 제거할 수 있으나 여과효율은 떨어짐.

무산소층 수역에서는 표층부터 저층까지 물이 층을 이루며 존재. 이 가운데 용존 산소량이 제로가 된 층을 무산소층. 이 현상은 주로 저층에서 일어남. 물 바닥에 침전된 유기물이 호기성 박테리아에 의해 분해되면서 산소가 계속적으로 소비되기 때문임.

무린세제 합성세제의 성분 중에는 산성화를 막아 세정능력을 도와주는 트리폴리인산염이 있음. 이 인이 하천이나 바다를 부영양화시키고, 적조나 냄새나는 수돗물의 원인이 되기 때문에 칼륨산염, 탄산염을 대신 사용하는 세제가 일반화하고 있음.

물의 급수 물의 오염정도에 따라 물을 1급수, 2급수, 3급수 등으로 구분. 1급수에서는 물매암이, 소금쟁이, 참방개, 물방개, 물잠자리, 왕잠자리, 실잠자리 등이 사는데 요즘은 1급수 정도의 물은 찾기가 어려움. 1급수의 물에는 또한 피라미들이 많이 있음. 피라미들이 극성을 부리는 곳은 깨끗한 물이라고 할 수 있음. 물이 오염되기 시작하면 가장 먼저 피라미가 자취를 감춤. 피라미는 수질이 2급수만 되어도 급격하게 줄어듦. 물이 2급수가 되면 송사리, 모래무지, 쌀미꾸라지, 쏘가리, 꺽지 등도 사라지고 곤충 중에서는 앙근쟁이, 참방개, 왕잠자리가 자취를 감춤. 2급수에서 살아남는 고기는 붕어, 잉어, 메기 가시리, 개구리 등. 3급수 이하가 되면 아무리 들여다봐도 1 m 이하의 물속은 보이지 않음.

미생물처리 미생물로 유기물을 분리시켜 처리하는 것. 하수처리장에서는 폭기조에 오수와 박테리아(활성슬러지)를 넣어 분해. 정화조에서는 여과재에 미생물을 부착시켜 오수를 접촉·분해. 정수장에서는 완속여과처럼 모래여과지에 미생물이 붙어 효과를 올리는 경우 그리고 가는 관다발 속에 물을 순환시켜 관에 부착된 미생물막에 접촉·분해시키는 하니컴이 있음. 고도정수처리에서는 오존 소독 후 활성탄 처리로 활성탄에 생물막이 생겨 생물활성탄이 됨.

바이러스 수인성 전염을 통해 질병을 야기할 수 있는 분원성 바이러스를 말함 ① 노출경로 : 사람이나 동물들의 배설물로 인해 물이 오염됨. ② 정의 : 몸이 하나의 세포로 되어 있는 원시적인 최하등 동물 ③ 인체위해성 : 부적절히 처리된 물은 질병을 야기하는 병원균이 포함될 수 있으며 구역질, 설사, 경련 등 이상증세를 나타낼 수 있음. ④ 특징 : 모든 미생물 중 가장 작은 복제감염체이며, 이들은 세포내로 들어가 자신을 복제할 수 있는 핵산분자이며, 이들은 보호작용을 하는 껍데기를 형성할 수 있는 단백질 암호(code)를 가지고 있음. ⑤ 기타 : 일반 세균보다 작으며 특히 100~3,000Å의 생물로서는 가장 작은 군이며, 다른 생물에 기생하여 증식할 수 있음. 기생하는 숙주의 종류에 따라 동물 바이러스, 곤충 바이러스, 식물 바이러스, 세균 바이러스로 크게나뉘어짐. 바이러스의 전파 양식은 접촉 감염, 수영장 감염, 경구 감염, 비말 감염, 곤충과 가축 등으로부터의 감염 등이 있음. 장내 바이러스는 오염된 하수가 정수장에 유입되었을 때 발견됨.

박테리아 세균이라고도 함. 단세포 생물로 크기는 0.2~10μm 정도다. 세균은 외측에 세포벽이 있고 원형, 막대기형, 나선형 등을 나타냄. 각종 병원균이나 탈질균, 초산세균 등이 포함. 호기성 세균과 혐기성 세균으로 나누는 경우도 있음.

배수관 배수지나 배수탑 등으로부터 급수구역으로 정수를 배수할 때 사용하는 관으로 배수본관(간선) 및 배수소관(지선)으로 구분됨.

배수지 정수를 저장하였다가 배수량의 시간적 변화를 조절하는 못. 정수장에서 만들어진 정수를 상수도 사용자의 수요에 맞추어 일정한 압력을 주어 분배하기 위한 시설. 배수방식은 급수구역내에 높은 지역이 있으면 자연유하식, 높은 지대가 없을 때에는 펌프 가압식을 채용. 이 두 가지가 겸용되는 경우도 있음.

벤젠 ① 노출경로 : 염료 도료, 농약, 세척제, 합성세제 등의 유기용제로 이용후 환경으로 배출 ② 특징 및 일반성상 : 탄소 6개가 6각형의 고리로 연결되어 있는 화학물질이며 방향족 탄화수소의 가장 기본이 되는 물질로 옷에 묻어 있는 기름이나 때를 닦을 때 주로 사용하는 용제임. 벤젠은 공업용원료, 용제, 휘발유 첨가물 등 3가지 용도로 주로 사용됨. ③ 인체위해성 : 수년간 기준을 초과한 물을 마시는 일부사람이 빈혈이나 혈소판 증가를 경험할 수 있음.

벤조피렌 ① 노출경로 : 화석연료와 유기물 등의 불완전 연소나 열분해시 생성 ② 특징 및 일반성상 : 벤조피렌은 화석연료와 유기물 등의 불완전연소나 열분해 과정에서 생성되는 다환방향족탄화수소의 한 종류임. ③ 인체위해성 : 수년동안 기준을 초과한 물을 마시는 일부사람들이 생식기관의 장애를 경험할 수 있음.

보급률 급수인구를 총인구로 나눈 백분율 = (급수인구/ 총인구) × 100

보론(붕소) ① 노출경로 : 폐수내 중금속 조절제로 사용 ② 특징 및 일반성상 : 폐수내 중금속 조절제로 사용되며, 천연수에는 존재하지 않으며, 약품합성공업, 아스팔트포장도로 등에서 환경으로 배출됨. ③ 인체위해성 : 수년동안 기준을 초과한 물을 마신 사람들이 소화기 등에 영향을 경험할 수 있음(2000. 7. 1부터 수질 기준에 규정된 항목).

복류수 하천·호소 또는 이에 준하는 수역의 바닥면 아래(하상) 또는 옆면의 사력층 등의 속을 흐르는 지하수를 말하며, 지표수보다 수질이 좋으므로 이것을 집수하여 수원으로 함. 그러나 홍수시에 지표수의 영향을 받아 흐려지는 경우가 많아 여과지 등의 정수시설을 설치할 필요가 있음.

부영양화 호수, 연안해역, 하천 등의 정체된 수역에 생활하수나 공장폐수 또는 비료나 유기물질 등에 의해서 물 속에 영양염류(암모니아, 아질산염, 질산염, 유기질소화합물, 무기인산염, 유기인산염, 규산염 등), 특히 인산염이 많을 경우 식물성 플랑크톤이 과잉 증식하여 물 속에 있는 산소를 감소시키고, 그 결과 수질이 나빠지며 결국에는 산소결핍으로 어패류가 죽기까지 하는 현상. 강이나 바다, 호수 등에 유기물이 들어오면 물 속에 있는 미생물이 이를 분해하며, 분해산물은 자연 생태계의 물질순환의 사이클(생산 : 주로 녹색 식물에 의한 광합성, 소비 : 동물, 분해 : 박테리아)내에서 교환됨. 이 사이클이 순조로우면 자연은 균형이 잡혀, 자연의 자정작용이 이루어짐.

부유물질 입경 2 mm 이하의 물에 용해되지 않는 물질, Suspended Solids의 약칭. 또는 현탁물질이라고 함. 육안으로 보아 판별되는 크기의 것을 말하며 이와 같은 부유물질은 주로 식물의 작은 조각 등. 이러한 부유물은 여과에 의해서 대부분 제거

부정사용량 수도사업자의 허가를 받지 아니한 수도용수 및 급수 업종변경, 계량기 조작 등의 방법으로 불법적으로 사용한 수량

부패탱크 단독 또는 다른 처리법과 조합시켜 오수처리를 하는 탱크를 말하며, 오수중의 부유물을 침전 분리하고, 침전된 슬러지를 탱크 바닥에 저류하여 혐기성 분해를 시킴. 분뇨 정화조 등에 많이 사용

분말활성탄 다공질이며 흡착성이 강한 탄소질의 탄으로 분말 상태의 것. 목재나 석탄, 야자나무 껍질 등을 활성화제(염화아연·인산 등)로 처리, 건류하여 만듦. 목탄을 수증기로 활성화하는 방법도 있음. 입자상태와 분말상태가 있으며 다양한 물질의 흡착 제거에 사용

분원성 대장균군 ① 노출경로 : 사람이나 동물들의 배설물로 인해 물이 오염됨. ② 정의 : 사람과 동물의 장내에서 기생하는 대장균 및 대장균과 유사한 성질을 가진 균의 총칭 ③ 인체위해성 : 설사, 경련, 구역질, 두통 또는 기타증상 등 단기간에 영향을 줄 수 있음. 면역체계가 약한 사람에게는 특별한 위험을 야기할 수 있음. ④ 특징 : 사람과 동식물 장내에 서식하는 대장균과 주로 물/토양 등 자연계에 분포된 앵무병감염균 및 중간형을 대장균군이라 총칭함. 이 세균군을 각기 정확하게 구별하기는 어렵고, 일반적으로 이 세균군을 합해 콜리형 균이라 하여 검사하고, 물 ·식품 안전도의 지표로 삼음. 대장균은 그램 음성이고 포자를 형성하지 않는 막대모양의 세균으로 편모가 있는 운동성 세포와 비운동성 세포가 있고, 호기성이나 통성혐기성 조건하에서 모두 성장하며, 호흡과 발효작용으로 신진대사 작용을 함. ⑤ 기타 : 대장균군의 특성은 병원균에 비해 물속에서 오래 생존하고 저항력이 강하며, 검출하기 쉽고 검사법이 간단. 또한 소독에 대한 저항력은 병원균보다는 강하나 바이러스보다는 약하고 대장균이 검출되지 않으면 병원균에 의한 오염이 있었다 해도 이미 사멸되었음을 뜻함. 대장균군의 정성 시험은 공정시험방법에 규정되어 있고 추정시험, 확정시험, 완전시험의 3단계로 나누어 실시

분해성유기물질 분해성 유기물질이란 물에 들어가면 미생물에 의해 분해되는 유기물질. 유기물질은 미생물이 먹어 분해하게 되는데 이때 미생물의 활동으로 물 속의 산소를 사용. 물속의 산소가 없어지면 메탄, 황화수소 등의 냄새가 나는 가스 발생. 더러운 하천에서는 작은 물방울이 솟아오르는 것이 자주 발견되는데 이들이 냄새나는 가스. 가정에서 버려지는 음식찌꺼기나 분뇨 등 쓰레기와 축사에서 흘러나오는 축산폐수가 그 대표적인 예

불소 ① 노출경로 : 자연상태의 토양, 암석에 존재함. ② 특징 및 일반성상 : 할로겐 원소의 일종으로 천연으로 형석, 빙정석 등에 함유되며 자극적인 냄새가 있음. 불소의 무기화합물은 알루미늄생산과정에 사용되며 불화규산은 상수도의

불소첨가정책에 이용됨. 불소가 0.8 ppm 이상 물속에 녹아들면 치아가 반상으로 변하나, 그 양이 적을 때에는 충치를 예방하는 것으로 간주되고 있음. 강력한 산화제이므로 취급자는 완전히 몸을 보호하는 옷을 입어야 함. 공기 중에 존재하기는 어려우며 대기 중의 수분과 화합하여 불화수소 상태로 존재함. ③ 인체위해성 : 기준 초과된 물을 마실 경우 9세 이하의 아동들에게 반상치를 유발할 수 있으며, 노출은 대부분 오염된 음식을 섭취하거나 작업장에서 숨 쉬거나 치약을 먹음으로써 이루어지며, 노출은 일반적으로 낮고 위해하지 않음. 높은 노출은 폐, 피부, 뼈의 위해를 가져올 수 있고, 기준 초과된 물을 마실 경우 9세 이하의 아동들에게 반상치를 유발할 수 있으며, 특히 수년 동안 4 mg/L 이상 마신 사람의 일부가 뼈질환을 일으킬 수 있음.

불활성화비 병원미생물이 소독에 의하여 사멸되는 비율을 나타내는 값으로서 정수시설의 일정 지점에서 소독제 농도 및 소독제와 물과의 접촉시간 등을 측정·평가하여 계산된 소독능값(CT)과 대상미생물을 불활성화하기 위해 이론적으로 요구되는 소독능값과의 비를 말함.

붉은 녹 철이 부식되어 수산화제이철, 삼이산화철이 된 물질. 수돗물이 붉게 흐려지거나 침전을 보이는 여러 가지 붉은 물 현상은 배·급수관으로 사용된 철관이 탄산염소 혹은 전기 화학적 작용에 의해 붉은 녹을 띠게 된 데 기인

비료오염 비료의 원료로 산업폐기물이 쓰이기도 하는데 이 때문에 식물 피해 등의 원인이 되는 중금속류 등에 의한 토양오염이 나타남. 즉 지속적인 시비에 따라 중금속 등이 비가역적으로 축적되어 농지가 오염. 최근에는 비료를 다량으로 사용한 농지로부터 질소, 인이 흘러들어 호소의 부영양화에 영향을 주고 있어 새로운 비료오염의 문제가 됨. 호수에 흘러드는 질소나 인 중 농업 배수가 점유하는 비중은 통계 자료에 따르면 질소가 25~40%, 인이 14~15%인 것으로 보고됨. 이는 비료의 과대 사용과 관개수로의 정비로 농업용수가 반복 이용되지 않는데 그 원인이 있음.

비소 ① 노출경로 : 농약 살충제 등에서 환경 중으로 배출 ② 특징 및 일반성상 : 비소(As)는 천연으로 유리하여 존재하는 수도 있지만, 대개는 황화물로서 산출되며, 자연에서 저수준으로 발견됨. 대부분 산소, 염소, 황을 포함한 화합물이기 때문에 이러한 것들은 무기성 비소 화합물이라 불림. 유기성 비소는 무기성 비소보다 덜 위험하고, 대부분의 비소 화합물은 냄새 또는 특별한 맛이 없음. 무기성 비소 화합물은 주로 나무를 보호하는데 사용되며, 살충제와 제초제를 만드는데 사용되기도 함. ③ 인체위해성 : 수년동안 기준초과된 물을 마시는 사람의 일부가 피부 손상이나 순환기 계통에 문제를 경험할 수 있으며, 암의 위험 증가를 야기할 수 있음.

비이온계면활성제 합성세제의 일종으로 분자 중에 이온화된 원자단이 없으므로 수용액이 되어도 풀려서 떨어지지 않는 계면활성제를 말함. 이것은 거품을 잘 일으키고, 세정능력이 뛰어나며 내산성, 내경수성, 내염화성이 있음. 섬유공업, 식료품의 유화, 화장품 제조, 연고 제조 등에 사용. 배수 중에 흘러들어온 비이온 계면활성제는 다른 합성세제와 마찬가지로 물오염을 일으키기 때문에 문제가 됨.

빈부수성 수역 맑고 산소가 풍부해 산화력이 강한 수역

빈영양호 호소가 생성될 당시에는 수심도 깊고 물도 맑으며, 영양분을 포함하고 있는 양과 퇴적량도 적어서 생물이 거의 생식하지 않는데, 이러한 상태의 호소를 빈영양호라 함.

사염화탄소 ① 노출경로 : 냉각제, 세척제, 금속제련용제로 이용 후 환경으로 배출 ② 특징 및 일반성상 : 무색투명의 액체 불연성이며, 오존파

괴물질로서 테트라클로로메탄이라고도 함. 프레온 등 냉매원료, 에어졸용 분사제, 금속세정용 용제로 사용되고, 수돗물의 염소소독과 식품의 훈중 소독 시 오염될 수 있음. ③ 인체위해성 : 수년간 기준을 초과한 물을 마시는 일부 사람들이 간의 문제를 경험할 수 있음.

산성호수 pH 5 이하의 강한 산성을 나타내는 호수. pH가 낮을수록 산성도가 강하며, pH가 4.8 정도까지 내려가면 이끼나 갑각류, 조개 등이 사멸하고 pH 4.5에서 모든 생물에 현저한 영향을 미침.

산화 한 물질이 산소와 화합하는 것을 산화라 함. 또한 한 물질이 수소를 잃는 경우나 전자를 빼앗기는 화학반응 역시 산화. 수소가 산소와 화합하여 물이 될 경우 산화되므로 이때 산소를 산화제라 함. 산소, 오존, 염소 등은 강한 산화제

산화지 안정지의 일종으로서, 하수 중의 유기물을 자연의 정화작용에 의해 세균이나 조류의 작용을 받아서 안정화하기 위한 못. 유기물은 호기성균의 작용을 받아서 탄산가스나 암모니아로 분해되어 균류나 조류가 증식하고, 조류의 광합성과 수면에서의 폭기에 의해서 산소가 보급되어 호기성 상태가 유지. 넓은 부지가 필요하며 안정화에 수주일이 걸리지만, 유지 관리는 용이

상수도 하수도에 상대되는 용어로 식용에 적합한 물을 공급하는 시설의 총체. 취수, 저수, 도수, 정수, 송수, 배수, 급수 등의 시설로 이루어져 있으며 도시에서는 중요한 위생 시설

상수원 상수원은 지표수와 지하수로 크게 나눔. 지표수란 하천수 및 저수지를 말함. 지하수에는 용수, 우물물 및 복류수가 있음. 수원은 수량, 수질 두 요건에 모두 맞는 것이 가장 중요

색도 ① 노출경로 : 음용수의 색도는 착색유기물질과 철, 망간과 같은 금속이온 존재에 기인 ② 일반성상 : 물이 색을 띠는 것은 색소물질이 광선의 특정파장을 흡수하므로써 나타나는 실제 색도와 부유입자에 의한 빛의 산란으로 나타나는 색도가 있으며, 이 두 종류의 색도를 합하여 외관상의 색도라 함. ③ 인체위해성 : 인체에 직접적인 영향은 없음. ④ 기타 : 먹는 물의 색도는 유기물 때문인데 물에 있는 유기색소는 많은 수중미생물의 성장을 자극하며, 그들 중 몇은 물의 악취 유발에 원인이 됨. 물의 색도측정에는 두가지 방법이 있으며, 표준치(standard)에 대한 광도 비교법과 흡광(absorbance)분석법이 있음.

샘물 암반대수층 안의 지하수 또는 용천수 등 수질의 안전성을 계속 유지할 수 있는 자연상태의 깨끗한 물을 먹는 용도로 사용할 원수

생물막처리 모래층이나 지지판의 표면에 미생물이 번식·부착된 상태의 것을 생물막이라고 하며, 이 막에 접촉됨으로써 입자 상태의 것은 물론 용존상태의 오염물질을 산화·분해시켜 처리

생물처리 미생물을 이용한 오염물질의 처리. 생물환원처리와 생물산화처리로 나뉨. 생물환원처리는 혐기성 생물이 분해함으로써 질소 가스, 수소, 메탄 가스, 황화수소 등이 생성되며 비교적 고농도 유기성 폐수처리에 활용. 생물산화처리는 탄산 가스, 물, 탄산염, 황산염 등으로 분해시켜 오염도가 낮은 하수처리 방법으로 이용되며 호기성 생물을 이용

생물활성탄법 정수공정의 하나로 활성탄탑을 통과시키는 경우가 있는데 일정기간 사용을 계속하면 활성탄 표면에 생물막이 형성되기 시작. 이 막이 생물막처리와 같은 효과를 나타내므로 널리 활용됨.

생수 생수란 본래 지상표층까지 암반 틈새로 솟아오르는 포화대수층의 지하수를 의미. 1980년대 초 한 업자가 생수란 용어를 상품명으로 표기하고 오염되지 않고 살아 있는 물이라고 선전함

으로써 생수 본래의 뜻이 왜곡되기 시작했는데. 이때 생수는 단순히 유해한 물질이 없다는 의미보다는 건강상 필요한 미네랄이 적당량 포함된 물. 병에 넣어 판매하는 생수는 마시기 적합한 수질을 가진 지하수를 가공한 것으로서 법적 용어가 광천음용수였으나, 1995년 5월부터 「먹는물 관리법」이 시행됨에 따라 '먹는 샘물'로 명칭이 바뀜.

세제 ① 노출경로 : 세제로서 물에 용해되어 세정, 유화 등의 작용 후 환경으로 배출 ② 일반성상 : 친수성기와 소수성기로 구성됨. 소수성기가 음이온인 것을 음이온성 세제, 양이온인 것을 양이온성 세제, 이온화하지 않는 것을 비이온성 세제라고 함. 또 가정용품의 경우에는 pH 8.0 이상의 세제를 약 알칼리성 세제, pH 6.0~8.0의 것을 중성 세제라고 함. ③ 인체위해성 : 인체에 직접적인 영향은 없으나 일부 사람의 경우 피부장애를 경험할 수 있음. ④ 기타 : 세정 작용을 하는 계면 활성제로서 비누처럼 유지와 지방산으로 직접 만들어지는 것은 제외됨. 합성 세제에 의한 수질 오염은 해를 거듭할수록 가중되는 추세임. 활성탄에 흡착됨.

셀레늄 ① 노출경로 : 필수 영양소이며, 금속제련소의 공장폐수 ② 특징 및 일반성상 : 셀레늄 또는 그 화합물질과 셀렌화합물질을 1% 이상 함유한 혼합물질로서 네 가지 산화상태(−2, 0, +4, +6)로 될 수 있고 원소 셀레늄, 셀렌산염, 아셀렌산염 같은 형태로 있을 수 있음. 많은 셀레늄 화합물이 냄새가 나는데 어떤 것은 마늘냄새를 내기도 함. ③ 인체위해성 : 수년 동안 기준초과된 물을 마시는 일부 사람들은 머리카락 또는 손톱의 빠짐, 손가락이나 발톱의 마비 또는 순환기의 문제를 경험할 수 있음.

수은 ① 노출경로 : 수은제조공장, 병원, 수은광산 등에서 환경으로 배출 ② 특징 및 일반성상 : 수은 또는 그 화합물질과 수은화합물질을 1% 이상 함유한 혼합물질로서 상온에서 유일하게 액상(유동성)으로 존재하는 무취의 은백색 중금속임. 금속성의 수은은 빛나고, 은색의 하얀, 냄새가 없는 액체이며, 열을 가할 경우 무색, 무취의 가스가 됨. 무기수은은 광석집적지, 연소중인 석탄과 폐기물, 제지공장으로부터 대기중으로 들어가고 폐기물 처분, 화산활동으로부터 물이나 토양으로 유입됨. 메틸수은은 박테리아에 의해 물이나 토양에서 형성될 수 있음. 수은제조공장, 병원, 수은광산 등에서 환경으로 배출됨. ③ 인체위해성 : 수년 동안 기준초과된 물을 마시는 사람의 일부는 신장손상을 경험할 수 있음.

소규모급수시설 주민이 공동으로 설치·관리하는 급수인구 100인 미만 또는 1일 공급량 20 m^3 미만인 급수시설 중 시장·군수가 지정하는 급수시설

소독 화학적 산화제 또는 이와 동등한 효능을 지닌 물질을 사용하여 물에서의 병원미생물을 일정농도 이하로 불활성화시키는 처리공정을 말함.

소포제 태양광선이나 대기를 차단하여 물의 정화를 방해하는 수중의 기포를 거두어 제거. 소포제는 이 기포 제거시 사용하는 약제를 말하고, 기포 저지제라고도 함. 가장 많이 사용되고 있는 것은 실리콘 오일이 있지만, 그 외에 옥틸알코올, 망초 등도 있으며, 여러 종류가 시판됨.

송수관 정수시설에서 배수시설(배수지, 배수관)까지 정수를 공급하는 관

수돗물 정수장 혹은 간이 수도시설에서 만들어진 물, 그 밖의 용도를 위하여 공급되는 물. 수돗물은 상수도법에 바탕을 둔 수질기준에 적합한 것이어야 함. 또한 정수장에서의 염소처리공정에서 발암성 물질인 트리할로메탄이 생성된다는 것이 판명되었고, 상수도 물로써 쓸 수 있는 지하수에 트리클로로에틸렌 등 3종의 유기용제가 혼입되어 있어 이러한 발암성 물질에도 허용기준이 따로 마련됨.

슬러리 물속에 부유물질이 떠서 현탁상태인 것을 가리키는 용어. 슬러지보다는 농도가 약한 상태를 가리키나 어려운 외래어이므로 아름답고 알기 쉽게 바꾼 환경용어(2005년 7월)에서 현탁액으로 변경해 사용할 것을 권장함.

슬러지 물속의 부유물질이 가라앉아 진흙처럼 변한 것을 일컫는 전문용어. 아름답고 알기 쉽게 바꾼 환경용어(2005년 7월)에서 찌꺼기로 사용할 것을 권장함.

슬러지농축 슬러지를 슬러지 농축조 중에서 천천히 교반하면서 중력을 이용하여 장시간 침전시켜, 슬러지의 함수율을 낮게 하는 것. 유기성 슬러지 입자는 점성이 높고 보수성이 강하기 때문에 슬러지는 침전하기 어렵고, 농축은 무기성 슬러지에 비해서 어려움.

습지 자연적, 인공적, 영구적, 임시적으로 정체된 물. 소택지, 늪, 토탄지 및 수역을 말하며, 간조시에 수심이 6 m가 넘지 않는 해역을 포함. 습지는 호수에서 육지로 전환하는 생태적 천이단계의 중간단계로서 두 환경의 특성을 공유하며 각종 물질의 전환을 비롯하여 크고 작은 생물이 다양하게 출연

시설용량 하루 동안 최대로 정수처리하여 공급할 수 있는 용량

아연 ① 노출경로 : 자연상태의 광석에서 존재하며, 공장 및 광산폐수에서 환경으로 배출됨. ② 일반성상 : 원소기호 Zn이고, 원자량이 65.38인 황화물로 청백색의 금속원소로 납과 철의 황화물과 함께 주로 광석 중에 황화아연(ZnS)의 상태로 존재함. ③ 인체위해성 : 기준초과한 물은 불쾌한 맛을 유발하나 만성중독은 일으키지 않음. 다만, 일부 사람이 설사 등을 경험할 수 있음. ④ 기타 : 아연철판과 같은 철재의 녹방지용으로 사용되며, 알루미늄과 구리 등을 섞어 합금을 만들고 그 밖에 건전지, 인쇄용 활판 및 잉크, 도자기 유약, 농약, 도료, 화장품, 고무제조 등에 널리 사용되고 있으며, 주요 발생원으로는 도금공장, 아연광산 및 아연 합금 제조공장, 기타 아연을 가지고 제품을 제조하거나 가공하는 공장임. 때로는 음식물을 조리하는 과정에서 식기로부터 아연이 녹아나와 오염되는 경우도 있는데, 특히 산성식품을 끓일 때 많이 녹아나옴.

알루미늄 ① 노출경로 : 산업폐기물의 부식, 광물과 토양의 침출 등으로 환경으로 배출 ② 일반성상 : 알루미늄은 지구표면의 약 8%를 구성하는 풍부한 원소이고 토양, 식물, 동물 조직의 구성성분이며, 소독된 먹는물에서 반응성이 강한 비교적 작은 분자로 존재함. 자연수에서 알루미늄은 대개 미립자들로 이루어진 물질이나 비교적 높은 분자량을 갖은 유기적 동물과 결합함. ③ 인체위해성 : 알츠하이머병의 원인이 된다고 보고됨. ④ 기타 : 산업용이나 가정용으로 많이 사용되며, 알루미늄화합물들은 제산제, 제한제, 식품첨가물 등올 사용되고 알루미늄염은 수처리의 응집제로 사용됨.

암모니아성 질소 ① 노출경로 : 분뇨 또는 하수 등에 의한 오염을 의미 ② 특징 및 일반성상 : 질소의 각종 화합물 중 암모니아 또는 암모늄염으로 존재하는 질소이며, 질소질 유기물 분해시 제1차로 생성되며, NO_2^-나 NO_3^-가 생물학적으로나 화학적으로 환원하여 암모니아성 질소를 형성함. 분뇨, 생활잡배수, 공장폐수 등의 혼입에 의해 생기는 경우가 대부분으로 수질오염의 유력한 지표가 됨. ③ 인체위해성 : 암모니아성 질소 자체로는 무해하나 질산성질소로 변할 경우 청색증 유발 가능(분뇨성분 및 대장균에 의한 수질오염을 측정하는 간접지표)

약품침전 수중에 응집제를 투입하여 혼합, 교반시켜 응괴(floc)를 형성하고 여기에 불순물을 흡착시켜 침전시키는 것. 응괴의 침강속도가 커서 침강 시간을 단축. 응집 침전과 같은 뜻

에틸렌디브로마이드 ① 노출경로 : 석유정제 관련 사업장에서 유출되며, 곡식, 과일 등의 살충제로 이용 후 환경으로 배출 ② 특징 및 일반성상 : 네마흄(Nemahume), EDB제라고도 하며, 클로로포름과 비슷한 냄새가 나는 액체로 인화성이 있고, 금속부식성이 큼. 곡식, 과일, 토양 등에서 농약살충제로 사용되며, 물중에서는 가수분해의 속도가 매우 느리며, 토양에서는 주로 휘발에 의해 제거됨. 석유정제 관련 사업장에서 유출되며, 곡식, 과일 등의 살충제로 이용 후 오염된 대기의 호흡이나 오염된 음용수 및 음식물의 섭취를 통해 노출됨. ③ 인체위해성 : 수년 동안 기준을 초과한 물을 마시는 일부사람들이 간, 위, 생식기관 또는 신장의 문제를 경험할 수 있음.

에틸벤젠 ① 노출경로 : 유해화학물질로서 물에 잘 녹지 않으며, 산업폐수에서 발생 ② 특징 및 일반성상 : 휘발성화학물질로 무색의 용액으로 방향성 냄새를 가지며 자일렌의 이성체이고, 알코올, 벤젠, 사염화탄소에는 녹으나 물에는 약간 녹음. 에틸벤젠은 페인트산업, 살충제, 스프레이와 석유혼합에 사용되고 염료, 합성섬유, 안료, 도료, 약품, 형광염료 등의 생산에 따른 산업폐수로 배출됨. ③ 인체위해성 : 수년동안 기준을 초과한 물을 마시는 일부 사람이 현기증 및 피부자극을 경험할 수 있음.

여과 물속에 존재하는 입자상의 물질을 제거하기 위하여 정수처리대상인 물을 여재가 형성하는 공극 사이를 통과시키는 정수처리공정

여과막 완속 여과지에는 여과 모래의 표면이나 사층 표면 가까이에 박테리아나 조류로 생물 피막이 형성. 이를 여과막이라 함. 이 막은 세균막과 같이 입자 상태의 물질을 제거함은 물론 용존성 물질도 분해하여 정화시켜 줌.

여과수 정수시설 중 여과지 또는 이와 동등한 여과공정을 거친 물

연성세제 경성세제(ABS)는 균에 의해 분해되기가 어렵고, 그때문에 하수 처리가 곤란해져, 가정하수에 의한 하천의 오염이 문제가 됨. 이런 경성세제의 문제점을 보완하기 위하여 개발된 것이 소프트세제(연성)이며 이것은 미생물에 의한 분해로 포말 제거를 가능하게 함. 그러나 이 과정중에서 페놀계 물질이 생성되어 경성세제 보다 독성이 오히려 2~3배가 증가. 또한 소프트세제의 농도가 100 ppm 이상일 경우에는 이를 분해할 수 없는 문제점을 내포

연속회분식 활성슬러지공법 활성슬러지 공정은 하수내의 아주 작은 물질이나 용존유기물을 응집, 침전 가능한 생물학적 고형물 및 무기성 고형물로 전환시켜 침전지에서 제거되도록 하기 위해 사용하는 생물학적 공정 중 하나. 연속회분식 반응조는 주입 및 제거형식의 반응장치이기 때문에 이를 사용할 경우 하나의 완전 혼합반응조에서 활성 슬러지 공정의 모든 과정이 일어남. 별도의 2차 침전지가 필요 없는 것이 특징

염소이온 ① 노출경로 : 염소화합물의 용해로 검출되며, 자연수에 항상 함유되어 있음. ② 일반성상 : 주기율표 7B족에 속하는 할로겐원소의 하나로 원소기호는 Cl로 상온에서 황록색이며, 자극적인 냄새가 있는 유독기체이며, 냉각시키면 황색 액체를 거쳐 황백색 고체가 됨. ③ 인체위해성 : 위해성에 대한 직접적인 연관은 확인되지 않음. 분뇨 및 가정하수의 혼입에 따라 함유량이 높아지므로 수질오염의 정도를 나타냄. ④ 기타 : 염소이온은 나트륨염, 칼륨염, 칼슘염의 형태로서 자연계에 널리 분포하고 수도물이나 오수의 살균 및 표백 등에 다량으로 사용되며, 그 밖에 염산, 표백분 등 다수의 무기염화물과 유기염소화합물(농약, 의약, 폭약, 염화비닐 등)의 제조원료로서 용도가 광범위함.

염소주입량 상수에 염소 소독을 할 때 주입하는 염소의 양. 염소 요구량에 유리잔류 염소량을 가한 양 이상을 주입. 주입량의 결정 조건은 물

의 염소 요구량, 물과 접촉하는 시설과 장치 등에 필요한 소비량, 살균에 필요한 염소량 등을 합계한 것으로서, 상수도에서는 보통 때는 0.2 ppm 전후의 유리잔류염소를 감안. 일반적으로 활성슬러지법에 의한 처리수에서는 2~8 mg/L, 간이 처리수에 대하여는 5~10 mg/L의 염소를 주입

염소처리 정수장에서의 초기 공정으로 살균, 철이나 망간의 제거, 암모니아 제거 등을 목적으로 행해지는 염소의 첨가 작업. 엄밀하게는 이것을 전염소처리라고 함. 한편 급수 직전에 수도꼭지의 잔류 염소를 보존 유지할 목적으로 첨가되는 것을 후염소처리라고 함. 하수 처리장에서 방류 전에 염소처리를 하기도 함.

염화알루미늄 폴리염화알루미늄을 말함. 수도용의 응집침전제로 사용되며 PAC라고도 함. 수산기를 분자내에 가지고 있어 알칼리도의 소비가 적으며 저 알칼리나 고탁도의 수도원수에 적합하고 저수온시에도 유효

영구경수 경수는 칼슘이온과 마그네슘 이온이 비교적 다량으로 포함된 물. 이러한 이온은 주로 탄산수소염과 황산염. 경수를 비등시키면 탄산수소염은 침전하여 제거되어 일시 경수가 되지만 황산염의 경우는 제거되지 않는데, 이 물을 영구경수라 함.

영양염류 식물의 생장에 필요한 영양소를 제공해 주는 암모니아, 질산염, 인산염 등의 영양염류. 이러한 영양염류에 의한 물의 오염은 집에서 버리는 물이나 논밭에서 비료가 섞인 물이 하천이나 호수에 흘러들어 생겨난 것임. 영양염류가 하천이나 호수에 들어오면 식물성 플랑크톤이 아주 많이 번식하여 물을 오염. 이때는 물의 빛깔이 검붉게 변하고 썩은 냄새가 나기도 함. 이와 같은 현상을 부영양화 현상이라고 함.

오염부하량 환경에 배출된 오염물질의 총량. 도시하수, 공장폐수 등의 방류량과 그 수질농도로 계산. 오염부하량은 주로 BOD, COD, SS 등의 1일당 톤수로 표시

완속여과 원수의 수질이 비교적 양호한 경우에 처리하는 방식으로서 모래층을 통과하여 천천히 (5 m/d) 여과하여 원수를 정화하는 것으로 모래층과 모래층표면에 증식하는 미생물군이 물속의 불순물을 포착하여 산화·분해하는 작용에 의존하는 정수방법

유독물질 독성이 심하여 아주 적은 양으로도 해를 끼치는 화학물질을 유독물질이라고 함. 우리나라에서 사용되고 있는 화학 물질은 대략 1만여종이나 계속 증가되고 있음. 옛날에는 콜레라, 장티프스 등의 수인성 전염병의 병원균에 의한 오염이 문제가 되었으나 이제는 유독성 화학 물질에 의한 오염이 큰 문제

유리잔류염소 물을 염소로 소독했을 때의 잔류 염소 중 차아염소산과 차아염소산 이온의 형태로 존재하는 염소. 수도법 시행규칙에서는 염소 소독시 급수전 내의 물의 유리잔류염소가 0.2 ppm 이어야 함.

유류 석유 등의 기름은 비중이 물보다 낮아 수면에 얇은 막을 만들어 빛을 차단하고 물 속에 녹아 있는 산소의 양을 감소시켜 어패류의 호흡에 지장. 저수지 부근에서 유조차가 뒤집히거나 송유관에서 기름이 흘러 나오는 심각한 오염사건을 발생시킴.

유리잔류염소, 총트리할로메탄, 클로로포름
① 노출경로 : 원수중의 유기물과 정수처리시 소독제로 사용하는 염소와 반응하여 생성 ② 특징 및 일반성상 : 물을 염소로 소독했을 때의 잔류 염소 중 차아염소산과 차아염소산 이온의 형태로 존재하는 염소이며, 원수중의 유기물과 정수처리시 소독제로 사용하는 염소와 반응하여 생성됨.

③ 인체위해성 : 수년동안 기준을 초과한 물을 마시는 일부 사람의 경우 암이 유발될 가능성이 있음.

유수수량 유효수량 중 요금으로 징수할 수 있는 수량. 사업자에게 나누어준 수량(분수량) 등을 제외한 수량

유입부하량 유입된 오염물질이 그 수역의 오염에 기여하는 양. 연안, 내해, 호소 등의 폐쇄성 수역은 질소나 인 등의 오염물질이 유입되어 축적되기 때문에 부영양화가 진행. 총량규제 등의 수질보전 대책은 유입 부하량의 파악에서 시작되어야 함.

유효수량 정수장에서 생산된 물의 총량(총생산량)에서 급·배수관에서의 누수 등으로 유실된 양을 제외한 것으로 실제로 수용가에서 쓸모있게 쓰여진 물의 양

음이온계면활성제 계면활성제 중에서 물에 녹으면 전리하여 계면활동을 나타내는 부분이 음이온으로 되는 것. 수용액으로 될 때 세정습윤 유화, 기포, 가용화, 분산 등의 활성을 나타냄. 각종 석분이나 세제로서 옛날부터 이용되며, 황산에스텔염이나 설폰산염류 등 그 종류도 많고 각종 공업에도 사용. 배수중에 혼입되면 포말을 일으키고 수질오염의 원인. 활성탄에 흡착시키거나, 양이온성의 고분자 응집제를 써서 제거

응집제 정수 공정에서 상수도 중 탁류를 제거하기 위한 약품. 알루미늄염과 철염이 있는데 철염은 수중에 철분이 남아 붉은 물이 될 우려가 있어 일반적으로는 황산알루미늄과 폴리염화알루미늄(PAC)이 사용

이원급수 정수장에서는 수돗물 외에 응집 침전 후의 물을 공업용수로 공급. 이처럼 두 종류의 물을 따로 마련한 송수관으로 급수하는 것을 이원급수라 함. 최근에는 고도처리수와의 이원급수가 검토되고 있음.

일반세균 ① 노출경로 : 자연생태계 ② 정의 : 수중에서 활동하는 병원균 이외의 호기성균이나 혐기성균의 총칭 ③ 인체위해성 : 일반적으로 무해한 잡균으로 알려지고 있으나 병원균이 존재할 가능성이 있음. ④ 특징 : 상수도시험법에서는 보통 한천배지에 집락을 형성한 생균을 말함. 집락이란 육안으로 볼 수 있는 크기로 엉겨붙어 있는 것으로 세균수는 이 집락의 수로 표시함. 음용수 수질기준의 하나인데, 이는 수돗물 등이 전염성 병원균으로부터 안전한가를 판정하는 기준이 됨. ⑤ 기타 : 물 속의 일반세균은 소양호 같은 경우 mL당 최고 4만 마리까지 관찰되며, 유기물에 의해 오염이 될 경우 숫자가 늘어남. 약수나 생수의 경우도 상온에 오래 방치할 경우 물속의 유기물을 먹고 세균이 자라 숫자가 크게 늘어남. 정수기도 관리를 잘 하지 않으면 용기 내벽이나 필터에 세균이 붙어 자랄 수 있으므로 주의해야 함.

자정작용 대기와 물은 자정작용을 하는데, 대기의 자정작용은 대기 중에 존재하는 오염물질을 대기 스스로 제거하는 능력. 물의 자정작용은 하천, 강, 바다 등 수역 오염물질이 단위 시간당 어느 정도 정화될 수 있는가를 분해 속도계수의 형태로 나타낸 것

재사용수도 아름답고 알기 쉽게 바꾼 환경용어(2005년 7월)에서 중수도 용어와 병행하여 사용하기로 함. 사용한 수돗물을 생활용수·공업용수 등으로 재활용할 수 있도록 다시 처리하는 시설

저류시간 배수지의 시설용량을 1일 중 시간최대급수량으로 나눈 값으로 배수지의 크기를 나타내는 지표

저수조 수돗물을 다량으로 비축해 두는 탱크. 지하에 매설하는 수수조와 옥상에 설치하여 계단 밑으로 배수하는 고치수조로 나뉨. 집합주택이나 병원, 학교 등 물을 다량으로 쓰는 곳에 설치. 최

근 수조안의 오염이 심각한 문제가 됨.

전염소처리 정수장에서 일반적으로 하는 염소처리 방법. 착수정에 들어온 수돗물에 염소를 첨가하여 병원균을 살균하고 철이나 망간, 암모니아를 제거. 유기염소 화합물이 생성되기 쉬워 응집 침전 후에 처리하는 중간 염소처리가 바람직한 것으로 제안되고 있음.

전용상수도 100인 이상을 수용하는 기숙사, 사택, 요양소 기타의 시설에서 사용되는 자가용의 수도와 수도사업에 제공되는 수도외의 수도로서 급수인구 100인 이상 5천인 이내에게 원수 또는 정수를 공급하는 수도. 다만, 다른 수도에서 공급되는 물만을 상수원으로 하는 것과 그 수도시설의 규모가 일정기준에 미달하는 것을 제외함.

전용상수도인구 전용상수도를 이용하는 인구수

정수 정수장에서 만들어진 수돗물을 가리키는 말. 정수장에 유도된 물을 염소처리하여 철, 망간, 암모니아, 병원균 등을 제거하고 응집 침전시킴. 그 뒤 모래여과 후 염소처리로 염소의 농도를 조정하여 정수로 급수

정수기 수돗물의 곰팡이냄새, 염소냄새, 유해하다고 여겨지는 물질 등을 제거할 목적으로 수도꼭지에 부착하는 기구. 초기에는 활성탄을 채워넣은 것이 주류였으나 최근에는 활성탄과 중공사막을 겸용하는 경우가 많음. 효용은 제품에 따라 다르지만 공통점으로는 곰팡이냄새나 염소냄새, 세균이 제거되고 발암물인 트리할로메탄 등의 제거는 소량에 불과

정수장 도수된 원수를 응집, 침전, 여과, 소독 등의 처리공정을 통하여 수돗물을 생산하는 처리장

정수처리기준 경제적 · 기술적으로 농도기준을 정하고 정기적으로 수질검사를 실시하는 것이 어려운 바이러스 · 지아디아 등 병원미생물이 수돗물 중에 함유되지 않도록 하기 위하여 필요한 정수장의 운영 · 관리 등에 관한 기준을 말함

제수밸브 통수량을 가감하거나 통수의 개폐를 위하여 관로에 설치하는 기기

조류 수중에서 생식하며 광합성으로 독립적인 영양생활을 하는 하등식물의 총칭. 남조류, 규조류처럼 식물 플랑크톤이라 불리는 미소한 단세포성에서 다시마, 미역 같은 다세포성 대형 조류까지 모두 포함

종말처리장 하수나 폐수를 하천, 바다 등 공유수면에 흘려보내기 위하여 최종적으로 처리하는 시설 및 그것을 보완하는 시설

중금속 중금속은 금속 중에서 그 비중이 4.0 이상인 것으로 이들 가운데 독성이 강한 카드뮴, 수은, 크롬, 납, 니켈, 아연, 비소 등이 물오염을 일으키는 것들임. 이러한 중금속은 공장 폐수, 산업 폐기물, 쓰레기 매립장 등에서 흘러 들어와 하천을 오염시킴. 중금속은 동식물 체내에 농축되기 때문에 먹이사슬에 의해 결국 인간의 건강에도 크게 영향을 미침. 일본에서 발생했던 '이타이이타이병'은 카드뮴에 오염된 어패류를 먹은 사람들에게서 발생되었고, 미나마타병은 수은에 오염된 어패류를 먹은 어민들에게서 발생

중부수성수역 생물학적 수질등급을 뜻하는 전문용어. 아름답고 알기 쉽게 바꾼 환경용어(2005년 7월)에서 보통수역, 일반수역으로 바꿔 사용

중성세제 수용액 중에서 중성을 나타내는 합성세제의 총칭으로서 알칼리성 세제에 대한 호칭. 알킬벤젠설폰산염 등을 사용한 세제로 견모제품, 합성섬유, 식기, 야채, 과일 등의 세정이나 세탁 등에 쓰임. 하수 중에 혼입하면 기포성이 좋아서 대기를 차단하여 산소가 수중에 용해되는 것을 방해하기 때문에 하수 처리에 영향 줌. 최근에는 세균에 의해 분해되기 쉬운 소프트 세제가 사용

되고 있음.

중수도 사용한 수돗물을 생활용수·공업용수 등으로 재활용할 수 있도록 다시 처리하는 시설. 아름답고 알기 쉽게 바꾼 환경용어(2005년 7월)에서 재사용수도라는 용어와 병행하여 사용하기로 함. 빌딩, 주택단지 등에서 하수를 처리하여 음용수 이외의 생활용수 등으로 재이용하는 것. 상수도와 하수도의 중간에 위치한다는 뜻에서 비롯된 말인데, 세척용수나 살수용수 등 신체에 직접 닿지 않는 잡용도에만 쓰이기 때문에 '잡용수'라고도 함. 중수도는 상수도의 공급력이 한계에 이르렀거나 하수도가 받아들이는 능력이 부족할 때 상수의 소비와 하수의 배출을 억제하는 데에 유용하게 쓰임. 갈수기 때 수자원고갈, 인구밀도 급증화 등의 경우에도 중수도 활용 검토

증발잔류물 ① 노출경로 : 상수원수의 지질학적 영향에 따라 달라지며, 물을 증발시켰을 때 잔류하는 물질로서 칼슘, 마그네슘, 나트륨 등. ② 일반성상 : 증발잔류물은 물의 함유 물질을 나타내는 것이므로 수질 오염에 있어서 하나의 중요한 지표가 됨. 증발 잔류물은 총 증발 잔류물과 용해성 증발잔류물로 나뉘어짐. ③ 인체위해성 : 인체에 미치는 영향은 거의 없음. ④ 기타 : 총 증발 잔류물(total residual matter)은 검수를 증발 건조할 때 잔류하는 물질로서 그 중량은 물의 함유 물질(조작 과정에서 잃은 용존가스나 저비점물질 등을 제외함)을 나타냄. 총 증발 잔류물을 증발 잔류물이라고 하는 경우도 있음. 용해성 증발 잔류물(dissolved residual matter)은 검수를 여과(또는 원심분리)한 후의 여액을 증발 건조할 때 잔류하는 물질로서 그 중량은 수중의 용해성 물질을 나타냄.

지아디아 포낭 수인성 전염을 통해 질병을 야기할 수 있는 지아디아 램블리아(Giardia lamblia) 등 지아디아 속의 포낭을 말함.

지하수 지표아래에서 흐르는 물로서 복류수를 제외한 물을 말하며 표층지하수(지하의 암반층 위의 토양 속을 흐르는 물)와 심층지하수(지하의 암반층 아래에서 흐르는 물로 지하의 암반층 아래에서 자연적으로 지표에 솟아 나오는 물을 포함)로 구분

직접여과 급속여과의 전처리 과정 중 침전 또는 응집·침전공정을 제외하고 모래 등의 여과지를 이용하여 직접 여과하는 정수처리공정

질산성 질소 ① 노출경로 : 무기비료 사용, 부패한 동식물, 생활하수, 공장폐수에서 발생 ② 특징 및 일반성상 : 질산염을 그 질소량으로 나타낸 것으로 질산염 또는 질산이온 NO_3 등으로 표시하며 수질 오염 지표, 물의 오염지표, 수역에서 부영양화 지표로 사용됨. 단백질 같은 질소 화합물이 부패, 발효, 산화 등의 과정에서 최종적으로 생성되는 물질로서 화학적으로 불활성적이지만 미생물 작용으로 환원됨. 주로 비료의 사용, 부패한 동식물, 생활하수, 하수의 육상처분, 공장 배출수에 존재함. ③ 인체위해성 : 기준을 초과한 물을 마시는 6개월 미만의 유아들은 유아청색증을 일으킬 수 있으며, 치료하여야 함.

철 ① 노출경로 : 토양, 암석, 광물에 존재하며, 인체에서 산소운반, 산화작용 등에 필수 물질 ② 일반성상 : 철은 지표에 존재하는 두 번째로 흔한 물질로서 약 5%를 차지하며, 원소로서의 철은 자연계에 드물고 2가와 3가 철이온은 산소나 황을 함유한 화합물과 즉각적으로 결합하여 산화물, 수산화물, 탄산염, 황화물을 형성함. ③ 인체위해성 : 수년 동안 기준을 초과한 물을 음용하는 일부사람이 혈색증을 경험. 물에 다량 존재하면 착색(적수)이나 금속 맛을 내는 원인 ④ 기타 : 철은 하수관계나 배수관계에 바람직하지 않은 미생물성장(철세균)을 촉진시켜서 미끈미끈한 피막을 형성하기도 함. 그러나 철은 인간에게 필수 영양소이며 철의 1일 최소요구량은 나이, 성, 생리학적 상태, 철의 생체유용성에 따라 다르지만, 대략 10~50 mg으로 평가됨.

청색증 청색증은 오염된 물속에 포함된 질산염이 몸속의 헤모글로빈과 결합해 산소공급을 어렵게 해서 나타나는 질병. 청색증이란 이름이 붙은 이유는 산소부족으로 온몸이 파랗게 변하기 때문. 일반적으로 인체 내 헤모글로빈의 1~2%는 메트헤모글로빈 형태로 존재. 그러나 이 비율이 10%를 넘을 경우 청색증이 나타나게 되며 30~40%에 이르면 무산소증에 걸리게 됨. 이 병은 성인에게서는 발생하지 않으며 주로 백일 이전의 갓난아기에게서 나타남(blue baby).

총인 하천, 호소 등의 부영양화를 나타내는 지표의 하나. 수중에 포함된 인의 총량. 인구의 집중도가 큰 지역의 하천, 호소에 많음.

총질소 ① 무기성 질소 및 유기성 질소의 질소량의 합계. 전자는 암모니아성 질소, 아질산성 질소 등을 가리킴. ② 하천, 호소 등의 부영양화를 나타내는 지표의 하나. 물속의 포함된 질소의 총량을 말하며, 인구의 집중도가 큰 지역의 하천, 호소에 많음.

침사지 정수장 처리공정의 맨 처음에 있는 수조. 하천에서 상수원수를 취수할 경우 토사가 함께 섞여 들어옴. 강에서 착수조로 들어온 상수원수는 우선 침사지에 옮겨 가라앉기 쉬운 토사부터 제거

카드뮴 ① 노출경로 : 도금, 충전식 건전지, TV브라운관 등에서 환경으로 배출 ② 특징 및 일반성상 : 카드뮴은 산화상태가 +2인 금속이며 화학적으로는 아연과 비슷하며 자연계에는 황화물 원광석에 아연, 납과 함께 존재함. 카드뮴염, 카드뮴증기는 유독한데, 아연광산에서 유출되고 인체에 중독증상을 일으킴. 일본에서 발생하였던 이타이이타이병은 아연제련공장 등에서 배출된 카드뮴 중독이 원인이었음. 과거에는 금속카드뮴이 용해할 때 발생하는 산화카드뮴 증기나 비닐제조공정에서 생기는 카드뮴 중독이 있었으나 최근에는 공장폐수 등에 함유되어 있는 카드뮴에 의한 식품오염, 특히 쌀의 오염이 밝혀져 공해문제로 대두됨. ③ 인체위해성 : 수년 동안 기준을 초과한 물을 마시는 일부 사람들이 신장손상을 경험할 수 있음.

카바릴 ① 노출경로 : 농작물의 살충제로 사용 후 환경으로 배출 ② 특징 및 일반성상 : 무취의 백색 또는 회색의 결정형 고체로서 극성용매에 잘 녹고, 산성수에 유입되면 가수분해보다 주로 광분해 되거나 생분해되어 제거됨. 방제용 살충제 및 농약으로 사용되며 농작물, 토양, 물속의 농약 성분이 대기로 증발하여 환경에 유입됨. ③ 인체위해성 : 수년간 기준을 초과한 물을 마시는 일부사람이 설사 및 위경련을 경험할 수 있음.

크립토스포리디움 포낭 수인성 전염을 통해 질병을 야기할 수 있는 크립토스포리디움 파붐(Cryptosporidium parvum) 등 크립토스포리디움 속의 포낭을 말함.

크실렌(자일렌) ① 노출경로 : 유해화학물질로서 알코올 등에 잘 녹으며, 물에 잘 녹지 않음. ② 특징 및 일반성상 : 벤젠에 수소 대신 메틸기(CH_3)가 치환된 화합물이며, 벤젠과 비슷한 냄새를 내는 무색의 액체로 형광을 발함. 물에 불용성이며 알코올, 에테르에 잘 녹고, 자연계에서 석유의 한 성분으로 존재함. ③ 인체위해성 : 수년 동안 기준을 초과한 물을 마시는 일부 사람이 신경계의 손상을 경험할 수 있음.

클로랄하이드레이트 ① 노출경로 : 산업폐수의 유입 또는 수돗물의 염소처리과정중 생성됨. ② 특징 및 일반성상 : 의학, 수의학적 약품에서 진정제와 최면제로 사용되며, 산업폐수의 유입 또는 수돗물의 염소처리과정 중 생성됨. ③ 인체위해성 : 수년동안 기준을 초과한 물을 마시는 일부 사람들이 학습능력 장애를 경험할 수 있음.

클로로포름 수돗물 중 발암성 물질인 트리할로메탄의 3분의 2 정도는 클로로포름. 염소와 유기

물이 반응하여 생성되는데, 수돗물 오염과 비례하여 수도수로부터 트리할로메탄이 나오고 있음. 예전에는 의약품(마취제)으로 사용되었지만 요즘엔 용제로 쓰이며 마취 작용이 있어 범죄에도 자주 쓰임.

탁도 ① 노출경로 : 물의 탁한 정도를 나타내며 물속의 부유물질과 관련하여 수질오염을 나타내는 지표 ② 일반성상 : 탁도는 물의 흐린 정도를 정량적으로 나타낸 지표로서 빛의 통과에 대한 저항도이며, 여러 가지 부유물질에 의해 발생하며 그 크기범위는 콜로이드 분산에서 굵은 분산질까지 다양함. 호수와 같이 비교적 정체된 상태에 있는 물의 탁도는 대부분 콜로이드 분산과 같은 극히 미세한 분산질에 의하여 생겨나며, 하천수와 같이 흐르는 상태의 물속에서는 대부분 굵은 분산질에 의하여 생겨남. ③ 인체위해성 : 건강상 직접적인 영향은 없음. 다만, 소독장애를 일으켜 질병유발 세균이 포함될 가능성이 있음. ④ 기타 : 탁도를 유발하는 물질들은 순수한 무기물질부터 주로 천연의 유기물질에 이르기까지 매우 다양하며, 급수시설 및 상수도 분야에서 중요하게 여겨짐. 우선, 탁도는 정수처리 공정 중 바이러스를 여과지에서 99% 이상 제거하는데 이를 확인할 수 있는 항목이라는 점에서 그 중요성이 매우 높으며, 매 여과지별로 탁도계를 설치, 운영토록 명시되어 있다는 것을 볼 때 정수공정 중의 여과지의 중요성과 탁도의 중요성을 알 수 있음.

테트라크로로에틸렌 ① 노출경로 : 유해화학물질로서 무색의 액체이며 금속 세정제로 이용 후 환경으로 배출 ② 특징 및 일반성상 : 무색투명의 액체, 불연성, 물에 난용이며, 클로로포롬과 비슷한 냄새가 나며, 금속기계부품의 세정, 유기용제, 살충제, 프레온 가스제조 등에 사용됨. ③ 인체위해성 : 수년간 기준을 초과한 물을 마시는 일부사람들이 간의 문제를 경험할 수 있음.

톨루엔 ① 노출경로 : 석유화학제품으로서 염료, 향료, 합성섬유 등에 주로 사용 후 환경으로 배출 ② 특징 및 일반성상 : 방향족 화합물의 일종으로 특이한 냄새가 나는 무색 액체임. 유기합성화학에서 염료, 향료, 합성섬유 등에 사용되는 중요한 화합물이며, 많은 물질을 합성하는 원료로 사용되고, 용매로서도 광범위하게 사용됨. ③ 인체위해성 : 수년동안 기준을 초과한 물을 마시는 일부 사람들은 신경계, 신장 또는 간의 문제를 경험할 수 있음.

트리클로로아세토니트릴 ① 노출경로 : 수돗물의 염소처리과정중 유기물질과 반응하여 생성 ② 특징 및 일반성상 : 수돗물의 염소 소독시 유기전구체로부터 생성되며 물에서 가수분해되어 비휘발성 물질을 생성하며, 살충제로 주로 사용됨. ③ 인체위해성 : 수년 동안 기준을 초과한 물을 마시는 일부 사람들이 소화기, 비뇨기계 문제를 경험할 수 있음.

트리클로로에틸렌 ① 노출경로 : 금속세정제, 드라이크리닝 용제. 소화제 등으로 이용 후 환경으로 배출 ② 특징 및 일반성상 : 유기염소계 용제로서 휘발성 물질로 무색투명의 액체로 난용성이며 클로로포름과 비슷한 냄새가 남. 금속기계부품의 세정, 유기용제, 살충제, 프레온 가스제조 등에 사용됨. 표류수에 혼입될 경우 수 분~수 시간 내에 대기중에 휘산하여 분해되고, 지하에 침투되어 지하수 중에 장기간 잔류함. ③ 인체위해성 : 수년간 기준을 초과한 물을 마시는 일부 사람들이 간의 문제를 경험할 수 있음.

파라티온 ① 노출경로 : 농작물 살충제로 환경에 배충, DDT, BHC 등에 이어 등장한 강력한 살충제 ② 특징 및 일반성상 : 순수한 물질은 6℃ 이상에서 황색의 액체이며, 공업용은 마늘향을 가진 갈색의 액체인 유기인계 농약 화합물임. 열분해하면 일산화탄소, 질소산화물, 황산화합물 등의 독성을 방출하며, 물에서는 천천히 녹으나 강알칼리에는 단시간에 분해됨. ③ 인체위해성 :

수년동안 기준을 초과한 물을 마시는 일부사람들이 중추신경계 장애를 경험할 수 있음.

파울링(fouling) 원수의 용질이 막에 의해 저지됨에 따라 막힘이나 부착층의 형성이 초래되는 현상으로서 막의 여과기능을 저하시킴.

페놀 ① 노출경로 : 천연수에는 존재하지 않으며 약품합성공업, 아스팔트 포장도로 등에서 환경으로 배출 ② 특징 및 일반성상 : 페닐기에 하이드록시기가 결합한 방향족화합물이며, 무색의 결정으로 향긋한 냄새가 남. 알코올과 비슷한 성질을 가지지만, 하이드록시기가 포화 탄화수소에 결합된 것이 아니라서 알코올로 분류하지는 않음. ③ 인체위해성 : 기준을 초과할 경우 이취미가 발생되며 일부사람들이 식욕부진이 나타날 수 있음. 낙동강 페놀오염 사고로 잘 안 알려짐.

페니트로티온 ① 노출경로 : 농작물의 살충제로 사용 후 환경으로 배출 ② 특징 및 일반성상 : 황색 또는 황갈색의 액체로서 유기인산계 물질로서 알코올, 에스테르, 방향족탄화수소 등 유기용매에는 녹고, 지방족탄화수소에는 약간 녹으나 물에는 거의 녹지 않음. 농작물의 살충제로 사용됨. ③ 인체위해성 : 수년동안 기준을 초과한 물을 마시는 일부사람들이 중추신경계 장애를 경험할 수 있음.

평균급수량 연간 총급수량을 1년으로 나눈 급수량

플럭스(flux, 막 여과유속) 단위시간당, 막의 단위면적당 여과되는 수량 (LMH, $m^3/m^2 \cdot hr$), 막종류, 재질, 공경, 수온, 수질, 전처리 정도에 따라 다름.

하천수 하천 또는 계곡에 흐르는 물로서 댐 또는 제방 등에 의하여 흐름의 장애를 받지 아니하는 물(수중에 설치한 보에 의하여 흐름의 일부가 장애를 받는 물을 포함)

할로아세틱에시드(HAA) ① 노출경로 : 수돗물의 염소처리과정중 유기물질과 반응하여 생성 ② 특징 및 일반성상 : 수돗물의 염소처리과정 중 유기물질과 반응하여 생성됨. ③ 인체위해성 : 수년 동안 기준을 초과한 물을 마시는 일부 사람들이 간종양과 신경계통의 문제를 경험할 수 있음.

합성세제 화학합성 계면활성제를 쓴 세정제. 배합제의 증량제, 세정 촉진제, 효소, 향료, 형광염료 등을 모두 포함. 제2차 세계대전 후 미국은 석유에서 ABS를 제조하였고, 인에 의한 수원지의 과다 영양화 발견을 계기로 대부분 무린계로 바뀜. 합성 세제는 미생물에 의한 분해가 어렵고 물위에 거품을 만들어 공기중의 산소가 물속으로 녹아 들어갈 수 없게 하고 햇빛을 차단시켜 플랑크톤의 정상적인 번식을 방해하여 물을 오염시킴. 세척력을 높이기 위하여 넣는 '인'은 인산염이 되어 부영양화 현상을 일으켜 물을 썩게 함. 그래서 지금은 세계 각국에서 인의 사용을 규제하고 있음. 환경문제가 대두되면서 개발된 식물성 세제도 여전히 물을 오염시키고 있다는 오염시비가 끊이지 않고 있음. 인체 피해, 수질오염이 가장 큰 문제

혐기성 산소를 싫어하는 성질. 아름답고 알기쉽게 바꾼 환경용어(2005년 7월)에서 어려운 전문용어이므로 피산소성으로 바꿔 부르기를 권장

혐기성분해 공기가 거의 없는 곳에서 활동하는 혐기성균이 슬러지속의 유기물을 섭취해서 환원분해하여 무용한 무기 화합물을 방출하는 것

호기성 산소를 좋아하는 성질. 아름답고 알기쉽게 바꾼 환경용어(2005년 7월)에서 어려운 전문용어이므로 친산소성으로 바꿔 부르기를 권장함.

호기성분해 공기가 충분한 곳에서 사는 호기성균이 오수 속의 용존 산소를 소비하고 오염원인 유기물을 섭취한 다음 산화 분해해서 생존에 필요한 영양원으로 하면서 균에 의해 무용한 탄산

가스, 암모니아 및 물 등의 무기 화합물을 방출

호기성세균 산소가 있는 환경에서만 살 수 있는 세균의 총칭. 호기성 세균은 산소 분압(혼합기체의 각 성분 기체가 전 용적을 차지하는 것으로 가정할 때의 압력)이 높아질수록 활발히 활동

호소 일반적으로 호수라고도 부르는데 호수, 소택지, 연못 등은 구분이 명확하지 않음. 다만 소택지에는 관목·초본 등이 비교적 많이 자생하고 있으며, 연못은 호수에 비해 크기가 작음.

호소수 하천 또는 계곡에 흐르는 물을 댐 또는 제방 등을 쌓아 가두어 놓은 물로서 만수위구역 안의 물(자연적으로 형성된 호소의 물을 포함)

환경기초시설 환경기초시설이란 환경오염물질 등으로 인한 자연환경 및 생활환경에 대한 위해를 사전에 예방·저감하거나 환경오염물질의 적정처리 또는 폐기물 등의 재활용을 위한 시설·기계·기구 기타 물체 등이 설치된 시설. ㉠ 환경오염방지시설 ㉡ 마을하수도 및 하수종말처리시설 ㉢ 폐수종말처리시설 ㉣ 오수처리시설·단독정화조·축산폐수처리시설·분뇨처리시설 및 축산폐수공공처리시설 ㉤ 재활용시설 ㉥ 폐기물처리시설 ㉦ 취수시설 및 정수시설 ㉧기 타 환경부장관이 정하여 고시하는 시설

활성탄 다공질로 흡착성이 강한 탄소질의 재, 목재, 갈탄, 토탄을 활성화제와 함께 건류하거나 목탄을 수증기로 활성화해 만듦. 야자나무 열매껍질로 만드는 야자껍질 활성탄은 유명. 분말상태와 입자상태. 탈취, 탈색 외에 오염물질의 흡착제거에도 쓰임.

활성슬러지법 하수처리장에서 통상 행하는 처리법. 처리조 안에 공기나 산소를 폭기시켜 호기성 세균이나 원생동물 등 주로 유기물을 산화시켜 흡수 분해하는 미생물 집단(활성슬러지)의 작용을 이용하는 방법

황산이온 ① 노출경로 : 자연수중에서 황산이온 검출은 유황 함유 또는 유기물질 등의 공장폐수유입 의미 ② 일반성상 : 황산이온(SO_4^{-2})의 구조는 S를 중심으로 정사면체형이며, 황산염(Sulfate)은 황산바륨($BaSO_4$), 석고($CaSO_4$) 등을 포함하는 광물에 존재함. ③ 인체위해성 : 인체에 미치는 영향이 미미하나 일부 사람의 경우 설사를 경험할 수 있음. ④ 기타 : 자연수중의 황산이온은 주로 지질에서 기인하며, 자연수 중에서 황산이온이 높으면 유기물질 또는 화학물질 등의 공장폐수 오염을 의심해야 하며, 수돗물중의 황산이온은 대부분의 정수처리에 사용되는 응집제인 황산알루미늄으로 인하여 20~50 mg/L이 검출되며, 화석연료(석탄, 석유)에 함유된 유황이 연소하여 생성된 아황산이 오염되어 생성되고, 주로 광산, 제련소, 펄프공장 등으로부터 배출됨.

후염소처리 정수 공정에서 모래여과 뒤에, 즉 급수전에 행하는 염소처리. 위생안전을 위하여 수도꼭지에서 나오는 수돗물은 잔류 염소 농도가 정해져 있음.

찾아보기

[ㅇ]

[ㅈ]

[ㅊ]

(ㅍ)

(ㅎ)

[영문]

· **우달식** (재)한국계면공학연구소 물환경연구실장
· **조관형** 청운대학교 철도행정토목학과 교수
· **조영태** 충청대학교 식의약품분석과 교수
· **황병기** 상명대학교 건설시스템공학과 교수
· **류병로** 한밭대학교 건설환경공학과 교수
· **박광하** 강릉원주대학교 생명화학공학과 교수
· **박혜숙** 대전보건대학교 환경보건과 교수

최신 **수질오염개론** 정가 15,000원

인 쇄 2006년 9월 2일 초판 1쇄
발 행 2014년 9월 10일 2 판 3쇄
저 자 우달식·조관형·조영태·황병기
류병로·박광하·박혜숙
발행인 정우용
발행처 도서출판 **동화기술**
경기도 파주시 광인사길 201(문발동, 파주출판도시)
Tel (031)955-4211~6 donghwapub@nate.com
Fax (031)955-4217 www.donghwapub.co.kr
(등록) 1977년 12월 19일/9-16호

Printed in Korea
ISBN 978-89-425-1603-2